卫生行业职业技能培训教程

助听器验配师

专业技能

国家卫生计生委人才交流服务中心　组织编写

■ 主　编　张　华

■ 副主编　张建一　陈振声　孙喜斌　梁　涛

人民卫生出版社

图书在版编目（CIP）数据

助听器验配师专业技能 / 张华主编 . —北京：人民卫生出版社，2016

ISBN 978-7-117-22955-5

Ⅰ. ①助…　Ⅱ. ①张…　Ⅲ. ①助听器 – 技术培训 – 教材
Ⅳ. ①TH789

中国版本图书馆 CIP 数据核字（2016）第 168898 号

人卫社官网	**www.pmph.com**	**出版物查询，在线购书**
人卫医学网	**www.ipmph.com**	**医学考试辅导，医学数据库服务，医学教育资源，大众健康资讯**

助听器验配师专业技能

主　　编： 张　华
出版发行： 人民卫生出版社（中继线 010-59780011）
地　　址： 北京市朝阳区潘家园南里 19 号
邮　　编： 100021
E - mail： pmph @ pmph.com
购书热线： 010-59787592　010-59787584　010-65264830
印　　刷： 北京盛通印刷股份有限公司
经　　销： 新华书店
开　　本： 787 × 1092　1/16　　**印张：** 22
字　　数： 522 千字
版　　次： 2016 年 11 月第 1 版　2016 年 11 月第 1 版第 1 次印刷
标准书号： ISBN 978-7-117-22955-5/R · 22956
定　　价： 80.00 元
打击盗版举报电话：010-59787491　E-mail：WQ @ pmph.com
（凡属印装质量问题请与本社市场营销中心联系退换）

参编人员(以姓氏笔画为序)

王　越　吉林大学第四医院
王永华　浙江中医药大学
王树峰　北京听力协会
刘　莎　首都医科大学附属北京同仁医院
刘巧云　华东师范大学
孙喜斌　中国聋儿康复研究中心
李晓璐　江苏省人民医院
张　华　首都医科大学附属北京同仁医院
张建一　北京协和医学院
陈振声　中国残疾人辅助器具中心
林　颖　第四军医大学西京医院
郑　芸　四川大学华西医院
段吉茸　西万拓听力技术有限公司
郗　昕　中国人民解放军总医院
倪道凤　北京协和医院
黄治物　上海交通大学医学院附属新华医院
曹永茂　武汉大学人民医院
梁　涛　中国听力医学发展基金会
曾祥丽　中山大学附属第三医院

前　言

我国有听力残疾人士 2780 万，而具有听力损失的患者（尤其是通过药物和/或手术不能治愈者）远远多于这个数目。助听器是帮助听障者康复的主要工具，大多数感音神经性听力损失者可以通过使用助听器并经过康复咨询，改善生活质量、提高学习和工作的能力。虽然助听器的科技水平日新月异，但是真正能够使听障患者获得良好的助听效果是广大的助听器验配师。助听器验配师是我国人力资源和社会保障部于 2007 年设立的卫生行业特有的国家职业，其主要工作是最大限度地开发利用听障者的残余听力，为其提供最佳的清晰度和舒适度，使其尽早回归主流社会。

我国听障人群助听器选配率很低，助听器验配师匮乏是主要原因之一；其次，助听器验配相关培训常倾向于介绍最新技术，忽视了助听器验配所需要的专业化服务也是重要原因。国家卫生计生委人才交流服务中心自 2009 年成立助听器验配师国家职业技能鉴定专家委员会，开始了正规的助听器验配师培训工作。连续几届的四级验配师培训取得了良好的效果，在推广民众防聋知识、专业人士对助听器科学验配的认知度、实际验配质量的提高起到了积极的作用。

随着人们生活水平的提高，民众对健康生存质量的要求也日益增加。听障者对助听器的要求，尤其是对验配师的要求，并没有随着助听器本身技术的改进而降低。面对这一强大的社会需求，国家卫生计生委人才交流服务中心与第二届助听器验配师国家职业技能鉴定专家委员会的全体专家一起，在以前教材编写、实际培训和资格考试（机考和实际操作）的基础上重新编写了本套教材。此次编写，仍然按照验配师培训大纲的主线，并严格按照其规定的要求组织专家编写。编写过程中，所有工作人员和编者广泛征求意见，多次反复制定编写计划和修订稿件，既要符合大纲的要求，又要考虑到验配师实际工作的要求，并删除了一些实际中不常用的理论知识。编写中基本延续了以往培训的模块，但是修订了和统一了各章节中同一知识的描述，并适当补充了近几年来发展出的新技术和新知识。为了方便学习和维持培训教材的系统性，此次编写将四级、三级和二级验配师的培训内容合为一册。

随着我国助听器验配师制度的正规化，上岗前获得职业证书是做好助听器验配师的第一步。职业证书的获得表明从业人员拥有相关的基本理论，对听觉通路、解剖生理、听障者的心理生理变化、助听器基本构成与参数以及康复评估理论有了最基本的了解。获取职业证书仅是万里长征第一步，还应坚持各种途径的继续教育学习，不断强化自身业务水平。要想服务好患者，坚持学习是每个行业的必经之路。

助听器验配是一个系统工程，涉及患者的听觉系统、心理状态、反应能力和家庭社会氛围等多个因素。因此，必须依靠助听器验配师、听力师、医师、家庭成员及社会共同配合才能达到理想的效果。随着我国政府对听力学教育和爱耳活动的推动，助听器验配师制度的进一步落实，通过专业人士的努力，听障患者将会更加受益。虽然本书编辑经过了几轮的校对修订，但是很难避免出现一定的缺陷甚至是不当之处。敬请各位读者在阅读和应用的过程中予以批评指正，以便日后的进一步修订。

张　华
2016 年爱耳日

目　录

第一篇　国家职业资格四级

第二篇　国家职业资格三级

第三篇　国家职业资格二级

第一篇

国家职业资格四级

第一章

听 力 咨 询

第一节 病 史 采 集

【相关知识】

一、病史采集

1. 病史 是指与疾病的发生、发展、诊治经过及既往健康状况有关的信息。

2. 病史采集 是指通过病史询问者与患者及有关人员的提问与回答，了解疾病的发生和发展，进而获取病史资料的过程。

3. 病史采集的重要性

(1) 解决患者临床诊断问题的大部分线索和依据，来源于患者病史采集所获得的资料，其完整性和准确性对疾病的诊断和处理至关重要，同时为随后对患者进行的一系列相关检查和处置提供重要的线索和资料。

(2) 病史采集的资料有可能会提供早于其他诊断性检查的阳性依据。

(3) 部分临床疾病通过病史采集即可明确诊断依据。

(4) 病史采集是医患接触的第一步，是医患沟通、交流，建立相互信任的医患关系的最好时机。我们可以通过听他/她的发音、情感表达和交流方式了解其对自己听力的态度。正确的采集方式和沟通技巧，使患者对检查者产生好感，提高信任度，对检查者的建议有更好的依从性，对疾病的干预非常重要。

(5) 尽管目前医学发展迅速，新的诊断设备及新技术不断涌现，但详细的病史询问和细致的体格检查，仍是诊断疾病最基本的手段之一。尤其在条件简陋的情况下，采集病史和体格检查非常重要，它的作用任何先进仪器和设备均无可替代。所以，病史采集亦是专业听力师和助听器验配师基本的临床技能之一。

二、病史采集的方法

1. 病史采集对象 可直接询问对自己病情最清楚、最了解的患者本人。对小儿、精神障碍、听力严重障碍者等不能亲自叙述者，则由最了解其病情的监护人、亲属或其他了

解病情经过的人代述。

2. 病史采集方法

(1) 自我介绍:病史采集开始之前,询问者要做自我介绍,说明自己的身份和采集病史的目的,对患者称呼要使用礼貌用语,通过简单随和的交谈,使患者的情绪放松。

(2) 遵循时间顺序:按主诉的症状与体征出现的先后次序询问,从症状开始的确切时间,直至目前疾病的演变过程,依次逐步深入。采集者提出的问题目的明确,重点突出,按顺序提问,使患者对所提的问题能清楚的理解,杂乱无章或无目的的提问会降低患者对采集者的信任程度。

(3) 耐心聆听:大部分听力障碍患者患病后情绪不稳定或性格可能发生某些变化,对采集病史可能少有配合,寥寥数语或滔滔不绝,或陈述的不够系统或不准确,此时病史采集者对患者一定要亲切、耐心、同情、和蔼,态度要严肃认真,集中注意力,耐心倾听,适当启发鼓励,尽量让患者充分的陈述和强调他认为重要的情况和感受。

(4) 巧用过渡语言:当患者所谈离题太远,或应该转向下一个问题时,应善于使用过渡语言,转换话题,引导病人叙述与病情有关的问题,切不可生硬地打断患者的叙述。

(5) 重视患者的提问:耐心解答患者的疑问,对不懂或解释不清的问题,不能随便应付,不懂装懂,应坦诚个人的经验不足,并设法为患者寻找答案。

(6) 防止诱导性提问:不要进行暗示性提问或有意识地诱导合乎采集者主观印象所需要的内容,语言应通俗易懂,避免使用医学术语。

采集病史后将患者所述按时间先后,症状主次加以整理、分析,并根据需要随时加以补充或深入追问,以充实病史内容。

3. 病史采集的注意事项

(1) 病史采集是一项严肃的医疗行为,要遵守医生的职业道德,尊重患者的隐私,采集病史时注意回避陌生人,对患者或其家人的任何资料都要保守秘密,不扩散传播。

(2) 病史的采集要对任何人一视同仁,不能因患者的经济地位、社会地位、文化程度、家庭背景、性别及种族等不同而采取不同的态度,对严重听力言语障碍的患者不能有歧视言行。

(3) 对听力障碍的老年人、儿童及残疾人,应特别关心,尤其对听力言语障碍,交流有困难的患者,采集病史应减慢语速,由浅入深,大声交流时要面带微笑,配合简单明了的手势及体语,注意患者的表情反应,判断是否听懂,必要时请患者的亲属、朋友代诉,或采用书面提问交流。

(4) 询问者在接触患者时要注意仪表、行为举止,着装整齐,使患者感到亲切,值得信赖。

(5) 对同道不随意评价,不在患者面前诋毁其他医师或同行。

三、听力障碍者病史采集的内容

1. 一般项目内容 包括姓名、性别、年龄、出生地、民族、婚姻、职业、工作单位、邮政编码、身份证号码、通信地址、电话号码、记录时间、病史叙述者及可靠程度。

以上内容不能遗漏,书写不能模糊。若病史陈述者不是患者本人,应注明与患者的关系。记录年龄要写实足年龄,不得简写为“成”“儿”等,但不同年龄时期儿童的年龄记录要求不同，新生儿记录天数甚至小时数，婴幼儿记录月数，1 岁以上记录几岁几个月，如 16 个月则表示为 $1^4/_{12}$。职业应写明具体工作类别，如钳工、待业、幼师等，不能笼统地写为工人、干部。地址要注明，农村记录到乡、村，城市记录到街道门牌号码，工厂记录到车间班组，机关记录到科室。若患儿为聋儿，则需了解父母的文化程度和听力情况。

2. 主诉　主诉是指患者就诊的最明显的症状和（或）体征及其持续的时间。根据主诉能提供对某系统疾病的诊断线索，主诉语言表述要简洁明了，一般不超过 20 字。

3. 听力障碍疾病者的发病史　听力障碍疾病的发病史是患者病史采集的主体部分，围绕主诉，按症状出现的先后，详细记录从发病到就诊时疾病的发生、发展及其变化的经过、伴随症状和发病后诊疗经过及结果，睡眠和饮食等一般情况的变化，以及与鉴别诊断有关的阳性或阴性资料等。其内容主要包括：

(1) 起病情况：记录听力障碍发病的时间、起病缓急、前驱症状、可能的原因或诱因。

(2) 主要症状特点及其发展变化情况：按发生的先后顺序描述主要症状的部位、单耳还是双耳，同时发病还是先后发病。听力下降的性质、持续时间、程度、缓解或加剧因素，以及演变发展情况。

(3) 伴随症状：伴随症状的特点及变化，与主要症状之间的相互关系。这些伴随症状常常是鉴别诊断的依据，所以，对具有鉴别诊断意义的重要阳性和阴性症状应予以重视，如听力下降前后是否有耳内胀闷不适、耳鸣，是否出现头痛、头晕或眩晕。询问患者听力损失是否影响其正常生活及爱好，是否有心情郁闷、烦躁，或因听力障碍而减少社会活动等。

(4) 诊治经过及结果：发病以来曾在何处接受检查与治疗的详细经过及效果，特别需要详细记录有关的临床听力学检查及影像学的检查结果，对患者提供的药名、诊断和手术名称需加引号（“”）以示区别。记录助听器验配及使用情况，是否第一次使用，使用的时间及感受，了解听力言语康复训练情况及训练结果。

(5) 一般情况：简要记录患者发病后的精神状态、睡眠、食欲、体重等情况。

4. 听力障碍疾病者的既往病史　是指患者本次发病以前的健康和疾病情况，特别是与目前疾病有密切关系的慢性病。按时间先后记录，内容包括既往一般健康状况与听力损失有关的疾病史，如高血压、高脂血症、糖尿病、肾功能不全、甲状腺功能减退及自身免疫性疾病等。是否患有与听力损失有关的，如流行性腮腺炎、麻疹等传染病史及其他疾病史，耳科手术史、头外伤史。耳毒性药物使用史，要了解是否使用过链霉素、庆大霉素等氨基糖苷类抗生素，使用的时间及种类，尤其是自幼耳聋者，另外，一些内科疾病患者需服用利尿药等其他耳毒性药物，都需要详细询问了解。

5. 听力障碍疾病者的个人史

(1) 社会经历：包括出生地、居住地区和居留时间，受教育程度、经济条件和业余爱好。

(2) 职业及工作条件：过去及目前所从事的职业，工作环境及劳动保护情况，重点了解是否有噪声接触史，应注明接触时间及程度，是否有个人防护装置（如防护耳塞、护耳器等）。

(3) 习惯与嗜好：起居与卫生习惯、饮食的规律与质量，有无烟、酒、药物等嗜好，了解摄入量，有无冶游史。

6. 出生史　如为听力障碍儿童或疑为听力障碍的患儿，要着重了解出生前母亲孕期传染性疾病史，孕期耳毒性药物使用史及其他疾病史，分娩方式和过程（顺产、难产），要记录患儿胎龄、胎次，出生时有无窒息、新生儿黄疸、产伤，Apgar 评分，出生时体重。3 岁以内的患儿还要了解听觉、语言、体格及智力发育过程。年长儿应了解其学习成绩、性格，与周围人相处关系等。

7. 婚育史　婚姻状况，是否近亲结婚，结婚年龄、配偶健康状况、有无听力问题，有无子女等。

8. 家族史　详细了解父母、兄弟、姐妹及子女的健康状况，是否有与耳聋相关的疾病，有无家族遗传倾向的疾病，如有则需了解两系三级亲属的健康和疾病情况，必要时可绘出家系图显示详细情况。

【能力要求】

认真学习病史采集的相关知识，掌握病史采集的方法和技巧，掌握老年性听力障碍者和儿童听力障碍者病史采集的方法和采集要点。

1. 老年性听力障碍患者病史采集询问要点

(1) 病因和诱因：感染、创伤、物理因素、精神因素，如听力下降前是否有呼吸道感染，是否有航空旅行和潜水经历，耳漏是否较前有所加重，是否精神紧张、情绪波动、过度劳累、睡眠欠佳、饮烈性酒，是否接触强噪声等。

(2) 听力损失的特点：突发性、波动性，还是隐匿发病，渐进性听力下降症状的持续时间。单耳还是双耳，了解听力下降是听不到还是听不清，是否存在重振现象，安静与嘈杂环境听敏度的区别，言语分辨能力。

(3) 伴随症状：耳鸣，低音调还是高音调，间歇性还是持续性，是否伴发眩晕、头晕、耳闷胀感、耳疼痛。

(4) 相关既往病史及其他病史：是否合并与听力损失有关的慢性疾病，包括高血压、冠状动脉粥样硬化性心脏病、糖尿病、动脉硬化、高脂血症、自身免疫病等。是否有头部外伤史、耳部疾病手术治疗史。是否使用过或正在应用耳毒性药物。曾经及目前所从事的职业，是否有职业性及娱乐性噪声暴露史。

(5) 诊疗经过：患病以来是否曾到医院就诊，做过哪些检查，听力及影像学检查的结果，曾接受过何种治疗，是否佩戴过助听器，单耳还是双耳，佩戴效果怎样，是否对听力康复有特殊需求。

(6) 一般情况：患病以来的睡眠、情绪及精神状态等。

2. 小儿听力障碍患者病史采集询问要点

(1) 病因和诱因：发现听力下降前，是否有呼吸道感染及其他病毒、细菌感染性疾病，是否有头部的轻微外伤，剧烈运动等。

(2) 听力损失的特点：听力下降发生的时间，出生后对声音有无反应，尤其在浅睡眠时，对较响的声音是否有惊吓反应，对稍大的婴幼儿可询问对周围发声物体是否有兴趣，是否能转向发声者，是否发现小儿有拍打或抓耳部的动作，是否到了说话年龄，仍不会说话，或发音吐字不清。

(3) 既往病史：是否有脑膜炎、腮腺炎等感染性疾病病史，是否有头部外伤史、耳部疾病手术治疗史，是否使用过或正在应用耳毒性药物，尤其是氨基糖苷类药物。

(4) 母亲妊娠史及分娩史：母亲孕期有无感染史，如巨细胞病毒、风疹病毒、疱疹病毒、梅毒及弓形体病等，是否患有甲状腺功能减退、糖尿病等疾病，孕期使用不当的药物，尤其是耳毒性药物，是否接触放射线。母亲分娩期间是否有缺氧、窒息，新生儿 Apgar 评分，是否有抢救史，出生时体重，有无溶血病、高胆红素血症等。

(5) 小儿的生长发育状况：小儿的体格发育、智力发育是否与同龄儿童一致，学龄儿童要了解学习情况，注意力是否集中，与同学及小朋友的关系如何。0~3 岁儿童听力发育异常观察项目，请参考表 1-1-1。

表 1-1-1　婴幼儿听觉发育异常重点观察项目

年龄	观察项目	年龄	观察项目
3 月龄	对很大声音没有反应 逗引时不发音或不会笑	18 月龄	不会有意识叫“爸爸”或“妈妈” 不会按要求指人或物
6 月龄	发音少，不会笑出声	2 岁	无有意义的语言
8 月龄	听到声音无应答	2.5 岁	不会说 2~3 个字的短语
12 月龄	呼唤名字无反应	3 岁	不能与其他儿童交流、游戏 不会说自己的名字

(6) 诊疗经过：患病以来是否曾到医院就诊，做过哪些检查，听力检查的结果，曾接受过何种治疗，是否佩戴过助听器，单耳还是双耳，佩戴效果怎样。患儿是否接受过正规的康复训练，是以康复机构训练为主，还是以家庭训练为主，训练的模式如何，每日、每周的平均训练时间多少，结果怎样，是否满意等。

(7) 家族中有无其他耳聋患者，父母及其近亲属的听力如何，是否近亲结婚。

（王　越）

第二节　档案管理

一、档案管理的概念

档案管理是指对档案实体和档案信息进行管理并利用的过程，包括收集、整理、保管、鉴定、统计和利用。在验配过程中需要实现档案管理的内容主要包括患者的病史、检查及验配结果、调机记录、使用情况、验配后评估、维修记录等，特殊情况下(如听神经病、听觉发育延迟、中枢听觉处理障碍等)还必须包括患者的知情同意书。

二、档案管理的必要性

档案中记录的信息可以帮助验配师判断患者是否有使用助听器的适应证。例如，对于大部分传导性听力障碍患者(常见于中耳病变)，手术治疗是首选的干预措施；发病 3 个月以内的感音神经性听力障碍患者，或仍存在听力波动的听力障碍患者，验配助听器之前可以考虑药物治疗。

在明确助听器是最佳的干预措施后，通过这些信息可以帮助验配师了解患者的具体需求，指导助听器的选择。例如，同样的听力水平，有的患者的活动范围比较局限，仅要求在家庭生活等安静环境下获得较佳的聆听效果，而有些则要求在嘈杂环境下也能保证较佳的聆听效果。对于前者选配基础型的助听器即可，而对于后者则必须选配具备相应功能（如自适应指向性麦克风）的助听器。

随后，助听器验配师可以通过这些信息明确验配过程中是否需要特别的处理或需要注意的地方，避免患者遭受不必要的伤害。例如，对于中耳术后的患者，外耳道形状不规则，若按常规方法取耳模往往会出现耳模无法取出的情况；对于部分不愿手术的鼓膜穿孔患者，若操作不慎往往会发生耳模材料进入中耳腔的情况。

而通过验配后的评估结果，可以帮助验配师了解患者助听器佩戴效果，指导助听器进一步调试工作。例如，对于初次选配的婴幼儿患者，起始增益应低于所需增益，然后随着患者的适应程度再进行相应调整；而对于发育迟缓患者，后期的效果评估对助听器的调节更为重要。

对于维修记录而言，可以针对患者助听器的维修部件及次数对其进行进一步的使用指导和调试。例如，对于具有方向性麦克风的助听器，排除其他常见故障（部件位移、皮屑、湿气、尘埃等）外，再次出现调试后仍难达到初次验配时的效果，就应该要考虑助听器麦克风出现严重不匹配问题，需要到维修部进行检测或更换；曾经因为清洁不到位而出现助听器无声音的患者，排除电池没电的情况下，首先应检查患者助听器耳膜声孔或通气孔堵塞问题；除此之外，维修记录也是保证验配中心和患者服务与被服务之间是否需要付费的凭证，保证双方利益的有效依据之一。

由此可见，做好档案管理是帮助患者获得良好聆听效果的有效途径。同时，它也是助听器验配师自我保护的重要措施。例如，详细记录患者病史、选择合适助听器、患者每次的调机要求、调机记录、评估效果等做好记录，明确自己的验配及调试工作是准确无误的，是符合当时患者需求的。最后，通过对信息的整理、分析与总结，可以开展关于助听器参数与效果等方面的研究，有利于提高助听器验配师的验配水平，并指导助听器厂家进行相应的参数调整。

三、档案内容的整理方法

只有对众多的信息进行有序地整理才能便于我们使用，因此，整理是档案管理中的重要一环。档案整理的方法主要包括“案宗”为单位的整理，以及以“件”为单位的整理。在我们验配过程中一般以第一种方法为主，即按照信息材料在形成和处理过程中的联系将其组合成一个案卷，一名患者立一个案卷。立卷是一个分类、组合、编目的过程。分类即将各种信息按照不同内容进行分类，例如病史资料、调机记录等；组合即将分类好的信息按一定形式组合起来，例如评估结果可以按照时间顺序进行排列组合；编目即将组合后的材料进行排列编号。

四、档案管理的方式及其优缺点

文书记录是档案管理的重要方式。例如，我们对历史朝代的认识都是从他们的文书档案中获得的。文书记录是指利用笔、刀等书写工具将想保存的信息在纸、竹等载体上进行记录。而随着科技的发展，计算机成为了生活工作中必不可少的办公用具，已成为信息管理的重要手段。虽然，目前验配档案大多实现计算机保存，但鉴于核对的需要，建议实行文书记录和计算机保存的双模式管理，文书记录在核对结束后，保存5年后可考虑销毁。

文书记录：

优点：所需工具方便易得，价格便宜，操作无需特殊技能。

缺点：保存档案所需空间大，保存难度大，信息调用难，同一时间只能提供单人使用，信息流通性较差，时间久了记录的文字可能会模糊难认。

计算机保存：

优点：较文书记录环保，占用空间小，信息调用方便，信息能同一时间供多人使用，信息流通性较佳。

缺点：所需工具成本相对较高，且需熟练掌握计算机技术。

五、患者的隐私保护

患者档案中因为包含众多的个人资料，为了避免患者受到不必要的滋扰，在档案管理过程中必须坚持患者的隐私保护原则。隐私保护即要求验配师及验配机构只有在获取服务所需资料的情况下，并在得到患者（或在某些情况下，其监护人或家人）的知情后，才能使用患者资料。

具体要求如下：尊重患者享有保密的权利；资料必须是患者自愿提供的，是通过合法及妥善的途径收集的，且只用于完善或提高助听器验配效果；收集到的资料只可按需要披露给提供服务或评估的相关单位，如上级验配中心、残联、医院等；除非资料的转移是合乎法例所需或授权，或基于保护人身安全，否则必须在征得患者本人同意后方可将资料转给其他机构；资料只提供有需要知情的员工查阅。

六、科研工作中使用档案信息的原则

为了给患者提供更佳的验配效果，开展相关科研项目是必须的。但若科研需要使用到患者的信息，必须先征得患者同意（并签署知情同意书），并严格遵循研究伦理原则。研究伦理主要分为两部分：一是研究者必须遵循的实事求是、严谨审慎的一般原则；二是以人类为对象所必须遵守的道德原则。

一般原则：研究者自始至终都应该奉行实事求是的科学精神和严谨审慎的工作作风。需要注意的是，由于研究方法的局限或者研究者自身的期待心理，研究者可能无意地歪曲了事实，这就必须通过研究者严格谨慎的研究态度来消除。

道德原则：知情同意权，计划入组资料的患者有权利了解研究目的和内容，并仅在自愿同意的情况下签署知情同意书；退组的自由：研究者必须尊重患者退组的自由，允许患者在任何时候退出，患者应被告知自己有权利随时退出；保护患者免受伤害：必须确保在研究中所使用的资料不会对患者造成生理、心理及财物等方面的伤害；保密原则：除非资料的转移是合乎法例所需或授权，或基于保护人身安全，否则未经患者许可的条件下，研究者不应泄露患者的任何资料。

因此，研究中档案资料的使用必须建立在实效的基础上，即研究者必须首先做到最好

地保护患者，然后才考虑如何完成一项有意义且有效的研究。这就是科学研究有效性与道德伦理的统一。

（黎志成　曾祥丽）

思考题

1. 为什么要进行病史采集？
2. 简述病史采集的注意事项。
3. 简述儿童听力障碍患者病史采集要点。
4. 什么是档案管理？当中应包括什么信息？
5. 进行有效的档案管理的意义是什么？
6. 档案管理的方式有哪些？各有什么优缺点？
7. 档案管理的原则是什么？

第二章

听 力 检 测

第一节 耳 镜 检 查

耳镜是助听器验配师的必备工具，其自带光源和放大镜，体积小，易携带，操作方便，主要用于检查外耳道和鼓膜，判断患者是否立即可以进行助听器验配——有些耳部疾病，必须先行转诊至耳科和听力门诊治疗后，方可验配助听器。

美国食品药品监督局（food and drug administration，FDA）1977 年颁布的助听器验配转诊指标，规定如果患者有以下情况，应建议其先行转诊治疗耳疾：①明显遗传性或外伤性耳部畸形；②近 90 天内有活动性外耳道渗出；③近 90 天内有突发性听力减退或听力迅速减退病史；④急性或慢性耳鸣；⑤近 90 天内有单耳突发性听力减退，或者有近期发作的听力减退；⑥纯音测听 500 Hz、1000 Hz、2000 Hz 气 - 骨导差≥15 dB HL；⑦外耳道耵聍栓塞或外耳道异物；⑧耳部疼痛或不适。

【相关知识】

一、耳镜准备

1. 耳镜结构 图 1-2-1 中耳镜一般的组成部分有：①头部；②手柄：内有电源，多为 1.5V 干电池；③光源：多为 3.5V 卤素灯泡；④窥耳器：其尖端尺寸粗细不同，有一次性的，也有可以重复使用的。

2. 耳镜消毒 考虑到安全和卫生，耳镜在使用前需要进行消毒，以免交叉感染，推荐步骤如下。

(1) 验配师在接触患者和设备前，需清洗双手。

(2) 耳镜使用前，用酒精擦拭消毒。

(3) 找一块清洁的干毛巾铺在桌子上，专门放置擦拭好的耳镜及其配件。

(4) 耳镜检查时，注意每侧耳单独使用一只窥耳器，避免左右耳交叉感染。

(5) 准备好足够的、已消毒的窥耳器备用。

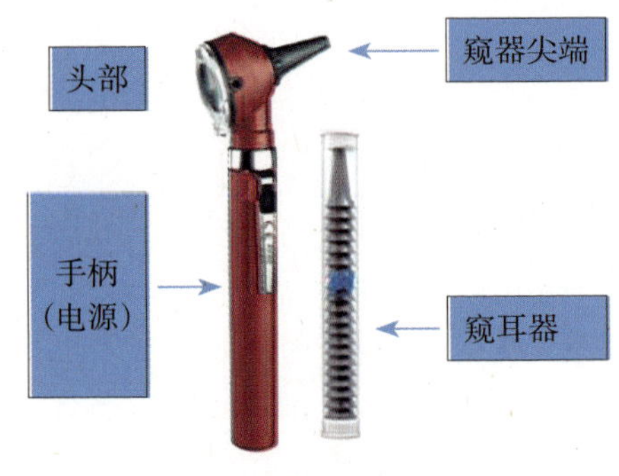

图 1-2-1 耳镜结构

二、耳镜检查

如前所述，耳镜检查的主要部位是外耳道和鼓膜，外耳道和耳廓一起构成外耳。良好的外耳条件是进行助听器选配的前提和生理基础。外耳病变可能会：①影响患者听力检测结果；②先行转诊，暂不考虑验配；③影响取耳模时耳印材料注入。

用耳镜检查外耳道和鼓膜前，我们先要检查患者的耳廓是否正常，注意不要漏检耳廓背面。

（一）外耳道检查

1. 主要内容　耳镜检查观察外耳道，主要注意以下几点。

(1) 外耳道一般情况：为保证耳印材料顺利注入，助听器验配师在检查外耳道时，要特别留意其大小、形状以及质地（例如柔软、中等或者坚硬）。根据外耳道的形状和大小，来选择合适的棉障。了解外耳道质地，可以对注入耳印材料时要用多大压力做到心中有数。

(2) 是否有外耳道阻塞：外耳道阻塞的常见原因是耵聍栓塞或外耳道异物。如果在耳镜检查时未见鼓膜，而且患者听力检测的结果又显示为传导性听力损失，就不能排除外耳道阻塞。此时如果强行注入耳印材料，就可能会给患者造成不必要的痛苦甚至损伤。

(3) 外耳道分泌物：外耳道分泌物常提示耳部感染，是转诊指标之一，检查时见外耳道有性质不一的分泌物，有时还可伴有特殊臭味。

2. 操作规范

(1) 注意事项：外耳道检查一般都要注意以下几点。

① 如图 1-2-2 所示，左手牵拉耳廓(bridge-and-brace)，右手持镜。

② 窥耳器先行消毒后，方可接触患者。

③ 描述耳廓情况，包括其背面。

④ 注意观察外耳道有无异物，如耵聍、新生物和外来异物等。

⑤ 描述外耳道情况。

⑥ 判断能否继续进行助听器验配的相关操作（例如：纯音测听等）。

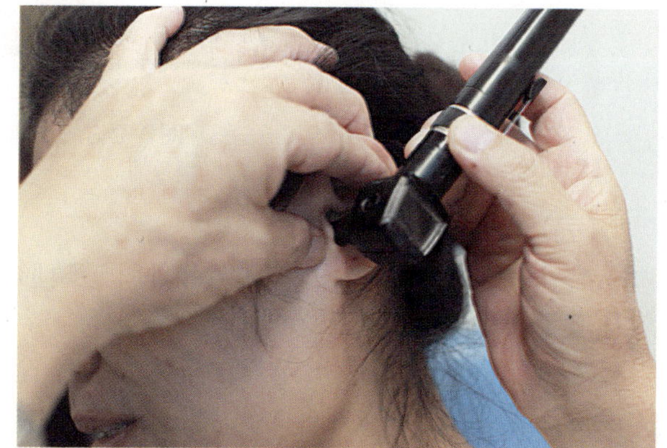

图 1-2-2　“握笔式”持镜

(2) 操作步骤

① 受试者取坐位，头略转向检查耳的对侧，使其检查耳充分面对验配师。

② 选用合适大小的窥耳器来帮助我们看清外耳道。消毒后，将其按顺时针方向安装到耳镜头部窥器尖端。

③ 打开耳镜电源开关。

④ 如图 1-2-2 所示，用右手拇指、示指和中指，以类似于握笔的姿势，握住耳镜手柄（握笔式持镜），部位以尽量靠近耳镜头部为佳，同时左手固定患者头部，防止检查过程中患者头部移动造成损伤。成人需将其耳廓稍向后、向上牵拉，使外耳道变直（小儿则只需

向后并略向下牵拉)。

⑤ 将耳镜头部轻放入外耳道,停于距离外耳道口 0.3~0.6cm 处,注意耳镜前端不要超过软骨部与骨部交界。

⑥ 仔细观察外耳道和鼓膜的各解剖标志。

(二) 正常外耳道和耳廓特征

正常外耳道应是畅通的,通过耳镜,可以看见直接观察到外耳道壁、鼓膜外表面及各解剖标志。由于外耳道是一个横“S”形,所以在检查时,需要略微牵拉耳廓,具体方法见本节“操作规范”之“操作步骤”第 4 条。图 1-2-3 所示为正常耳廓。

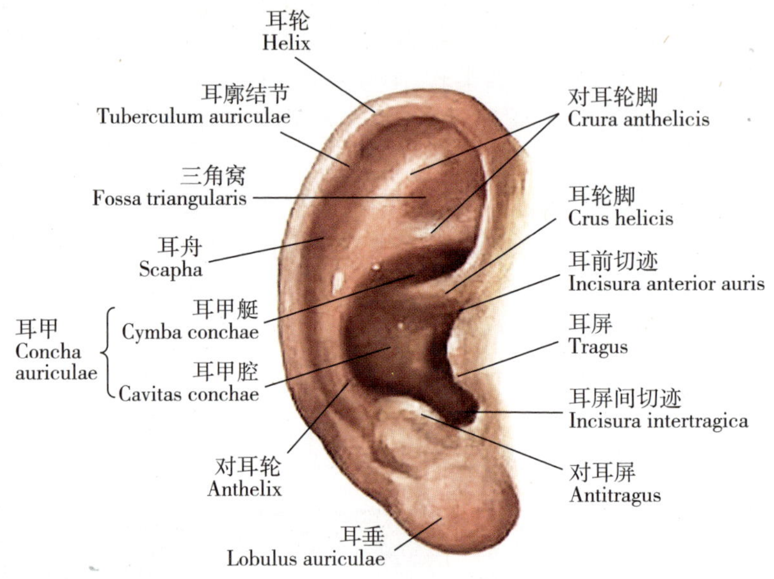

图 1-2-3　正常耳廓

(三) 常见外耳道病变

1. 耳廓和外耳道畸形　耳廓和外耳道畸形多因先天发育不全所致,常见如小耳畸形、外耳道闭锁和外耳道狭窄、无耳畸形。外耳畸形常会伴发中耳或内耳畸形,导致听力损失。

(1) 无耳畸形:一般指先天性耳廓发育不全(图 1-2-4),常伴有外耳闭锁,中耳畸形和颌面部畸形,而内耳发育多为正常,通过骨传导有一定听力,其发生率约为 1∶7000,男性多见,畸形在右侧者居多,双侧者少见,如耳部完全不发育则称为无耳,极为罕见。

(2) 外耳道闭锁:图 1-2-5 所示,系胚胎发育过程中第一,第二鳃弓或第一鳃沟发育不全所致,可伴有第一咽囊发育不全所引起的咽鼓管、鼓室或乳突畸形,常合并先天性小耳畸形。临床表现可分为 3 型。

第一型:耳廓较正常为小,外耳道及鼓膜存在,听力尚可。

第二型:耳廓畸形,外耳道闭锁,鼓膜及锤骨柄未发育,砧骨体与锤骨头融合,镫骨已发育或未发育。呈传导性听力损失,此型多见。

第三型:耳廓畸形较重,外耳道闭锁,听小骨畸形,合并非鳃源性内耳畸形。内耳功能丧失。

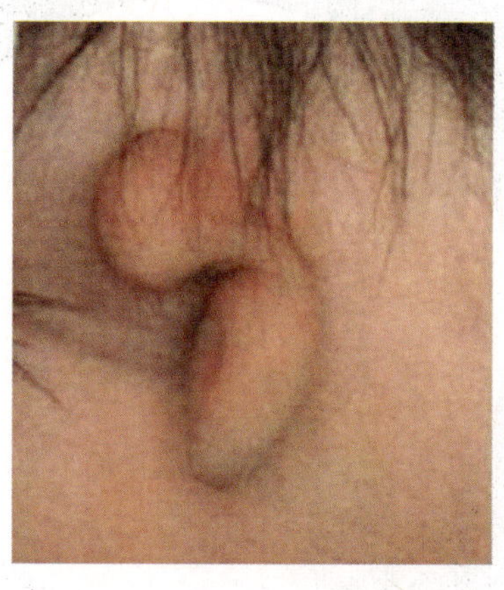

图 1-2-4　无耳畸形

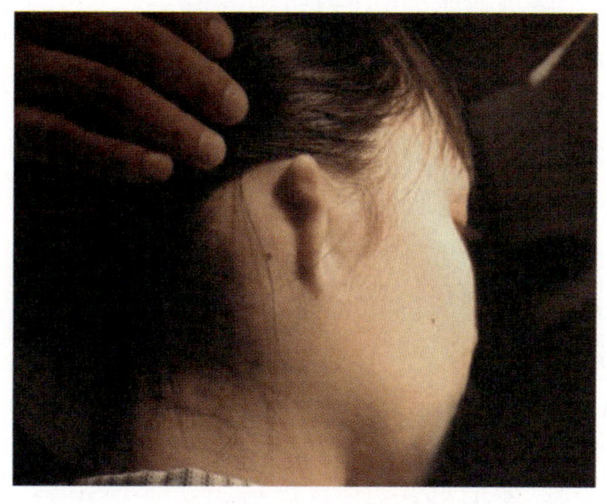

图 1-2-5　外耳道完全闭锁

第二型、第三型有时伴有颌面发育不全，称 Treacher-Collins 综合征。

(3) 小耳畸形：为先天性耳廓发育畸形（图 1-2-6），畸形轻重程度可有很大不同。最重度畸形表现为无耳，最轻者呈现近似耳廓的形态，但明显小于正常。这两种情况都较少见。绝大多数小耳畸形，系由皱缩而无耳廓形态的小块软骨团，和外形较正常但向前上方移位的耳垂所构成，无外耳道和鼓室，听小骨发育不良，有听力减退。先天性小耳发生率约为 1∶20 000。单双侧之比约为 8∶1。因耳廓位于明显部位，其形态失常对患儿心理发育极有影响。

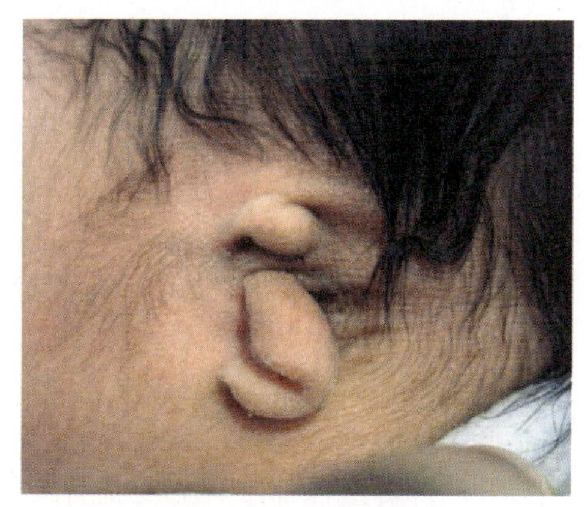

图 1-2-6　小耳畸形

(4) 外耳道狭窄：外耳道直径较正常小，先天发育不良和后天因素均可导致外耳道狭窄。前者见于胚胎发育障碍，第一鳃沟和第一、二鳃弓后部的发育畸形所致，故常伴有颌面骨发育不全。后者常见于外耳道烧伤、炎症、肿瘤、外伤及手术等。外耳道狭窄程度有个体差异，轻重不等，会造成传导性听力损失。严重者可发生外耳道胆脂瘤，压迫甚至破坏鼓膜、中耳及乳突骨质，并可继发感染出现耳聋、耳鸣、耳痛及流脓。

2. 外耳道耵聍栓塞

(1) 耵聍的特征：外耳道软骨部皮肤具有耵聍腺，其淡黄色黏稠的分泌物称耵聍，俗称“耳屎”。耵聍在空气中干燥后呈薄片状。有的耵聍如黏稠的油脂，俗称“油耳”。耵聍具有保护外耳道皮肤和黏附外物的作用，平时借助咀嚼、张口等运动，耵聍多自行排出。若耵聍逐渐凝聚成团，阻塞于外耳道内，即为耵聍栓塞。

耵聍栓塞的症状因栓塞程度和位置不同而不同：外耳道未完全阻塞者，多无症状。外耳道完全阻塞者，可有传导性听力损失。若耵聍压迫鼓膜，还可引起眩晕、耳鸣及听力减退。若耵聍压迫外耳道后壁皮肤，可因刺激迷走神经耳支而引起反射性咳嗽。游泳或洗澡后，耵聍遇水膨胀，可导致听力骤降。

耳镜检查可见外耳道被黄色、棕褐色或黑色块状物所堵塞，如图1-2-7，或质软如泥，或质硬如石，多与外耳道紧密相贴，不易活动。

(2) 处理方法：耵聍栓塞是转诊指标之一。耳镜检查一旦发现耵聍栓塞，应先将患者转至耳科听力门诊，彻底清除外耳道耵聍后，方可进行助听器验配。

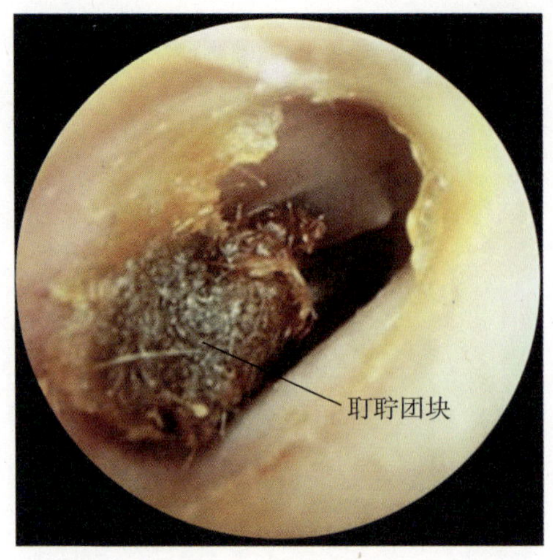

图1-2-7　耵聍栓塞

3. 外耳道湿疹或皮炎　湿疹是指由多种内外因素引起的变态反应性多形性皮炎，主要特征为瘙痒、多形性皮疹，易反复发作。发生在外耳道内称外耳道湿疹。若湿疹不仅发生在外耳道，还包括耳廓和耳周皮肤，则为外耳湿疹。检查可见耳廓前后皮肤、耳廓后沟或耳周皮肤有很小的斑点状红疹，散在或密集在一起，也可以表现为丘疹、水疱、糜烂、浆液性渗出、黄色结痂等(图1-2-8)。

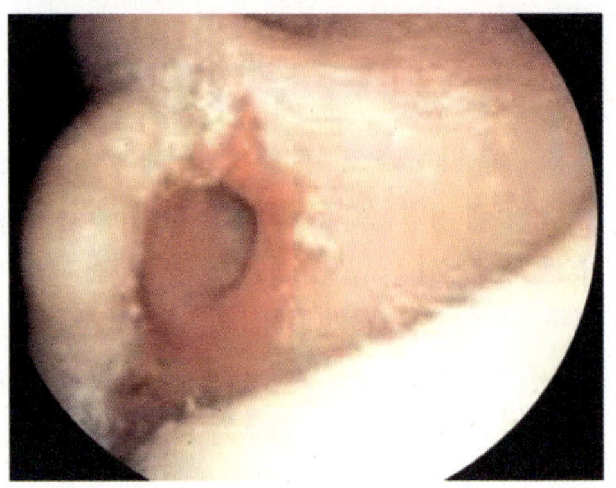
图1-2-8　外耳道湿疹

4. 外耳道炎　外耳道炎多见于游泳后，或不洁水进入外耳道，可分为两类：①局限性外耳道炎，为外耳道皮肤的局部感染，又称外耳道疖(图1-2-9)；②弥漫性外耳道炎：为外耳道皮肤的弥漫性、非特异性炎症(图1-2-10)。急性者有耳牵拉痛及耳屏压痛，外耳道皮肤弥漫性红肿，外耳道壁上可积聚分泌物，外耳道腔变窄，耳周淋巴结肿痛。慢性者检查可见外耳道皮肤慢性充血、增厚，外耳道深部常有上皮脱屑聚集，有时有肉芽生长。病程较长时可以出现外耳道皮肤增厚，引起外耳道狭窄，鼓膜正常。

5. 外耳道异物　外耳道异物多见于儿童。成人多为挖耳或外伤时所遗留。亦见于

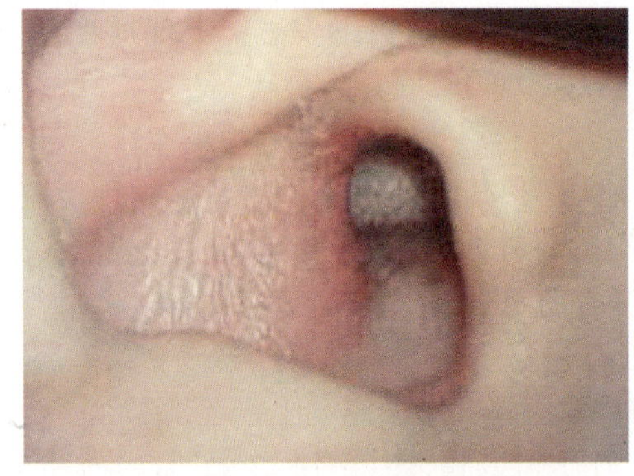
图1-2-9　外耳道疖

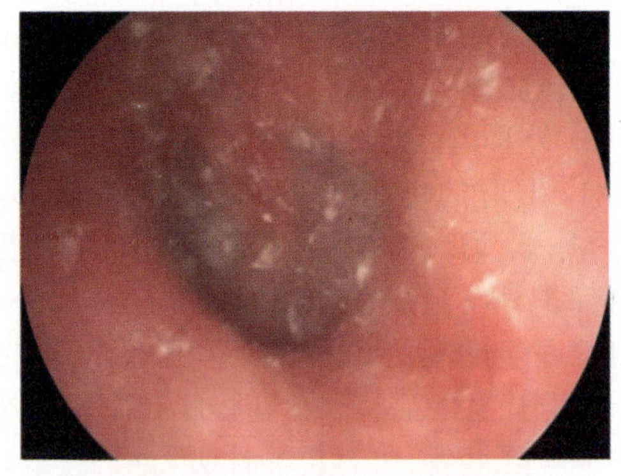
图1-2-10　弥漫性外耳道炎

虫类侵入而造成。异物分3类：①非生物类：如石子、小玩具等；②植物类：如豆类、种籽等；③动物类：如飞虫、蟑螂等。异物大小及有无刺激性可引起不同的症状，如听力减退、耳鸣、耳痛、头痛、眩晕等症状。亦可继发外耳道炎、中耳炎。检查可发现异物。

（四）鼓膜的特征及分区

1. 鼓膜特征　正常鼓膜为一椭圆形灰白色半透明状薄膜，由上皮层、纤维层和黏膜层构成，分为紧张部（下 2/3）和松弛部（上 1/3）。鼓膜位于中耳鼓室与外耳道交界处，构成鼓室的外侧壁，由其将外耳道和中耳腔进行分隔，并阻挡外耳道的异物、细菌等进入中耳腔。在听觉传导的过程中，鼓膜的结构能使传入的声波增益，补偿了声音传入时所产生的衰减。如把鼓膜假想成一个钟面，在5点钟方向（前下象限）有一反光区——光锥，其他耳镜下可见的正常解剖标志如图1-2-11所示。

2. 鼓膜分区　为便于描述鼓膜病变的位置，人为地将鼓膜分区，即先沿锤骨柄作一假想直线，另经鼓膜脐作其垂直相交线，如此一来，鼓膜便被分为前上、前下、后上及后下4个象限区域（图1-2-12）。

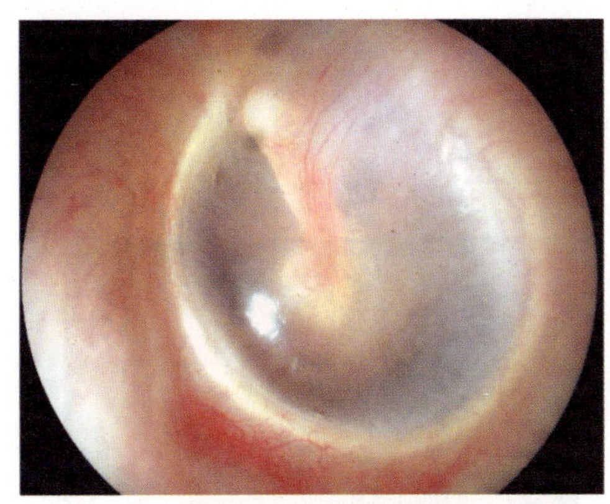

图 1-2-11　正常鼓膜

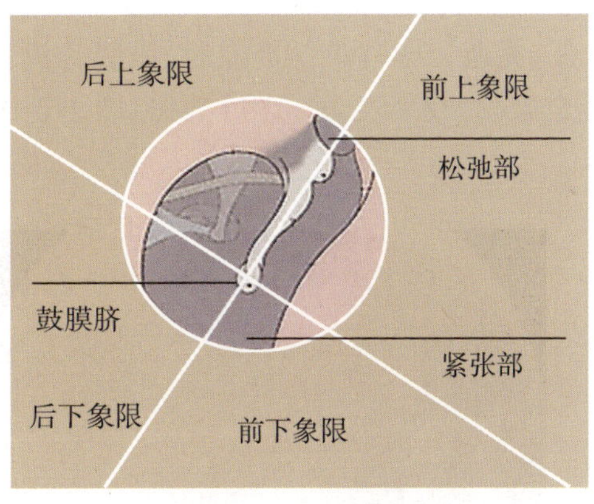

图 1-2-12　鼓膜分区

（五）常见的鼓膜病变

1. 鼓膜穿孔　穿孔可由多种原因所致，如：①中耳感染，鼓室内压力增高，如各种化脓性中耳炎；②用锐物挖耳，直接损伤鼓膜（外伤性穿孔）；③爆震使外耳道压力急剧改变等等。

（1）外伤性穿孔：穿孔多呈裂隙状、三角形或不规则形；个别严重的外伤性穿孔，鼓膜紧张部可完全撕裂。

（2）炎性穿孔：根据病程长短，分为急性和慢性。

1）急性炎症的穿孔：多为紧张部中央性小穿孔，呈针尖状，多伴有液体搏动，如星星闪烁样反光，又称“灯塔征”。

2）慢性炎症的穿孔：单纯型多为鼓膜紧张部中央性穿孔，穿孔多呈椭圆形或肾形；骨疡型多为鼓膜紧张部边缘性或中央性大穿孔（图1-2-13），鼓室内或穿孔附近有肉芽组织或息肉，后者常自鼓膜穿孔处脱出掩蔽穿孔，妨碍引流；胆脂瘤型多见于松弛部边缘型穿孔，或紧张部后上边缘型穿孔（图1-2-14）。

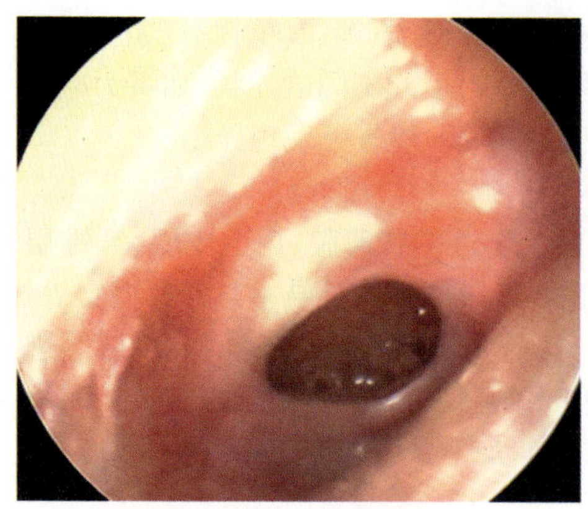

图 1-2-13　中央性穿孔

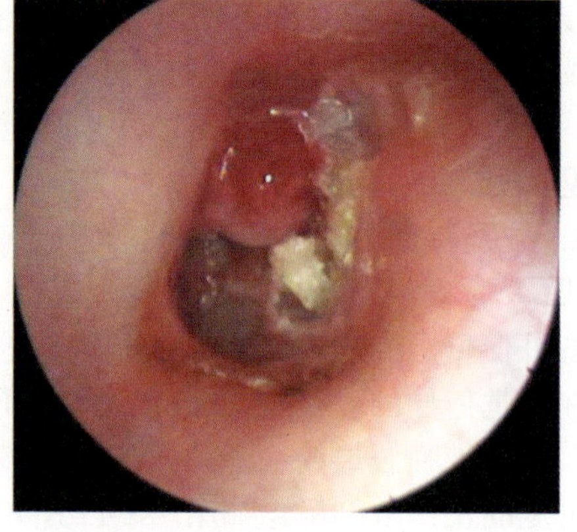

图 1-2-14　胆脂瘤型穿孔

2. 鼓膜钙化　继发于中耳感染，钙在鼓膜表面沉积，导致鼓膜增厚，局部呈白色，见图 1-2-15。

3. 充血　中耳急性炎症时，鼓膜弥漫性发赤、肿胀，早期以松弛部最为明显，以后发展至全鼓膜，鼓膜表面标志可消失（图 1-2-16）。

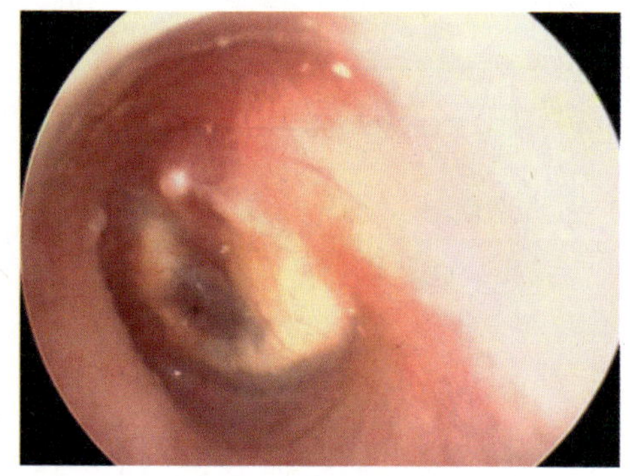

图 1-2-15　鼓膜钙化

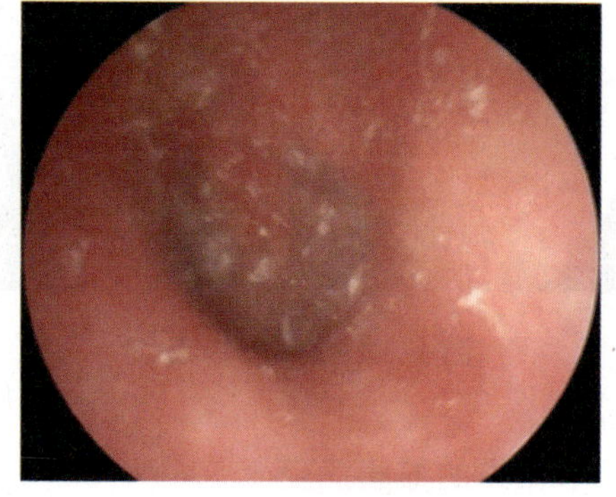

图 1-2-16　鼓膜充血

4. 色泽改变　鼓室内有深色液体或充血组织，鼓膜色泽变蓝，见于鼓室积血、胆固醇肉芽肿、鼓室异位、血管及颈静脉体瘤等。

渗出性中耳炎时，鼓室内有淡黄色积液，使鼓膜呈琥珀色。若鼓室积液为浆液性，且未充满鼓室，可透过鼓膜见到液平面，此液面状如弧形发丝，称为发线（图 1-2-17），凹面向上，当头位变动时此液平面保持水平位，有时可见到液体中的气泡。

5. 鼓膜内陷　表现为光锥变形、分段、缩短、位移或消失，锤骨短突和前、后皱襞特别突出（图 1-2-18）。鼓膜内陷严重者，鼓膜向内异位，可结合鼓室导抗图综合分析确诊。

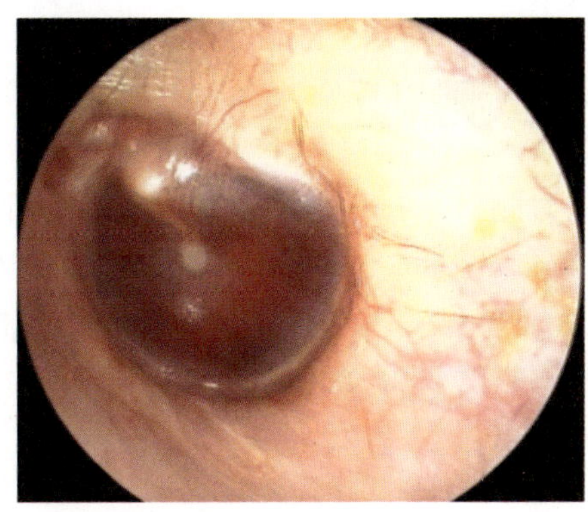

图 1-2-17 发线

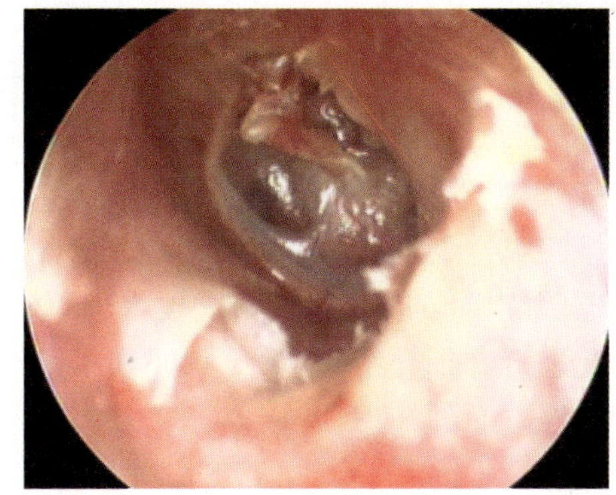

图 1-2-18 鼓膜内陷

【能力要求】

耳镜检查的能力要求主要包括掌握转诊指标（详见本节“概述”）、选择耳镜型号、观察外耳道和鼓膜。具体操作步骤如下。

1. 酒精消毒耳镜，并将其置于干净毛巾表面。

2. 简要询问病史。

(1) 是否有过耳部手术或外伤？

(2) 近 90 天是否有外耳道溢液？

(3) 是否有耳鸣？

(4) 是否曾经不得不到医院取出耵聍？

(5) 是否曾经有过传导性或混合性听力损失？

(6) 是否有单侧听力损失？

(7) 近 90 天内，有突发性聋或听力急剧下降？

(8) 是否有耳痛或其他不适？

3. 向患者简要说明将要开始的操作，例如：我要用耳镜观察你的耳朵（同时向患者展示耳镜），先右后左。首先，我要检查你的耳廓，这种检查对你来说是无损伤的，但也可能会有点儿不舒服，请您坚持配合我完成检查，一旦检查结束，我会告诉您。有问题吗？

4. 酒精消毒双手，选择适合的窥耳器，酒精消毒，安装到位。详见本节“耳镜检查”之“操作规范”。

5. 打开耳镜电源，检查受试者外耳，查看有无畸形。

6. 右手握笔式持镜，左手向后上方牵引耳廓（如系小儿则应向后下方牵拉），使外耳道变直。小心地将耳镜轻轻置入外耳道，注意其前端不要超过软骨部与骨部交界，以免引起疼痛和左右上下移动不便，观察耳道各部及鼓膜之全貌，同时报告自己所见。例如：“我看到了第一弯，我看到了第二弯，我看到光锥了，外耳道通畅，接下来我们可以进行听力测试和（或）注入耳印材料。”

7. 用干净纱布取下用过的窥耳器，再安装另一只用酒精消毒好的窥耳器。重复步骤 5~6，检查对侧耳。

（李晓璐）

第二节　纯 音 测 听

一般来说，耳镜检查结束后，就可以进行听力测试。按照我国《助听器验配师（国家职业资格四级）》大纲要求，纯音听阈测试（pure tone audiometry）技术，简称纯音测听，是四级助听器验配师必备的听力测试技术，具体包括气导测试、骨导测试、掩蔽等等操作。本节将对此进行详细介绍，是学员掌握和了解纯音测听的设备、测试条件、测试方法、结果记录和分析等方面的知识。

【相关知识】

一、听力计

（一）定义、组成、功能

纯音听力计是听功能测试最常用的声学电子仪器，由可以产生纯音和噪声的信号发生器、功率放大器、衰减器、指示仪表（或显示器）及测听耳机等部分组成，见图 1-2-19。

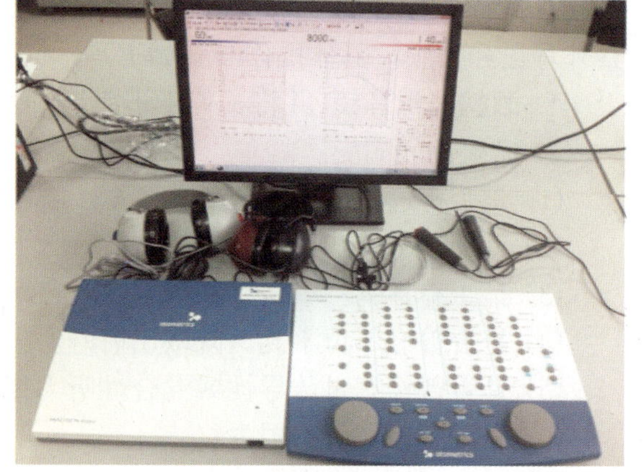

图 1-2-19　纯音听力计

纯音听力计是通过音频振荡发生不同频率的纯音，测试频率范围为 125~8000 Hz，某些高级诊断型纯音听力计测试频率可以达到 10 000 Hz，各频率的声音强度（声级）可以调节。

纯音听力计主要用于测试听觉范围内不同频率的听敏度，判断有无听觉障碍，估计听力损失的程度，初步判断听力损失的类型和部位。

纯音测听时，由受试者自己判断是否听到耳机发出的声音，以每个频率能听到的最小声音强度为听阈，将各频率的听阈在听力坐标图上连线，即听力曲线。

（二）日常校准

按照国家标准《听力计第一部分：纯音听力计》（GB/T 7341.1）和《声学 - 耳科正常人的气导听阈测定——听力保护》（GB 7583）要求，纯音听力计应当校准后方能使用。我国要求纯音听力计在出厂时需符合 GB/T 7341.1 标准，并有检验合格标识。以后每年需要到计量监督部门进行校准，合格后方可继续使用。这种每年 1 次的检测，即为“强检”。除此之外，我们还通过生物学校准（biological check），每天检测纯音听力计的工作状态，即为“日校准”。

1. 生物学校准定义　生物学校准指用生物学方法检测听力计，即通过验配师本人亲耳聆听纯音听力计的发声，直接判断其工作状态是否正常，是每个助听器验配师的日常工作之一。

2. 生物学校准操作　生物学校准的具体步骤如下。

(1) 操作开始前先洗手。

(2) 听力计接电源,打开开关。

(3) 取出并整理气导耳机,要求气导耳机线无扭曲和打结。

(4) 取出并整理骨导耳机,要求骨导耳机线无扭曲和打结。

(5) 正确连接气导耳机、骨导耳机和听力计。

(6) 再次洗手。

(7) 预先准备一条白毛巾,作为清洁区,专门用于放置消毒过的配件。

(8) 气导耳机用酒精擦拭后,置于白毛巾上。

(9) 骨导耳机用酒精擦拭后,置于白毛巾上。

(10) 将气导耳机戴在测试者本人头部,进行测试:先测试右耳,给声选择连续纯音(continuous tone),给声频率 1000 Hz。测试时要求将耳机线抖动,同时注意听在此过程中,耳机中的连续给声是否有停顿或间隔。

(11) 更换频率,重复步骤(10)。

(12) 测试左耳,重复步骤(10)~步骤(11)。

(13) 给声选用间断纯音(pulsed tone),先测试右耳,频率为 1000 Hz,慢慢增加给声的分贝数,同时注意聆听耳机发出的声音强度是否也随之增加。然后再逐渐降低给声的分贝数,同时注意聆听耳机的声音是否很清楚。1000 Hz 测试完成后,移至下一个频率,重复这一过程。

(14) 测试左耳,方法同步骤(13)。

(15) 校准掩蔽声:保证掩蔽声从正确的一侧耳机给声,左右侧耳机均需测试。

(16) 气导耳机生物学校准完成后,置于桌面备用,不能放回原先的白毛巾。

(17) 校准骨导耳机:任选一侧耳,将骨导耳机之骨振器置于乳突部位,再重复步骤(10)和(13),进行骨导耳机生物学校准。

(18) 骨导耳机校准完毕,酒精擦拭后放回白毛巾。

(19) 洗手,准备纯音测听操作。

二、测听室要求

(一) 概述

测听室是一种用于对受试者进行听力测试用的房间,其壁面由吸声、隔声材料和构件组成,使边界能有效吸收所入射声音。测听室中应保持足够低的本底噪声,以避免测听室中的本底噪声掩蔽测试音信号。在用耳机、骨振器或者扬声器发送测试音信号做测听时,应根据不同的发声方法,分别规定本底噪声的允许值,使其不至于影响受试者的听力测定。在用扬声器发送测试信号作测听时,应考虑测听室内声场的要求。

(二) 计量特征

1. 本底噪声声压级 测听室中的本底噪声之声压级应不超过会掩蔽测试信号的某些规定值,对测听室的本底噪声声压级的要求,取决于发送测听信号的方式,即测听信号是经耳机、骨振器还是扬声器发送的,具体标准详见《测听室声学特性校准规范》(JJF 119-2008)。

2. 声场特性 满足以下两种声场要求的测听室可以满足绝大多数用户的使用情形。

(1) 准自由声场:自由声场是指均匀各向同性的媒质中,边界影响可以不计时的声场。在自由声场中,声波将声源的辐射特性向各个方向不受阻碍和干扰地传播。

(2) 扩散声场:当封闭空间内被激发起足够多的减振方式时,由于不同方式有各特定的传播方向,因而使达到某点的声波包括了各种可能的入射方向。在这种情况下,除了在扩散场距离内的自由声场区和离界面 1/4 波长范围内的固定干涉区以外,空间内各点的声能密度相等;从各个方向到达某点的声强相等;到达某点的各波束之间相位是无规的。具备这样特性的声场称为扩散声场。

(三) 测听室声电处理

纯音听阈室:隔声、隔震、通风。

声导抗检查室:隔声、吸声。

耳声发射室:隔声、吸声。

听觉诱发电位室:要求隔声和电磁屏蔽。(隔声、隔震、电屏蔽)。

(四) 各功能室的用途

1. 隔声、隔震室 用途:自由声场、纯音测听、声导抗测试、耳声发射测试、功能增益测试、游戏测听、视觉强化测听、言语测试、真耳测试等

准自由声场的用途:主要进行小儿行为测听。如:行为观察测听、视觉强化测听和游戏测听、言语测听。

房屋内外形尺寸:室内面积为 1m × 1m × 1.9m~5m × 5m × 2.3m,室外面积为 1.2m × 1.2m × 2.5m~5.4m × 5.4m × 2.8m。

2. 隔声、隔震、电磁屏蔽室 用途:主要进行听性脑干诱发电位测试。

房屋内外形尺寸:室内面积为 1m × 1m × 1.9m~5m × 5m × 2.3m,室外面积为 1.2m × 1.2m × 2.5m~5.4m × 5.4m × 2.8m。

(五) 设计依据

《民用建筑隔声设计规范》(GB 50118-2010)。

《声学 测听方法 纯音气导和骨导听阈基本测听法》(GB/T 16403-1996)。

《声学 测听方法 用纯音及窄带测试信号的声场测听》(GB/T 16296-1996)。

《室内空气质量标准》(GB/T 18883-2002)。

《建筑设计防火规范》(GB 50016-2008)。

《电气装置安装工程电气照明装置施工及验收规范》(GB 50259-96)。

《室内装饰装修材料人造板及其制品中甲醛释放限量》(GB 18580-2001)。

《测听室声学特性校准规范》(JJF 119-2008)。

《声环境质量标准》(GB 3096-2008)。

三、基本概念

1. 听阈(threshold) 听阈是能够引起听觉的最小有效声压级,具体地说,就是在规定条件下进行测试时,对于给出的多次声刺激信号,受试者能察觉一半以上给声的最小声音强度。

2. 纯音测听

(1) 定义:纯音是指单一频率的声音,纯音测听是测试听敏度的、标准化的主观测听

方法，包括纯音气导听阈测试和骨导听阈测试。

(2) 作用：是最基本的听力测试，也是首选的听力测试

3. 声压级 声压(acoustic pressure)是指声波通过媒质时，由振动所产生的压强改变量。声波在空气中传播时，空气的疏密程度会随声波而改变，因此，区域性的压强也会随之改变，此即为声压。声压常用字母"P"表示，在国际单位制中，声压的衡量单位是帕斯卡(符号 Pa)。

声压级(sound pressure level，SPL)是指以对数尺衡量有效声压相对于一个基准值的大小，用分贝(dB)为单位来描述其与基准值的关系。人类的对于 1000 Hz 纯音的听阈(即产生听觉的最低声压)为 20μPa，通常以此作为声压级的基准值。

声压级计算公式：将待测声压有效值 P 与参考声压 P_0 的比值取常用对数，再乘以 20，即：

$$SPL=20\lg(P/P_0)\ (\mathrm{dB})$$

在空气中，参考声压 P_0 一般取为 2×10^{-5} 帕，这个数值是正常人耳对 1000 Hz 声音刚刚能觉察其存在的声压值，也就是 1000 Hz 声音的可听阈声压。一般讲，低于这一声压值，人耳就再也不能觉察出这个声音的存在了，显然该可听阈声压的声压级即为 0 dB。

4. 听力零级(audiometric hearing zero level)和听力级(hearing level，HL) 听力零级是作为测听标准的数据，也是听力计上表示听力的一个参数。听力计是依据一组正常青年的平均听阈为标准的听阈零级的平均声压级。它代表一个国家或一个地区的"0"分贝的听力标准。医学上以此派生出的声音强度单位叫做听力级(Hearing Level，HL，简称 HL)。听力零级分气导听力零级和骨导听力零级，气导零级是指对规定耳机输出正常听力所能感受的最小振动信号，骨导零级亦是指对规定骨导耳机输出正常听力所能感受的最小振动信号。听力零级数值应通过耳机、仿真耳(仿真乳突)、声级计等相应设备测量获得。不同的耳机有不同的频率特征，不同的仿真耳有不同的阻抗特性而决定的频响特性。因此，听力零级是对应于具体的耳机——仿真耳 / 仿真乳突组合的数值。

5. 正常听力级(normal hearing level，nHL) 采用一定数量的健康青年正常耳的听阈作为听力零级，将其表示为正常听力级，其中 n 表示测试耳的例数，应以数字表示，但多被省略，仅以字母 n 代表已经自行校准过，排除环境因素对听力零级的影响。

6. 感觉级(sensation level，SL) 将某一特定受试者的听阈定为零级，某一纯音的声强对于该受试者的阈上分贝数就成为感觉级。

四、不加掩蔽的气导测试

(一) 耳别顺序

在开始进行纯音测听前，测试者要先询问患者哪一侧耳的听力相对好些，以确定其相对好耳，然后首先测试该耳的气导听阈。如果患者不能确定哪一侧是相对好耳，就先测试右耳。

(二) 频率顺序

我国"GB/T16403-1996 声学　测听方法第 1 部分：纯音气导和骨导听阈基本测听法"，详细规定了对气导和骨导听阈测定的方法步骤和必要条件。按照 GB/T16403 要求，纯音气导听阈测试从 1000 Hz 开始，因为对大多数人来说，1000 Hz 是最容易听到的频率点，也

被证明是测试/重复测试时反应最可靠的频率点。

1000 Hz频率段阈值测试完成后，依次测试2000 Hz、4000 Hz和8000 Hz，然后复测1000 Hz阈值，其目的是确认受试者理解测试过程。值得一提的是，复测1000 Hz只需在开始测试的那一侧耳进行，对侧耳进行纯音气导听阈测试时，无需复测1000 Hz。如果1000 Hz复测结果和首次测试结果相差≤10 dB，说明受试者反应可靠，继续测试500 Hz、250 Hz和125 Hz。反之，则要求按原程序依次再重新完成1000 Hz、2000 Hz、4000 Hz、8000 Hz、1000 Hz，直至两次1000 Hz测试结果相差≤10 dB。相邻倍频程间阈值相差20 dB以上、助听器验配、噪声性听力损失或疑为噪声性听力损失者，需要加测半倍频程，即750 Hz、1500 Hz、3000 Hz、6000 Hz。

（三）测试方法

纯音测听常用的方法有升降法和上升法两种，本节将对其操作过程进行详细描述。

1. 升降法（改良型Hughson-Westlake方法） 升降法是目前普遍被大家所接受的纯音测听方法。听力正常的受试者，一般从1000 Hz、40 dB开始给声，如果受试者有听力减退或耳聋病史，首次给声强度可以从60 dB开始。如果受试者对60 dB的起始给声无反应，则10 dB的步长在此基础上继续增加，直至受试者有反应。

每当受试者对给声无反应时，则增加声强5 dB；每当受试者对给声有反应时，则减少声强10 dB，也就是我们通常所说的"升5降10"，直到受试者对某一强度的3次给声至少有2次给出反应。

例1：以1000 Hz频率点为例，详述纯音气导听阈测试的步骤。

(1) 起始给声的声强为40 dB，受试者听到。

(2) 给声强度降低10 dB到30 dB，受试者听到。

(3) 给声强度降低10 dB到20 dB，受试者听到。

(4) 给声强度降低10 dB到10 dB，受试者听不到。

(5) 给声强度增加5 dB到15 dB，受试者听到。

(6) 给声强度降低10 dB到5 dB，受试者听不到。

(7) 给声强度增加5 dB到10 dB，受试者听到。

(8) 给声强度降低10 dB到0 dB，受试者听不到。

(9) 给声强度增加5 dB到5 dB，受试者听不到。

(10) 给声强度增加5 dB到10 dB，受试者听到。

因此，本例中，1000 Hz频率点的气导纯音听阈就是10 dB，因为从步骤(1)~(10)，共有3次给声强度为10 dB，其中2次受试者听到(2/3)。

2. 上升法（Hughson-Westlake法） 测试时，首先给受试者一个听不到的声音，然后逐步增加强度，直至受试者可以听到，待其做出正确反应，开始降低给声强度，重复该操作，直到同一强度得到3次以上正确反应。

上升法目前应用较少。

五、不加掩蔽的骨导测试

骨导测试的目的是帮助测试者了解耳蜗功能，鉴别听力损失的类型。骨导测试可以接在气导测试完成后进行，也可以在言语测试完成后进行。与气导测试不同，骨导测试的

频率为:250 Hz、500 Hz、1000 Hz、2000 Hz 和 4000 Hz。建议助听器验配师在日常工作中,养成良好的工作习惯——每次气导测试完成后,都测试骨导听力。当然,如果患者的气导阈值不正常,则必须测试骨导。不加掩蔽的骨导测试基本操作原则也是“升 5 降 10”,具体操作步骤详见本节“能力要求”之“二、骨导听阈测试”。

六、最大舒适阈

最大舒适阈(most comfortable level,MCL)的测试目的是发现受试者听语言频率段的最舒适声强,是助听器验配的重要参数。一般来说,正常听力的人,其 MCL 在 40~50 dB HL。一旦有听力损失,MCL 也会发生相应改变。MCL 大约在言语识别阈(speech reception threshold,SRT)和不舒适阈(uncomfortable loudness level,UCL)之差(即动态范围)的中点附近。因为动态范围和听力损失的类型有关(图 1-2-20),所以,不同类型的听力损失,MCL 也不相同。图 1-2-21 所示,正常人的动态范围约为 90 dB,传导性听力损失的动态范围是有区别的。

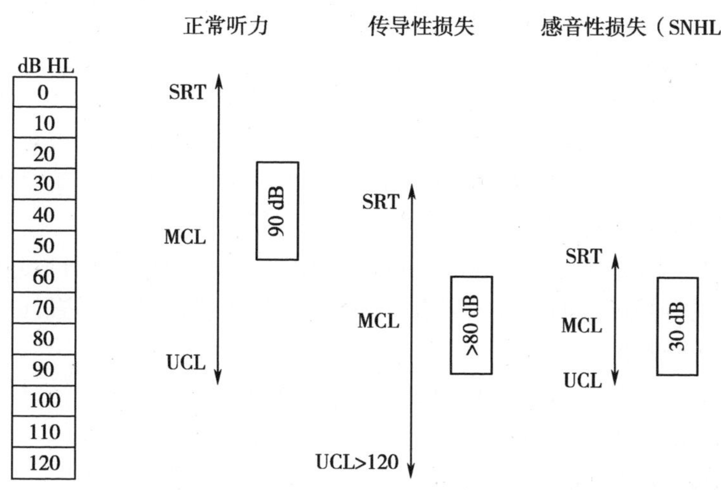

图 1-2-20 动态范围:听力损失类型不同,动态范围也不同。正常人动态范围为 90 dB,传导性听力损失一般在 80 dB 以上,感音神经性听力损失约为 30 dB

MCL 测试具体操作步骤如下。

1. 起始给声强度 言语识别阈 +40 dB。
2. 先测试相对好耳;如果双耳听力损失无明显差别,先测试右耳。
3. 给出指令 例如:“现在开始,我将要一直对你说话,我想找到你听我讲话感觉最舒适的那个强度。现在听我从 1 数到 10,把我想象成一个电视机,而你正拿着遥控器调节音量开关,你想把我的声音调高,还是调低,还是就维持现在这样?”然后测试者开始从“1”数到“10”。
4. 根据受试者的反应,增加或降低 5 dB,再次询问患者感觉如何,是否听得最舒适了?
5. 测试完成,用正确的符号将结果记录在听力图上。

6. 重复步骤 1~5，完成对侧耳的测试。

七、不舒适阈

不舒适阈（UCL）又称不舒适阈值（threshold of discomfort，TD）、不舒适响度级（loudness of discomfort level，LDL），指当患者佩戴助听器时，声音强度引起听觉明显不舒适感时的声压级。通俗地说，UCL 就是当测试信号（言语声或纯音）的声强逐渐提高，到某一程度时，令患者感到难以忍受，对这种给声 1 秒也不愿意多听时的那个声音强度。

UCL 是最大声输出调试的重要依据。

UCL 和 MCL 的测试区别在于：①测试信号不同：UCL 的测试信号既可以是言语声，也可以是纯音，而 MCL 只能用言语声进行测试；②单耳或双耳测试：UCL 可以进行单耳测试，即左、右耳分别测试，而 MCL 通常是双耳测试。

值得一提的是在 UCL 测试时，我们要与受试者面对面测试，充分观察其因声音过吵所致的面部表情细微变化，从而帮助我们更准确地判断其不舒适的阈值。

（一）言语声 UCL 测试

测试音为言语声时，UCL 测试具体操作步骤如下。

1. 起始强度为 70 dB，或者受试者的 MCL。
2. 先测试相对好耳，如果双耳听损无明显差别，则先测试右耳。
3. 给出指令　例如："现在开始，我将要一直对你讲话，我讲话的声音会越来越响，当你觉得我的声音很响时，就举起示指；当我的声音越来越吵，让你感觉很难受，根本不想再听下去时，你就举起手，一看到你举手，我就会停止说话。明白吗？"
4. 开始测试　一直对受试者说话，声强每次提高 5 dB，直到他们举起整只手。除此之外，还要通过观察受试者面部表情变化，来识别其是否已经很不舒服，或者测听仪达到最大声输出，均可帮助我们判断 UCL。
5. 测试完成，用正确的符号将结果记录在听力图上。
6. 重复步骤 1~5，测试对侧耳。

（二）纯音 UCL 测试

测试音为纯音时，UCL 的具体操作步骤如下。

1. 测试频率　500 Hz、1000 Hz、2000 Hz、4000 Hz。
2. 先测试相对好耳，如果双耳听力损失无明显差别，则先测试右耳。
3. 给出指令　例如："现在开始，我将给你听一些很响的声音，而且声音会越来越响，当你觉得声音很响时，就举起示指；如果你觉得声音吵得让你很难受，根本不想再听下去，你就举起手，一旦你举手，我就会停止给声。所以，如果你只是觉得声音很响，就举起示指，如果你觉得声音吵得听不下去了，就举起整只手。明白吗？"
4. 起始强度为 70 dB，或者受试者的 MCL。起始测试频率为 1000 Hz。间断给声，每次提高 5 dB，直到他们举起整只手。除此之外，还可以通过观察受试者面部表情变化，来识别其是否已经很不舒服，或者听力计达到最大声输出，均可帮助我们判断 UCL。
5. 用正确的符号将结果记录在听力图上。
6. 重复步骤 4、5，继续测试 2000 Hz → 4000 Hz → 500 Hz。
7. 重复步骤 4~6，完成对侧耳的测试。

八、掩蔽

（一）基本概念

1. 测试耳（test ear，TE） 测试耳是指我们想要测出其阈值的那一侧耳。

2. 非测试耳（non test ear，NTE） 非测试耳是指我们想要其听到噪声的那一侧耳。

3. 掩蔽（masking） 对测试耳（TE）进行阈值测试的同时，给非测试耳（NTE）施加噪声，以阻止其干扰测试结果。

4. 起始掩蔽级（effective masking，EM） 指刚好能掩蔽给声信号所需的最小噪声强度。美国国家标准学会 ANSI S3.6-1989 将其定义为以测试频率为中心频率，能使 TE 阈值发生改变的噪声强度级。例如：如果测试信号是 25 dB，其有效掩蔽级为 25 dB。

EM 决定了到底要对 NTE 施加多大的噪声，才能消除其对 TE 测试的影响，有助于从根本上消除交叉听力。

5. 堵耳效应（occlusion effect，OE） 在较低频率段（250 Hz、500 Hz、1000 Hz）进行骨导掩蔽时，当掩蔽用的气导耳机戴在 NTE，NTE 外耳道被堵住，TE 的骨导阈值可能会变小，叫做堵耳效应。为了避免堵耳效应，不加掩蔽的骨导测试时，不要配戴气导耳机。

（二）掩蔽的必要性

“掩蔽”现象在日常生活中随处可见。例如：上课时，老师讲课的声音是我们的目标信号，如果突然响起铃声（噪声），目标信号就会被噪声掩盖，学生们听不清老师的讲课，这就是“掩蔽”。

进行听力测试时，“掩蔽”是指通过给非测试耳（NTE）人为地施加噪声，来阻止 NTE 听到正在施加给测试耳（TE）的目标信号声。

以气导测试为例，当患者双耳听力差别较大，而我们又需要测试相对差耳的听阈时，此时 TE 是相对差耳，NTE 是相对好耳。随着 TE 给声强度增大，NTE 反而会先听到给声，这时患者就会举手或按应答器，示意我们“听到了”，但其本人并没有意识到这个“听到了”的反应实际是来自于 NTE，而非 TE。此时如果我们把这个测试结果误认为是 TE 的阈值，描记得到的听力图就称为“影子曲线（shadow audiogram）”，如图 1-2-21 所示，音影曲线并非 TE 的实际阈值，而是交叉听力的结果。为避免这种情况，在测试相对差耳时，我们常常需要对相对好耳进行掩蔽。

（三）掩蔽的性质

1. 交叉听力（crossover） 当双耳听阈相差较大时，我们明明对 TE 给声，但是实际情况却是 NTE 先听到声音，然后受试者就会给出反应，表示他们听到了，NTE 此时获得的听力就称为“交叉听力”。其产生的原因可能是气导耳机罩紧贴颅骨，给声强度大时，会刺激颅骨，通过骨导途径，传到对侧（NTE）。

声波在从 TE 传导到 NTE 的过程中损失的能量，即耳间衰减（interaural attenuation，IA）。气导测试和骨导测试的耳间衰减不同：气导耳间衰减为 40 dB HL，骨导耳间衰减为 0 dB HL。

例 2：如图 1-2-22 所示，已知 500 Hz 频率点左耳气导听阈为 10 dB HL，请计算该频率点右耳的给声强度需要达到多少分贝，才能保证受试者左耳能够听到？

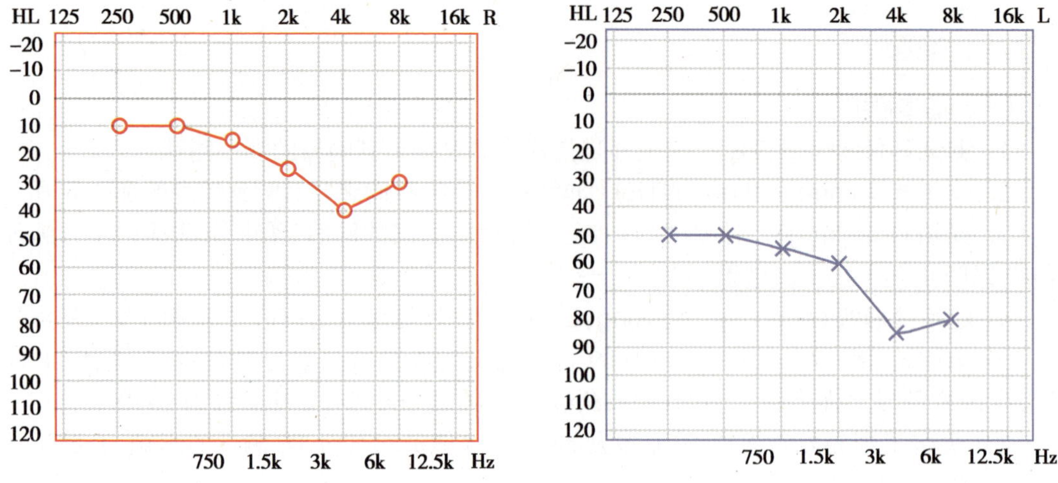

图 1-2-21　影子曲线

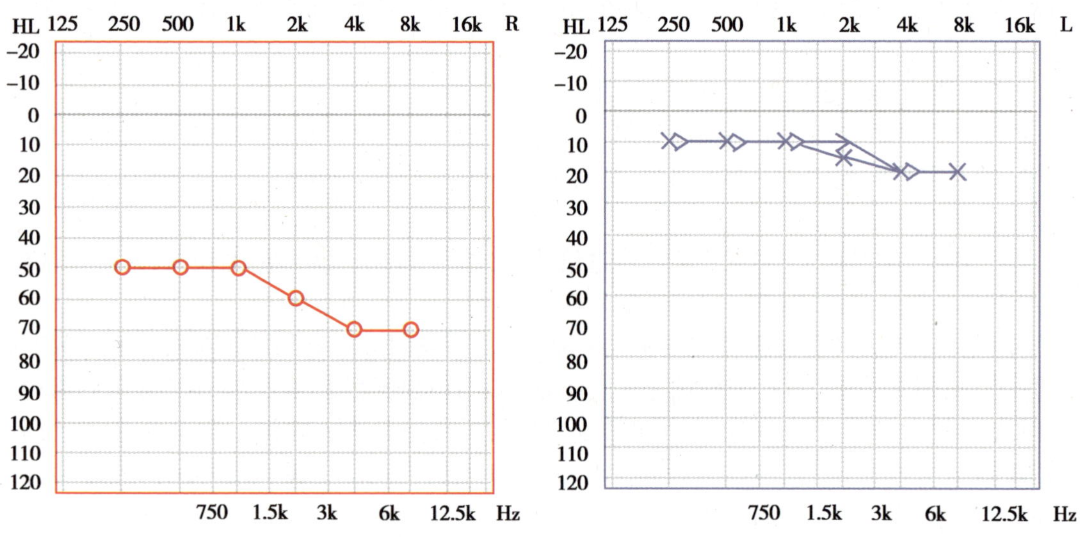

图 1-2-23　交叉听力示意图

解答：气导耳间衰减为 40 dB HL，本例中左耳阈值为 10 dB HL，所以，必须保证右耳的给声强度至少能克服耳间衰减，才能让左耳听到。

右耳给声强度 =10+40=50（dB HL）

所以，右耳给声 50 dB HL 才能保证左耳能够听到。

2. 掩蔽过度（overmasking）　由于给非测试耳（NTE）加了过大的噪声（掩蔽声），造成测试耳（TE）的阈值比实际阈值下移（增大），称为掩蔽过度。在掩蔽的实际操作过程中，如果 NTE 掩蔽声每增加 10 dB，TE 阈值在平台上随之下降超过 10 dB，就要警惕掩蔽过度，常见于骨导测听。

3. 掩蔽不足（undermasking）　由于给非测试耳（NTE）加的噪声（掩蔽声）过小，不足

以消除交叉听力或者克服耳间衰减，导致 NTE 可以同时听到掩蔽声和测试信号声，使测试耳（TE）阈值比实际阈值上移（减小），叫做掩蔽不足，常见于气导测听。

图 1-2-23 所示为平台、掩蔽过度和掩蔽不足。

4. 掩蔽困难（masking dilemma） 某些情况下，加在 NTE 的掩蔽声也会传到 TE，从而影响 TE 的阈值，称为掩蔽困难，常见于双侧传导性听力减退的患者。这时我们很可能无法测出 TE 可靠的掩蔽阈值。图 1-2-24 所示的情形就很可能面临掩蔽困难：一方面，患者双耳不加掩蔽的测试结果提示我们需要进行掩蔽；另一方面，由于其听力损失的特殊情况，我们很难找到合适的掩蔽声强，既能掩蔽 NTE，又不能影响 TE 的测试。

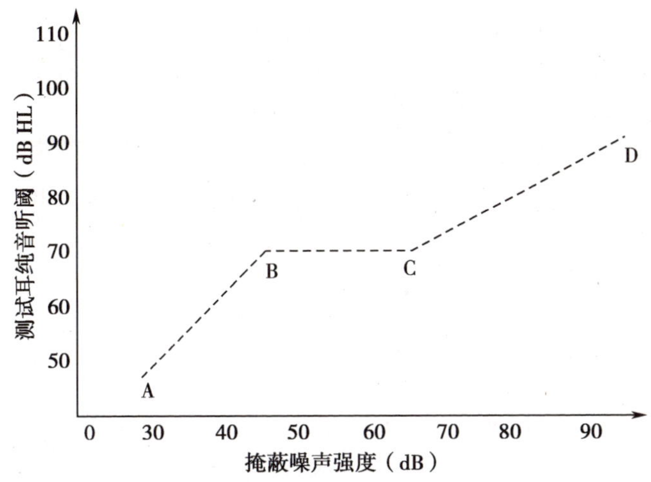

图 1-2-23　BC 段（从 50~70 dB）为平台，低于 50 dB（AB 段）为掩蔽不足，高于 70 dB（CD 段）为掩蔽过度

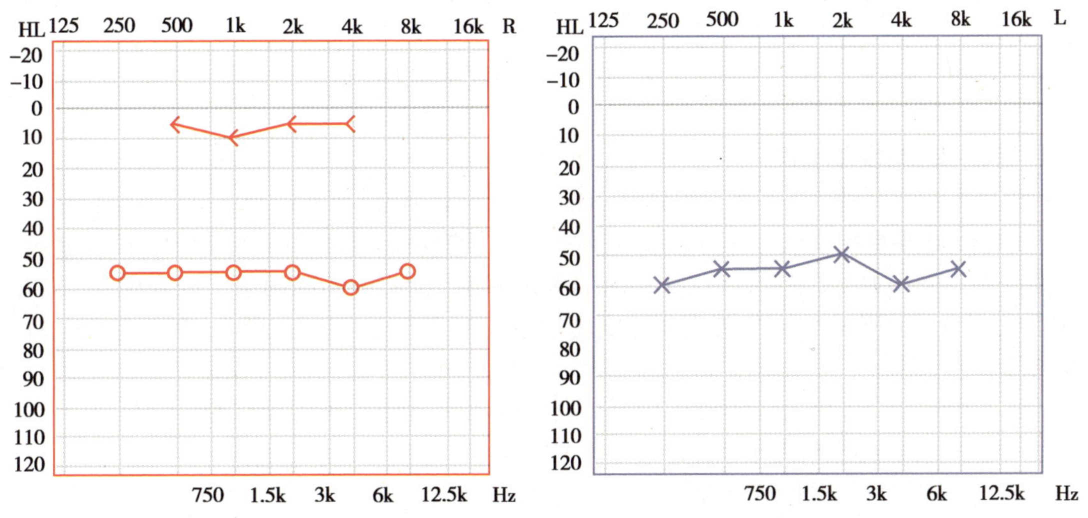

图 1-2-24　掩蔽困难：如果加有效掩蔽级，就可能导致掩蔽过度

掩蔽 NTE 后测得的 TE 阈值，称为“掩蔽阈（masked thresholds）”，是 TE 的真实阈值。

（四）掩蔽的规则

掩蔽的适应证　掩蔽的适应证即指加掩蔽的条件。

（1）气导掩蔽适应证：测试耳气导值与非测试耳骨导值相差≥40 dB，气导需加掩蔽（图 1-2-22）。一般来说，双耳气导阈值相差≥40 dB 的耳间衰减时，如果要测试相对差耳的真实听阈，就必须对相对好耳进行掩蔽。为便于描述，把相对好耳定义为 NTE（非测试耳），相对差耳定义为 TE（测试耳），那么，究竟对 NTE 加多大的掩蔽声才合适呢？才能避免掩蔽不足和过掩蔽的呢？答案是 10 dB。

因此，气导起始掩蔽级的计算公式为：

NTE 的阈值 +10 dB=EM（起始掩蔽级）

（2）骨导掩蔽适应证：测试耳的气导和骨导阈值相差 >10 dB，骨导需加掩蔽，如图 1-2-25 所示。起始掩蔽级的计算可以同气导。

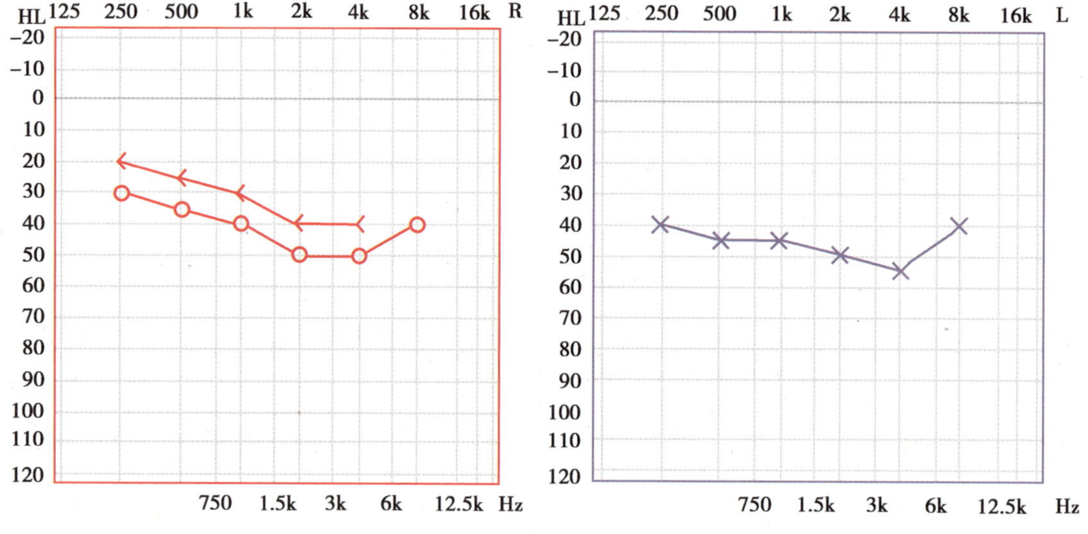

图 1-2-25　骨导掩蔽

（五）掩蔽的操作步骤

掩蔽方法有两种：Hood 平台搜索法（Hood's plateau method）和阶梯法（step masking）。

1. Hood 平台搜索法　在 NTE 给有效掩蔽级的噪声后，如果 TE 的阈值有下移，此时就可以考虑采用 Hood 平台搜索法（Hood，1960）来测试 TE 的实际阈值。掩蔽时，给 NTE 加噪声，给 TE 加测试音（纯音信号），每次增加 10 dB，直至噪声增加 30 dB 都不会影响 TE 的阈值。

下面列举 2 个实例，在纯音听力图上演示 Hood 平台搜索法的操作过程。

（1）例 3：气导掩蔽（图 1-2-26A）

① 分析听力图：右耳所有频率点气导阈值为 0 dB，左耳 1000 Hz 气导阈值为 50 dB。为便于描述，本例中左耳为测试耳（TE），右耳为非测试耳（NTE）

② 判断是否需要掩蔽：本例中，因为双耳 1000 Hz 气导阈值相差 40 dB，符合“气导掩

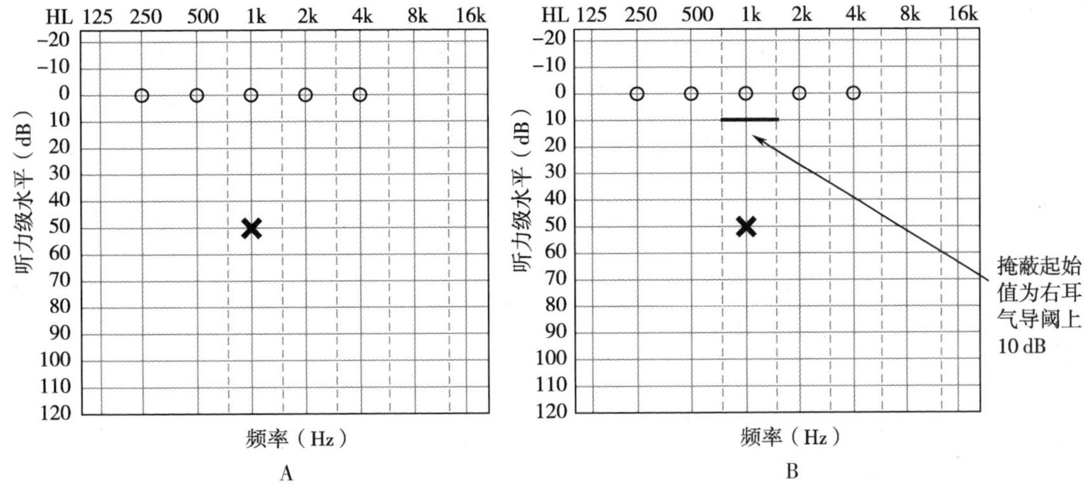

图 1-2-26

A. 气导掩蔽　B. 气导掩蔽

蔽适应证”，因此，测试左耳气导阈值时，需要在右耳加掩蔽。

③ NTE 的阈值是多少？本例中由听力图可知 NTE 阈值为 0 dB。

④ 起始掩蔽级是多少？即 NTE 掩蔽强度应该从多少开始？

- 气导掩蔽 EM=NTE 阈值 +10 dB

0+10 dB=10 dB（EM）

NTE（右耳）给 10 dB 的噪声，开始掩蔽（图 1-2-26B）。

⑤ 此时，左耳再给 50 dB 纯音，观察受试者反应：

如果左耳仍然能听到 50 dB 纯音，即加掩蔽后阈值没有发生改变，此时我们就把 NTE 的掩蔽声增加 10 dB。

如果左耳听不到 50 dB 纯音，即为加掩蔽后阈值发生改变，此时就需要把 TE 的测试音（纯音）增加 5 dB。

⑥ 重复步骤⑤，直到 NTE 掩蔽声连续增加了 30 dB，TE 的纯音阈值都没有发生改变，此时的阈值就是 TE 的真实听阈。

(2) 例 4：骨导掩蔽（图 1-2-27）

① 分析听力图：双耳所有频率气导听阈均为 35 dB，右耳 1000 Hz 骨导听阈为 15 dB。

② 判断是否需要加掩蔽及其根据：本例中，因为右耳 1000 Hz 骨导阈值和气导阈值相差 15 dB 以上，符合“骨导掩蔽适应证”，所以，需要给左耳加掩蔽，为便于描述，本例中右耳为测试耳（TE），左耳为非测试耳（NTE），如图 1-2-28 所示，佩戴耳机。

③ NTE 的阈值是多少？本例中左耳阈值为 35 dB。

④ NTE 的起始掩蔽级是多少？

- NTE 在 1000 Hz 频率点的阈值 +10 dB=EM
- 35+10=45 dB
- 左耳给 45 dB 的噪声，开始掩蔽。

⑤ 此时，右耳骨导仍给 10 dB 纯音，观察受试者反应

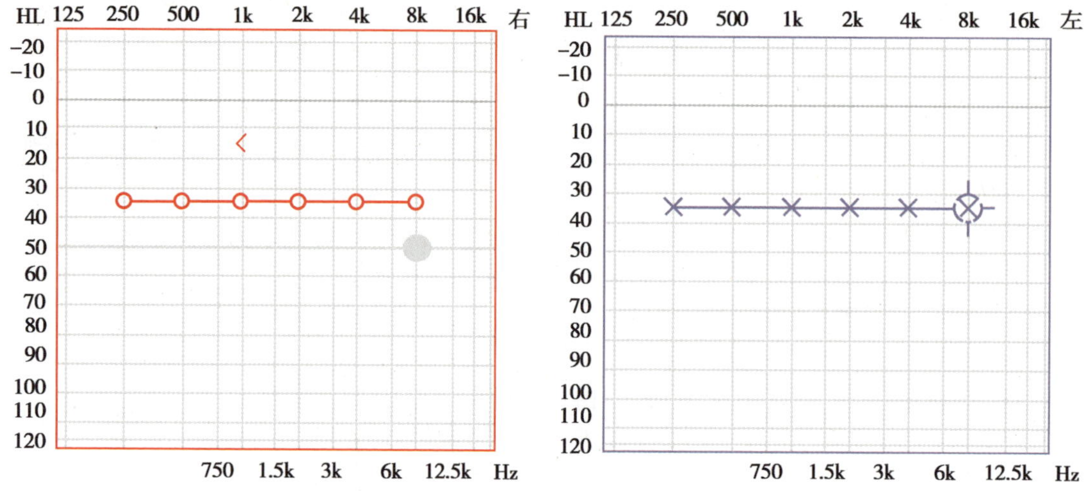

图 1-2-27　骨导掩蔽实例分析

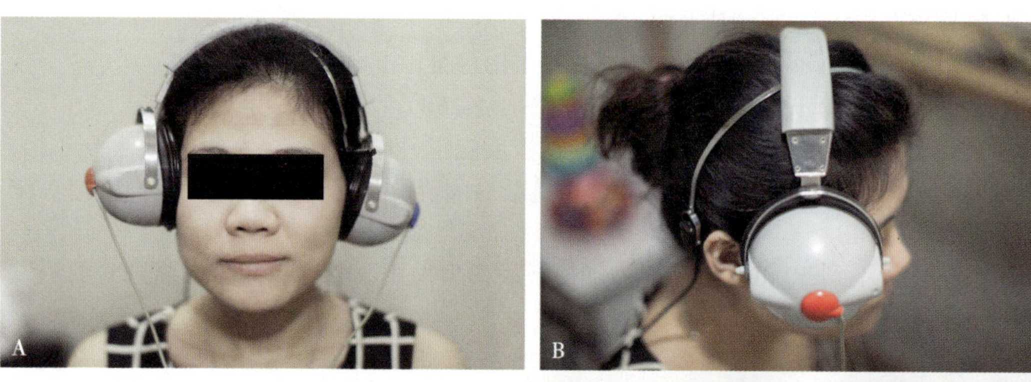

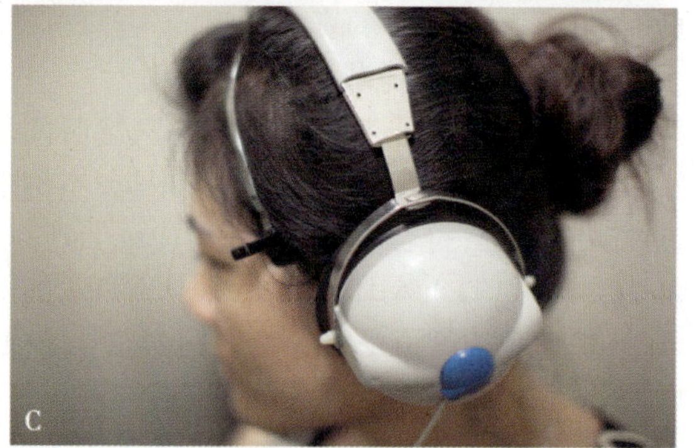

图 1-2-28　骨导掩蔽的耳机放置：A 图为正面观；B 图为测试耳侧面观；C 图为非测试耳侧面观

如果右耳和原来一样，仍然能听到 10 dB 纯音，即加掩蔽后阈值保持不变，我们就把 NTE 的掩蔽声强增加 10 dB。

如果右耳听不到原来 10 dB 纯音，即加掩蔽后阈值发生改变，就把 TE 的测试音(纯音)增加 5 dB。

⑥ 重复步骤⑤，直到 NTE 的掩蔽声连续增加了 30 dB 时，TE 的纯音阈值都没有发生改变，此时的阈值就是 TE 的真实听阈。

2. 阶梯掩蔽法（step masking）

(1) 根据掩蔽的适应证，判断是否需要掩蔽，以及掩蔽的频率。

(2) NTE 阈值上一次加 30 dB 噪声，作为初始掩蔽级。

(3) 此时，TE 仍给原来的纯音，观察受试者反应。

① 如果 TE 仍然能听到原来的纯音信号，即加掩蔽后阈值保持不变，或者只轻微上移 5~10 dB，此听阈即为 TE 的真实听力。

② 如果 TE 听不到原来纯音信号，即加掩蔽后阈值发生改变，就把 TE 的测试音(纯音)每次增加 5 dB，直至听到。如果上移 15 dB，需要分析是否要进一步掩蔽；上移 20 dB，往往需要进一步掩蔽；上移超过 25 dB，必须进一步掩蔽。

③ 进一步掩蔽：NTE 一次增加 20 dB 噪声，直到 TE 纯音信号强度不变或轻微上移为止(图 1-2-29)。

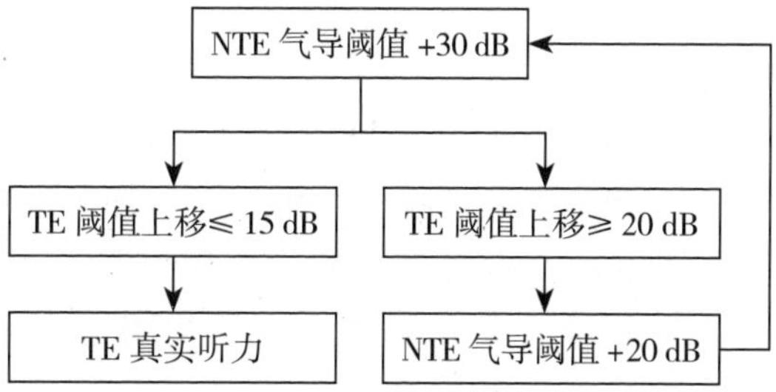

NTE 气导阈值 +30 dB

TE 阈值上移≤ 15 dB　　TE 阈值上移≥ 20 dB

TE 真实听力　　NTE 气导阈值 +20 dB

图 1-2-29　阶梯掩蔽法操作示意图

(六) 常用的掩蔽声

本节最后简要介绍掩蔽声的种类，均为纯音听力计可以提供的声源。临床常用做掩蔽的噪声大致有以下 3 种。

1. 白噪声（white noise）　白噪声是指在较宽的频率范围内，各等带宽的频带所含的噪声能量相等的噪声。白噪声是纯音测听和言语测试中最为常用的掩蔽声。

2. 窄带噪声（narrow band noise）　和白噪声相比，其频率范围较窄，中心频率带可以人为设定(例如测试 250 Hz 频率点时，窄带噪声范围可以设定在 250 Hz 附近)。窄带噪声多用于纯音测听，一般不用于言语测听。

3. 言语噪声　言语噪声是人为对白噪声进行特殊的滤波处理后，在低频和中频段(250 Hz~1 kHz)能量相等的噪声，广泛用于言语测听。

九、听力图

(一) 听力图记录

听力图是进行助听器验配和了解听力状况的最直接的依据。所以，读懂听力图，不仅可以帮助我们了解患者听力损失情况，还能根据具体情况采取不同的治疗措施。

听力图是表示听阈作为频率的函数的图线，其横坐标表示声音的频率，单位为赫兹(Hz)，标记在听力图上下两端；纵坐标表示声音的强度，单位为分贝(dB HL)，标记在听力图左侧(图 1-2-30)。一张完整的听力图还包括一些其他重要信息，如受试者一般情况(姓名、年龄、性别)、测试日期、听力计型号、耳机种类、测试可靠性、结果说明以及一些其他的

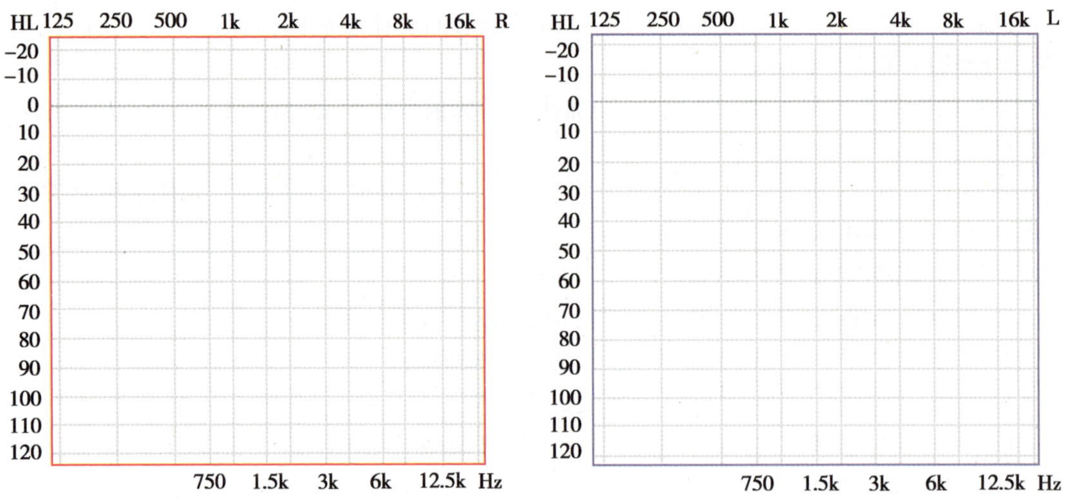

图 1-2-30　听力图

听力测试相关信息等。

纯音测听的结果在听力图有其特定的记录方法。

1. 用不同颜色标记左右耳　为便于向患者解释双耳的测试结果，通常规定用红色标记右耳测试结果，用蓝色标记左耳结果。

2. 符号　表 1-2-1 所示为听力图记录的一些常用符号。

表 1-2-1　纯音听力图记录符号

项目	气导		骨导	
	无掩蔽	掩蔽	无掩蔽	掩蔽
左耳	×	□	>	]
右耳	O	△	<	[

注：不舒适阈：U；最大声输出无应答：↓；声场：S

(二) 典型听力图结果分析

判读听力图时，一般需要注意以下 3 点：①听力损失的类型；②听力损失的程度；③听力图的图形特点。

1. 听力损失的类型　听力损失的类型主要有传导性、感音神经性和混合性 3 种，其听力图特点分别描述如下。

(1) 传导性听力损失（conductive hearing loss，CHL）：传导性听力损失是指声波在外耳道、鼓膜、听骨链等部位的传导障碍而造成的听力损失。所以，传导性听力损失多因外耳和中耳病变所致，如：外耳或中耳感染、鼓膜穿孔、耵聍栓塞、良性肿瘤、外耳、外耳道和中耳畸形或发育不良等。随着耳科学的发展和显微外科技术的提高，传导性听力损失的药物和外科治疗水平都有了长足的进步。

传导性听力损失听力图特征性表现：患耳骨导听阈正常，但气导听阈 >25 dB，骨导听阈明显好于气导听阈，形成气 - 骨导差（air-bone gap），如图 1-2-31 所示。

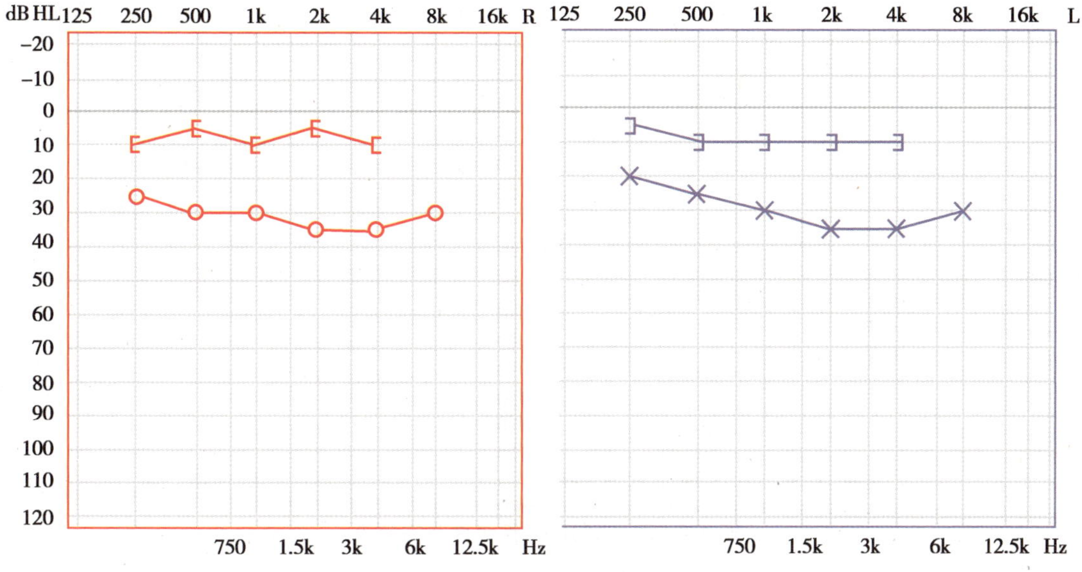

图 1-2-31　双侧传导性听力损失

气 - 骨导差：

骨导听阈比气导听阈好的时候，就会产生气 - 骨导差。

气 - 骨导差提示听觉传导系统病变，即外耳和中耳病变。

各频率气 - 骨导差 >10 dB，提示传导性听力损失。

(2) 感音神经性听力损失（sensorineural hearing loss，SNHL）：感音神经性听力损失的含义有 3 个方面：①感音性听力损失：指因为内耳（耳蜗）病变，不能将声波转化为神经冲动；②神经性听力损失：从内耳到中枢的神经通路（蜗后）病变或功能障碍，不能将神经冲动传入听觉中枢；③中枢听觉处理障碍：大脑皮质中枢性病变，患者不能分辨语言。这 3 种病变，单凭纯音测听不能区分，因此，统称为感音神经性听力损失。常见病因有：传染病、产伤、耳毒性药物、遗传病症、噪声接触、病毒、头部外伤、老年性听力损失和肿瘤等。对于感音神经性耳聋，重点在于预防和早期发现和治疗。

感音神经性听力损失的听力图特征性表现：气、骨导听阈都下降，且都在各自相对应频率点的上下，骨导听阈和气导听阈相差不大，气 - 骨导差≤10 dB，如图 1-2-32 所示。

(3) 混合性听力损失（mixed hearing loss，MHL）：混合性听力损失是指同时患有传导性听力损失和感音神经性听力损失，临床多见于患者在外耳或中耳病变的同时，还伴有内耳（耳蜗）或听神经病变。其听力图如图 1-2-33 所示，表现为气导听阈和骨导听阈都有下降，但骨导听阈明显好于气导，气 - 骨导差 >10 dB。

2. 听力损失的程度　纯音平均听阈（puretone threshold average，PTA）：500 Hz、1000 Hz、2000 Hz 3 个频率点在决定语言可懂度的重要性中占 70%，是衡量听觉功能的关键范围。为此，世界卫生组织（World Health Orgnization，WHO）采用 500 Hz、1000 Hz、2000 Hz 这 3 个频率点听力损失的平均值，作为划分听力下降等级的依据。除了上述常用的听力损失程度分类方法之外，WHO 1997 年颁布新的划分标准，较以前的标准增加了一个 4000 Hz 的听阈，充分考虑了听力障碍者的高频听力损失的情况，具有一定的临床价值。现多采用该新标准。它

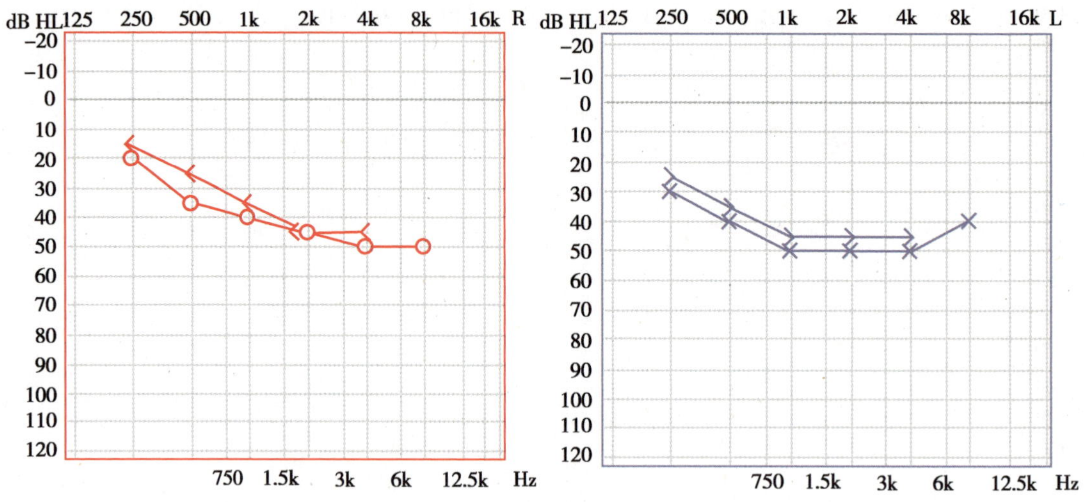

图 1-2-32　双侧感音神经性听力损失

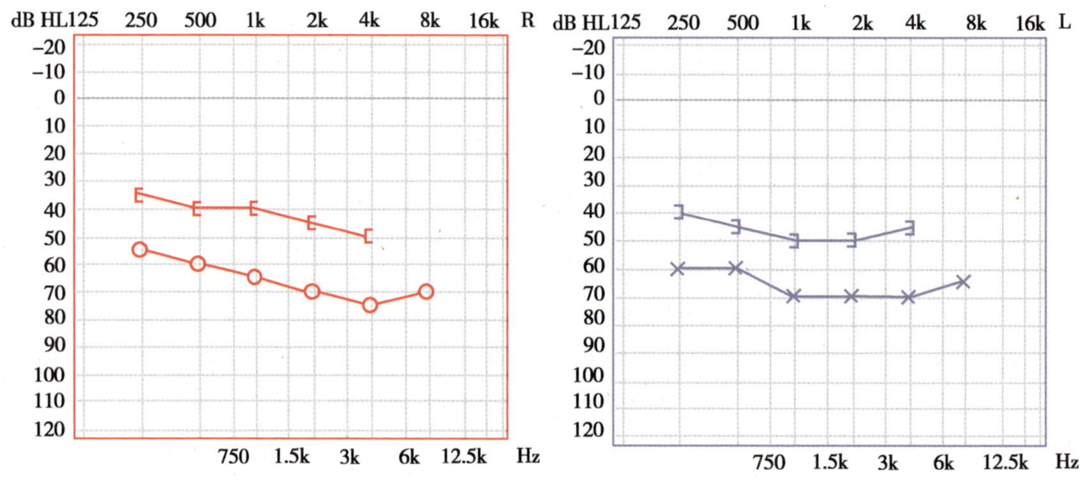

图 1-2-33　混合性听力损失

根据 500 Hz、1000 Hz、2000 Hz 和 4000 Hz 的平均听力损失，将听力损失程度分成 4 个等级：26~40 dB 为轻度，41~60 dB 为中度，61~80 dB 为重度，>80 dB 为极重度。成人 25 dB 以上为正常。

3. 听力图类型　听力图类型方面信息包括：①各频率听力损失的程度；②听力图的总体特征。例如听力损失如果只发生在高频段，其听力图常被称为“陡降型”。以下是几种常见的听力图类型。

（1）平坦型（flat loss）：所有频率阈值差别小于 10~15 dB，见图 1-2-34。

（2）下降型（gently sloping）：阈值从低频到高频逐步下降，见图 1-2-35。

（3）上升型（rising）：低频听力损失较高频重，见图 1-2-36。

（4）角听力图（corner audiogram）：低频重度或极重度听力损失，中、高频听力计最大输出无反应，见图 1-2-37。

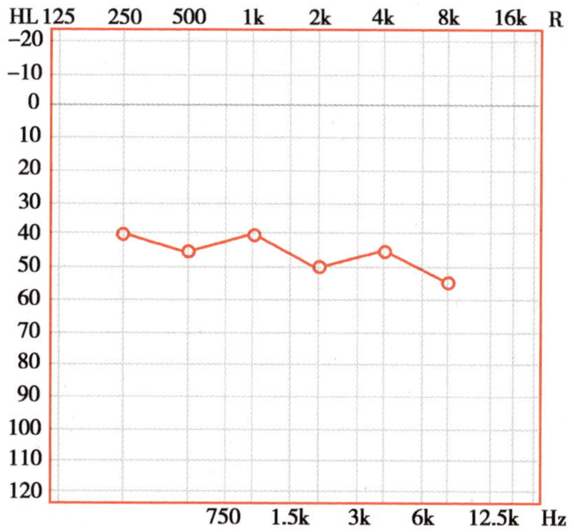

图 1-2-34 平坦型听力图

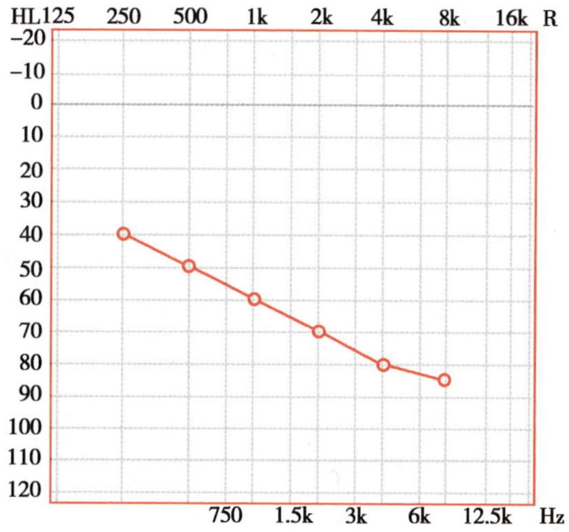

图 1-2-35 下降型听力图

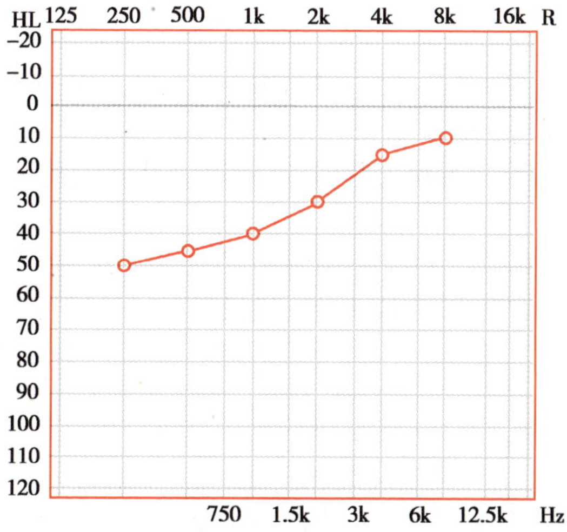

图 1-2-36 上升型听力图

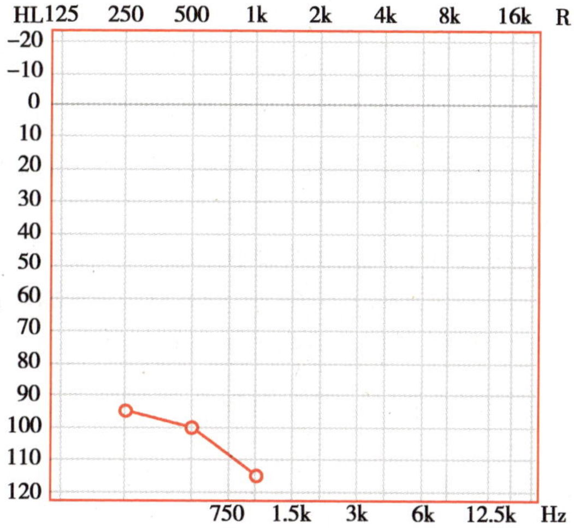

图 1-2-37 角听力图

(5) 陡降型(high-frequency loss):低频听阈较好,高频听阈突然下降,见图 1-2-38,又称为滑坡型(ski-slope)。

(6) 噪声切迹型:因噪声接触而产生的感音神经性听力损失,最大听力损失在 3000 Hz 和 6000 Hz 之间,见图 1-2-39。

4. 听力图描述常用术语

(1) 侧别:①单侧听力损失:只有一侧耳有听力损失。②双侧听力损失:双耳均有听力损失。

(2) 波动性:①波动性听力损失:听力损失可随时间改变而改变。②稳定性听力损失:一段时间内听力损失无改变。

(3) 进展:①突发性听力损失:迅速发生的听力损失。②进行性听力损失:随时间改变

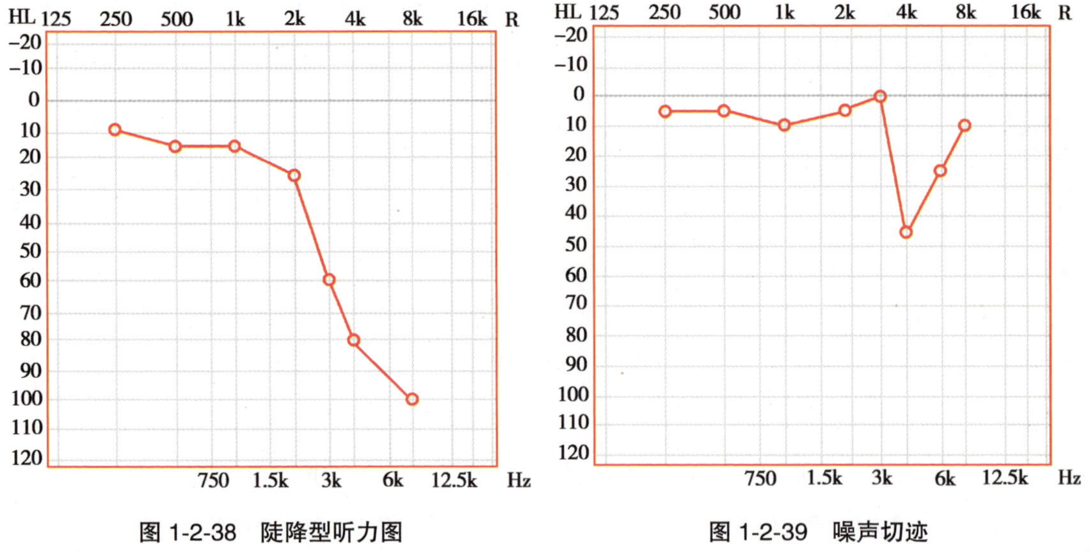

图 1-2-38　陡降型听力图　　图 1-2-39　噪声切迹

缓慢出现的听力损失。

(4) 对称性：①对称性听力损失：双耳听力损失的程度和听力图形相同。②非对称性听力损失：双耳听力损失的程度和听力图形不同。

5. 听力图结果判读实例分析　如前文所述，在解释听力图时，需要包括：每侧耳听力损失的类型、程度和图形特点。

例 5：图 1-2-40 结果判读：

(1) 左耳纯音听阈在 2000 Hz 以上高频段升至正常，右耳纯音听阈正常。

(2) 左耳中度传导性听力损失。

例 6：图 1-2-41 结果判读：

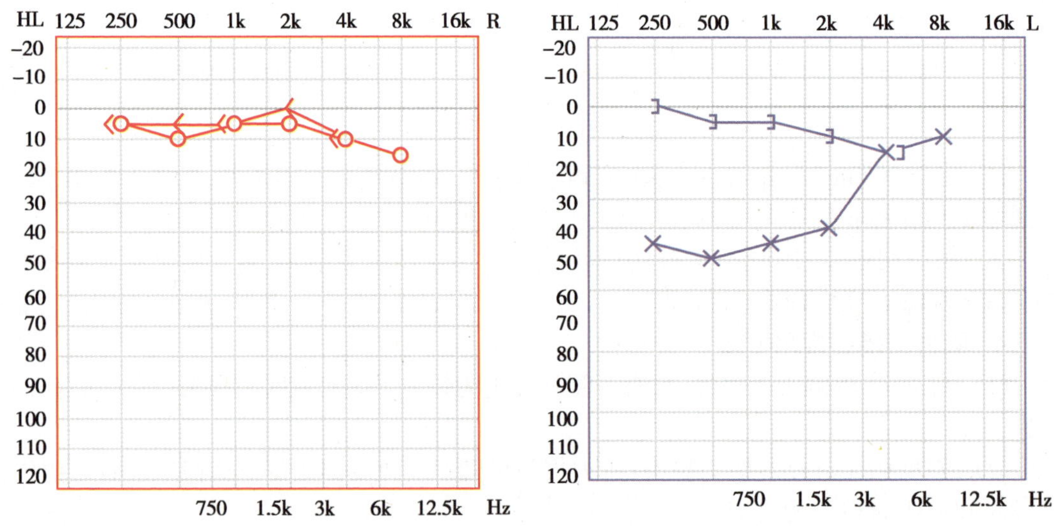

图 1-2-40　听力图判读

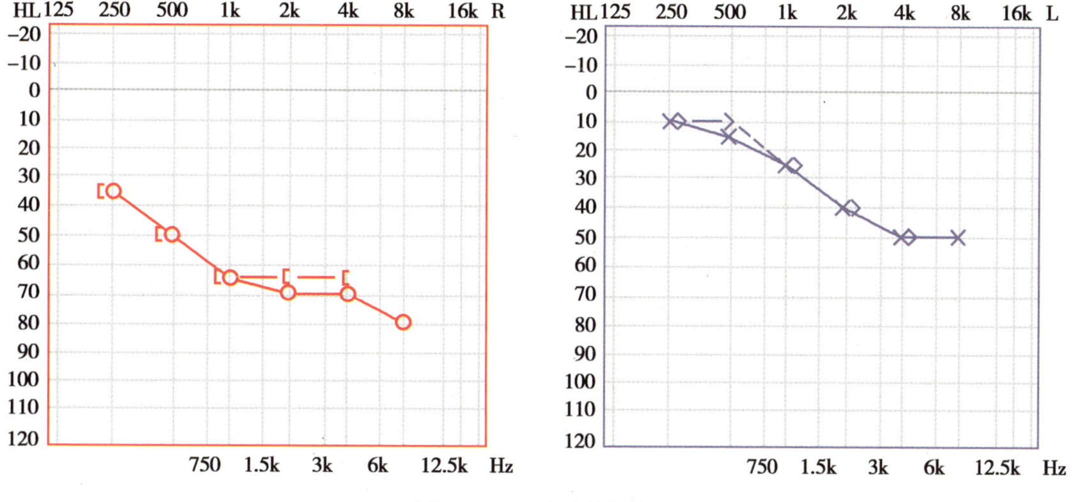

图 1-2-41 听力图判读

(1) 左耳感音神经性听力损失,1000 Hz 处为轻度,高频段为中度。右耳感音神经性听力损失,缓慢下降型,250 Hz 处为轻度,至 8000 Hz 处为重度。

(2) 左耳高频段呈轻度到中度感音神经性听力损失,低频段听力正常。右耳从 500 Hz 开始,呈轻度到中度感音神经性听力损失,8000 Hz 听力损失为重度。

例 7:图 1-2-42 结果判读:

(1) 右耳为中度感音神经性听力损失,缓慢下降型。

(2) 左耳为重度混合性听力损失,呈平坦型,250 Hz 处气骨导差为 40 dB,2000 Hz 处气骨导差为 15 dB。

例 8:图 1-2-43 结果判读:

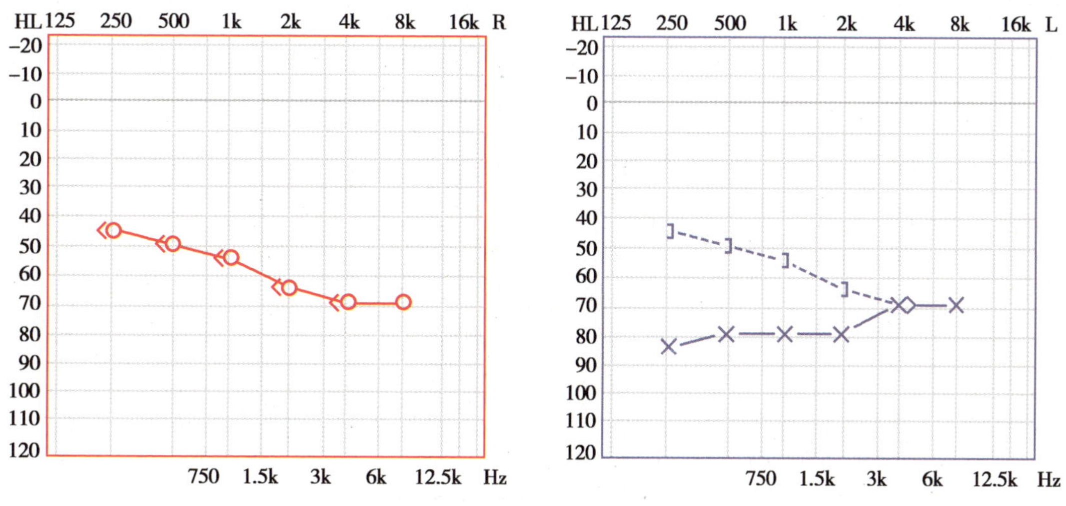

图 1-2-42 听力图判读

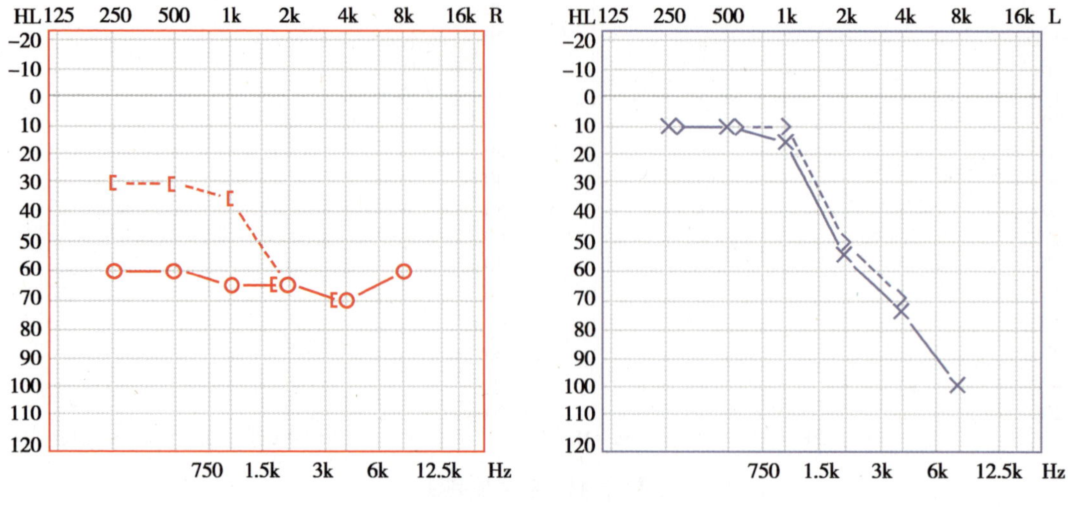

图 1-2-43　听力图判读

(1) 右耳图形为平坦型,1000 Hz 以前频率段呈重度混合性听力损失,气 - 骨导差 30 dB,2000 Hz 以上频率段为极重度感音神经性听力损失。

(2) 左耳 1000 Hz 以前频率段听力正常,随后高频听力下降,至 4000 Hz 为重度感音神经性听力损失,8000 Hz 为极重度感音神经性听力损失。

例 9:最大声输出无应答(图 1-2-44):

结果判读:左耳气、骨导测试结果显示受试者对听力计最大声输出无应答,因此,患者的听力损失程度超出听力计测试范围(当然,需排除功能性听力损失),气 - 骨导差也无法确定。

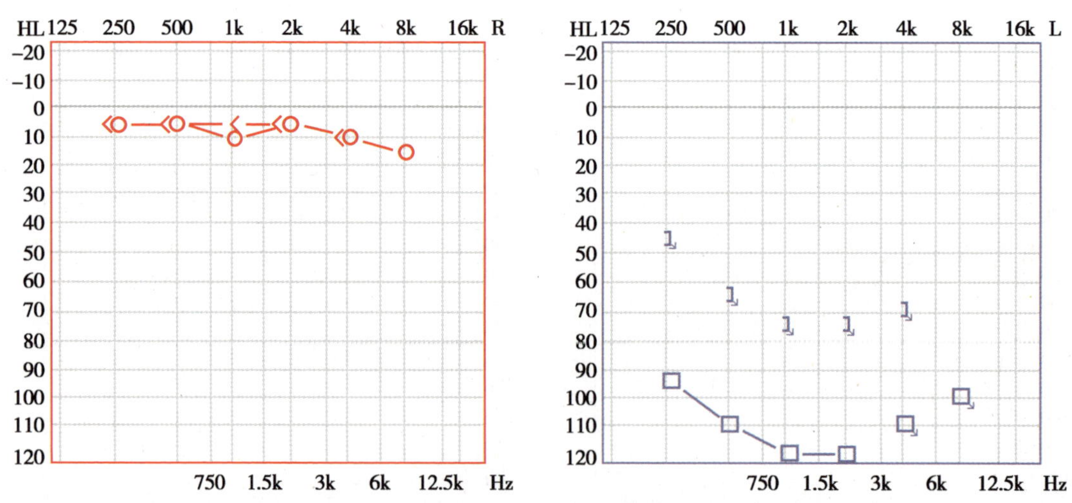

图 1-2-44　最大声输出无应答

【能力要求】

一、气导测试

纯音气导测试具体操作步骤如下。

1. 受试者操作前先洗手 为避免受试者看到测试者的操作，当两者在同一个房间时，要求受试者和听力计成90°就坐(图1-2-45)。如果是双室测听，即测试者和受试者不在同一房间，最好双室之间用单向玻璃隔开，可以面对面就坐，以便测试者观察其面部表情和动作，但同时要注意不让对方看到自己手部操作(图1-2-46)。

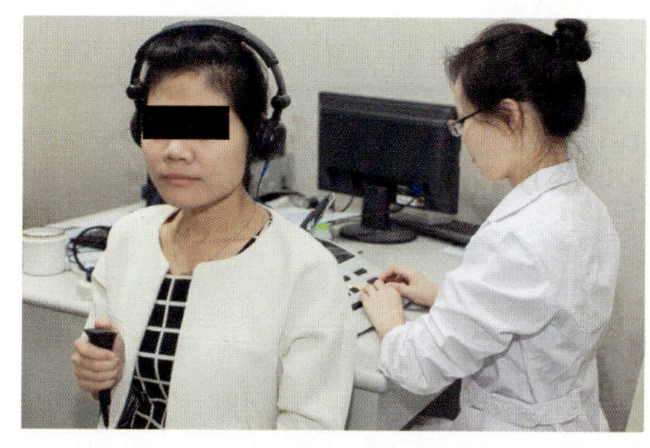

图1-2-45 同室测听

图1-2-46 双室测听

2. 耳镜检查 详见本章第一节“耳镜检查”之“能力要求”。

3. 测试从相对好耳开始进行，如果受试者自觉双耳听力无明显差别，则可以从右耳开始检测。

4. 给出指令 简明扼要地向受试者解释将要进行的测试，指导其配合操作。纯音测听是主观听力测试，所以，受试者的良好配合是获得准确测试结果的首要基本保证。例如：“我将要给你戴上耳机，你会听到“嘟嘟声”或“滴滴声”，这些声音开始很响，随后越来越轻，请你一听到声音就按下应答器，哪怕声音很小，听到一声，按一下应答器(同时给受试者示范怎样按应答器)。我先测试右耳，然后测试左耳。明白了吗？”在实际工作中，受试者也可以用其他方式给出反应，如以举手代替按应答器，此时只需根据实际情况，相应更改指令即可。

5. 佩戴气导耳机 首先除去受试者佩戴的耳环、头饰等物品，拨开遮挡外耳道口的头发。将耳机红色标记的一侧戴在右耳，蓝色标记的一侧戴在左耳，防止外耳道受压，将耳机膜片中心对准外耳道口，收紧头带。

6. 测试频率顺序 1000 Hz → 2000 Hz → 4000 Hz → 8000 Hz → 1000 Hz(复测受试者反应可靠性)→ 500 Hz → 250 Hz → 125 Hz。

7. 先从1000 Hz、40 dB开始检测，因为对大多数人来说，1000 Hz是最容易听到的频率点，也被证明是测试/复测时反应最可靠的频率点。如果受试者对40 dB给声无应答，可以将给声每次增加 10 dB，直至其做出反应。一旦受试者对给声有反应，无论是 40 dB 还是其他声强，即可按照步骤 9 进行操作。

8. 给声要求　避免有节律地给声，如果受试者有耳鸣，可以采用“间断给声（pause）”来避免干扰。

9. 用改良型 Hughson-Westlake 法，“升 5 降 10”，测得阈值，即为受试者能听到 50% 以上给声的最小声强。例 10 为 1000 Hz 纯音气导听阈测试的步骤。

例 10：纯音气导测听实例。

（1）起始给声的声强为 40 dB，受试者听到。

（2）给声降低 10 dB 到 30 dB，受试者听到。

（3）给声降低 10 dB 到 20 dB，受试者听到。

（4）给声降低 10 dB 到 10 dB，受试者听到。

（5）给声降低 10 dB 到 0 dB，受试者听不到。

（6）给声增加 5 dB 到 5 dB，受试者听到。

（7）给声降低 10 dB 到 –5 dB，受试者听不到。

（8）给声增加 5 dB 到 0 dB，受试者听不到。

（9）给声增加 5 dB 到 5 dB，受试者听到。

本例中，受试者 1000 Hz 的听阈是 5 dB。

10. 测得 1000 Hz 气导听阈后，用正确的符号记录，标记符见本节表 2-2-1。

11. 按步骤 6 的顺序，依次检测其他频率气导阈值。

12. 对侧耳测试　重复步骤 9~10，注意对侧耳测试频率顺序为：1000 Hz → 2000 Hz → 4000 Hz → 8000 Hz → 500 Hz → 250 Hz → 125 Hz（无需复测 1000 Hz）。

二、骨导测试

纯音骨导测试在气导测试完成后开始进行。

1. 取下受试者头戴之气导耳机。

2. 给出指令　例如：“我将要把这个耳机带到你的耳后（同时向其展示骨导耳机），你还会听到各种“嘟嘟声”或“滴滴声”，这些声音开始很响，随后越来越轻，请你一听到声音就按下应答器，哪怕声音很小，听到一声，按一下应答器。无论那只耳朵听到声音，都要按下应答器。明白了吗？”在实际工作中，受试者也可以用其他方式给出反应，如以举手代替按应答器，此时只需根据实际情况，相应更改指令即可。

3. 按图 1-2-47 所示，放置骨导耳机，注意振动器不要和耳廓接触，也不要压住头发。

4. 同气导测试，先从 1000 Hz、40 dB 开始给声。

5. 按照 1000 Hz → 2000 Hz → 4000 Hz → 500 Hz → 250 Hz 的顺序，分别测出各频率的

图 1-2-47　骨导耳机放置示意图，适用于不加掩蔽的骨导测听

骨导听阈。

6. 给声要求　避免有节律地给声，如果受试者有耳鸣，可以采用“间断给声”来避免耳鸣的干扰。

7. 用改良型 Hughson-Westlake 法，“升 5 降 10”，测得阈值，即为受试者能听到 50% 以上给声的最小声强。例 11 为 1000 Hz 纯音骨导听阈测试的步骤。

例 11：1000 Hz 纯音骨导测听实例。

(1) 起始给声强度为 40 dB，受试者听到。

(2) 给声降低 10 dB 到 30 dB，受试者听到。

(3) 给声降低 10 dB 到 20 dB，受试者听到。

(4) 给声降低 10 dB 到 10 dB，受试者听不到。

(5) 给声增加 5 dB 到 15 dB，受试者听到。

(6) 给声降低 10 dB 到 5 dB，受试者听不到。

(7) 给声增加 5 dB 到 10 dB，受试者听不到。

(8) 给声增加 5 dB 到 15 dB，受试者听到。

本例中，受试者 1000 Hz 的骨导听阈是 15 dB。

8. 测得 1000 Hz 骨导听阈后，用正确的符号记录在听力图上。

9. 按步骤 5 的顺序，依次测试其他频率骨导阈值。

（李晓璐）

（特此感谢李宛桐、徐莹为本节听力测试示意图拍摄所提供的帮助。）

第三节　游 戏 测 听

小儿行为测听（pediatric behavioral audiometry，PBA）是小儿主观听力测试方法，包括小儿行为观察反应测听（behavioral observation audiometry，BOA）、视觉强化定向反应测听（visual reinforcement audiometry，VRA）和游戏测听（play audiometry，PA）几种测听方法，根据小儿年龄、生理发育、配合情况选择适当的测试，力争得到准确的听力测试结果。

【相关知识】

一、游戏测听的原理

游戏测听的原理和理论基础来源于纯音测听。游戏测听具体是指让孩子参与一个简单、有趣的游戏，教会孩子对刺激声做出明确可靠的反应。被测试的孩子必须能理解和执行这个游戏，并且在反应之前可以等待刺激声的出现。临床常用于 2.5~5 岁年龄范围的小儿听力测试。但对于听力损失较重或多发残疾的孩子，无法进行可靠明确的交流，不能理解纯音测听的过程，即使是 10 岁的孩子仍适用此方法进行听力测试。

2~5 岁小儿的智力、运动、认知发展到一定水平，具备遵从一定指令的能力，因此通过训练，可以让小儿通过听声放物这种游戏的形式完成听力测试的过程。这种反应形式的优点在于利于调动小儿的主观能动性，使测试不枯燥，得到的测试结果更接近被试者真实的听阈。

二、测试环境和设备

首先要有符合标准的听力测试要求的声场。房间内朴素明快，墙壁上无吸引孩子注意力的图画，四周无多余的玩具和仪器设备。灯光强度要低，光线要略为暗些，使孩子更容易看清灯箱中闪亮的奖励玩具。孩子使用的桌椅上衬垫一层绒布，防止孩子活动时碰击出噪声。房间的温度要适宜，让家长和小儿感觉舒适。

测试设备包括纯音听力计（具备压耳式耳机或插入式耳机和骨导耳机）、扬声器，如需校准声场还需具备声级计。具备适合 2~5 岁小儿听声放物的玩具数套。

【能力要求】

一、工作准备

（一）病史询问

在进行游戏测听的问诊时，测试人员可根据小儿的年龄重点询问小儿对声音的反应，以帮助确定初始给声强度。如可询问当孩子哭闹时，用言语安慰能否使他安静下来；当叫孩子名字时，是否能转向发声者；对其他声音如汽车通过的声音、电话铃声、动物的叫声是否感兴趣；是否能听到雷声、鞭炮声等特大声音等。通过询问和观察小儿生长发育情况确定选择合适的游戏。

（二）仪器设备准备

进行小儿行为测听之前，测试人员需要对听力计、扬声器等仪器进行主观检查，确保仪器设备工作正常；对测听室的声场要定期用声级计检查，如发现强度改变应予重新校准。

（三）测试人员和小儿位置

测试时让孩子坐在声场校准点的椅子内。扬声器位置应与孩子的视线呈 90°夹角（助听听阈时测试多使用 45°夹角）。父母的座位安排应在远离扬声器的地方，一般坐在孩子的背后或侧后方（图 1-2-48）。

（四）游戏项目选择

考虑选择何种游戏时，要根据小儿的能力、发育情况、注意力而定，所选择的游戏项目，应当符合受试儿童年龄，对受试儿童来说比较简单、有趣且容易完成。以下几个方面有助于选择恰当的游戏项目。

1. 考虑受试儿童的能力

（1）对事物的认识能力：孩子能明白这个游戏吗？

（2）身体活动能力：孩子能控制和完成这个游戏吗？做出反应是否可能有迟疑？

（3）注意事物的能力：孩子的注意力是否能集中足够长的时间？反应结果是否有效？是否需要在测试中改变游戏方式，提高孩子的注意力？

2. 考虑游戏测听的项目

（1）有趣性：要使孩子感到设定的游戏有趣。在测试过程中他愿意与你合作去完成这次测试。

（2）复杂性：既要使孩子容易去执行设定的游戏，也要使他感到轻快愉快，从而你能很容易解释他做的反应是否对。

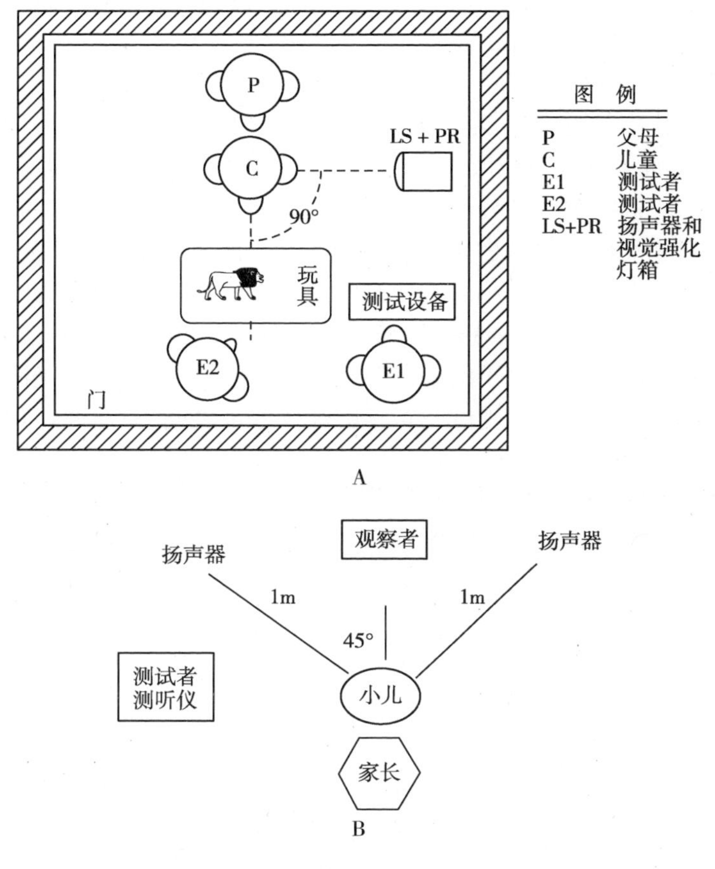

图 1-2-48

A. 声场参考测试点(90°入射角) B. 声场参考测试点(45°入射角)

(3) 简单性:让孩子做出的反应方式必须简单,以便整个测试过程容易持续下去。避免浪费时间,在刺激间隔期不要期待孩子做出复杂的反应动作。因此,你演示游戏时必须清晰,不能出现模糊的反应方式,要确保孩子按照你拟定的游戏规则去进行,一般让孩子学会听到声音放一个有趣的玩具。

二、工作程序

(一) 向家长说明测听内容和注意事项

向患儿父母或者监护人认真解释测听内容和测试过程中的注意事项,避免家长听到声音后给小儿提示或者暗示,如眼神、动作等。

(二) 初始刺激强度的选择

充分利用已知的听觉结果或行为观察的结果,选择恰当初始刺激强度。所给条件化刺激强度必须在阈上 15 dB 或更高些。如通过询问病史,小儿的听力基本接近正常,初始强度可用 40 dB;如小儿对大声音才有反应,初始刺激可从 60~80 dB 或更高开始。若被测试的孩子有听力损失,所用的条件化刺激强度不能太接近阈值。一般训练的初始刺激频率为正式测试的初始频率,一般多从相对好耳的 1000 Hz 开始,听力损失太重的小儿,可从相对好耳的 500 Hz 开始。若不能确定孩子是否能听到刺激声，在条件化建立时可配合使用振触觉与听觉刺激相结合的方法。

(三) 训练小儿建立条件化反应

训练的目的是让小儿听到声音后，会做出可靠准确的反应。孩子尽可能戴上耳机如插入式耳机，确立他能否独立完成所设定的游戏。首次所给的刺激强度必须足够大，让受试儿童能清晰听到。训练时要十分耐心仔细地观察孩子的行为反应，检查所给刺激声孩子是否能听到。训练前首先要给小儿演示训练的方法即演示这种游戏，所使用的演示方完全取决于被测试儿童的年龄大小。若受试儿童年龄 2~3 岁之间，测试人员需要耐心地使用手把手的演示方法。例如扶着孩子已拿好木块的手，当刺激声出现后，观察孩子的表情和动作，确定他听到了，移动孩子的手，使木块放入小桶内。如果孩子胆小、腼腆、不配合可先让家长演示给孩子看。如受试儿童年龄在 3~5 岁之间，只需要让孩子看你怎样完成这种游戏。

(四) 正式测试过程

当孩子条件化建立可靠后，即小儿学会听声放物的反应方式。通常采用的测听方式为纯音测听法，采用“降 10 升 5 法”确定某频率的反应阈值（详见第二章第二节“纯音测听”）。

受试儿童不能像成人有较长时间集中注意力，测试时必须提高效率，让有效的听觉信息优先得到，这在小儿行为测听中是非常重要的。

小儿行为测听目的是，首先要得到受试儿童听力能力的一般印象。若孩子状况良好并时间允许，可以采用“填图游戏”的方法完成所有频率的测试。因此，在小儿游戏测听常采用的顺序为：最佳初始频率先从 1000 Hz 和 4000 Hz 两个频率开始。得到这两个频率阈值后，即使孩子对测试失去兴趣，此时你对孩子的听力是否为感音神经性聋有一基本印象。因为大多数感音神经性聋的听力损失曲线图是从 1 kHz 斜降至 4 kHz。当然，为了获得更多的信息，可继续测试其他的频率。或许测试者也会考虑是否得到一侧耳的全部信息后，再去评估另外一侧耳的听力状况。但是当受试孩子的注意力时间过短，或孩子比较难测试。用这样测试过程，你仅能获得一侧耳的信息时，就可能意味着测试过程的结束。采用同一个频率去测试每一侧耳，然后再转换到另外一个倍频程的频率，这种测试方法可能更为实用。一般游戏测听常采用的测试频率顺序为 1 kHz——相对好耳；1 kHz——对侧耳；4 kHz——相对好耳；4 kHz——对侧耳，然后再测试其他频率。

三、注意事项

1. 注意受试孩子的假阳性反应，一旦出现需要重新条件化，此时可以放慢测试速度停顿片刻，然后重新给予已引出明确反应的刺激频率和强度，重复 1~2 次反应结果，确保条件化仍可建立。

2. 注意孩子出现疲劳的信号，注意力减退的信号。如孩子行动缓慢、其他动作过多、东张西望、故意改变反应方式。出现此类情况应当改变游戏方式，看是否能改变此类情况。若无任何改善，应当停止测试，否则不可能得到精确的结果。

3. 使用耳机测试时要分别测气导和骨导。有需要或可能，应做掩蔽（见相关章节）。小儿掩蔽通常使用一个掩蔽级法，如测试耳需要掩蔽时，在对侧耳气导阈值上加 30 dB 的掩蔽声，在给小儿戴加有掩蔽声的耳机时，一定选择小儿玩耍状态，不要让小儿处于聆听

测试状态下，使小儿不在意掩蔽声，然后再把小木块或小球交给小儿，让他继续游戏测听来获得阈值。如果一个掩蔽级法不能获得阈值，仍需使用平台掩蔽法。

4. 声场中的测试结果，仅代表某一频率好耳侧的听力状况。

（刘 莎）

思 考 题

1. 助听器验配的转诊指标有哪些？
2. 试述耳镜检查操作基本过程。
3. 试述鼓膜的分区。
4. 试述不加掩蔽的纯音气导测听步骤。
5. 试述不加掩蔽纯音骨导测听步骤。
6. 掩蔽的条件是什么？
7. 试述气导掩蔽操作步骤。
8. 试述骨导掩蔽操作步骤。
9. 什么是小儿行为测听和游戏测听？
10. 小儿行为测听分为哪几类？
11. 简述小儿游戏测听的操作方法。
12. 简述小儿游戏测听的注意事项。

第三章

助听器选择

第一节 听觉功能分析

一、纯音听力图的识别及病理意义

听力损失就是俗话所说的“聋”。不同的“聋”有性质、部位及程度之分。在验配助听器之前进行听力测试，是对听力损失进行定性、定位及定量的诊断，以选择助听器验配的适应证和最佳的验配时机，从而保证助听器验配的成功率。通过听力测试结果可以知道每一个人的听力损失的主要情况。首先，听力损失的程度不同，可分为轻度、中度、重度或极重度听力损失，这就意味着应该针对不同的听力损失选择功率相匹配的助听器；其次，听力曲线的类型不同，分别为高频听力下降、低频听力下降和全频听力下降，这就要求在进行助听器验配时针对不同频段进行不同的增益选择；其三，每一个人的舒适阈和不舒适阈也不同，这就要求对不同的人所设置的助听器的最大声输出也是不同的。因此，准确的听力测试结果是保证助听器验配成功的关键因素。

二、测听基础

听力评估用于诊断和康复已经有几百年历史了，其中最有意义的进展之一就是行为听力测试技术与临床听力计的结合。自从 Bunch 首次发表纯音听阈测试方法以来，听力学专业人员已经将它作为最基本的听力评估方法（Bunch，1943）。纯音听阈测试可以对听力损失定量、定性，有时还可以提示一些特殊疾病的存在。

在正常人耳，声音的传导有两种途径。一种是气导传导，另一种是骨导传导。

气导的传导途径：耳廓收集空气中的声波经外耳道传送至鼓膜。鼓膜以与声波一致的速率振动。鼓膜与中耳的锤骨相连。锤骨与砧骨、砧骨又与镫骨相连，称之为听骨链。镫骨底板的环状韧带使镫骨与前庭窗紧密封闭。鼓膜以振动的形式将声音通过细小的听骨链传递到前庭窗。听骨链能够高效地将声音振动转化为内淋巴振动，同时还能保护听觉器官不受到过大声的伤害。镫骨在前庭窗的振动使内耳的液体发生相对运动，这个运动又使毛细胞顶部的纤毛发生了剪切运动，从而把神经冲动传导到螺旋神经节，再由它传到听觉中枢。气导参与了声音经空气、骨及液体的传导，是声音传导的主

要途径。

骨导的传导途径：声音直接振动颅骨，再经其传入到充满液体的内耳。正常听力者听自己的声音主要经骨导，外界的声音大部分是通过气导传导的。

从传导途径来说，骨导短于气导，因此，骨导听阈应该好于气导，如果出现骨、气导差(>10 dB)，说明听觉通路上固体传导的部分，即外耳和（或）中耳发生了病变。

三、听阈测试和听力图

听阈的概念是纯音听阈测试的核心。在临床听力评估中，听阈定义为受试者能够识别出至少50%声音信号的最小声压级。早在20世纪30年代人们就开始测试不同频率的听阈。纯音听阈测试为评估听敏度提供了一种简便、可靠的方法。听阈测试结果以听力图的形式表示，如图1-3-1，该测试结果能够提示听力损失的程度、听力损失的类型以及提供一些供助听器验配的参考信息。耳科医生也可利用听力测试结果来协助诊断和治疗。

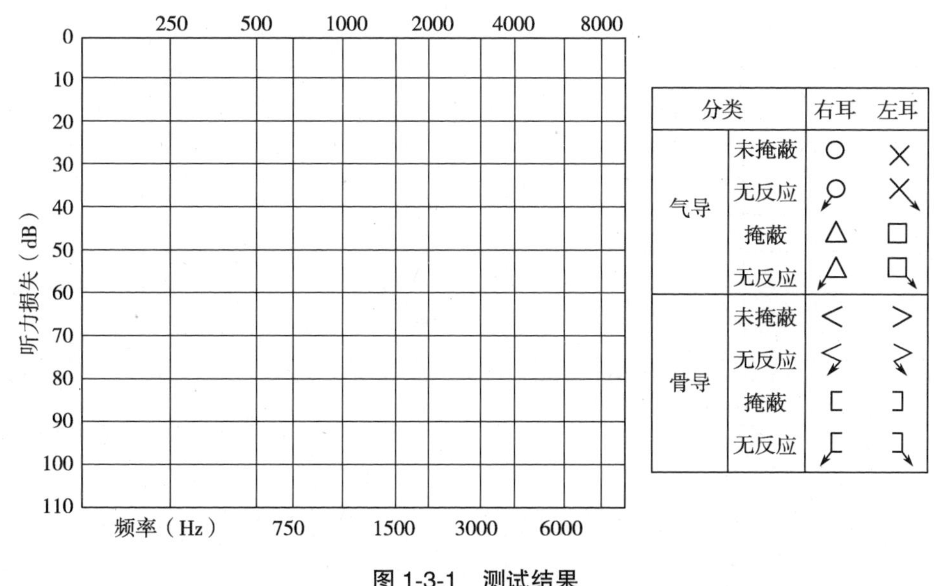

图 1-3-1　测试结果

听力测试包括骨、气导的纯音听阈测试及言语测试。

在听力图中横轴表示频率，从左至右表示测试声的频率，从低到高即从125~8000 Hz。纵轴表示听力损失的分贝数，从上至下表示受试者能听到的最小的声音，从 -10~110 dB HL（现代听力计大多可以测到120 dB HL）。0 dB HL在表格顶部，是听力零级。通过测试一定数量听力正常人群的各个频率听阈，求出全组均数得到的声压级值，再将这些声压级值规定为不同频率的0 dB HL。所以听力零级既不是最小的声压级，也不是最好耳能听到的最小声音，而是正常耳在各个频率能听到的最小声音。当然有些受试者的听力会低于零。记录听阈国际通用的符号（表1-3-1）。

表 1-3-1 听阈记录的常用符号

	气导		骨导	
	非掩蔽	掩蔽	非掩蔽	掩蔽
左耳	×	□	>	]
右耳	○	△	<	[

听力正常人的所有频率都应≤25 dB HL，而且骨、气导差不能 >10 dB（图 1-3-2）。

根据骨、气导的关系可以将听力损失分为传导性听力损失、感音神经性听力损失及混合性听力损失。骨导与气导之间差异 >10 dB 且骨导在正常范围为传导性听力损失（图 1-3-3）。气骨导一致（≤10 dB）且都超出正常范围的为感音神经性听力损失（图 1-3-4）。骨导与气导之间差异 >10 dB 且骨导超出正常范围的为混合性听力损失（图 1-3-5）。

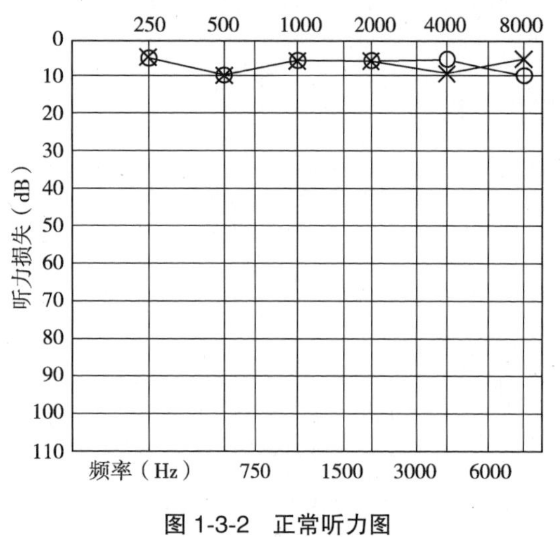

图 1-3-2 正常听力图

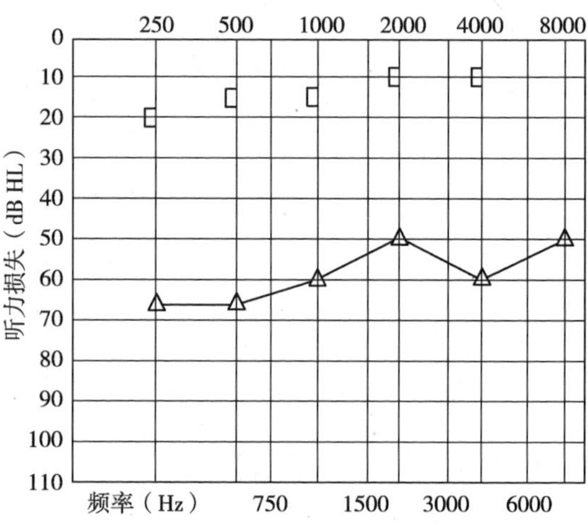

图 1-3-3 传导性听力损失的听力图

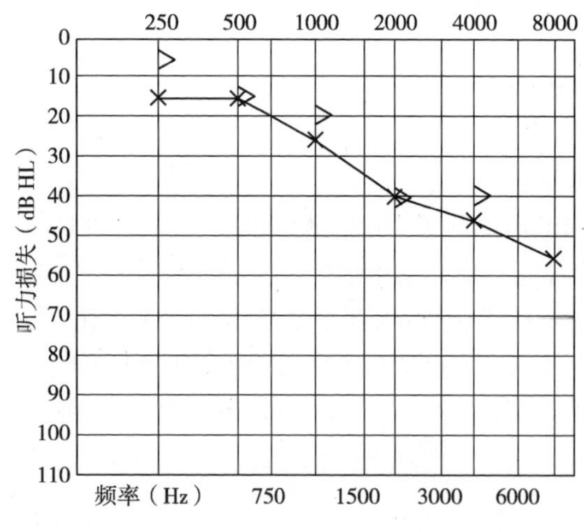

图 1-3-4 感音神经性听力损失的听力图

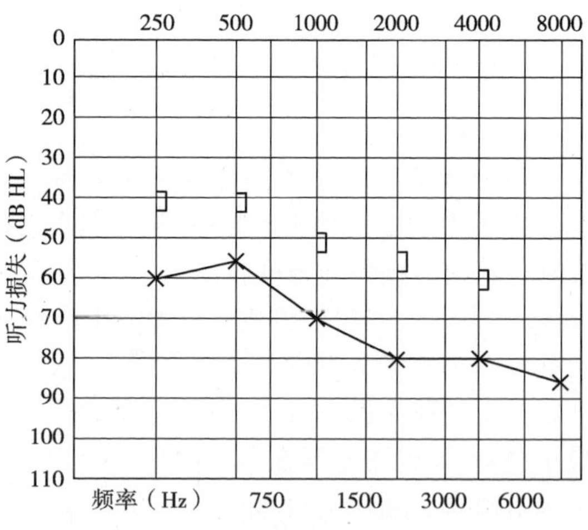

图 1-3-5 混合性听力损失的听力图

根据听力曲线的形状可以将听力图分为：平坦型（图 1-3-6）、渐降型（图 1-3-7）、陡降型（图 1-3-8）、上升型（图 1-3-9）及盆型（图 1-3-10）等。

有些疾病在听力图中有特征性表现。如噪声性聋表现为双侧 3000 Hz、4000 Hz 或 6000 Hz 的“V”形切迹（图 1-3-11）。有些药物性聋表现为双侧陡降型听力曲线（图 1-3-12），老年性聋表现为双耳渐降型听力曲线（图 1-3-13）。

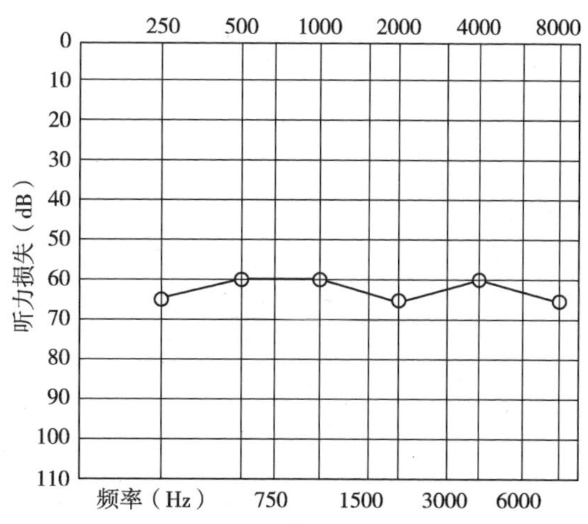

图 1-3-6　平坦型听力图

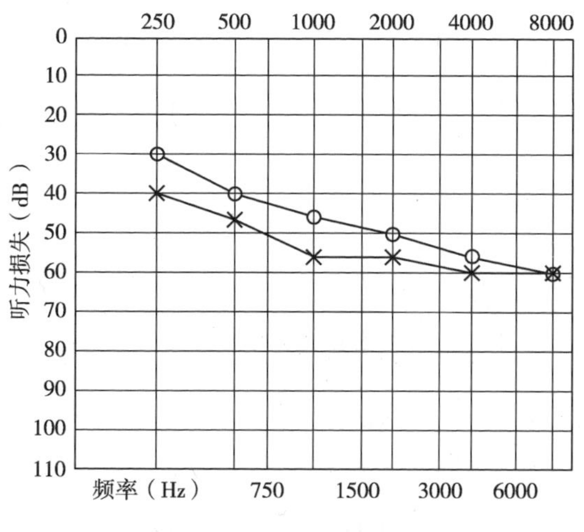

图 1-3-7　渐降型听力图

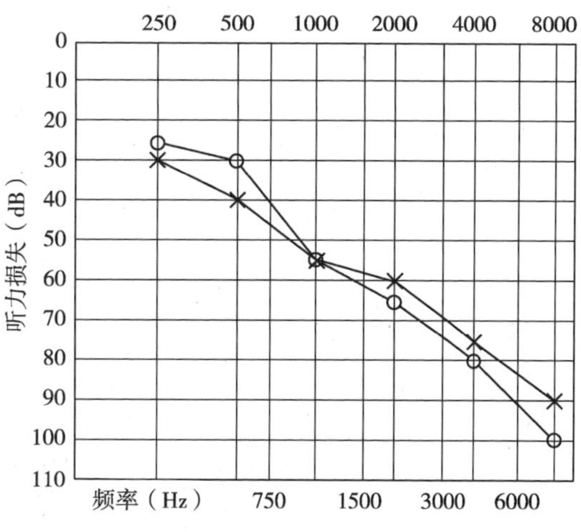

图 1-3-8　陡降型听力图

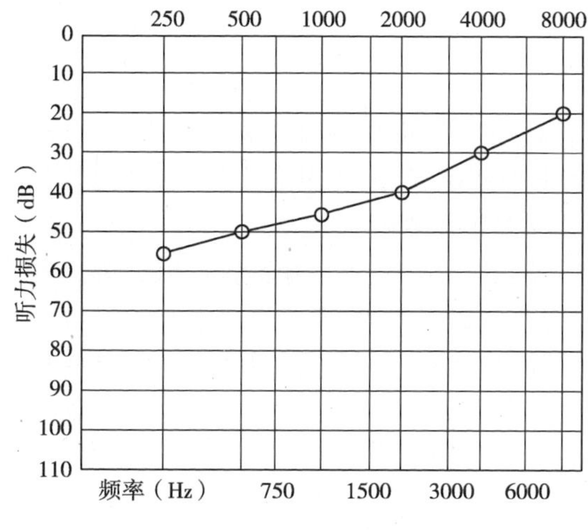

图 1-3-9　上升型听力图

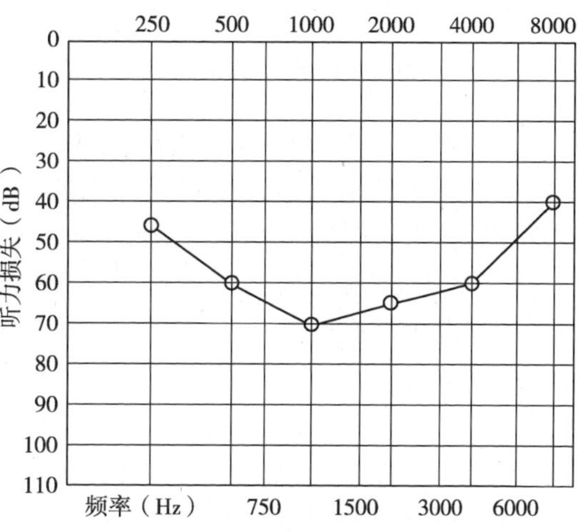

图 1-3-10　盆型听力图

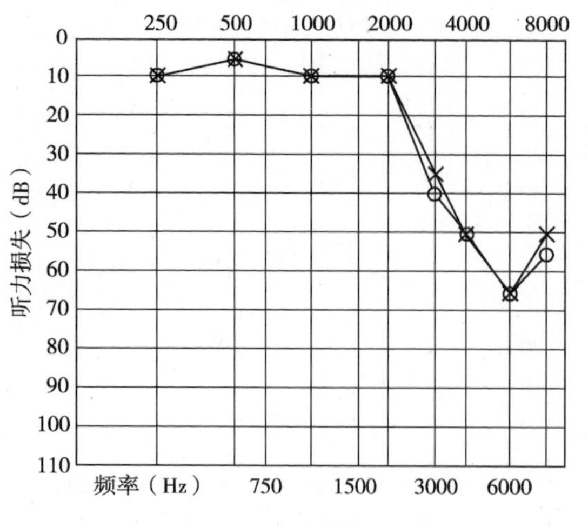

图 1-3-11　双侧噪声性聋
示 6000 Hz 处听力下降切迹

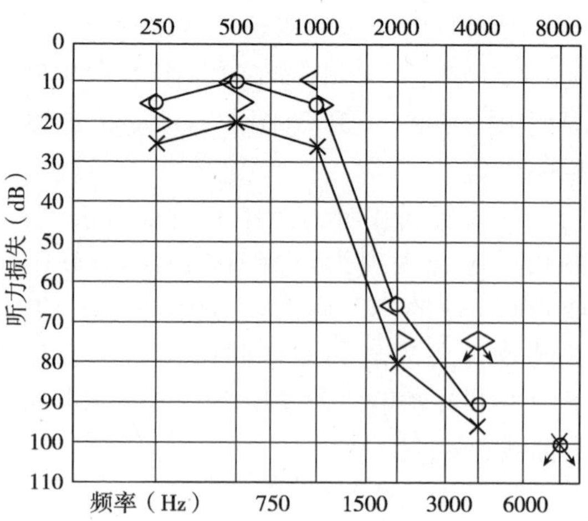

图 1-3-12　双侧药物性聋
示双侧陡降型听力下降

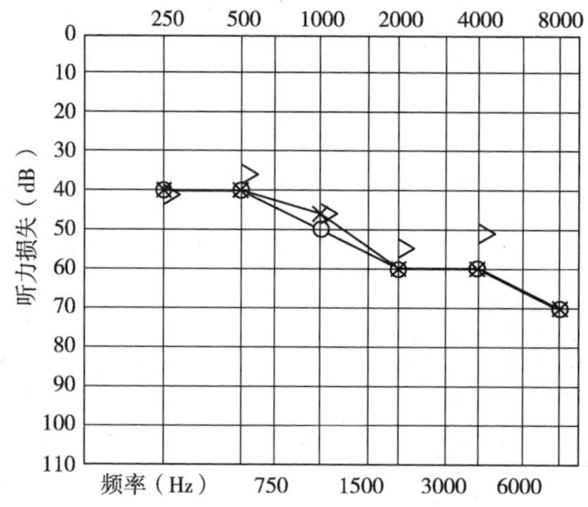

图 1-3-13　老年性聋，示双侧渐降型听力下降

四、助听器验配适应证和影响因素

在实际工作中，患者向我们陈述的问题以及对助听器的希望和要求往往非常复杂。尽管各种先进的助听器不断问世，助听器验配技术不断提高，但要想解决好患者（尤其是感音神经性听力损失患者）的各种问题，我们尚有许多工作要做。

国际助听器听力协会在其基本教材中介绍了 Sam Lybarger 的一段名言，以诉说患者的希望："助听器应该是一个超小型的电声装置，但总是做得太大；助听器必须将声音放大 100 万倍，而不放大任何噪声；一直能工作，从不停止，即便是汗流如雨或者全身都是爽身粉时也应如此；可以推迟 10 年才买助听器，但只要使用以后连 30 分钟的维修时间都不能等。"这些要求虽然苛刻，但是也对我们验配人员提出了追求的方向。

（一）影响助听器验配的主要因素

任何一位听力障碍患者佩戴助听器绝非为了炫耀自己，也非为了外观美丽。面对听

力障碍者的需求、期望值、动机等都是成功验配助听器的关键因素。使患者接受适合其听力损失的助听器(包括外观),远比劝说一个胆脂瘤患者接受手术困难得多。目前全世界尚无人能用一个综合的量化指标衡量患者是否需要助听器。

1. 听力障碍的后果与需求　听力下降以后对患者的工作和生活质量到底影响有多大?有些人对听力有特殊需求,如教师、音乐家等,临界的听力损失对他们来说可能都是致命的。助听器对那些需要天天与他人交流的听力障碍人士的帮助是不容置疑的。还有一些人,日常工作生活对听力需求不高,听力损失已达 40~50 dB HL 才有明显感觉。不同的患者对听力的要求不同,听力损失对他们的影响也不同。

2. 听力损失的程度　这常常决定患者对助听器的满意程度和日常使用的时间。

(1) 轻度损失:是否需要使用助听器取决于个人工作、生活对听力的依赖程度。以往国内罕有 <40 dB HL 听力损失而验配助听器者,大部分是自己认为不需要,少数是试用以后发现,噪声放大超过了所听到的言语声。随着助听器技术的提高以及人们追求更高的生活品质,轻度听力损失患者的助听器验配率会逐渐增加。

(2) 中度损失:此类患者近距离听人说话没有明显困难。他们能从助听器中获得较好的帮助。此类患者对助听器的音质要求较高。

(3) 中重度损失:此类患者对声音强度有较大要求,但在多人同时说话或有背景噪声的情况下就会感到言语分辨困难。从他们的发音中,人们可以听出有清晰度欠佳、音素替换和发音走样(失真)。他们具有足够的残余听力使用听觉反馈来学习或保持自己的言语能力,而且助听器对他们会有很大帮助。

(4) 重度损失:即使在近距离听到的声音也很不清晰,部分患者可以辨别环境噪声或元音,但不能察觉辅音。助听器可以改善他们的沟通能力。随着当今助听器综合技术的进一步完善,使得重度听力损失患者获得到了更多的帮助,助听器小型化就是明显的例子。

(5) 极重度损失:已经不能依靠现有残余听力与他人正常交流了,多需要唇读的帮助。助听器只能部分补偿其听力损失。但是助听器可以帮助他们保持与外界的联系,感知环境中的部分声音,并提高唇读的辨别率。极重度听力损失的聋儿早期验配了助听器并经过语言训练可以做到聋而不哑,开口说话。虽然大功率助听器不断问世且帮助了许多以往我们不能帮助的患者,但极重度听力损失仍然是人工耳蜗的主要适应证。

3. 听力损失的曲线特征　纯音听力图的坡度(或称斜率)在助听器验配中起着重要的作用。传统的观点是平坦型、渐升型和渐降型曲线较易验配,而陡降型、盆型或下降/上升不规则型较难验配。而对低频就开始陡降、岛状听力或仅有低频残余听力者就更难验配。但是随着助听器的数字化、智能化以及各项新技术的不断推出,患者许多疑难问题也可以获得满意的解决,助听器的清晰度和舒适度得以明显改善。

4. 裸耳言语识别率　言语识别率在助听器验配中起着重要作用,因为听得见容易做到,而想要达到患者的最终目的——听得清就并非轻而易举了,裸耳言语识别率与助听器效果的相关性:

(1) 90%:验配容易成功,患者综合效果比较好。

(2) 70%~90%:可以明显提高患者的交流能力。

(3) 50%~70%:改善言语辨别能力。

(4) <50%:综合效果较差,但可帮助唇读、监听自己的嗓音和环境声,由此减轻生活压力并增加安全感。

当代技术的进步使得我们解决了许多以往不能解决的问题。但是患者的期望值也越来越高。在验配各种品牌/型号的产品之前,了解患者的言语辨别能力是非常重要的前提条件。纯音听力图的完美补偿远远不等于成功的验配。

另外,若患者理解言语很困难但听强度大的声音时不感困难,线性线路助听器常使患者受益;反之,若患者平时理解言语相对困难较少而难以忍受吵闹的噪声,线性线路助听器常不能帮助患者。对后者使用非线性且功能全的助听器是较好的选择。

5. 病因　传导性听力损失通常助听器的综合效果较好。此时需要强调的是,对于传导性聋患者,在验配助听器前,首先应推荐到耳科专科医师处就诊,以寻求药物/手术治愈的可能性。对手术失败或通过手术和药物治疗未能完全补偿听力损失的患者,可以验配助听器。

若听力损失部分或全部由中枢疾患引致,尽管纯音听力尚可,其使用助听器的效果极其有限。如听神经病的患者使用助听器后的言语识别率较低。

6. 耳鸣　听力障碍者多伴有耳鸣。部分患者使用助听器后,其放大的声音能部分甚至全部掩蔽耳鸣。也有部分患者使用助听器后耳鸣没有改变甚至加重。要指出的是,助听器的使用不影响其他形式的耳鸣治疗。另外,临床上可以使用耳背式或台式的耳鸣掩蔽器来抑制耳鸣。

(二) 患者的认知态度

患者对听力损失的认知与态度　对助听器验配人员来说,了解患者态度的重要性不亚于听力图。首先我们要明确患者是否理性地认识到并承认自己的听力不正常,是否完全了解听力障碍的存在。当患者不承认自己听力有问题,或者知道而不愿意承认时,助听器验配师一定要让患者对自身情况有清晰的了解。

1. 自我形象与个性　当人们看到一个佩戴助听器的人,可能把他/她看成是残疾人,或者看上去年老,或者不很聪明。此时要看患者本人如何对待这些问题。比较乐观的人常常更能得到助听器的帮助。认为可以掌握命运者比听天由命者能更好地使用助听器。而外向型者也比内向的人容易从使用中受益。

2. 期望值　患者的期望值基于其他使用者的介绍,耳科医生的推荐,所观察到的他人使用情况,各种宣传介绍等。不要指望用1万元人民币的助听器,几分钟配好就走,而且永远不再寻求您的帮助。

3. 担心和疑惑　患者可能担心不能操作如此小巧的机器,戴上助听器就意味着承认自己已经老了。

4. 年龄　高龄常常影响对助听器的操作使用,如手脚不灵活而难以调节音量开关和取放电池、将耳模放入外耳道等。年龄越大学习使用助听器越困难,同时在嘈杂的环境中会感到难以应付。而对聋儿来说,需要耳科医师、听力学家、听力康复工作者和家长密切的配合。首先应该是明确的诊断以及验配后的康复训练,并需要经常随访调整助听器的验配方案。

5. 外观　无论多大年龄,患者总希望助听器看不见才好,尤其是青年人在面临学习、

就业和恋爱婚姻问题时。这也是助听器逐渐微型化的主要动因。

（三）社会、家庭与环境因素

1. 他人推荐　医务人员、家人、其他成功使用人士的推荐也起到很大作用。

2. 家人的态度　有时家人的态度比患者本人的态度更重要。大约50%的患者是在家人的督促下第一次寻求助听器帮助的。由于我国实行独生子女政策，而且自古就有父母甘为儿女做奉献的传统，家长为聋儿往往验配最好的助听器，这也是我国聋儿康复成功的一大特点。而对于一些大多有勤俭持家习惯老人，退休金也不高，常常认为"自己没几年可活，还是把钱留给下一代吧"。门诊经常看到儿女愿意孝敬父母，但老人一听到一只助听器要几千元扭头就走的情形。另外一种情形是，儿女在外为父母"购买了"助听器，或者验配时我们只解释给陪同前来的儿女们听，老人并未了解助听器的功能和使用方法，患者使用该助听器的可能性或满意使用的可能性很小。助听器无论对聋儿还是老人，家人对助听器使用和康复训练的态度，都是助听器使用成功与否的关键。

3. 患者和家人对验配人员的信任程度　验配人员的服务态度、知识水平，验配单位的知名度等都对验配是否成功起着重要作用。

4. 使用时间　使用助听器满意的人士并非时刻都佩戴着助听器。验配成功与否也并不取决于使用时间的长短，解决他们的听力需求最重要。

5. 使用环境　若患者经常使用助听器的地点比较安静，则对其日常工作和生活有较大帮助。若需要经常在噪声环境中使用助听器，由于助听器将噪声放大而掩蔽掉部分言语声而使患者感到不满意。方向性麦克风的使用可以改善此类患者的聆听效果。通常背景噪声限制患者对低频的感知，而其本身的听阈则限制其对高频的感知。

6. 经济承受能力　近30年来我国民众生活水平的迅速提高，使得听力学家和验配师的知识更有用武之地。但是由于我国助听器绝大多数属于自费，经济问题常常是患者验配时首先要考虑的问题。作为专业工作者，切忌为了推销不顾效果差异而强力推荐高价产品。这样做也常常是验配失败或退货的原因之一。尤其是患者更换产品而新旧价格差别极大时，其期望值会很高。例如对一个手术失败的耳硬化症患者，上万元的产品未必比一个普通的线性助听器提高多少辨别率。

以上诸多因素均可影响验配是否成功，但我们仍然鼓励患者使用助听器。以上信息大多在询问病史（甚至在向其家人打电话咨询时）或在测听以后可以得到。因此，详细的病史询问和检查为我们给患者验配满意的助听器打下了很好的基础。作为验配师，我们有责任向患者提供各种必要的和他/她所关心的信息。在帮助和鼓励的同时，我们应该向患者交代助听器使用的优缺点。只有患者本人在佩戴助听器之后才能真正体会其优缺点，并判断助听器是否有帮助。

五、助听器验配的转诊指标

作为验配人员，遇到以下情况必须停止向患者推荐助听器，而应立即介绍到临床医师处就医。

1. 短期内发生的听力损失，尤其是发生在半年以内者。
2. 快速进行性听力下降。
3. 耳痛。

4. 最近发生的或仅一侧耳鸣。

5. 不明原因的单侧或双侧明显不对称的听力损失。

6. 伴有眩晕者。

7. 伴有头痛者。

8. 任何原因的传导性聋。

9. 外耳、中耳炎症，无论有无溢液（流水或流脓）。

10. 外耳道有耵聍（超过 25% 的外耳道空间）或异物。

11. 外耳畸形（如外耳道闭锁、小耳畸形等）。

以上患者在治疗以后是否应当验配助听器，取决于其医学诊断、治疗效果、医生的建议和患者的愿望。

第二节　助听器类型选择

随着助听器技术的进步和听力康复事业的不断发展，不同类型的助听器相继面市。由于对助听器的着眼点不同，其分类方法也多种多样。根据助听器的使用范围，可分为集体助听器和个体助听器两大类。个体助听器依其外观和佩戴位置又分为盒式助听器、耳背式助听器、耳内式助听器等类型。依芯片中信号处理技术的不同，分为模拟助听器和数字助听器；从放大原理的角度讲，有线性助听器和非线性助听器之分；据助听器的最大声输出不同，可将其分成小功率、中功率、大功率及特大功率 4 类；另外，还有多通道助听器、可编程助听器、定制式助听器、双耳助听器、外置麦克风助听器、移频助听器、一次性助听器、植入式助听器等。

一、个体助听器的类型及特点

个体助听器是与集体助听器相对而言，通常我们所见的盒式助听器、耳背式助听器、耳内式助听器、骨导助听器等皆为个体助听器，它们为每个个体使用，故而得名。集体助听器顾名思义，为一个以上的个体同时使用的助听器。它主要用于集体教学、室外活动、电化教育、大型会议等方面，多设于聋儿康复机构、学校、影剧院、会议中心等场所，一般有固定式有线集体助听器、无线调频或红外线集体助听器、闭路电磁感应集体助听器、蓝牙技术、2.4G Hz 技术集体助听器等多种类型。由于个体助听器的长足进步，尤其是耳背式助听器在输出功率方面、耳内式助听器在外观和性能方面所取得的技术飞跃，使之成为听力障碍者实现听力言语康复的主要工具。

1. 盒式助听器　盒式助听器又叫体佩式或口袋式助听器（body worn/pocket hearing aid，图 1-3-14）。外形有如一个小型收音机般大小的长方形盒子，助听器的麦克风、放大器及电池组装在其中，外边由一根长导线连接耳机及耳塞或特制的耳模。通常放在衣服口袋里或特制的小袋中，外观上好像在用耳机听收音机一样。

此类助听器体积较大，助听器的麦克风与耳机距离较远，不易产生声反馈，因而对其最大输出限制较小，功率可以做得很大，并可放置多个手动调节旋钮。其价格低廉，维修方便，使用 5 号或 7 号电池，也可使用充电电池。

由于盒式助听器能够提供足够的增益而又不会产生反馈，该类助听器主要适用于极

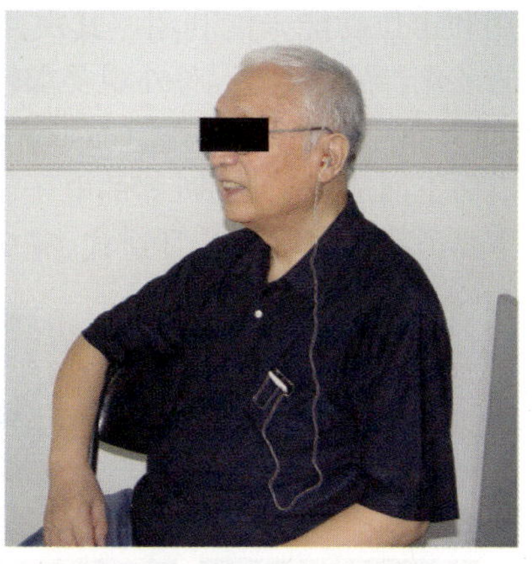

图 1-3-14　盒式助听器外观

重度听力损失患者，或者手指灵活性差的患者。

由于此类助听器体积较大，因此，隐蔽性差。同时，耳机导线易损坏，小儿佩戴不安全。盒式助听器多采用普通晶体管元件，本底噪声较高，加之助听器本身及导线与衣服的摩擦，使声音易失真，声音质量降低。麦克风的位置非人体功能位（人双耳外耳道位于头颅两侧，而盒式助听器的麦克风通常置于胸前），因此，其声音定位能力差。

同时，现代助听器研发中，很少将最先进的技术用于盒式助听器中。即其放大原理常常采用的是比较落后的技术。

2. 耳背式助听器　耳背式助听器（behind the ear hearing aids，BTE）又叫耳后式或耳挂式助听器(图 1-3-15)。它是依赖于一个弯曲呈半圆形的硬塑料耳钩挂在耳后的助听器，比起盒式助听器，它的体积和重量都小了许多，隐蔽性较好。麦克风、放大器和耳机全部镶嵌在机器内部，患者可以操纵的外部设置包括 M-T-O 开关，音量旋钮等都在机器的背面。放大后的声音经耳钩（earhook）通过一根导声管传入耳模的导声孔（sound bore）中。此类助听器是目前使用较广泛的种类之一，它适于各种听力损失的患者，麦克风的开口向前，利于面对面交谈。耳背式助听器可以实现多种功能，有传统手动调节的，也有通过计算机软件调节的；既有小功率的，又有特大功率的；既有模拟技术的，又有数字技术的等。但由于它是挂在耳后，对于一些戴眼镜的患者（尤其是眼镜腿较粗的）会有一些不便，而且

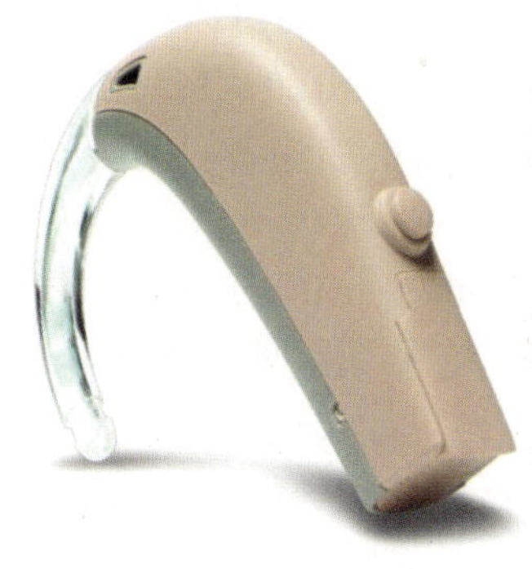
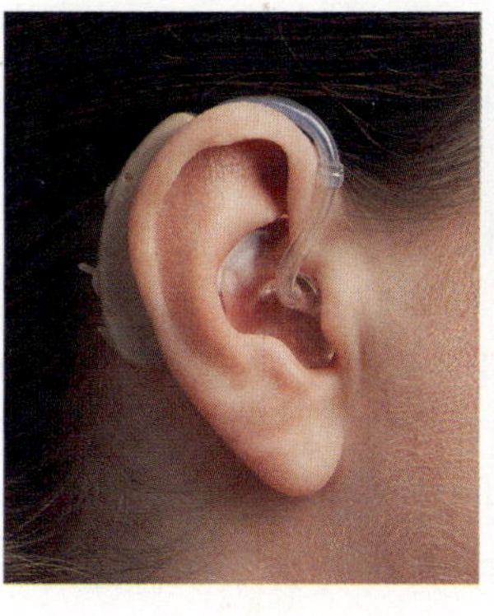
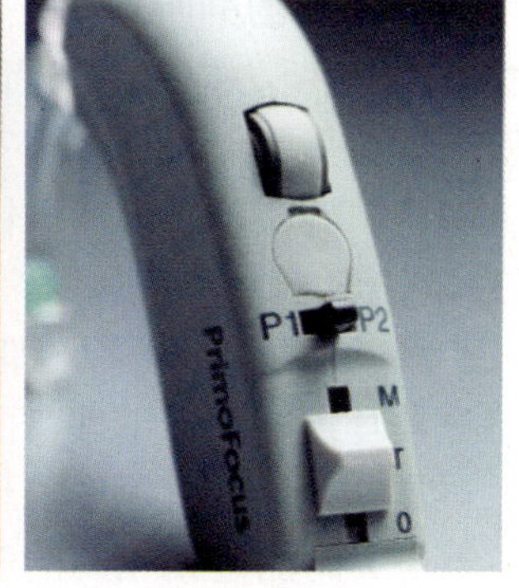

图 1-3-15　耳背式助听器外观

耳廓的集音作用和定位功能未能利用。其次，对于经常出汗的患者，助听器也易受潮，从而加速元器件的老化，导致损坏。对外观要求较高的患者，体积仍太大。

3. 定制型助听器　定制型助听器（custom made 或 custom-molded hearing aids）的外形根据患者耳印模加工而成。该种助听器的电子元件通常封装于硬质的医用高分子材料中。主要分为4种主要类型，即耳内式、耳道式、完全耳道式（图 1-3-16）。

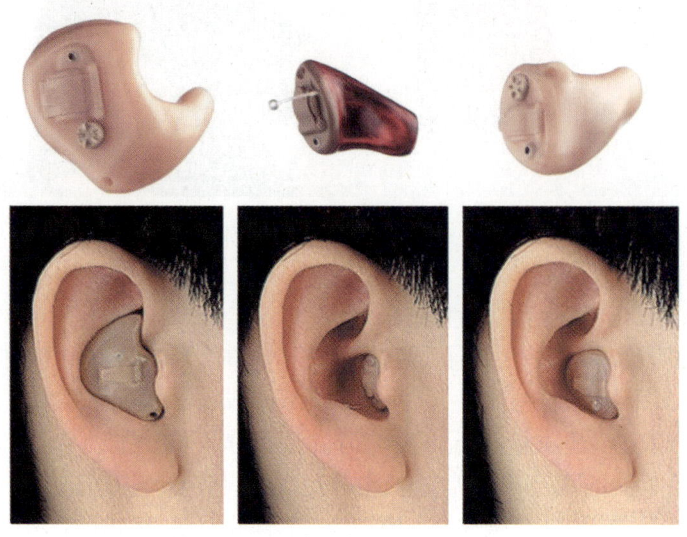

图 1-3-16　定制型助听器（CIC、ITC、ITE）外观

（1）耳内式助听器：耳内式助听器（in-the-ear hearing aids，ITE）是最早开发应用的定制型助听器。它占据耳甲腔和耳甲艇，从解剖学来讲，也叫耳甲式助听器。其外壳是根据患者的耳甲形状定制的，麦克风、放大器和耳机全部放在定制的外壳内，外部不需任何导线或软管，能全部放在耳甲艇、耳甲腔和外耳道内，比较隐蔽、轻便。此类助听器的麦克风入口位于助听器外侧面[即面板（faceplate），助听器在组装前，除外壳和通气孔以外的所有原件均在此线路板上]，比起耳背式助听器更符合人耳感受声音的自然位置。耳内式助听器体积和面板面积相对较大，使双麦克风技术较易得到应用，同时也可以增加电感线圈，使得 ITE 仍然具有 M-T-O 功能。

（2）耳道式助听器：耳道式助听器（in-the-canal hearing aids，ITC）比耳内式助听器略小，是目前较为流行的助听器之一。ITC 能够放入耳道更深的位置，从而可以产生更多的增益，对具有相同听力损失的患者，佩戴 ITC 比佩戴 ITE 可以节省 5 dB 的增益，而能达到相同的听力放大效果。助听器外壳可以依据皮肤颜色定制，因而更加隐蔽。助听器表面可安装音量控制旋钮程序转换按钮。

（3）完全耳道式助听器：深耳道式助听器（completely-in-the-canal hearing aids，CIC）是目前较小型的助听器，戴上它即使从侧面看也不易被发现。它能更深地放入外耳道内，达到或超过外耳道的第二生理弯曲，非常接近鼓膜，其放大特性更加接近于正常人耳的生理特性。对具有相同听力损失的患者，佩戴 CIC 比佩戴 ITC 可以节省 5~10 dB 的增益（尤其对高频部分），而能达到相同的听力放大效果。由于体积较小，双麦克风技术很难在此使用，助听器表面通常只有电池仓，而无音量控制旋钮，外下方有一长 3~5mm 的塑料线，便

于摘戴。它的小巧受到了许多患者的青睐，但其输出功率有限，仅适于轻、中度听力损失患者使用。相信随着技术进步，该类助听器的输出功率会越来越大。

由于定制型助听器的麦克风位于外耳道口附近，与人耳自然接收声音的位置近乎相同，声音自然传入，定位能力增强；耳机与鼓膜间距离缩短，有助于提高增益，同时具有隐蔽性好等优点。但其也存在一些缺点：体积小，增益不易做得很大，助听器上也不能安装太多的功能旋钮；需要根据听力障碍者的外耳形状定制，花费时间多；不能直接试听（可借助听筒、样机或面板试听，但与实际使用的效果有一定差异）；相对价格高。随着助听器技术的不断发展，定制型助听器将会用于更多的听力障碍者。其中，遥控器的使用将解决部分定制机的不足。由于定制型助听器是将所有元件放置于外壳内，会使得助听器的通气孔无法按照要求定制，同时麦克风在面板上，距外耳道口较近，容易产生声反馈。人们对定制型助听器的麦克风进行了放置的改进，将麦克风位于耳甲艇处，其他元件仍放置于耳道处，此技术的应用大大改善了定制型助听器的舒适度。

4. 骨导助听器　骨导助听器（bone conduction hearing aids）其声信号输出方式不同于气导助听器，它的输出端不是耳机，而是一个振动器（骨导耳机），与耳后乳突相接触，将助听器接收和处理过的声音通过振动传至内耳（图 1-3-17、图 1-3-18）。盒式、耳背式及眼镜式助听器都可连接骨导耳机。在眼镜式助听器上，骨导耳机是放在眼镜腿末端，正好位于乳突上。在盒式和耳背式助听器，则是用头戴发夹固定骨导耳机在耳后乳突上。此类助听器适于先天外耳发育不全（外耳道闭锁、耳廓畸形等）、中耳炎后遗症、耳硬化症、外伤引起的外耳道狭窄及其他不适合使用气导助听器的患者，或作为手术前后补偿听力之用。缺点是其最大输出功率没有气导助听器大，且佩戴不方便且不美观。

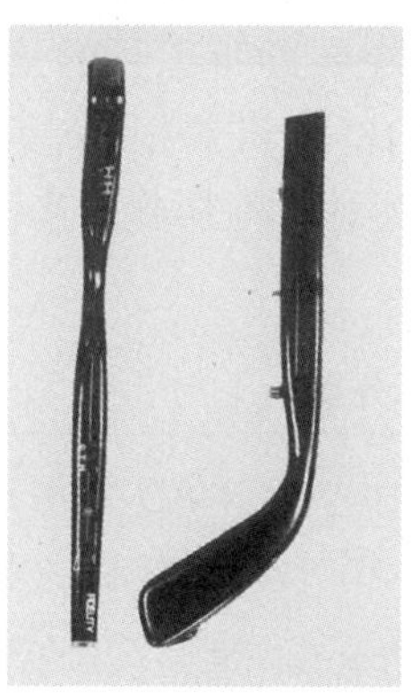

图 1-3-17　骨导式眼镜助听器

图 1-3-18　头夹式骨导助听器

5. 交联式助听器

（1）单侧交联式助听器：该种助听器使用信号对传线路（contralateral routing of offside signals，CROS）。适合于一侧听力正常或接近正常、另一侧重度听力损失的患者。助听器戴在听力正常或接近正常侧，助听器的麦克风移至另一侧听力较差耳，当听力较差一侧有声音信号传至麦克风后，通过导线或无线 FM 发射器传至对侧助听器，利用好耳帮助识别声音信号。

（2）双侧交联式助听器：该种助听器使用双耳信号对传线路（bilateral CROS，

BICROS)。适合于一侧轻度或中度听力损失，另一侧重度听力损失的患者。听力较好耳佩戴一助听器(有一麦克风)，而听力较差耳只佩戴一麦克风，二者间有导线或通过无线 FM 连接。双侧麦克风接收的信号都传至助听器，经放大后传至听力较好耳，利用它可很好地感知来自头颅两侧的声音信号。

6. 助听听诊器　助听听诊器(amplified stethoscope)主要适用于患有听力障碍的医务人员(以内外科、小儿科和妇科为多)。在听诊器的中部安置一个放大器，可以调节音量、音调。同时还可以通过监听管让实习医生同时聆听(图 1-3-19)。可以只验配中间的放大器，而使用原来的听诊器。

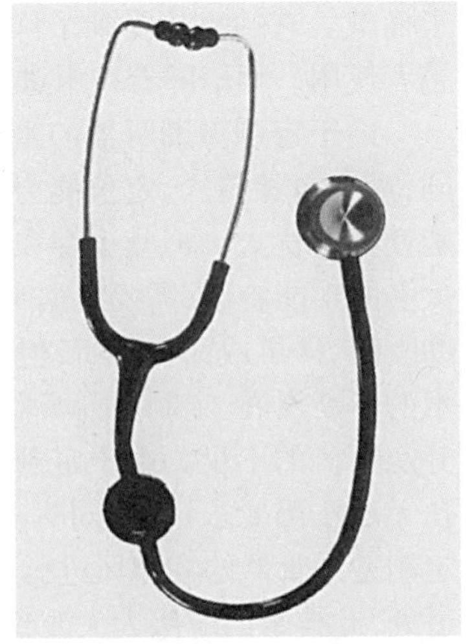

图 1-3-19　常用的助听听诊器

二、助听器的其他分类方法

助听器技术涉及多学科内容，平时我们还接触到许多对助听器的称谓，这是人们从不同角度来命名助听器造成的。本文将助听器发展过程中用到的名词术语进行归纳分析，以帮助读者了解助听器的演化进程、性能特点和实际应用状况。

1. 根据出现年代和科技含量分类　纵观人类的助听历史，可将助听设备分为声学或机械助听器、现代电助听器两大类。最早的声学助听器为人类自己的手掌，手掌合拢放在同侧耳侧后方，便能提高自前方传到耳内的声音能量，在 1500 Hz 约能增加 15 dB。此外，号角、喇叭、传声管都可以看成是声学助听器的一种。此类助听器自 17 世纪开始便有记载应用，直到 20 世纪初电助听器的发明，才不再担当主要助听工具的角色。

2. 根据助听器输出功率分类　在助听器验配中，经常讲要根据患者的听力损失程度来选择助听器的功率大小。根据助听器的饱和声压级不同将其分成小、中小、中、大、特大功率 5 类(表 1-3-2)。

表 1-3-2　助听器的功率分类

类型	饱和声压级(dB SPL)	类型	饱和声压级(dB SPL)
小功率助听器	<105	大功率助听器	125~134
中小功率助听器	105~114	特大功率助听器	≥135
中功率助听器	115~124		

注：饱和声压级数值为经耳模拟器(IEC711)产生的最大输出声压级

由于助听器技术的发展，目前助听器的输出功率已能达到 140 dB SPL 以上，满足了部分极重度听力损失患者的需要。

3. 根据助听器放大线路分类

(1) 线性助听器：线性助听器(linear)放大的输入 / 输出函数关系为 1∶1，助听器的增益是恒定的，线性输入 / 输出曲线(I/O)斜率不变，输入声强度每增加 1 dB，输出声强度相应增加 1 dB，直到最大声输出(饱和状态)。但是，由于多数听力损失患者的听觉动态范围

变窄，且往往伴有重振现象，而助听器最大声输出往往高于患者的响度不适阈，因此会造成患者佩戴不适，甚至损伤残余听力。

(2) 非线性助听器：非线性助听器（nonlinear）的增益不是恒定的，其放大的输入/输出关系也不是 1 : 1。非线性助听器包括以下几种压缩方式。

① 自动增益控制（automatic gain control，AGC）：自动增益控制是在线性放大电路中增加了电压自动调节装置。以 AGC-I 为例，它可分为输出压缩（AGC-O）和输入压缩（AGC-I）两种。当输入电压增大到某一限定水平时，通过反馈可降低前置放大器输入阶段的电压。输入信号越大，电压降低越多，故信号不会超过限定输出。自动增益控制系统中有 4 个重要指标：压缩拐点（compression kneepoint，CK）、启动时间（attack time，AT）、恢复时间（release time，RT）和压缩比（compression ratio，CR），这 4 个指标在一个系统内是恒定的。这种输出控制的好处是谐波失真很低，且保持了较好的信噪比。但由于只有声强度到达压缩拐点水平，系统才会启动压缩功能，并还要受启动时间和恢复时间的影响，所以，在拐点附近的声音信号容易产生失真。

② 多通道压缩：多通道压缩即将声信号频谱分为多个频带，并且对每个频带都能进行独立调节，都有自己的增益、压缩阈值和压缩比。通道和频带的概念并不相同，频带只是声信号频谱上的一段频率，并不保证其能进行独立的信号处理。多通道压缩为非线性放大，可以根据病人的听力损失情况更好地调整助听器的放大性能，尤其对非平坦型听力损失者，它保证了对每个频段的补偿更有针对性。

③ 宽动态范围压缩（wide dynamic range compression，WDRC）：宽动态范围压缩是指随输入声信号强度的变化，助听器增益进行实时变化，使放大了的语言信号完全在患者已缩小的听觉动态范围之内，这种放大更有利于患者理解语言。大多数听力障碍患者的特点是响度增长异常导致的听觉动态范围变窄，即小声音不易听见，稍大的声音听起来又过响。虽然自动增益控制可以压缩高强度的声信号，但由于自动增益控制线路压缩比恒定，可能使拐点以下的线性增益部分放大的不够充分。所以，低强度的语音信号，特别是一些重要的弱辅音放大不够，以致影响言语理解能力。宽动态范围压缩克服了这一缺点，它的增益是可变的，对于低强度的语音信号该系统都会给予适当的增益，对于不同的频带也会有不同的压缩比，以达到合适的响度水平。

4. 根据助听器信号处理方式分类

(1) 模拟助听器：模拟助听器（analog aids）的声音信号通过麦克风转换成连续改变的电信号，此信号经滤波、放大最后传送到助听器的耳机。音量和增益控制多数为模拟设置，模拟信号处理能够精确的传送放大后的信号，具有高保真、低失真的特点，同时将压缩限制和非线性动态范围压缩很好的统一在一起。缺点是处理速度慢、应对复杂环境的能力差。

(2) 数字助听器：数字助听器（digital aids）是近几年来日臻完善的一种助听器，其信号处理方式不同于模拟助听器。数字助听器是把声信号由模数转换器变成数字代码，数字信号处理器按一定程序处理这些代码，然后经放大器放大，最后由耳机转换成声信号。由于该助听器采用了全数字信号处理技术，使它具有极高的信号处理速度，可记忆多组电声参数以适应声环境的变化情况。它可产生平滑的频率响应，消除声反馈，实现最低失真压缩功能，并可提高信噪比。正是因为数字助听器的诸多优点，它将是未来几年中助听器发展的重点之一。

5. 根据助听器是否能够通过计算机软件来编写程序分类

(1) 非编程助听器：不能与计算机连接，无法用计算机软件来编写程序，只能通过助听器表面的微调旋钮来改变内部参数设置，调节范围相对较小。通常此类助听器的微调旋钮有：增益(gain)，低频消减(low-cut 或 high-pass)，高频消减(high-cut 或 low-pass)，自动增益控制(AGC)，输出(output)等。

(2) 编程助听器：某些模拟助听器和大部分数字助听器为编程助听器(programmable aids)，它是通过装有编程软件的计算机对助听器进行功能设置，并能存储助听器的各种设置。它具备以下优点：①多频段处理；②更为精细的调节；③压缩比可变；④多种程序设置等。由于编程助听器的适配范围很广，对渐进性听力损失患者及听力有波动的患者，具有较大的灵活性，听力一旦发生变化，参数可随时调整。缺点是对其功能调试需要有计算机和编程软件及相关配件。

6. 根据助听器麦克风技术不同分类

(1) 全向性麦克风助听器：大部分线性助听器都采用此麦克风系统，助听器中只有一个麦克风。声音进入麦克风，振动振膜，声音的能量被转换成电能，而且被放大。全方向性麦克风(omni-directional microphone)对任何方向进来的声音敏感度相同，所以，在噪声环境中对言语声和背景噪声放大的程度是一致的，致使在噪声环境中的言语辨别能力下降。

(2) 方向性麦克风助听器：最早的方向性麦克风(directional microphone)的设计是假设佩戴助听器的人面对说话的人，声音信号是从前方进来，噪声则是从后面进来。方向性麦克风系统主要有两种设计方法来实现方向性的功能：①单麦克风系统：一个特殊设计的单体麦克风，它具有两个声音入口，一个为前向开口，另一个为后向开口，后向开口中有一个声学延时装置(阻尼器)。麦克风内部有一个横隔振膜，这两个声音入口分别连到振膜的两面。②双麦克风系统：由两个独立的全方向性麦克风所组成，一个为前置麦克风，一为后置麦克风加信号延迟电路。

因此，方向性麦克风系统对从前方进来的声音比从后方来的声音敏感。最近开发的方向性麦克风系统可以自动连续搜索需要降低强度的噪声点，不管噪声来自何方向，都可将最低敏感区指向此方位，从而获得并保持最佳的噪声压缩效果。方向性麦克风的应用使得信噪比提高，从而增加了患者在噪声环境中的言语分辨力。

7. 根据使用距离分类　根据使用距离的不同，可以分成近距离使用助听器和远距离使用助听器。一般个体助听器皆为近距离助听器，其麦克风、耳机都位于身体周围；而远距离助听器可将麦克风和耳机分开几十米使用，使交流的双方可以在远距离进行交谈，并能增强对周围环境噪声的抵抗能力。常见的远距离使用助听器有以下几种。

(1) 调频助听器：调频助听器(frequency modulation aids，FM)系统是由发射器和接收器组成的。发射器可放到声源附近，接收器可与助听器连接来处理解调后的声信号。这种助听器使用方便，不受患者活动的限制，可在几十米的半径内接收声音，非常适于听力障碍幼儿的户外教学。一对一或一对多个的调频助听器更适合于对聋儿进行听力和言语训练，老师把麦克风别在衣领上，不论聋儿坐在什么位置上，都可以清楚地听到老师的声音。

(2) 红外线助听器：红外线助听器（infrared amplification）系统包括两个部分：一是说话者使用的麦克风，它可以是各式各样的放大器，而非只限于助听系统的麦克风。二是红外线发射器，它将语音信号从声源处的麦克风传送至患者的红外线无线电波接收器，这个接收器内含有一个放大器。这种系统常用在电影院、歌剧院、教堂等大型公共场合，以帮助听力障碍者收听远距离的声音。接收讯息的患者所用的红外线无线电波接收器的形状如听诊器，该系统的优点在于输出频率较广且无本底噪声。但由于其输出功率有限，因此，只适用于轻度、中度或中重度听力损失的患者。

另外，近年来移频助听器（frequency-transposing/shifting hearing aids）也得到了应用。它是一种全数字动态重新编码助听器，可以将高频声移向低频。具有音量开关、程序开关；10个高通滤波器和10个低通滤波器；清辅音频率压缩、浊辅音频率压缩、动态辅音推动等功能。移频助听器的主要工作原理是将高频声按比例进行频率压缩，将高频言语信息"移"到具有较好残余听力的低频区。用此技术可将输入言语信号的带宽匹配到患耳最敏感的有限频带，使患者高频区听阈降低，从而可以听到声母或辅音信息，在言语交流中就可以分辨音节的长度，理解音节的内容，从而提高了患者的言语识别能力。

与以上介绍的多种助听器不同，还有一类需要植入到人体内的助听器，叫植入式助听器。它是一种将助听器一部分植入耳内或颅内，不用耳机传送声音的助听器。

广义地讲，人工耳蜗、人工听觉脑干、人工中耳等都叫植入式助听器（implantable hearing aids）。人工中耳是指电磁驱动器直接与鼓膜、听小骨、或内耳蜗窗相连，不需要传统耳机而将放大的声音信号以接触方式传给鼓膜、听小骨或蜗窗。其优点是功率大、无声反馈；缺点是需要手术，有感染风险，并且需要配有外部装置，不美观。

以上的助听器分类方法是针对现有的助听器而言，某一名称的助听器可能会属于多个类别，这是由于助听器技术属于多学科交叉并且发展迅速造成的。随着助听器技术的不断发展，对助听器的分类也会增加新的内容。

三、助听器类型选择

当患者接受了我们的建议决定验配助听器以后，首先要考虑的问题常常是选择什么类型的产品，然后选择其线路特性和特别功能。

以下因素常常是我们在选择类型（盒式、耳背式、眼镜式、耳内式、耳道式、完全耳道式）时要综合考虑的。眼镜式现在已很少应用，而使用盒式绝大部分是由于经济原因所致。

1. 价格　许多听力障碍患者尤其是经济收入不高者选择助听器时，常常将价格作为第一考虑因素。作为验配人员，既不要盲目推荐高价机型，也不要为患者"勉强"选择价低但不适合的助听器。

2. 取戴是否容易　定制机比较容易放入外耳道，同时不影响佩戴眼镜。CIC由于具有移拿软柄（removal string，渔线），体积虽小但也较易取出。满耳甲腔型ITE由于有深入耳甲艇的突出部分（helix lock，这是北美听力学界和助听器产业界的惯用词，与我们耳科解剖上学的helix不同），使许多老人放取困难。BTE的耳模若为同样外型也有类似问题。

3. 操作调节钮的难易　当CIC正在使用时，患者自己很难调节音量开关。而对ITE和ITC的使用者，若操作不便，可以在音量开关上加一层盖。对两手操作不便的患者，在选择机型时可以考虑：选择动态范围宽的压缩线路而不使用音量开关；选择患者所能接受的最大型号的助听器和电池；选择半耳甲腔（half-concha）ITE 而不选择 BTE；手部精细动作尚可者考虑使用遥控器；对于视力不好者，所有的调节钮和电池门均应能触觉到。

4. 外观 对于不愿让他人知道自己使用助听器的患者，CIC 是最佳选择。

5. 增益和最大输出 麦克风和耳机的距离越大，产生声反馈(啸叫)所需增益就越大，即越不容易产生啸叫；耳机和电池越大，助听器的体积就越大，最大输出就越大，尤其在低频。

6. 风噪声 风噪声主要是由于环境或头颅晃动，在耳廓处产生气流所致。这在 BTE 和眼镜式比较明显。而 CIC 由于其麦克风位置远离产生气流的耳廓部分，产生风噪声的可能性很小。

7. 方向性（directivity） 目前只有 BTE 和 ITE 具有足够的空间放置方向性麦克风，从而抑制来自于两侧和后方的声音。若所选助听器只能安装全向性（omni-directional）麦克风，CIC 机型则最具有方向性，因为 CIC 充分利用了头颅、耳廓和耳甲腔的集音、声音衰减功能。

8. 耐久性（reliability） 耳机位于外耳道内的机型（如 CIC、ITC 和 ITE）的耐久性相对比较差，这是因为耵聍潮气缩短耳机的寿命。使用防耳垢网（wax guard）可以减少耵聍的侵蚀。

9. 电话兼容性 助听器可以从电话受话器拾取声信号或电磁信号，也可通过蓝牙技术得以实现。耳背式和眼镜式常配有电话拾音线圈（telecoil）。使用盒式机打电话时要把体配盒靠近电话听筒。ITE 和 ITC 机型也可以加装电话线圈，但这使得面板的元器件更加拥挤而且更不容易操作调节钮。另外的选择就是使用遥控器，有些多记忆编程助听器可以把其中的一个程序设置为电话线圈(用助听器记忆按钮调节)。CIC 和某些小型耳道式（mini ITC）可以直接将话筒靠近外耳道口听取电话的声信号，这使得使用者免去了电话线圈的麻烦，但有时会引起啸叫。在助听器耳机内放置声阻尼材料或在电话听筒周边放置海绵垫可以减少啸叫的发生。

另外，有听力损失的医生在使用听诊器时可以同时使用 CIC，只是需将听诊器的听头用耳模材料制成软的。有的厂商提供助听器听诊器，即在听管中部放置一个放大器。

10. 调节灵活性（adjustment flexibility） 非编程机的调节取决于调节钮的多少和功能，编程机和数字机的调节已经非常灵活。

11. 清洁 对有慢性感染的患者来说，定制机（ITE、ITC、CIC）常常不易于清洁。BTE 和眼镜式配合大通气孔（vent）对此类患者比较适合，可以定期清洗耳模和耳模管。若外耳道经常流脓或有耳廓 / 外耳道口畸形，患者需要坚持学习和工作，可以选用头夹式或眼镜式骨导助听器(部分患者不能接受其外观)。

12. 堵塞感和反馈啸叫 对于那些低频正常而高频陡降的重度听力损失患者来说，需要加大通气孔而避免堵塞感，但高频所需的增益又会常常引起啸叫。这在验配和制造过程中是常见到的一对矛盾。若助听器体积较大（如 BTE），增加通气孔出口和麦克风口的距离可以部分解决这一问题。现代数字助听器的各种反啸叫处理功能已经在编程验配过程中大大减少了啸叫的发生概率。

13. 电池 电池型号随助听器体积的减小而减小，电池寿命也随之减短，这样患者的花费也会增加。电池的费用常常也会影响助听器选择。年老操作不便者使用小号电池也

常感困难。

14. 关于定制机的矩阵　厂商在介绍其助听器(尤其是定制机)参数时,常常使用矩阵(matrix)一词表示。矩阵通常为3个基本参数(如117/40/15等):第一个数字为最大输出:此为该助听器的最大输出。选择时既要满足患者的听力需要(要留有一定的余地),同时又不超过患者的不适阈。一开机(最小音量)就能听得舒适或音量开到最大才舒适,常常不能保证正常使用助听器。第二个数字为满挡增益值,要求使用该助听器能够在最舒适声级最大程度地听清言语。第三个数字为斜率,即助听器频响曲线图中500 Hz处和第一个峰值处的满挡增益差值。此处主要是考虑不同患者纯音气导听阈的陡降程度。

15. 关于编程　由于通用编程软件——NOAH和通用硬件——Hipro编程器的广泛应用,对编程机的调试比非编程机要相对容易。

NOAH软件是HIMSA(the hearing instrument manufacturers' software association,听力设备制造商软件协会)公司生产的通用助听设备编程软件。截止到2008年初,HIMSA已经有90个会员,其中75%助听器制造商,其总的产品覆盖率占全球助听器市场的90%。NOAH就好像我们电脑里的视窗(windows)一样,它把常用资料(如患者的一般资料、纯音听力图、言语测试等)予以标准化,并与各制造商的验配软件兼容。只要验配师将患者资料输入,就可以验配您所能得到的各个品牌的助听器。进入我国的国外品牌助听器的验配程序也是基于NOAH设计的。

由于助听器所输出的电信号不同于我们的电脑,助听器和电脑之间需要一个接口装置。Madsen公司生产的Hipro(hearing instrument programmer)编程器就是这样一个各主要厂商通用的接口。若验配师使用手提电脑,可以通过与调制解调器类似的PCMCIA卡将助听器和电脑相连。有了NOAH软件和Hipro编程器,我们还需要各合作厂商提供他们的专用导线和编程软件来验配他们的产品。

第三节　助听器功能选择

助听器功能选择可从信号处理方案、助听器特征、验配耳等方面进行考虑。

一、信号处理方案选择

一般国内的非工程技术人员将信号处理方案(signal processing scheme)统称为线路(circuits)。

1. 压缩限制与削峰　在现代技术条件下,只要经济条件允许均应选择压缩线路,除非以下情况。

(1) 极重度听力损失且需要将SSPL90开到最大(音量开关开到最大)者。

(2) 在需要大功率时,同时由于体积原因,愿意在削峰的ITC与压缩的BTE之间选择前者。

(3) 效果评估证实削峰优于压缩,比如骨气导差较大的传导聋和混合聋。

患者以往若习惯于削峰助听器,在更改为压缩线路后常需要数周的适应期。

2. 宽动态范围压缩(wide dynamic range compression,WDRC)　根据国外的经验,

有些人偏爱线性线路而不喜欢 WDRC，我们仍主张对初试者统统使用 WDRC。对重度听力损失患者可选用高压缩阈。自幼使用大功率线性线路的患者应考虑到患者的使用习惯，不必非用 WDRC。

3. 多通道压缩　对于中度听力损失或听力图为陡降型的患者更适合。若 2000 Hz 听阈与 500 Hz 听阈相差 25 dB，建议选用多通道助听器，尤其是 TILL（treble increase in low level，低声级时放大高频）线路。只要压缩比 <3∶1，大多数患者都不会因使用多通道线路的助听器有不舒服的反应。

4. 快速或慢速压缩（fast- or slow-acting compression）　主要指多通道编程助听器，目前尚无依据证明哪一种适合于哪种患者，这主要依靠试用时患者的自我感受来决定。

5. 自适应噪声抑制（adaptive noise suppression）　其特点为在最差的信噪比环境中自动降低增益，这对于日常环境中噪声多变的患者比较适合，而且更加适合于对全频需要放大的患者（与仅需要高频放大者相比）。

6. 多记忆（multiple memories）　与以上相似，适合于多记忆助听器的患者包括需要宽频放大者、日常听环境多变者、高频区动态范围很窄者。自调噪声抑制和多记忆装置的目的均为根据听环境的不同改变其放大特性，而且均只改变增益超过 0 dB 的频率的增益变量。另外，多记忆装置还可以用于选择电话拾音和麦克风的方向性。

7. 反馈处理（feedback management or reduction schemes）　适用于可能产生反馈啸叫的患者，如以前戴助听器啸叫，而低频好高频也需要补偿者反馈抑制处理技术显得非常重要。

二、助听器特征选择

以助听器的电声参数为标准为患者验配助听器，如增益、频响、压缩比等，可能有很多品牌 / 型号适合于同一患者。而对助听器的其他一些特征的选择无疑会帮助我们验配最合适于患者的产品。同时功能的增加也意味着助听器价格的增加，根据我国国情我们不得不为患者考虑这些问题。

1. 音量开关（volume control，VC）　压缩线路的多样化发展使得对 VC 的需要逐渐减低。许多患者喜欢使用自动无 VC 的助听器，但也有同样数量的病人仍然希望自己调节音量。

2. 电话拾音线圈　在我国 BTE 的验配数量很大，而 BTE 绝大多数配有电话拾音线圈（telecoil，T 挡开关）。验配 ITE/ITC 时，轻度听力损失患者常常不需要电话拾音圈。

3. 音频输入（direct audio input）　音频输入主要用于：①用无线传输系统和 FM 系统，此系统与助听器耦合在一起；②使用手持方向性麦克风通过导线与助听器相连，多适用于重度听力损失患者。可以提高信噪比，其方向性也比助听器本身的麦克风好；③在噪声或混响环境中看电视者，将一个麦克风靠近电视机或通过导线将电视的音频输出直接与助听器耦合，这样可以大大增加信噪比并减少回声。

现在，有些助听器附有无线耳机（wireless receivers），两者直接通过音频输入相连。因此无线系统使得音频输入具有广泛用途。

4. 方向性麦克风　方向性麦克风可以明显提高信噪比。患者可以选择一个有固定方向性麦克风的助听器，但更多的情况是助听器可以使患者用开关选择方向性和全向性

方式。不选择方向性麦克风的原因有。

(1) 患者尚不明确方向性麦克风的优点。

(2) 患者希望使用小型产品,如 CIC 和 ITC,而助听器无空间装置方向性麦克风。

(3) 患者需要放大的频谱比较窄(如仅限 1500 Hz 以上),方向性麦克风(频谱较宽)的优势受到限制。方向性只有在助听器放大的频响范围和通气孔传递(vent-transmitted sound)的频响范围一致时才得以实现。

(4) 需要低频和中频放大的患者,全向性麦克风比方向性麦克风能提供更多的低频。方向性麦克风具有以下缺点:①方向性麦克风比全向性麦克风更易产生风噪声,室外活动较多者不宜。②患者的工作 / 生活环境不可能使他 / 她总是面向声源。如公共汽车驾驶员在开车时听乘客说话、上课的学生听后边的人讲话等。此时使用全向性麦克风听言语声和环境声可能更清楚。③室内交谈时,若讲话的人在麦克风的方向性范围以外,此时方向性麦克风(无论固定的还是可调节的)则不能发挥作用。所以可调节的方向性麦克风比固定的方向性麦克风更好。

三、双耳还是单耳验配

在当代听力学的角度上,除了有禁忌证的患者外均应为听力障碍者双耳验配助听器(binaural fitting)。在我国由于经济条件的限制,许多可以受益于双耳助听器的患者还在凑合着使用单耳放大(monaural amplification)。

(一) 双耳听觉生理优势

1. 双耳静噪效应(binaural squelch effect) 静噪效应提高了信噪比。当双耳听觉相同时,背景噪声就不容易掩蔽言语声;但双耳听觉不平衡时就不起作用。静噪作用可以将信号额外提高 12 dB 而仍然能够忍受。

2. 双耳融合作用(binaural fusion) 指双耳对类似(但不是同样的)声信号的综合作用。如一耳先听到一个低频音,另一耳稍迟听到一个高频音,这时我们听到的是一高一低两个声音。若同时接收一高一低两个信号,则听到的是一个综合的声音。这就是融合作用。

3. 双耳累加作用(binaural summation) 与单耳听声相比,双耳同时听声响度可以明显增加 6~10 dB。双耳的听阈也比单耳测听时改善 3 dB 左右。

4. 双耳定向作用(binaural localization) 人类通过比较双耳间声音到达的时间和响度来确定声源的方位。定向作用依赖双耳对其间的强度、时间、相位和频率之差辨别能力。单耳是没有定位作用的。用单耳听声时,声源好像来自听耳一侧;而来自另一侧的声音则感觉很远,或感觉在健侧(实际是来自患侧)。脑干或中脑损伤时定位作用也会减弱或丧失。

以上 4 种效应在单耳听声时均不会发生。

(二) 双耳验配助听器的优点

1. 声源定向 实验和实践均已证明双耳使用助听器可以增加患者的定向能力。

2. 改善噪声中言语辨别力 无论患者的双耳听力损失是否对称,同时使用两个助听器在安静和噪声环境中均比单耳使用能明显提高言语辨别率。

3. 消除头影效应(head-shadow effect) 当声音到达两耳时会遇到头颅的阻挡使得两耳处的声音强度不一致(interaural intensity disparities)。言语中的高频成分由于波长短不易绕射过头颅，所以，到达另一侧耳时其强度比低频成分衰减得要多。这样在近耳一侧和远耳一侧的强度差别使得双耳间的信噪比有很大差异（信噪比的大小取决于言语声的强度和噪声源的入射角）。Tillman（1963）用扬扬格词测试阈值（噪声入射角为 45°），双耳间的强度可相差 6.4 dB。两耳间的信噪比最大可相差 13 dB，使得对噪声超过言语声的一侧耳产生掩蔽作用。听力正常和使用双耳助听器者正是利用这个特点习惯将一个耳朵朝向自己想听的那一侧。

4. 累加作用　对于重度或极重度听力损失的儿童，双耳验配大增益助听器可以利用这种阈上累加作用，达到有效的舒适响度级。

5. 预防听觉剥夺 / 退化（sensory/auditory deprivation）的作用 Beggs 和 Foreman（1980）　研究发现双耳刺激（binaural stimulation）形成的关键期为 4~8 岁，这再次强调了聋儿早期验配助听器的重要性。对成人的研究（Silman 等，1980）则发现双耳使用助听器 4~5 年后，其两耳的言语辨别率将保持稳定；而若单耳使用，4~5 年后无助听侧的言语辨别率下降。

6. 音质　尽管有些患者使用双耳助听器言语辨别率提高不明显，但大多数患者感到音质有所改善。首次使用助听器者，尝试验配双耳助听器远比使用单耳助听器容易使患者满意。

7. 易听（ease of listening）　双耳使用助听器的聋儿和成人与人交流时比较放松，听人谈话比使用一只助听器者容易。

8. 听觉系统的能力（capacity）　人类听觉系统处理信息的能力是有限的。当一侧耳受到噪声干扰时，另一侧可以提供附加信息提高言语感知。双耳使用助听器虽然不能提高这种能力，但可以在噪声干扰情况下最大限度发挥一侧耳提供信息作用。

9. 静噪作用　双耳使用助听器时，可利用双耳听觉的静噪作用提高患者对听信号的选择性而抑制背景噪声的干扰。

10. 双耳掩蔽级差（binaural masking level differences，BMLD）　研究表明，当两耳间言语声不同相而噪声同相时（antiphasic，言语和噪声反相位），言语辨别率最好。这在低信噪比的情况下更加明显。双耳助听器使用者在类似情形中也会改善言语听觉，但不如常人明显。

11. 缩短老年聋患者的助听器适应期　当初次使用或更换助听器时，由于放大的声音与以前听到的声音不一样，患者需要一段适应期。这是由于听觉系统已经存在的声编码与新的编码不匹配所致。听力损失以后未使用助听器的时间越长，适应期也就越长。双耳助听器使用显然缩短了这个再学习过程并且患者也会觉得更容易。

12. 耳鸣　多数学者都认为最好的耳鸣掩蔽器是助听器，尤其是双耳使用。双侧耳鸣若仅一侧使用助听器，可能使用一侧耳鸣减轻，而另一侧仍有耳鸣。

13. 减低混响效应　听力损失者比常人更容易受到周围噪声混响对谈话声的干扰。双耳使用助听器比单耳使用在减低混响方面有优势。

14. 融合作用　双耳对失真信号的融合作用远比单耳有效。

15. 频带分离放大（split-band amplification）在双耳验配中的应用　实验表明，当将低频声和高频声分别输入两耳时，辅音辨别得分增高。这是由于低频对高频的掩蔽作用减低所致。年轻患者比老年患者表现明显，验配时应慎重。

16. 患者和验配师的态度　目前绝大多数专业人士力荐双耳验配，患者也倾向于用两个助听器。这在提高言语辨别和声源定位方面的作用是不容置疑的。

即便是患者只选购一只助听器，但在验配过程中应让患者尝试使用双耳助听器。让每位患者都要体会到两耳总比单耳强的效果，有条件者进行声场对比测试（纯音、啭音和言语），为将来的双耳验配打下基础并起到正确宣传的作用。

（三）双耳验配的禁忌证

1. 退化作用（degradation effect）　若双耳言语辨别得分差别很大，应防止对差耳一侧的放大使得好耳一侧的听力变差。这是由于对病变严重的耳蜗进行声音放大可能使得来自好耳的信号在听觉通路传输过程中失真。

2. 融合或整合作用　中枢听觉功能减退的患者双耳听觉可能不如使用一侧单独听声，有些可能由于长期不用双耳听声而导致功能退化。后者可能需要较长的适应期才能确定是否适合双耳验配助听器。

3. 动态范围　当一侧动态范围很窄时，可能只能验配动态范围较宽的一侧。

4. 复听（diplacusis）　双耳复听意味着双耳交替听取同一纯音时感觉为不同的音高。此时双耳验配应慎重。

5. 心理因素　患者心理上可能拒绝接受两耳均塞有助听器。

6. 生理原因　年老或因疾病操作不灵活者。

在近来的助听器专著中和大家的实践中，随着助听器压缩线路、编程软件等技术的发展和我们临床验配经验的增加，双耳验配的病例越来越普遍，而禁忌证越来越少。

（四）单耳验配时选择哪一侧

若只能为患者验配一只助听器，验配师必须帮助患者选择哪一侧佩戴助听器。

1. 若双侧的听力损失不对称，我们常常验配较差的一侧，条件是：①使用助听器能得到足够的帮助；②好耳一侧在无助听器的情况下足以行使部分功能。

2. 若双耳听力损失在 55~80 dB HL 的范围，选择最接近 60 dB HL 的一侧。

3. 若双耳的听力 <55 dB HL 或 >80 dB HL，并且：①如果双耳敏感性（sensitivity）或好耳听阈好于 55 dB，选择较差耳；②双耳敏感性差于 80 dB，验配较好耳；③如果一耳 <55 dB HL，而另一侧听阈 >80 dB HL，应验配较好耳。一般来讲，若好耳的听阈≥40 dB HL，并且双耳听阈的差别≥30 dB，选择较好耳。

4. 验配言语辨别好的一侧　这样患者容易接受助听器，尤其在试用一段时间以后。

5. 以往由于助听器的性能和调节受限，一般验配听力图比较平坦的一侧。随着技术发展，听力图型已不如动态范围、言语辨别率等因素重要。但是，对听力图重要部分敏感性正常或陡降型高频损失者，验配成功率仍然不如平坦型者。

6. 验配动态范围宽的一侧　如果动态范围 <30~40 dB（实际生活中言语声强度的大致范围），若既想听得到所有的声音而又不产生耐受问题是困难的。近年来压缩线路的不断改进，对解决这一难题提供了帮助。

7. 最后，要考虑到患者或亲属的喜好（大多数患者偏好右侧使用助听器）。以上各点仅仅是我们验配时考虑的起点，没有患者的同意我们无法作出最佳的选择。作者认为患者的选择（如差耳使用助听器利于会议时的交流等）和较佳的言语辨别率常常是选择哪一侧佩戴助听器的关键。

四、验配多记忆助听器

通过各种方式可以比较容易地在安静状态下为患者验配助听器，而且大多数使用者在安静环境中也比较满意助听器的效果。但是人们的活动地点是不断改变的，日常生活中我们很难避免嘈杂的环境。这样，对于一些患者来说，在不同的听环境下可能喜欢不同的增益－频率反应。目前有多种产品具有多记忆（multiple memories or programs）助听器可供验配，不同的程序适用于不同的听环境。如程序 1 适合于安静地办公室中与人交谈，程序 2 适合于在饭馆中谈话。在为每个程序设置不同的频响反应以后，患者在使用中仅仅需要轻轻按动程序按钮和开关即可。

如果以下 3 种情况都存在，我们应考虑向患者推荐多记忆助听器：①患者社交范围有可能在至少 2 种以上的听环境中使用助听器，因此，我们常常为社交活动多的使用者推荐多记忆助听器。②患者希望在不同的听环境中转换程序，而且可以自己转换程序。许多记忆助听器还配有遥控器，但患者要愿意携带和使用才行。③高频（2 kHz，3 kHz，4 kHz）平均损失 >55 dB HL 或 500 Hz 处的基线（baseline）插入增益目标值 >0 dB。若患者的低频目标值 =0 dB，则变换程序达不到调整低频的目的，此时常常通过调整音量解决。

如果患者的日常听环境常为一种状态（例如退休老人每日在家看电视），或即便是经常变动但听环境差不多（如在家看电视、公园与人谈天，环境都很安静），常常不需要多记忆助听器。

现在绝大多数厂商提供的验配软件均提供了各种听环境的记忆选择。验配师无需自己选择公式，我们只是把记忆程序选择到患者经常所处的 2~3 种听环境即可（如多人聚会、看电视、饭馆吃饭等）。一般我们在第一次验配时将第一个记忆程序设定为常用程序，而将第二个程序设定为噪声中听声程序（如在嘈杂的饭馆、讨论会等环境中与人交谈）。当患者使用一段时间的助听器以后，常常需要对第二程序重新进行编程。这是因为患者可能会感到两个记忆程序之间差别不大，或者感到第二程序在噪声环境中没有明显帮助。

五、最大输出的选择

助听器的饱和声压级（OSPL90 或 SSPL90）是评价助听器的重要物理参数。许多极重度听力损失的患儿家庭不能支付高昂的人工耳蜗费用或一部分选择耳蜗植入而在术前验配大功率助听器，最大输出对他们影响较大。

1. 原则　不能导致失真和进一步损伤听力。

（1）助听器决不能对使用者的残余听力造成进一步损伤。这是我们验配助听器首先要考虑到的。

（2）无论助听器的功率有多大，使用时绝对不能超过患者的不适阈（UCL）。这也是我们强调小儿验配以后使用真耳测试或评估声场有助听阈的主要目的之一。如果助听器过响导致不适，患者就会不再愿意使用这个助听器；而此时若将音量调低，助听器的效果又可能会打折扣。

（3）助听器不应使声音产生失真而使使用者感觉到声音不真实。如果压缩限制设置

的不恰当，大强度的声音就会导致削峰而产生失真。

(4) 若助听器的最大输出超过了使用者的需要，患者还会为大功率耳机、电池的消耗多花冤枉钱。

2. 不要选用输出功率小于实际所需的助听器，若将最大输出设置得太高，也会产生不良效果。

(1) 听话困难：即使用者享受不到正常人所享受到的全范围的响度感受。有些极个别的例子，由于最大输出低于一个频率范围的阈值，患者在这个频率范围什么都听不到。

(2) 听不清楚：即言语可懂度会降低。

(3) 由于听着费力，使用者可能将音量调高，但这会进一步使助听器达到饱和，其结果可能是言语声的响度增加的不多，而周围的低响度噪声却被放大了。如果此时产生削峰，也会导致失真。

3. 输出限制类型　压缩或削峰验配原则

(1) 对轻度或中度听力损失患者不使用削峰。

(2) 对重度听力损失患者选择何种线路无特殊要求，但由于很少有人喜欢削峰线路，所以，仍以选择压缩线路为上策。

(3) 对于极重度听力损失患者，若患者曾经抱怨助听器的声音不够响或需要将音量开到最大才听得好，应该选择削峰。否则，选择压缩线路(多数患者在这两者之间感觉不到差别)。

(4) 对于极重度听力损失的患儿来说，我们很难查明是否对响度满意。这些聋儿不应一概配以最大功率的助听器并把输出限制调到最大位置(在我国一些患儿家长常常主动要求验配输出最大的助听器)。当输出设置未达到最大时，使用压缩比削峰似乎更明智。尤其是患者有足够的残余听力使用言语中的谱信息(spectral cues)，削峰会损害这些信息，而压缩线路就不会。

(5) 如果助听器的压缩在特定的输入级之上随输入的增加而逐渐降低增益，则很少可能达到其输出限制。对于任何程度的听力损失，如果压缩比足够高、起始时间足够短、压缩阈足够低，两种限制均可以选择。

4. 最大输出的选择方法　以往有许多处方用于计算最大输出，但尚未标准化。其主要原则是依据输出不超过患者的 UCL 或导致过度饱和。现在得到较多肯定的公式是 NAL-SSPL。其设定输出范围的原则是：可接受的最大输出等于或稍低于患者的不适阈(根据听阈估计)；可接受的最小输出值(minimum acceptable OSPL90)至少在患者听阈 35 dB 以上，或稍微大声的言语不会导致助听器产生限制(当输入级为言语长时有效声压 75 dB SPL 时仅仅产生小量压缩)。最适输出恰在最大值和最小值中间，且患者实际应用的即为此处。

对于轻度和中度听力损失患者，可接受的最大输出范围应该较大；而对重度尤其是极重度听力损失患者，可能无法同时避免不舒适和饱和(至少在线性助听器是这样)。图 1-3-20 和表 1-3-3 均为 NAL-SSPL 的应用步骤，基于三频平均为 500 Hz、1000 Hz 和 2000 Hz 的听阈平均值。此图表对验配多品牌助听器的验配师会有所帮助。

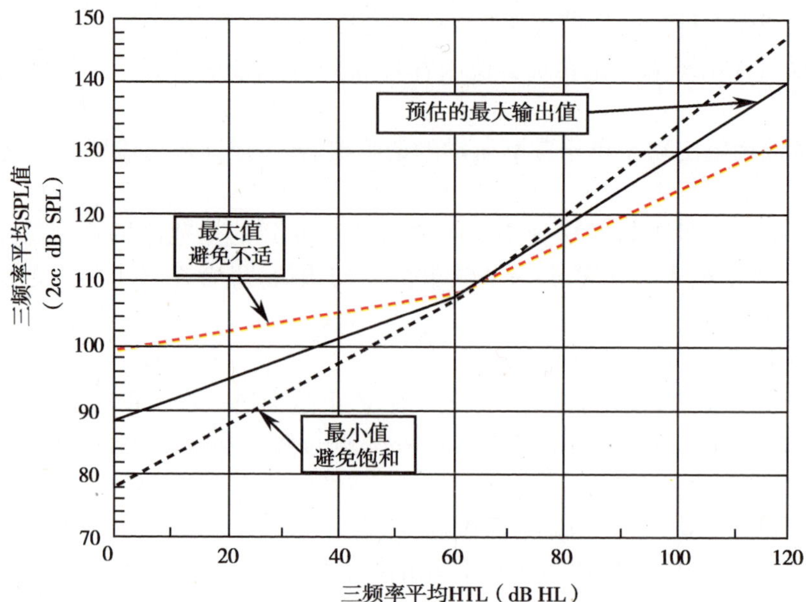

图 1-3-20　NAL SSPL 处方公式是基于位于避免不适当最大值和避免饱和的最小值之间的中间值

表 1-3-3　NAL-SSPL 处方公式（选择三频平均 OSPL90，2-cc 耦合腔 SPL）

三频听阈（dB HL）	三频 OSPL90	三频听阈（dB HL）	三频 OSPL90	三频听阈（dB HL）	三频 OSPL90	三频听阈（dB HL）	三频 OSPL90
0	89	30	98	60	107	90	123
5	90	35	99	65	109	95	126
10	92	40	101	70	112	100	128
15	93	45	102	75	115	105	131
20	95	50	104	80	118	110	134
25	96	55	105	85	120	115	136

在真耳测试中，可直接将以上数值加上 6 dB（无论任何类型的助听器，成人、儿童均可）。相反，2-cc 耦合腔 SPL 值仅适用于基于成年人外耳道平均值的 BTE、ITE 和 ITC 验配。而外耳道较小者常需要较小的 2-cc SPL 值。

目前尚无专门用于非线性放大助听器的最大输出公式，因此，也可以使用同样的 OSPL90 验配处方。

另外，为传导性或混合性听力损失计算最大输出或真耳饱和反应（real-ear saturation response，RESR），采用以下方。

（1）若为耳硬化症，计算听力损失的感音神经性和传导性部分之前，从骨导阈值中减去矫正值（250 Hz：0 dB；500 Hz：5 dB；1000 Hz：10 dB；2000 Hz：13 dB；3000 Hz：10 dB；4000 Hz：6 dB）。

（2）把骨导听阈作为感音神经性部分，气骨导差作为传导部分。

(3) 单独基于听力损失的感音神经性部分计算 OSPL90 或 RESR。

(4) 用 0.875 或 90% 乘以听力损失的骨气导差，再加上前面所得的 OSPL 90 值和 RESR。此结果为传导性或混合性听力损失患者真正所需的输出值，以避免患者常常感到声音小的现象。

六、过度放大和继发的听力损失

我们在门诊接待咨询和验配的过程中，几乎天天都有患者或家人问我们：戴上助听器是否会使耳聋进一步加重？ 在临床实践中也确实遇到使用助听器以后听力进一步下降的例子。这是患者原有疾病的进一步发展，还是助听器造成的呢？患者又有了其他致聋原因(如病毒感染致突发性聋)？尽管助听器的线路技术、失真程度和我们的验配水平均有所提高，但由于助听器的功能是放大声音，因此，使用助听器仍然具有潜在的导致噪声性听力损失的可能。

助听器是否能导致进一步的听力损失取决于两方面的因素(这和一般的职业性/噪声性聋有类似之处)。

1. 个体的敏感性　噪声性听力损失部分取决于一个人已经有多大程度的听力损失。导致正常人永久性阈移(permanent threshold shift，PTS)的噪声对于一个重度听力损失患者的阈移要小得多。这是因为重度聋人最敏感的耳蜗感受器已经受损，噪声暴露需要更大的强度才会导致残余内外毛细胞的损伤。

2. 每日暴露在噪声中的时间　取决于助听器的输出级和在此输出级下所持续的时间。由于使用者的助听器少有达到 OSPL90 的时间，助听器的输出级也就由输入级和增益之和所决定。

一个中度听力损失的患者若使用的增益比 NAL-RP 所推荐的在 1000 Hz 处的值大 15 dB，就足以引致 3 dB 的暂时性阈移(temporary threshold shift，TTS)，也可能会因此引致同等的永久性阈移。这是在输入级为 61 dB(A)SPL 的情况下计算的。若平均输入级高于此值(如大城市的交通要道处、矿山钻机旁等)，即使增益维持在 NAL-RP 的水准，也会引致 TTS 或 PTS。要尽可能避免这 3 dB 的 TTS。因为 TTS 之后就会发生 PTS，而且 3 dB 对于患者的言语交流也是至关重要的。因此，在噪声环境中，若无需言语交流可以关掉助听器，或将助听器的音量降低(此时使用助听器仅仅为了生产安全，而不是为了交流)。

助听器导致听力损失(hearing aid-induced loss)的程度和危险性随听力损失的严重而增加，这是因为听力损失越重越需要大功率放大。若三频(500 Hz、1k Hz、2k Hz)平均听阈在 60 dB HL 以下，只要增益与 NAL-RP 所推荐的一致，助听器不致引起听力损失。与此不同的是，一旦听阈超过约 100 dB HL，NAL-RP 所推荐的公式可能就不那么安全了(Macrae，1994)。其结果就是听力缓慢的下降(downward spiral of hearing)，听力损失的加重就需要更多的增益，噪声暴露也跟着增加，听力就会更进一步下降。这种听力损失的加重是逐渐的、幅度很小的，而且要几年的时间，但对于有听力损失的儿童和青年人我们必须予以关注。如果助听器能给重度听力损失患者带来满意的听感觉，那么患者就必须接受可能由于使用助听器导致的 PTS。一般来讲，这部分患者应考虑人工耳蜗植入。再者，所有的安全计算均以线性助听器为标准计算，使用非线性放大应该效果更好。

TTS 是一个良好的检查工具，可以帮助我们弄清目前用的助听器是否会引起听力损失的加重。如果使用助听器一天后听阈比 24 小时不带助听器变差，就说明存在 TTS，其后可能会导致 PTS。定期进行听力复查也是有效的检测手段。但是 PTS 肯定发生在检测以前，而且很难区分是过度放大导致的进一步听力下降还是其他原因。因此，最好通过检测 TTS 判断过度放大。如果查出 TTS 而且予以及时有效的处置，就不会发生 PTS。

所以，监测患者的听阈变化是必须的。对于初次使用的婴幼儿，必须对家长强调复诊的重要性，而且是定期多次复诊，以便及时观察有无听力的进一步下降并调整助听器使用参数。

（张　华）

思　考　题

1. 简述常见的 3 种听力损失类型。
2. 简述助听器验配的转诊指标。
3. 从外观而言，个体助听器通常分为哪几种类型？各种类型的主要特点是什么？
4. 何谓宽动态范围压缩（wide dynamic range compression，WDRC）？
5. 简述全向性麦克风和方向性麦克风的区别。
6. 什么是永久性阈移？
7. 什么是暂时性阈移？
8. 简述双耳听觉的生理优势。

第四章

印 模 取 样

第一节 耳印材料及注射方法

【相关知识】

一、耳印模材料种类及特点

耳印模（ear molds）是根据助听器使用者的耳甲腔、外耳道形状制作而成的外耳模型，是制作耳模的基础。而耳模作为助听系统的一部分，在助听器配戴过程中发挥着重要作用，它能将助听器放大的声音传送到外耳道，具有固定助听器、改变声学效果、防止声反馈和佩戴舒适美观的作用。因此，完整合格的耳印模是保证助听器使用效果满意的关键基础之一，其质量的好坏直接影响制成耳模的质量。一般在验配师初诊病人后，如果确定其为助听器佩戴候选者，就应为该病人取耳印模。

耳印模材料应具有对人体无毒、抗过敏、凝固时间适中（5~10 分钟）、易与外耳皮肤分离、黏度适中、稳定性高等特点。耳印模材料的黏度，是指耳印模材料在发生化学聚合反应前的黏稠度；耳印模材料的抗张强度，是指可在凝固耳印模上施加的最大压力；耳印模的稳定性，是指耳印模凝固后收缩、变异的大小，稳定性越好，取样后的耳印模更能符合制成一个高质量耳模的需求。

常用的耳印模材料有 3 种。

1. 聚丙烯材料 属于丙烯酸类，有液体和粉剂相混合而制成。该类材料的抗拉性、黏稠性、稳定性与硅酮类相比较差，而且在天气炎热时容易变形。

2. 浓缩凝结有机树脂硅材料 属于硅胶类，为两种糊状物按 1∶10 的比例相结合而成的混合物，如 Otofor-KTM，SilisoftTM。

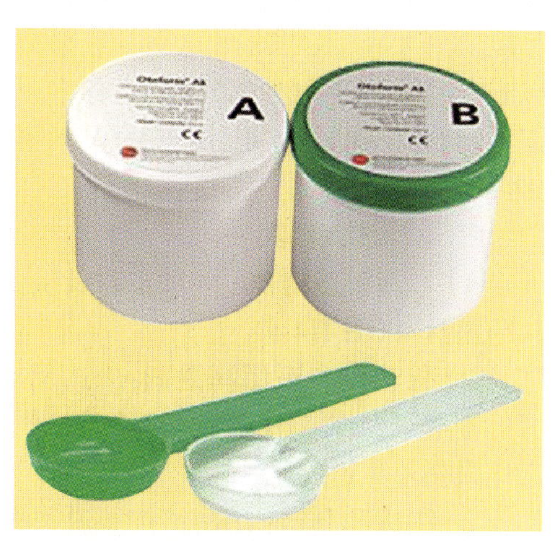

图 1-4-1 附加凝固有机树脂硅材料

3. 附加凝固有机树脂硅材料　属于硅胶类，目前应用最为广泛，由两种膏体材料组成一套（图 1-4-1）。一种膏体为基质，另一种膏体为凝固剂，二者按照一定比例（通常为 1∶1）混合使用，混合后 5~10 分钟凝固，使用方便，成型后不易收缩。其价格较贵，目前以进口材料为主。

二、制取耳印模器具的种类

1. 棉障放置器具

（1）电耳镜：自带光源和放大镜的手持式耳窥镜，配有不同大小的耳镜头，用来检查外耳道和鼓膜（图 1-4-2）。

（2）剪刀：小型圆头的手术用剪刀，用来修剪海绵球或棉球类耳障。

（3）耳探灯：带有电池的细圆柱照明用具，头端配有表面光滑的塑料照明探针。在耳障放置时使用，可以使验配师更好地看清外耳道的走向，并在不损伤外耳道的情况下，把耳障放置于外耳道的深部（图 1-4-3）。

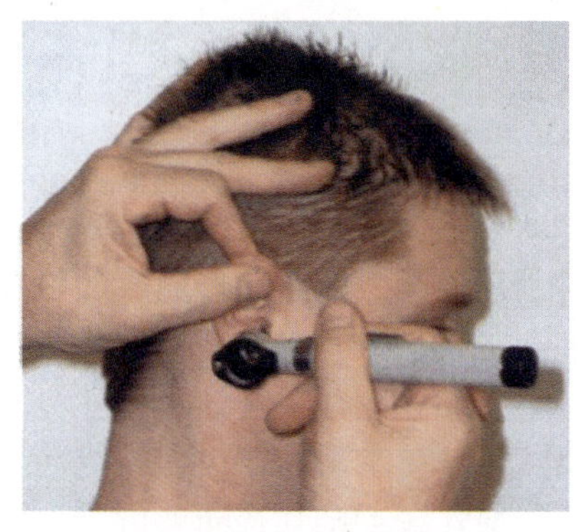

图 1-4-2　电耳镜检查

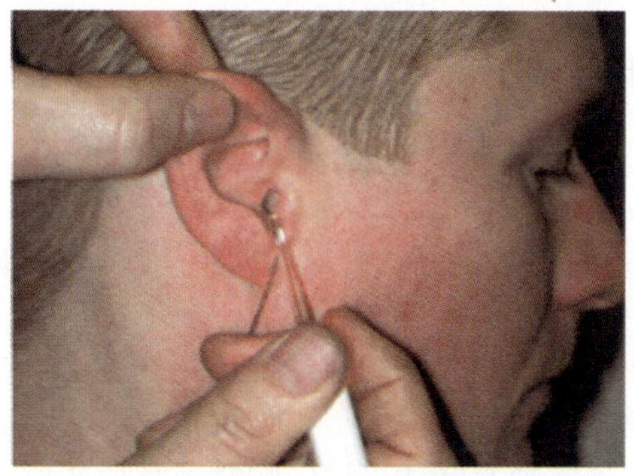

图 1-4-3　耳探灯检查

（4）台灯、额镜、镊子和耵聍钩：用额镜聚光后可代替电耳镜做外耳道检查，用镊子或耵聍钩取出外耳道中的耵聍和异物，清洁外耳道，并用医用润滑剂润滑外耳道和耳甲腔。

（5）棉障：又称为堵耳器，为穿有丝线的海绵或棉花制成的球状物，根据人外耳道粗细不同制成不同的体积，用于分隔骨性外耳道，防止耳印材注射时过度深入，损伤鼓膜（图 1-4-4）。

2. 材料注入器具

（1）耳印模注射器：一种不带针头的塑料注射器，尖端开口大小适宜往外耳道中注射耳印模材料（图 1-4-5）。

（2）棉花棒和医用润滑剂：应选用对皮肤无刺激的安全医用润滑剂，如医用石蜡油，用棉签蘸取少许或用耳障蘸取少许润滑剂涂抹于整个外耳道和耳甲腔，以便耳印模取出，避免损伤外耳道皮肤。

（3）平板和刮铲：用刮铲按照说明书推荐比例取耳模材料于平板上，快速混合均匀。

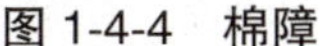

图 1-4-4 棉障

图 1-4-5 注射器

【能力要求】

注入耳印模材料的操作

一、工作准备

1. 印模材料准备 将耳印模材料放置在操作台上，认真阅读材料使用说明书，严格控制材料的混合比例。

2. 取耳印器具准备 清点所需要器具，包括注射器、刮铲、棉障、电耳镜、耳探灯、镊子等工具，并对接触耳部皮肤的后 4 种器具进行消毒。

二、工作程序

1. 询问耳部病史 在开始耳印模的制取工作之前，应询问患者耳部的疾病史、手术史等情况，以便了解耳部可能需要的特殊处理。

2. 检查外耳道 患者取坐位，保持安静。先向患者介绍下面进行的操作程序，以取得患者的良好合作。用电耳镜或额镜检查外耳道，清洁外耳道内的耵聍，查看有无流脓、发炎、皮肤红肿、赘生物、瘢痕、渗出、瘘口、异物、残余术腔及鼓膜是否完整，并注意观察外耳道的大小、弯曲度和方向等。如果外耳道内有残余术腔或存在外小内大的情况，应提前做好处理，否则印模材料会被注入空腔中，材料变硬后，不易取出，造成耳道内异物，严重者需要进行耳部手术取出，请务必多加注意。

3. 放置耳障 清洁润滑外耳道和耳甲腔后，根据外耳道大小选择合适的耳障进行放置操作，放置的过程中应根据助听器的制作要求决定棉障所处的深度，一般情况下，对于耳背式助听器，放置的深度要达到第二弯曲；对于耳内式和耳道式助听器，放置的深度要达到第二弯曲以上 1~2mm；对于深耳道式助听器，放置深度要达到第二弯曲以上 2~3mm（图 1-4-6）。线要足够长，放置外耳道底部，线头留置于屏间切边下方。

为了安全起见，应用操作耳灯的那只手的环指与拇指一同支撑患者的头部，避免在患者的头部发生突然移动时，耳灯头触及耳道皮肤造成损伤。有些患者在放置棉障的过程中会感到轻微的不适，或产生反射性咳嗽。对于乳突根治术后的大耳道腔可以用细线绑住几个棉障一起放入。

4. 混合材料　按照材料说明的推荐比例，取适量耳印模材料，将两种不同颜色的印模材料完全混合、调匀，快速放入注射器中，将材料推至注射器前端，注意不要产生气泡。

5. 注入材料　将耳廓向上、向后、向外拉，使外耳道变直。将注射器前端深入外耳道 0.5~1.0cm，向外耳道内注入混合材料，一边注射一边退出，注意注射器前端一直保持埋在膏体中。从外耳道口开始连续用材料填充耳甲腔、耳甲艇、三角窝等区域。注射完毕后，不需要在外面用力按压，以免模型过大。制作过程中可让患者做张口、闭口、吞咽的动作，然后保持口部半张，也可咬住缠绕纱布的手指或压舌板等物品，直至材料固化(图 1-4-7)。注入材料过程中要用一只手或请助手指压耳障丝线，防止耳障向内损伤鼓膜。

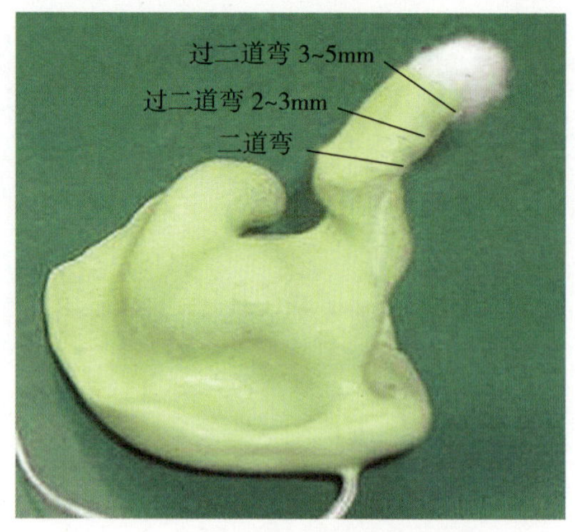

图 1-4-6　耳印模

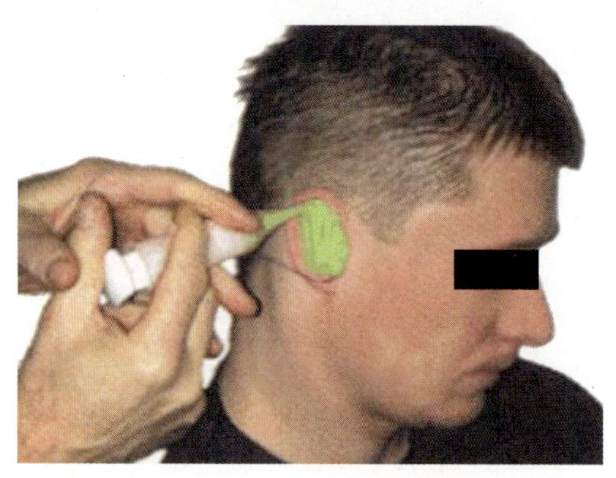

图 1-4-7　注射耳印模材料

三、注意事项

1. 注意观察外耳道和鼓膜　耳镜检查时，应看清耳道情况，如发现外耳道有耵聍，应先行清除，再注入印模材料，否则影响耳印模的完整性；如发现外耳道有红肿、渗出，制取耳印模时会引起患者疼痛，甚至会引起感染，应等该病理变化消失后再取印模；如发现外耳道不完整、鼓膜穿孔或缺失并有手术后空腔，则应特别小心，请上一级助听器验配师指导处理，否则会导致变硬的印模材料不能取出。

2. 正确放置耳障　棉障有防止耳印模材料损伤鼓膜的作用，棉障的位置应视具体佩戴的助听器类型而定。棉障的大小要根据患者外耳道的横截面积确定，要确保棉障 4 周要能接触到外耳道周壁的皮肤。棉障太小，印模材料容易越过棉障伤及鼓膜或造成取出困难；棉障太大，放置位置会过浅或引起疼痛。

第二节　印 模 取 出

【相关知识】

一、耳印模对应外耳道的部位名称

1. 耳甲部分　耳廓内含弹力软骨支架，外覆皮肤。一般与头颅约成30°角，左右对称。

分前、后两面。耳廓前面凹凸不平，主要表面标志有：耳轮、耳轮脚、三角窝、舟状窝、耳舟、耳甲艇、耳甲腔、耳屏、对耳屏和屏间切迹等（图 1-4-8）。佩戴助听器时，耳甲艇和耳甲腔是耳模插入的部分，尤其是耳模耳甲艇部分若未嵌入其内，则容易引起声音泄漏而产生啸叫。耳廓前面的皮肤与软骨膜粘连较后面为紧，且皮下组织少。由于皮下组织紧密，遇有炎症时，感觉神经易受压迫而产生疼痛。

2. 外耳道部分　外耳道起自耳甲腔底，向内止于鼓膜，由骨部和软骨部组成，略呈 S 形弯曲，长 2.5~3.5cm。成人外耳道外 1/3 为软骨部，内 2/3 为骨部。新生儿外耳道软骨部与骨部尚未完全发育，由纤维组织所组成，故耳道较狭窄而塌陷。外耳道有两处狭窄，在骨与软骨部交界处的外耳道较狭窄，距鼓膜约 5mm 的骨部外耳道最为狭窄，称外耳道峡部。当耳道式助听器（CIC）置入此处接触到骨部时可消除堵耳效应。用耳镜检查成人鼓膜或欲视清外耳道全貌时，须将耳廓向上后提起，使外耳道呈一直线方可。幼儿外耳道方向为向内、向前、向下，故检查其鼓膜时，应将耳廓向下拉，同时将耳屏向前引，检查较成人困难。

二、取耳印模

1. 凝固时间　材料凝固的时间因温度和两种材料的搭配比例等因素有关，一般为 5~10 分钟。温度越高，凝固时间越短；材料中凝固剂用量越多，凝固时间越短。用手指甲轻按压材料不会出现凹陷时，证明材料已经完全凝固，便可取出。

2. 合格耳印模的判定　检查印模质量，合格耳印模（图 1-4-9）应包括耳道部分、耳甲腔、耳甲艇、耳屏切迹、耳轮等内容。根据不同类型的助听器需要，耳印模包括的解剖结构可稍有不同，但印模耳道部分必须足够长，要充分显示第一弯曲和第二弯曲。在某些情况下，耳道部分最长可达到第二弯曲以上 3~5mm。印模表面应光滑，无隆起、凹陷、裂痕或气泡，如果印模上某处有空洞，必须再检查一下耳朵，核实一下是否在耳道上有相应的凸起，如有，应在制作单上注明。

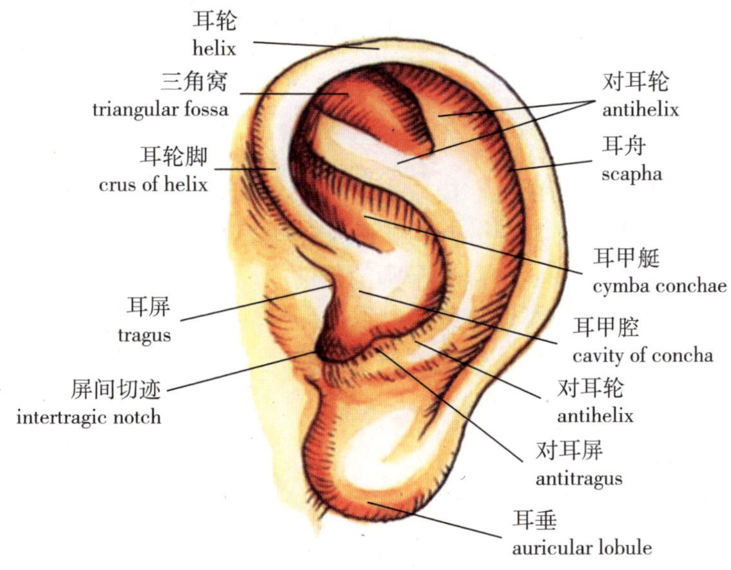

图 1-4-8　耳廓（耳轮脚位置）

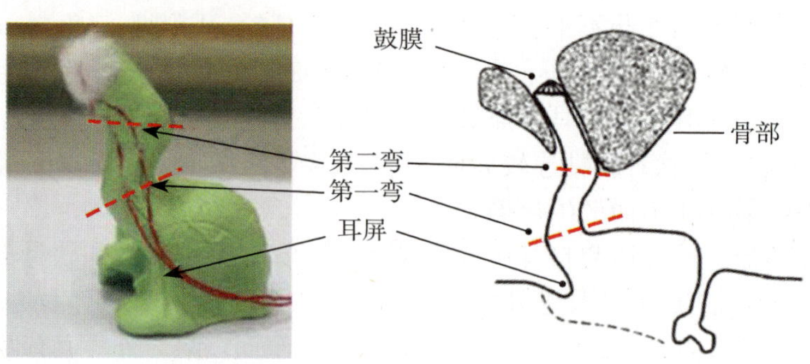

图 1-4-9　完整的耳印模

【能力要求】

取出印模操作

一、工作程序

1. 判定耳印模是否凝固　等待耳印模材料凝固(根据耳印模材料和室温,所需时间各有不同),用手指甲轻按压耳印模,如果压痕迅速消失,证明材料已经完全凝固,便可取出。

2. 取出耳甲艇部分　要领是先从上部的三角窝部位开始,然后再取出耳甲艇部分。应首先将印模拉离耳廓皮肤,使空气进入耳内,以缓解外耳道的负压状态,便于取出。

3. 取出耳甲腔及耳道部分　取出耳甲艇部分后,捏住耳甲腔部分向前转动印模,同时手拉耳障丝线,向外将耳甲腔、外耳道部分及棉障一并旋出,对于放置有多个棉障的乳突根治术患者,更应注意,这样可有效防止耳印模材料断裂在耳道内。这样,一个完整的耳印模就取出了。

二、注意事项

1. 注意取出手法轻柔勿折断　印模取出过程中,一定要按顺序操作,且手法轻柔,缓慢旋转,自然脱出,避免负压增大损伤患者鼓膜或将耳道部分折断。耳印模折断后,存留在耳道内的部分很难取出,需要上一级验配师的帮助或请耳鼻喉科医生解决。

2. 取出印模后再次检查外耳道及鼓膜　取出印模后,应重新检查外耳道是否有棉障或印模材料存留,是否造成耳道内皮肤受损以及鼓膜是否完整等。如发现以上异常情况,需要及时处理。

(王永华)

思　考　题

1. 简述取耳印模的准备工作。
2. 简述制取耳印模步骤。

3. 简述制取耳印模的注意事项。
4. 简述耳印模取出步骤。
5. 如何判定耳印模合格?
6. 简述耳印模取出的注意事项。

第五章 助听器调试

第一节　最大声输出调试

【相关知识】

一、最大声输出调试的目的

1. 在满足助听器舒适度前提下力求言语可懂度最大化

通过对助听器最大声输出的设置，使助听器佩戴者能舒适地感知环境声和言语声，从而避免最大声输出设置过小导致助听器响度不足和言语可懂度降低。

2. 避免声损伤，保证舒适度

针对不同的听力损失进行最大声输出设置，使助听器输出的声音强度介于听障者舒适可听的范围内，避免声输出设置过大使助听器配戴者产生不适感或进一步的听力损害。

二、相关知识

1. 助听器最大声输出-MPO（OSPL90） 指助听器最大的声输出能力。它表达的条件是：在规定的频率或几个频率点，增益控制处于满挡位置，其他控制器处于最大增益的位置，当输入声压级为 90 dB SPL 时，在声耦合腔中测得的声压级。

也可以简单表述为，当输入声压级≥90 dB 时，助听器输出的声压级不再相应增大，此时的输出为最大声输出（图 1-5-1）。

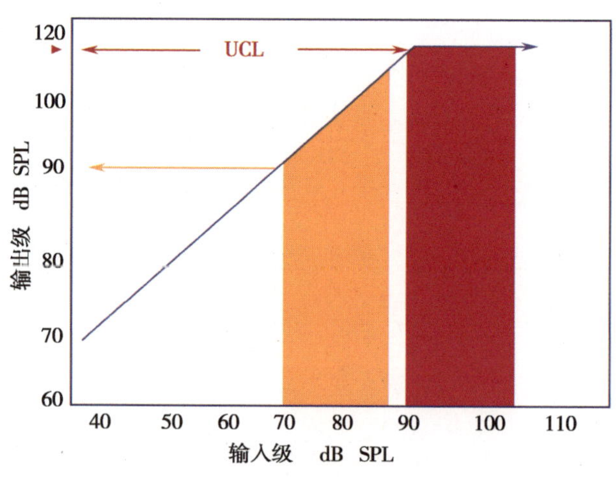

图 1-5-1　输入 / 输出

图 1-5-2 是助听器频率范围从 100~8000 Hz 的最大声输出曲线，最

大值出现在：频率 1000 Hz；声输出 138 dBSPL。(图中箭头所示)

2. 不舒适阈 -UCL 声音强度达到引起听觉明显不舒适感时的声压级。UCL 是调试最大声输出参数最重要的依据之一(见图 1-5-3)。

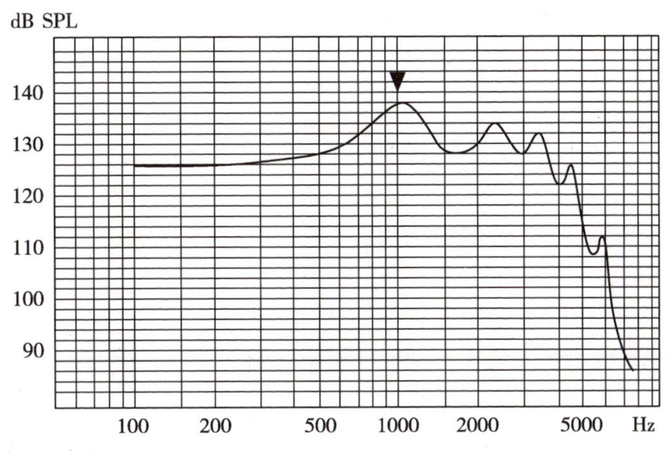

图 1-5-2　最大声输出

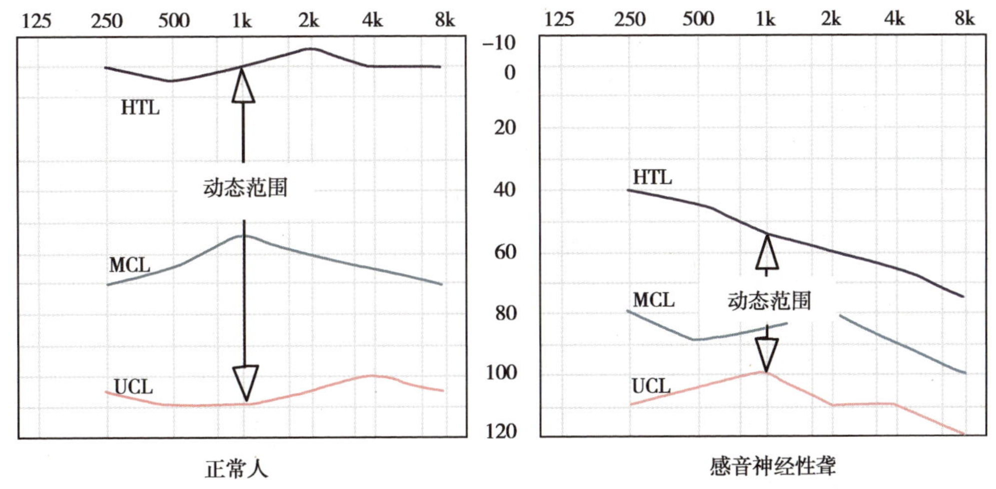

图 1-5-3　正常听力的动态范围及感音神经性聋的动态范围

【能力要求】

一、工作准备

1. 获取准确的听力学医学检查评估结果

依据听障者功能检查结果进行听力学分析和评估，以下内容应作为调试助听器各种参数的先决条件：

获得图 1-5-4 所示的纯音听力图中内容是基本要求。气导(AC)、骨导(BC)和不舒适阈(UCL)三条听力曲线是我们分析患者听力障碍的性质、程度、听力曲线特征，调试助听器各项参数的重要依据。UCL 听力曲线是最大声输出的主要调试依据。

2. 最大声输出的调试原则

(1) 依据纯音听力图 UCL 数值和听障者的临床症状，通过助听器验配软件对 MPO 数值进行设置。

(2) 各频率点的 UCL 值应≦纯音听力图中的 UCL 值。

(3) 初次助听器配戴者的最大声输出调试须渐进式的补偿；

(4) 传导性耳聋最大声输出的要求相对高于感音神经性耳聋；

(5) 最大声输出的调试要保证助听器配戴者的舒适度；

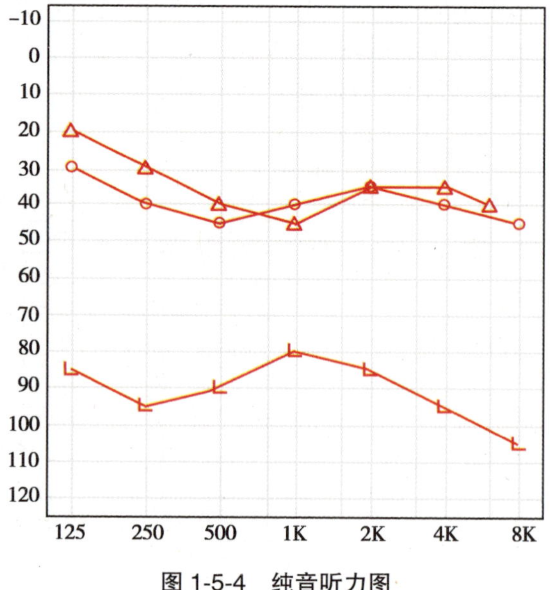

图 1-5-4　纯音听力图

二、工作程序

各品牌助听器最大声输出调试界面的表示形式完全不同，但调试的原则完全一致。因此，在调试最大声输出之前，必须熟练掌握所用助听器验配软件的操作程序。下面我们选择一款助听器验配软件作为示范予以说明。

助听器最大声输出调试

1. 听力图分析　图 1-5-5 表明该右耳属感音神经性聋，动态范围较窄（约 40 dB），UCL 平均值在 90 dB，最大声输出有明显的限制要求。

2. 通过助听器验配软件进行最大声输出调试　图 1-5-6 称之为听力学视图，从图中我们可以知道气导值（AC）、不舒适阈（UCL）、正常人言语声强度、助听器增益补偿值。但是，从该图中我们无法知道最大声输出的数值。

图 1-5-7 涵盖了更多的信息，从中我们可以知道，正常人听力曲线数值、正常人言语声强度、听障者的气导值、言语补偿的目标曲线、增益补偿的实际数值、最大声输出的目标曲线、最大声输出的实际补偿值，最终它可以显示放大效果是否在动态范围以内。

图 1-5-8 以数字形式清晰的表达了助听器在各频率点下最大声输出和增益补偿的数值。

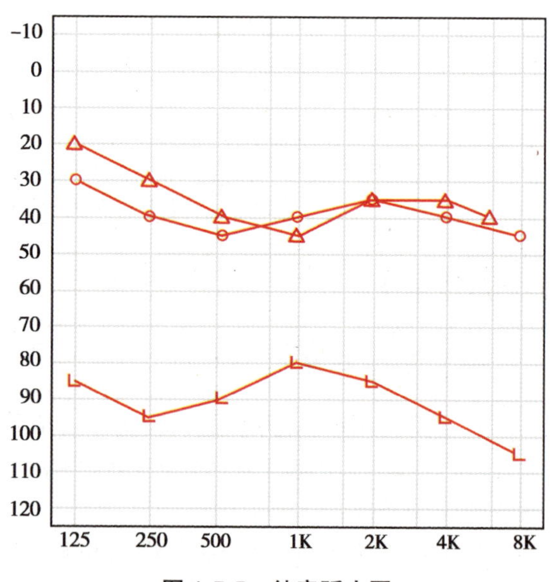

图 1-5-5　纯音听力图

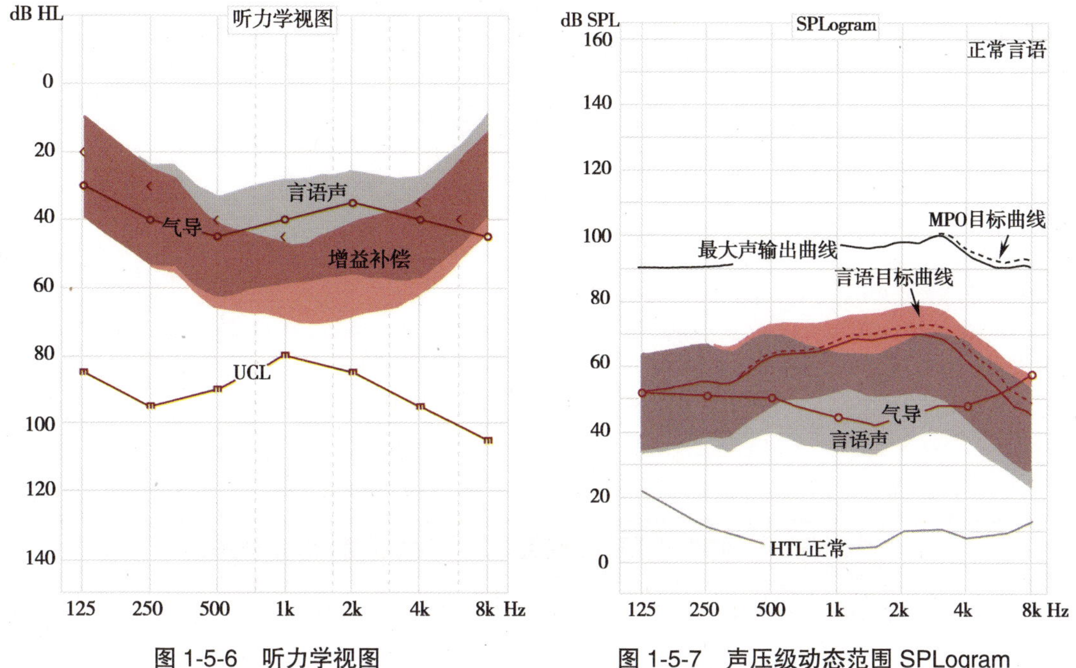

图 1-5-6 听力学视图

图 1-5-7 声压级动态范围 SPLogram

全部	250	500	750	1k	1.5k	2k	3k	4k	6k	8k
最大输出	91	89	83	80	81	84	88	94	98	99
大声	0	1	5	7	5	3	–1	–2	–2	–2
中声	0	3	7	8	7	5	–1	–2	–2	–2
小声	1	7	14	20	17	14	9	6	4	2

图 1-5-8 最大声输出、增益数值表

图 1-5-9 显示最大声输出调试的具体方法。箭头所示为最大声输出调试栏，可以选择不同频率进行调试，也可以对所有频率同时进行调试，加减号分别表示增加或降低最大声输出的数值。

3. 根据助听器可调装置调试最大声输出 部分助听器设有最大声输出的手动可调装置，例如音量控制旋钮（Volume Control，简称 VC）和微调装置（Trimmer）。

图 1-5-10 音量控制旋钮上的数字大小表示相应声输出的大小，患者通过自身的调整就可以达到最大声输出的控制。微调装置是助听器验配师根据助听器使用者的特点进行最大声输出的设置。进行微调装置调试时需使用助听器配套的微型调节工具，根据助听器微调装置的调试说明进行调试。一般情况下，助听器最大声输出的微调装置符号用 P 表示，调节范围可表示为 0~–15，当指示箭头指向 0 时，声输出为最大值；指示箭头指向 –15 时，表示助听器最大声输出控制减至最小值（图 1-5-11）。

4. MPO 调试后的效果评估方法 在声场中（或相对安静的房间），依据纯音听力曲线特征，使用各种环境声或不同频率不同强度的声音让听障者聆听，声音强度以渐进增加的方式进行。提供评估的最终声音强度应高于纯音听力图中的 UCL 值。

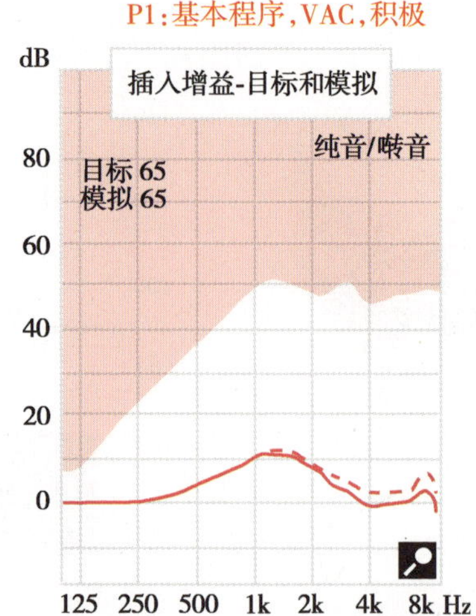

全部	250	500	750	1k	1.5k	2k	3k	4k	6k	8k
最大输出	91	89	83	80	81	84	88	94	98	99
大声	0	1	5	7	5	3	−1	−2	−2	−2
中声	0	3	7	8	7	5	−1	−2	−2	−2
小声	1	7	14	20	17	14	9	6	4	2

图 1-5-9　最大声输出调试

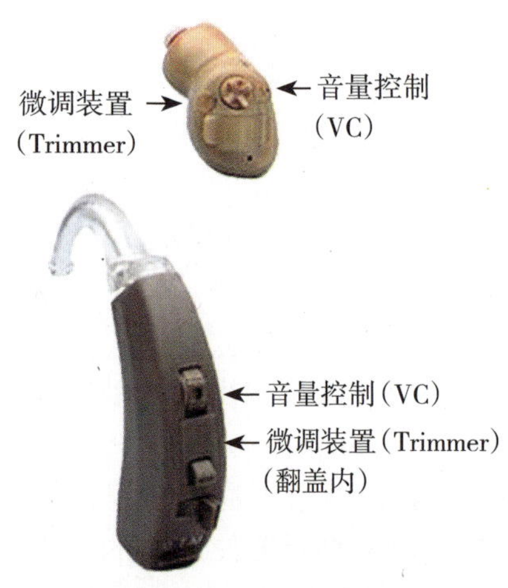

图 1-5-10　手动可调装置

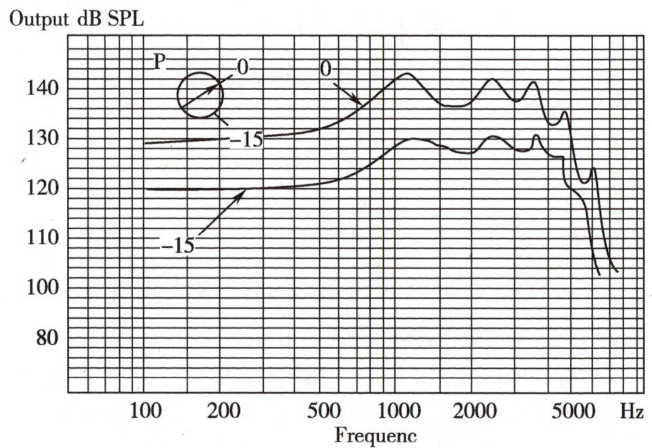

图 1-5-11　最大声输出手动调试结果

MPO 调试后效果评估的目的是保证听障者的舒适性。听障者不舒适的感觉包括:对某些环境声音难以接受或忍受、对自身说话或咀嚼声感到响度过大、对某些特定频率的声音无法接受等。

三、注意事项

1. 注意观察患者对声音大小的听觉反应

(1) 通常不同性质听力损失的动态范围为:传导性聋 > 混合性聋 > 感音神经性聋。

传导性聋和混合性聋的最大声输出设置的可以高一些。感音神经性聋动态范围比较窄和重振明显的患者在选择助听器和调试时要格外注意。

(2) 听障儿童不同于成人听障者,助听器的客观效果难以通过语言进行确切的表达。由于听障儿童情况的特殊性,助听器验配师需要特殊培训。

(3) 助听器的品牌、型号多达几百种,调试软件的界面和最大声输出的调试方法不尽相同,但只要掌握好最大声输出和不舒适阈的相互关系和助听器使用者的客观效果即可。

2. 最大声输出应控制在安全舒适的范围内　助听器的最大声输出应与听力损失相适应。一般轻度耳聋选择最大声输出小于 105 dB SPL 的助听器;中度聋选择最大声输出为 105~124 dB SPL 的助听器;重度耳聋选择最大声输出为 125~135 dB SPL 的助听器;极重度耳聋选择最大声输出为 135 dB SPL 以上的助听器。

当一个助听器最大声输出通过调试无法满足听障者的需求时,必须更换最大声输出功能可以满足需求的助听器。最大声输出的调试原则就是本节知识要求中提到的:

(1) 在满足舒适度前提下力求言语可懂度最大化。

(2) 避免声损伤,保证舒适度。

最大声输出调试是一个循序渐进的过程,每位听障者的调试周期不尽相同,这和耳聋类型、耳聋时间长短、年龄和听力曲线特征有直接关系。

(3) 儿童和婴幼儿助听器验配在此不作叙述。

第二节　助听器增益调试

【相关知识】

一、助听器增益调试目的

在保证舒适度前提下,力求在各种聆听环境下助听器综合效果的最大化。

二、相关知识

1. AC(空气传导)　声音通过空气经外耳道、鼓膜、中耳、内耳传至听觉中枢(图 1-5-12)。

2. BC(骨传导)　声音通过颅骨传至内耳和听觉中枢(图 1-5-12)。

3. 传导性耳聋的概念　外耳或中耳病变,声音在传导过程中发生障碍导致的耳聋(图 1-5-13)。

4. 感音神经性耳聋概念　感音性聋和神经性聋的总称。由耳蜗、听神经或听觉中枢等部位病变导致的耳聋(图 1-5-14)。

5. 混合性耳聋的概念　传导性耳聋和感音神经性耳聋并存引起的耳聋(图 2-5-15)。

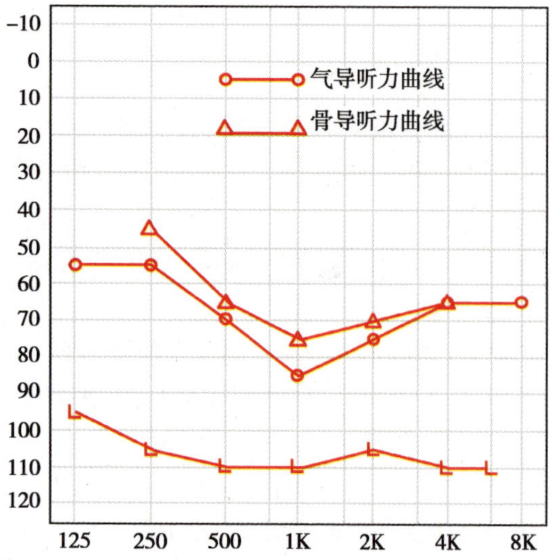

图 1-5-12　骨导、气导听力曲线

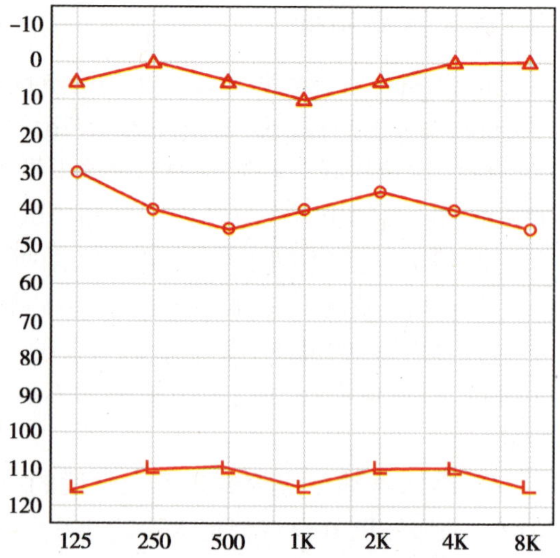

图 1-5-13　传导性耳聋听力图

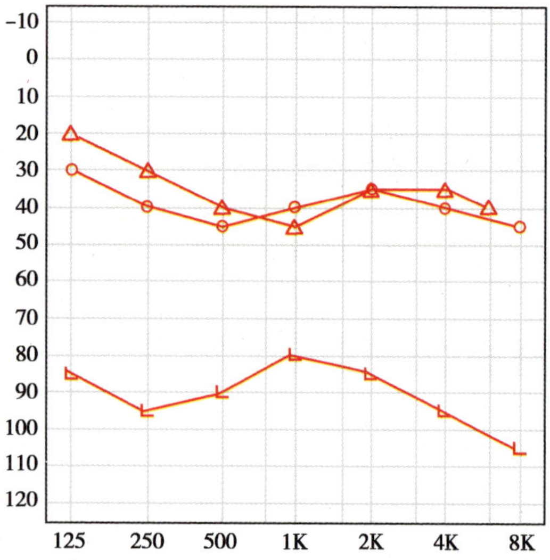

图 1-5-14　感音神经性耳聋听力图

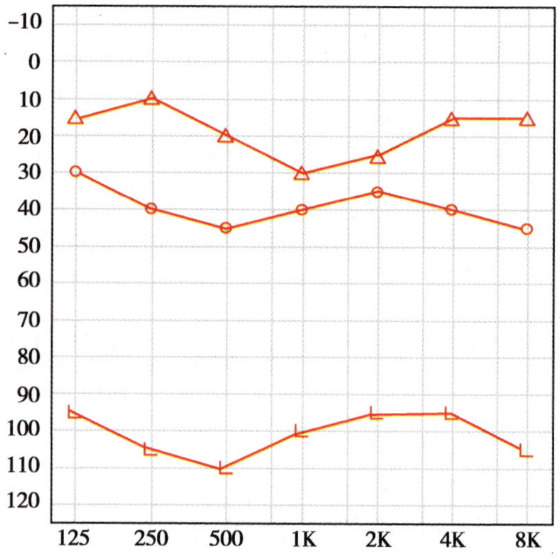

图 1-5-15　混合性耳聋听力图

6. **增益曲线的概念**　在规定的数个频率点，助听器获得的声增益形成的曲线（图 1-5-16）。

7. **低频增益曲线**　频率在 250~750 Hz 范围内的增益曲线（图 1-5-16）。

8. **中频增益曲线**　频率在 1000~2000 Hz 范围内的增益曲线（图 1-5-16）。

9. **高频增益曲线**　频率在 2000~6000 Hz（或 8000 Hz）范围内的增益曲线（图 1-5-16）。

10. **不同声音强度输入的增益曲线**　增益曲线 50（弱声）：声音输入强度 50 dB 时的增益曲线；增益曲线 65（正常声）：声音输入强度 65 dB 时的增益曲线；增益曲线 80（强声）：

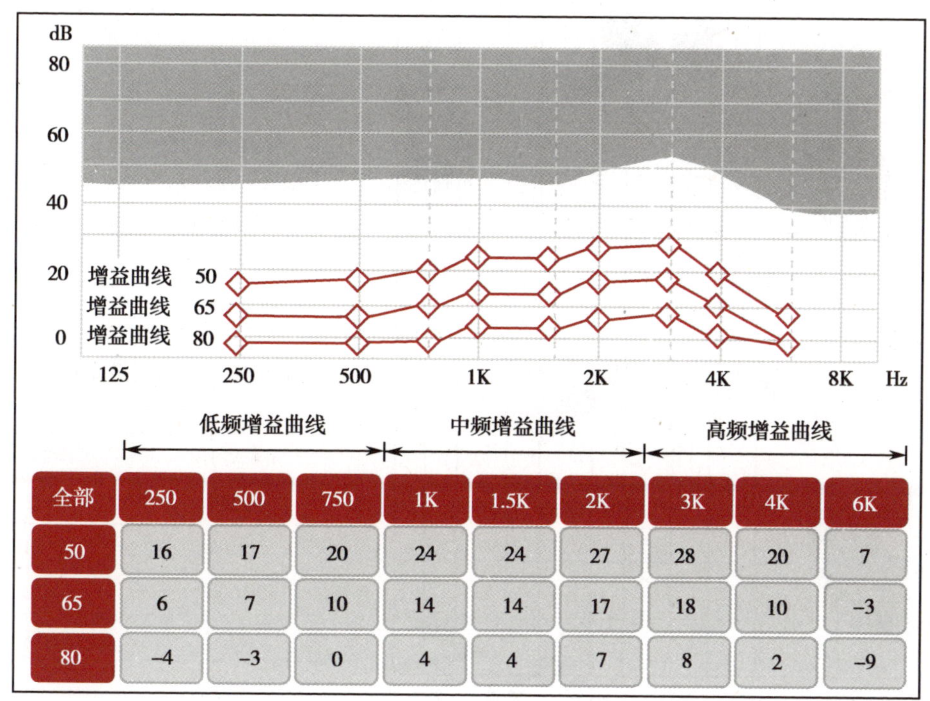

全部	250	500	750	1K	1.5K	2K	3K	4K	6K
50	16	17	20	24	24	27	28	20	7
65	6	7	10	14	14	17	18	10	-3
80	-4	-3	0	4	4	7	8	2	-9

图 1-5-16　低、中、高频增益曲线

声音输入强度 80 dB 时的增益曲线(图 1-5-22)。

三、助听器增益曲线与听力图中的频率关系

在助听器增益曲线调试中,频率的概念至关重要。不同频率对言语的可懂度、舒适度起着重要的作用。

由图 1-5-17 可见,元音(例如:a、e、o)主要集中在低频区;辅音和清辅音(例如:g、k、f、s)集中在中频、高频区。言语中如果只有元音或只有辅音是无法让人听懂的,元音和辅音同时存在并达到平衡才可能提供清晰的语言。

四、言语能量(响度)与言语可懂度的关系

从图 1-5-18 中可以看出,频率 250~500 Hz 言语能量达 42%,但只提供了 3% 的可懂度。500~1000 Hz;1000~2000 Hz 的言语能量合计只有 38%,但可懂度合计达 70%。从中可以得出一个简单的概念:中频、高频区对言语可懂度有着突出的贡献,低频区贡献较小。

五、频率和清晰度指数(AI)的关系

图 1-5-19 是各频率段在言语清晰度中所占的比例。通过对频率滤波的方法,得到了图 1-5-19 中的清晰度指数。显然,中频、高频赋予了较高的言语清晰度,低频元音区的能量提供的是声音的音色和质感。

以上图 1-5-18 和图 1-5-19 中的频率和言语可懂度以及清晰度之间有着明确的相关

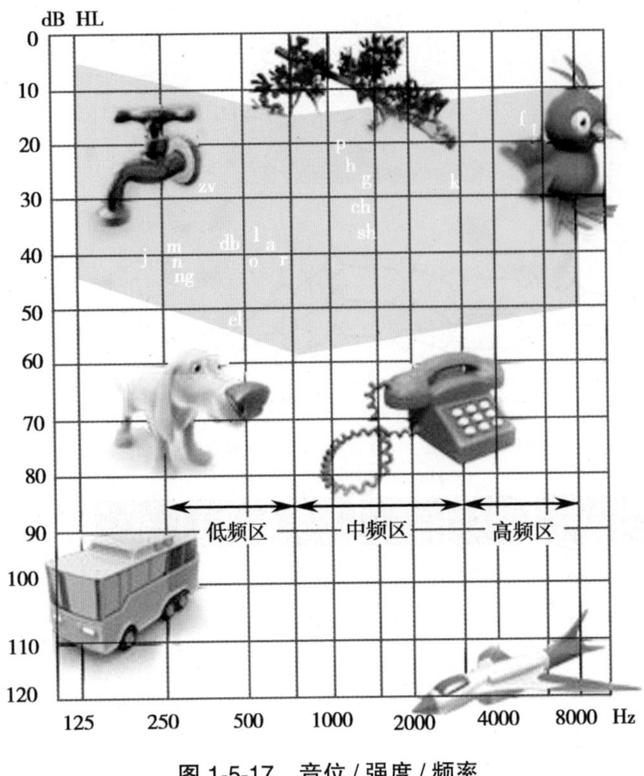

图 1-5-17　音位 / 强度 / 频率

频率范围 Hz	言语能量 %	可懂度 %
62~125	5	1
250~500	42	3
500~1000	35	35
1000~2000	3	35
2000~4000	1	13
4000~8000	1	12

图 1-5-18　言语能量语可懂度的关系

频率 Hz	清晰度 %
250	8
500	14
1000	22
2000	33
4000	23

图 1-5-19　清晰度指数（AI）

性，这对正确调试低频增益、中频增益和高频增益曲线有着重要的指导意义。

六、增益曲线调试方法

1. 低频增益曲线的调试方法　依据纯音听力图，调整 250~750 Hz 区间各频率点的数值，观察听障者的客观反应，注意响度和舒适度的平衡。

2. 中频增益曲线的调试方法　依据纯音听力图，调整 1000~2000 Hz 区间各频率点的数值，观察听障者的客观反应，注意清晰度和舒适度的平衡。

3. 高频增益曲线的调试方法　依据纯音听力图，调整 3000~6000 Hz 区间各频率点的数值，观察听障者的客观反应，注意清晰度和舒适度的平衡。

4. 弱声增益曲线的调试方法　依据纯音听力图，调整声音输入强度 50 dB 时的增益曲线，以保证小声多放大，满足听障者在弱声条件下保证响度的需求，调试时要兼顾听障者的舒适性。

5. 强声增益曲线的调试方法　依据纯音听力图，调整声音输入强度 80 dB 时的增益曲线，以保证大声少放大，满足听障者在强声条件下的舒适性，调试时要兼顾听障者的清晰度。

6. 语言清晰度的调试方法　依据纯音听力图，以调整中频、高频增益曲线为主，调整低频增益曲线为辅。调整时要兼顾清晰度和舒适的平衡。

7. 堵耳效应的处理方法　堵耳效应和重振有紧密的相关性，是一个需要多手段相互配合方能有效解决的棘手问题。

方法：①使用耳背式助听器，采用开放式耳模；②使用 RITE 助听器；③定制式助听器采用开放耳技术；④调试助听器，降低：低频增益、强声输入增益、或全频的增益。

【能力要求】

一、工作准备

1. 获取准确的听力学医学检查评估结果　依据听障者功能检查结果进行听力学分析和评估，以下内容应作为调试助听器各种参数的先决条件。

获得图 1-5-20 所示的听力图中内容是基本要求。气导（AC）、骨导（BC）和不舒适阈（UCL）三条听力曲线是我们分析患者听力障碍的性质、程度、听力曲线特征，调试助听器各项参数的重要依据；

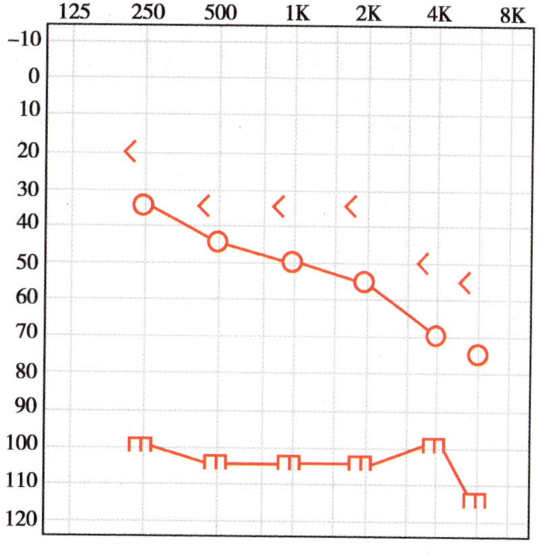

图 1-5-20　纯音听力图

2. 声增益的调试原则

（1）纯音听力图的气导、骨导是声增益调试的重要依据；

（2）初次助听器配戴者的声增益调试须渐进式的补偿；

（3）传导性耳聋声增益的要求相对高于感音神经性耳聋；

（4）听力曲线的特征决定了声增益调试复杂程度；

（5）声增益的调试要兼顾助听器配戴者的言语清晰度和舒适度。

二、工作程序

各品牌助听器增益曲线调试界面的表示形式完全不同，但调试的原则完全一致。因此，在调试增益曲线之前，必须熟练掌握所用助听器验配软件的操作程序。图 1-5-21 是听障者的纯音听力图。

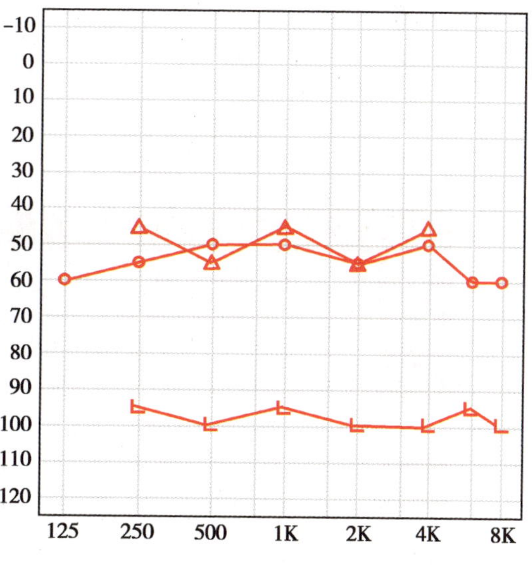

图 1-5-21　听障者纯音听力图

依据听力图 1-5-21 及听障者的综合情况，助听器验配软件会给出相应的验配参数见图 1-5-22，此验配参数仅供助听器验配师作为进一步调试的基础数据，听障者的清晰度和舒适度需要验配师对各频段的增益进行调整以达到助听效果的最大化。

1. 低频增益调试

图 1-5-23 所示：频率自 250~759 Hz 范

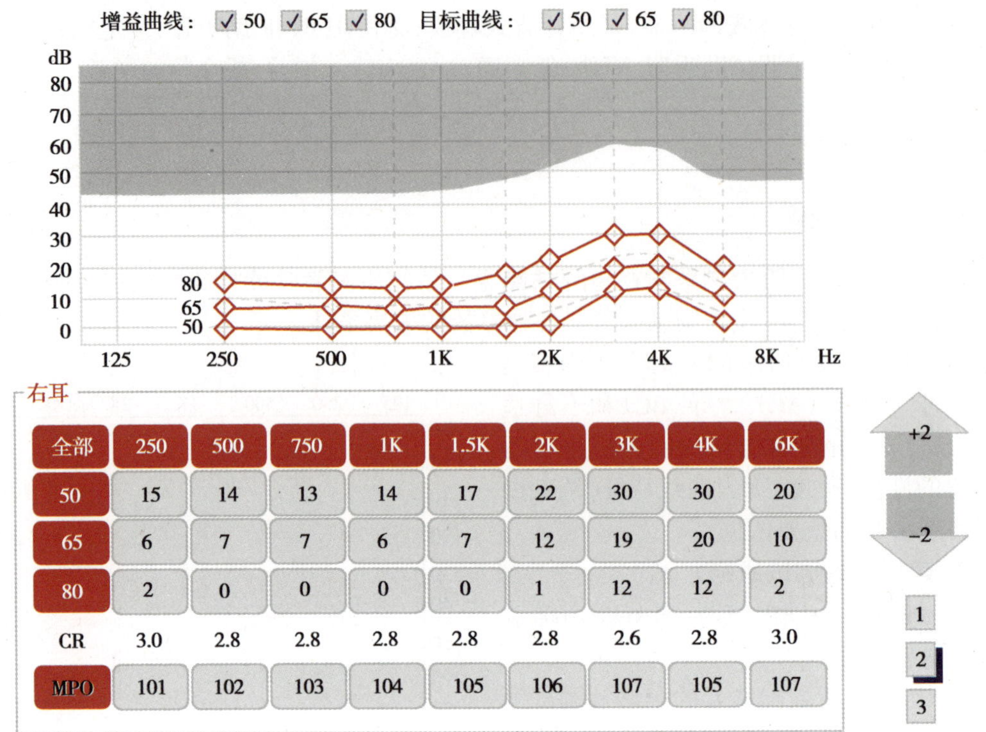

图 1-5-22　增益曲线调试界面

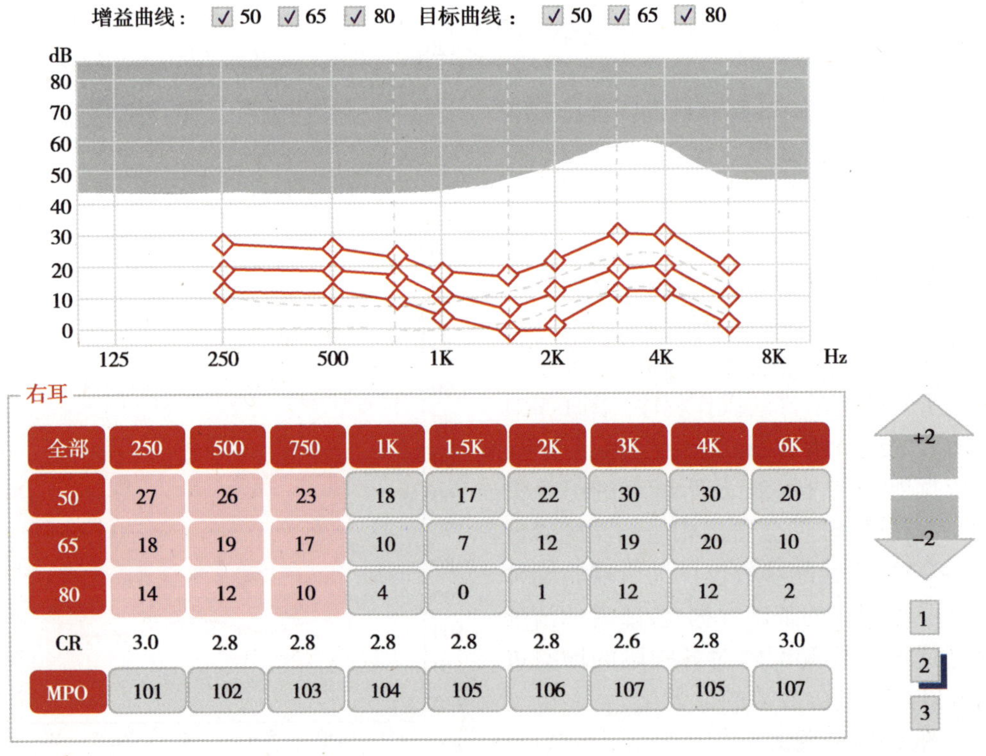

图 1-5-23　低频增益曲线调试

围内，对 50 dB、65 dB、80 dB 的增益曲线均提高了 12 dB。在实际的调试中，可以单独对各频率和各条增益曲线进行调整，调试过程要分析听障者的客观感觉和进行效果评估。

2. 设置中频增益

图 1-5-24 所示：频率自 1 kHz~2 kHz 范围内，对 50 dB、65 dB、80 dB 的增益曲线均提高了十几个分贝。在实际的调试中，可以单独对各频率和各条增益曲线进行调整，调试过程要分析听障者的客观感觉和进行效果评估。

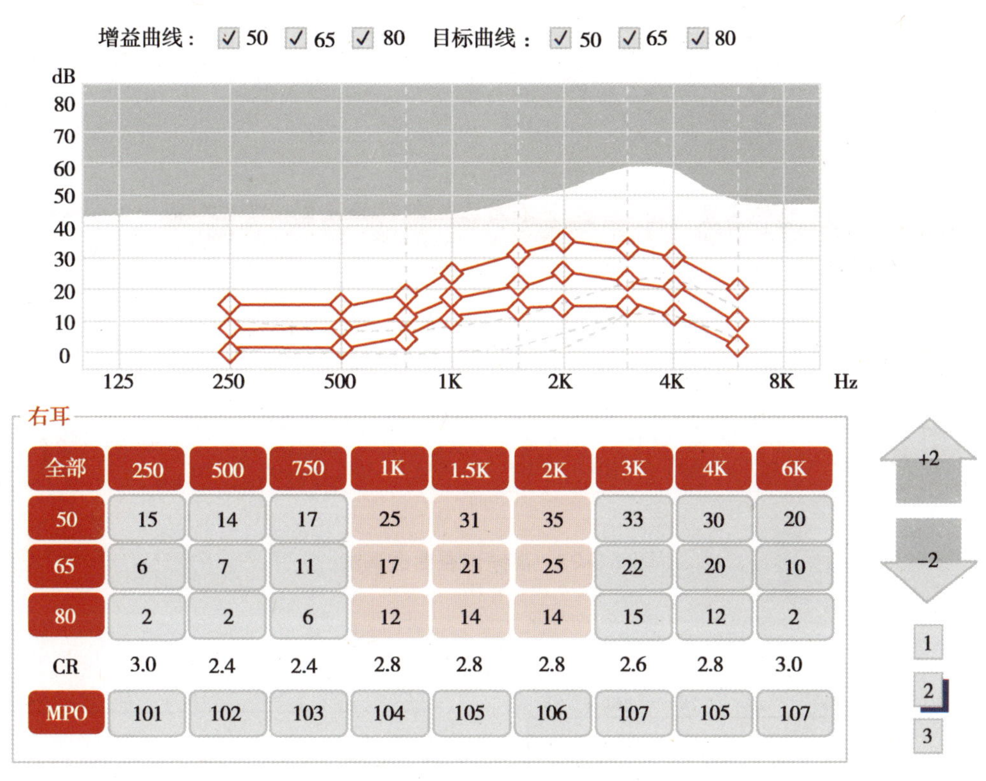

全部	250	500	750	1K	1.5K	2K	3K	4K	6K
50	15	14	17	25	31	35	33	30	20
65	6	7	11	17	21	25	22	20	10
80	2	2	6	12	14	14	15	12	2
CR	3.0	2.4	2.4	2.8	2.8	2.8	2.6	2.8	3.0
MPO	101	102	103	104	105	106	107	105	107

图 1-5-24　中频增益曲线调试

3. 设置高频增益

图 1-5-25 所示：频率自 3 kHz 至 6 kHz 范围内，对 50 dB、65 dB、80 dB 的增益曲线均降低了数个分贝。在实际的调试中，可以单独对各频率和各条增益曲线进行调整，调试过程要分析听障者的客观感觉和进行效果评估。

4. 低频、中频、高频增益曲线调整注意事项

(1) 首先考虑助听器聆听的舒适度：舒适度的与否意味着患者是否接受助听器，尤其对有重振或者其他原因造成对舒适度有特殊要求的患者要给予充分的重视。在满足舒适度最低要求的前提下再考虑言语清晰度和言语可懂度的调整。

(2) 非常规听力图增益曲线的调整：遇到这些类型的患者，需要在患者病史、听力学的分析、助听器的选择、调试、效果比较、评估和患者的沟通等方面做细致的工作。简单的依靠助听器软件的验配公式效果不甚理想（图 1-5-26~ 图 1-5-29）。

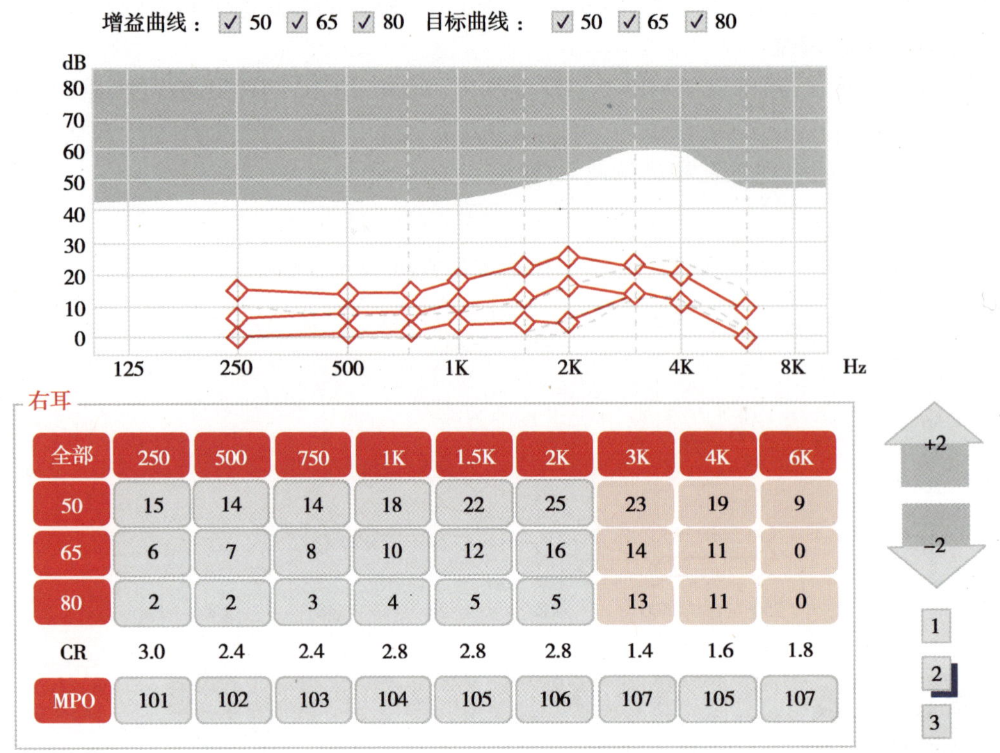

全部	250	500	750	1K	1.5K	2K	3K	4K	6K
50	15	14	14	18	22	25	23	19	9
65	6	7	8	10	12	16	14	11	0
80	2	2	3	4	5	5	13	11	0
CR	3.0	2.4	2.4	2.8	2.8	2.8	1.4	1.6	1.8
MPO	101	102	103	104	105	106	107	105	107

图 1-5-25　高频增益曲线调试

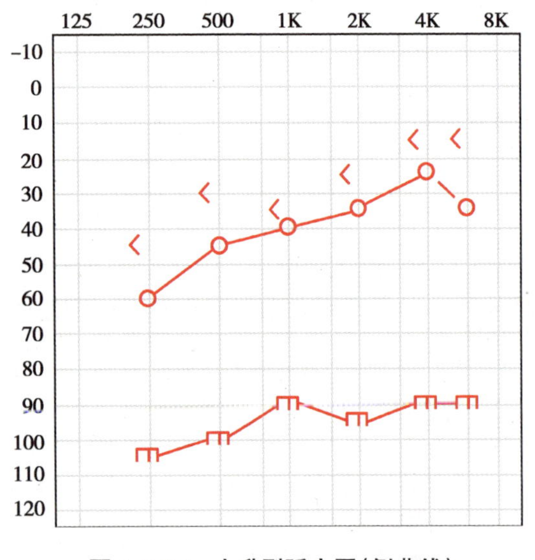

图 1-5-26　上升型听力图(倒曲线)

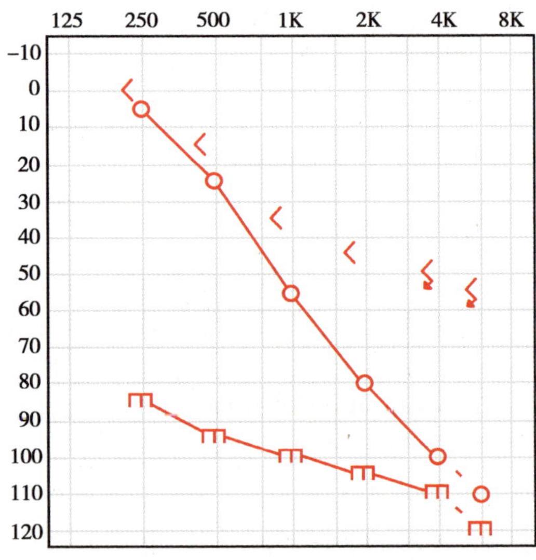

图 1-5-27　高频陡降型听力图

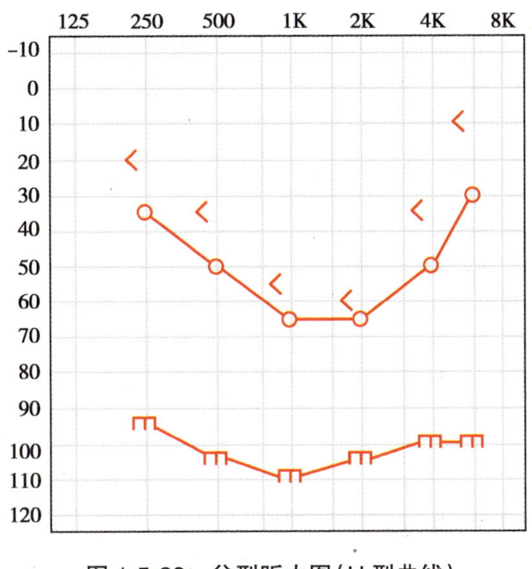

图 1-5-28　盆型听力图（U 型曲线）

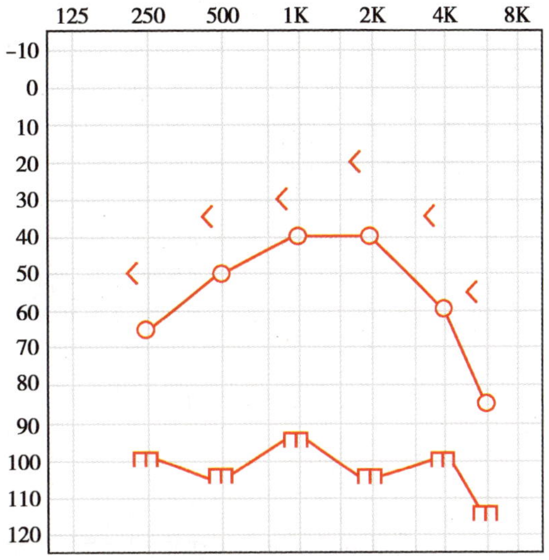

图 1-5-29　A 型听力图

5. 助听器选配向导功能　为了解决在助听器实际验配过程中患者出现的各种问题，目前各种助听器验配软件都设有助听器选配向导功能，它集合了助听器配戴者经常遇到的各种问题，同时对各种问题还提出了相应的调试、解决的方案。初级的助听器验配师可以把助听器选配向导功能的调试方案作为参考。但需要提出的是，助听器选配向导不是万能的，它提出的解决方案有时会在某一方面获得改善的同时导致另一方面效果的降低，产生顾此失彼的情况。这时我们要经过分析，抓住主要问题给予解决。因此，作为助听器验配师要善于总结经验，不断提高综合解决复杂问题的能力，力争做到助听器验配效果的最大化。

（张建一）

思　考　题

1. 解释什么是 UCL？动态范围？ MPO？
2. 调试 MPO 的目的是什么？
3. 简述 MPO 调试的方法。
4. 低频增益曲线、中频增益曲线、高频增益曲线调试的主要目的是什么？
5. 低频增益曲线、中频增益曲线、高频增益曲线调试的主要依据是什么？

第六章

效果评估

第一节　助听听阈评估

听力障碍者验配助听器后，无论是验配人员还是听力障碍者、家属都会关心助听器是否能达到听力障碍者听力补偿的要求，使他们受益，这样就需要对听力障碍者戴上助听器后的效果进行评估。

助听器临床效果评估首先是助听听阈评估，助听听阈评估就是在标准声场环境中对听力障碍者配戴助听器以后的听阈值进行测定的一种方法。

助听听阈评估的基本条件：符合国际标准的隔声室；建立标准声场；声级计；听力计；有资质的测试人员。

【相关知识】

一、声级计

听力设备校准需要一系列相关设备，其中声级计是必不可少的测量设备。声级计是一种对声音进行测量和分析的仪器。在听力学方面，一般用来测量和分析隔声室及测听室的隔声隔震程度、各种响器的频率及强度标定，以及用来校准和标定测听声场的声压级。

声级计实际上是读出和记录声学信号的电量计，把声波转化为相应的电信号，经放大到一定的电平，然后，测量其电平，并根据传声器的灵敏度可求出相应的声压，还可以进一步分析其频率特性。

（一）声级计的分类

根据声级计在标准条件下测量 1000 Hz 纯音所表现出的精度，20 世纪 60 年代国际上把声级计分为两类，一类叫精密声级计，一类叫普通声级计。我国也采用这种分法。20 世纪 70 年代以来有些国家推行四类分法，即分为 0 型、1 型、2 型和 3 型。它们的精度分别为 ±0.46、±0.76、±1.00 和 ±1.5 dB。根据声级计所用电源的不同，还可将声级计分为交流式声级计和用干电池的电池式声级计两类。电池式声级计也称为便携式声级计，这种仪器体积小、重量轻、现场使用方便。

（二）声级计的构造

声级计主要由传声器、放大器、计权网络、滤波器、衰减器、显示屏等组成。

（三）声级计的工作原理

声级计的工作原理是：由传声器将声音转换成电信号，再由前置放大器变换阻抗，使传声器与衰减器匹配。放大器将输出信号加到计权网络，对信号进行频率计权（或外接滤波器），然后再经衰减器及放大器将信号放大到一定的幅值，送到有效值检波器（或外接电平记录仪），在指示表头上给出噪声声级的数值。

1. 传声器　传声器是把声波信号转变为电信号的装置，也称之为话筒，它是声级计的传感器。常见的传声器有晶体式、驻极体式、动圈式和电容式等。

2. 放大器　目前流行的许多国产与进口的声级计，在放大线路中都采用两级放大器，即输入放大器和输出放大器，其作用是将微弱的电信号放大。输入衰减器和输出衰减器是用来改变输入信号的衰减量和输出信号衰减量的，以便使表头指针指在适当的位置，其每一挡的衰减量为 10 dB。输入放大器使用的衰减器调节范围为测量低端（如 0~70 dB），输出放大器使用的衰减器调节范围为测量高端（如 70~120 dB），输入和输出两个衰减器的刻度盘常做成不同颜色，目前以黑色与透明配对为多。由于许多声级计的高低端以 70 dB 为界限，故在旋转时要防止超过界限，以免损坏装置。

为防止输入给放大器的信号超过正常工作的动态范围，造成波形畸形太大，一般在放大器中安装过载指示灯。如果过载，要及时处理，以免测量误差太大。如果输入放大器的过载指示灯单独闪亮，这是提示测试人员要改变衰减器量程，如果输出放大器的过载指示灯单独闪亮，这是提示测量不准确，而且示值小于真实值。这样的测量结果应在读数中加以注明。

3. 计权网络　为了模拟人耳听觉在不同频率有不同的灵敏性，在声级计内设有一种能够模拟人耳的听觉特性，把电信号修正为与听感近似值的网络，这种网络称为计权网络。通过计权网络测得的声压级，已不再是客观物理量的声压级（叫线性声压级），而是经过听感修正的声压级，称为计权声级或噪声级。声级计中的频率计权网络有 A、B、C 三种标准计权网络。三者的主要差别是对噪声低频成分的衰减程度，A 衰减最多，B 次之，C 最少。声级计经过频率计权网络测得的声压级称为声级，根据所使用的计权网不同，分别称为 A 声级、B 声级和 C 声级，单位记作的 dB（A）、dB（B）和 dB（C）。A 计权声级由于其特性曲线接近于人耳的听感特性，因此，是目前世界上噪声测量中应用最广泛的一种。

4. 检波器和指示表头　为了使经过放大的信号通过表头显示出来，声级计还需要有检波器，以便把迅速变化的电压信号转变成变化较慢的直流电压信号。这个直流电压的大小要正比于输入信号的大小。

根据测量的需要，检波器有峰值检波器、平均值检波器和均方根值检波器之分。峰值检波器能给出一定时间间隔中的最大值，平均值检波器能在一定时间间隔中测量其绝对平均值。除了像枪炮声那样的脉冲声需要测量它的峰值外，在多数的噪声测量中均是采用均方根值检波器。

表头响应按灵敏度可分为 4 种。

A. “慢”：表头时间常数为 1000ms，一般用于测量稳态噪声，测得的数值为有效值。

B. “快”：表头平均时间为 27ms，一般用于测量波动较大的不稳态噪声和交通运输噪声等。快挡很接近于人耳听觉器官的生理平均时间，声场测听时用“快”挡。

C. “脉冲或脉冲保持”：表针上升时间为 35ms，用于测量持续时间较长的脉冲噪声，如冲床、按锤等，测得的数值为最大有效值。

D. “峰值保持”：表针上升时间 <20ms。用于测量持续时间很短的脉冲声，如枪、炮和爆炸声，测得的数值是峰值即最大值。

声级计面板上一般还备有一些插孔。这些插孔如果与便携式倍频带滤波器相联，可组成小型现场使用的简易频谱分析系统，如果与录音机组合，则可把现场噪声录制在磁带上贮存下来，以便待以后再进行更详细的研究，如果与示波器组合，则可观察到声压变化的波形。声级计示意图，见图 1-6-1。

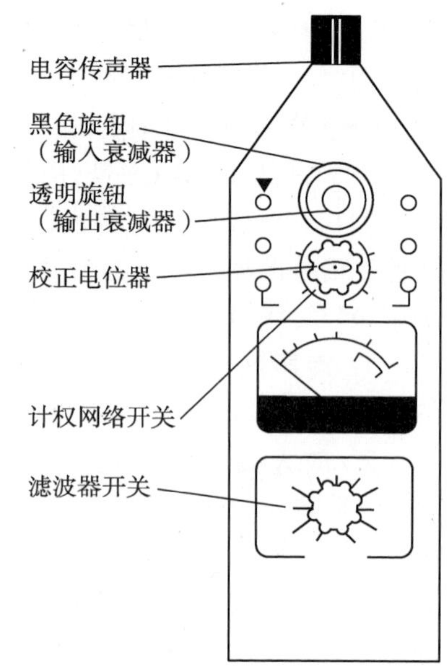

图 1-6-1 ND-2 型精密声级

(四) 声级计的使用

1. 灵敏度的校准 将声级校准器装在传声器上，开启校准电源，读取数值，调节声级计灵敏度电位器，完成校准。

2. 以 ND-2 型精密声级计为例学习声级计的使用 ND-2 型精密声级计是一种具有倍频程滤波器的便携式声音测量和分析仪器。它具有测量速度快、准确度高的特点，是较为广泛和常用的声级标定仪器。

(1) 准备：从携带箱中取出声级计和倍频程滤波器，打开仪器背后的电池盖板，按电池匣内所标记的极性放入 3 节一号电池，推回盖板。从小方盒中取出电容传声器，并旋到声级计头部。然后把六边型开关置于“电池检查”位置约 30 秒后指示灯发红色微光。电表指针指在红线范围内(若低于红线表示电力不足，需更换电池)，再旋动开关，将开关放置在“快”或“慢”位置，仪器即能正常工作。

(2) 声压级的测量：双手平握声级计两旁，并稍微离开身体，传声器指向被测声源。把开关置于“线性”位置，透明旋钮旋转至电表指示有效的适当偏转位置，读透明旋钮“红线”间的读数加上电表指示读数，即获得被测的声压级。例如某声音测量结果为：声级计透明旋钮“红线”内指示为 70，电表指示为 +7 dB，所测声压级为 70 dB+7 dB=77 dB。

(3) 声级的测量：进行声压级的测量以后，开关若置在 A、B 或 C 的计权位置，就可以进行声级的测量。测量方法同声压级的测量；声级的读数与声压级测量的读数方法一致，只是在读数后加注测量时用的 A、B 或 C 声级。例如：77 dB(A)。

(4) 声音的频谱分析和倍频程滤波器的使用：进行声压级的测量后，开关置在“滤波器”的位置，并将滤波器旋钮旋至相应中心频率的位置，就得到在此倍频程内的声音频谱成分的读数。当不清楚主频范围是在哪里时，可试行往两旁搬动频率选择旋钮，当电表指示最大时即为该声音的主频。读数同声压级测量的读数方法。

(5) 计权网络频率特性：当计权网络开关处于“线性”时，整个声级计是线性频率响

应，测量得声压级。放在“A”、“B”或“C”位置时，计权网络插入在输入放大器和输出放大器之间，所测得的声压级称为计权声压级。

（五）声级计的日常维护

1. 使用前必须先阅读使用说明书，了解仪器的使用办法和注意事项。
2. 电池与外接电源极性切勿接反，以免损坏仪器。
3. 使用电容传声器必须十分小心，不要打开保护栅，忌用手或其他东西触摸膜片，装卸电容器时应该关闭电源。
4. 仪器应放置干燥通风处，严防受潮。
5. 仪器工作不正常，送修理单位修理，勿擅自拆修，以免进一步损坏仪器。

二、声场的建立

（一）声场的定义

声场是指任何有声波存在的场所。从理论上讲，声场测试须是自由声场。但在实际中，由于声场环境的设计和外部环境噪声的影响，大部分声场测试均在半自由声场状态下进行。现有的相关标准也是根据这种测试状况制定的。测听声场是指在测听室内，依据声场建立相应声学参数（ISO389-7），在扬声器与参考测试点规定的距离、角度、高度及给声强度条件下建立起来的声学空间。

（二）声场建立的方法

根据ISO389-7标准，声场建立有两种方式即45°声场和90°声场。扬声器距被试者1m远并与头部等高（图1-6-2）。45°声场校准参数与90°声场校准参数有所不同（表1-6-1）。声场的建立是将声级计置于被试者位置（参考测试点），通过与听力计相连的扬声器给声，测试音为啭音。例如建立45°声场，首先将听力计调至声场校准状态，并将听力计声输出设置为60 dB HL，依据表1-6-1的声压级校准值分别调整0.25、0.5、1、2、4 kHz五个频率的听力计声输出，使扬声器的声输出在声级计上的读数分别为72、67、66、61.5、57.5 dB SPL。如果左右两个扬声器分别给声，声级计上每个频率的校准值则在表1-6-1读数的基础上再加3 dB。完成校准后将听力计退出校准状态置于测听工

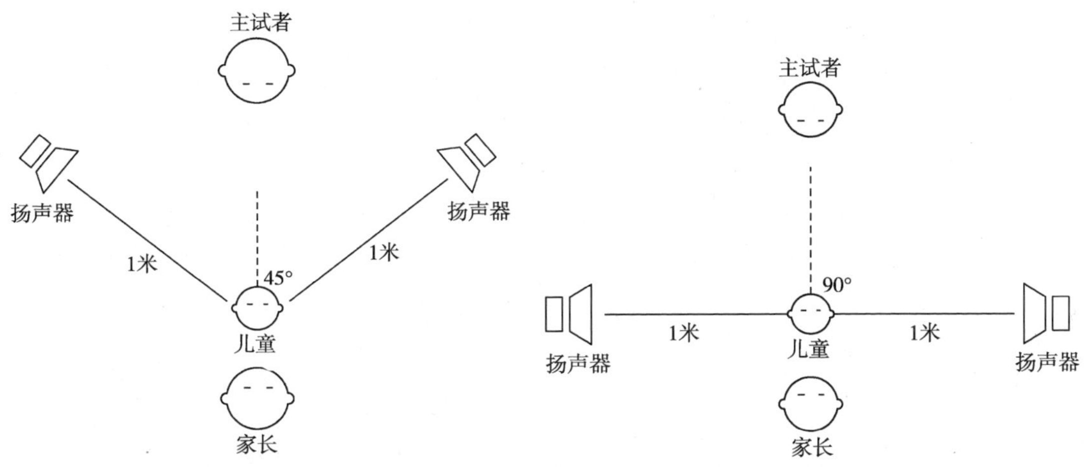

图1-6-2 45°声场和90°声场扬声器和被试儿童位置示意图

表 1-6-1　听力级声场校准参数

参数	0.25 kHz	0.5 kHz	1 kHz	2 kHz	4 kHz
听力计读数(dB HL)	60	60	60	60	60
45°声场(dB SPL)	72	67	66	61.5	57.5
90°声场(dB SPL)	73	68.5	67.5	60.5	53

(ISO389-7 标准,双耳声场聆听校准值)

作状态(不同型号听力计进入和退出校准状态操作有所不同,详见说明书)。校准后的扬声器声输出值与听力计的声输出值相同,声音强度单位为 dB HL。同理 90°声场也按上述方法校准,只是校准参数有所不同。在进行声场测听时,被试者位于参考测试点位置。

三、听觉行为观察法

(一) 适用年龄

听觉行为观察法适用于 6 个月以内的婴幼儿。由于早期干预是聋儿听觉言语康复的关键因素,因此,我国已经开始对 6 个月内确诊为永久性听力损失的婴幼儿实行干预性服务,这其中重要一项就包括助听器验配,但是对于这个年龄段的儿童很难测试出准确的助听听阈,这就要求测试人员要认真负责地按要求测试,既要保证助听器验配有效,又要切记不要使助听器的增益过大加重患儿的听力损失。

(二) 测听用具及条件

运用便携式听力评估仪、主频明确的音响器具如鼓(低频)、木鱼(中频)、哨子(高频),在测听室或安静的环境,[本底噪声≤40 dB(A)]中进行测试。

(三) 测听方法

1. 初步评估助听听阈值　可用主频明确的低、中、高频率的音响器具,在使用声级计监测的条件下突然给声,观察其有无听觉反应(受试儿的面部表情、肢体动作及眼神的变化)。通过声级计的读数估计其助听听阈值。

2. 采用便携式听觉评估仪进行测试

(1) 便携式听觉评估仪的特性　此种听觉评估设备较音响器具更为精确,有明确的频率及强度范围,可通过扬声器给声(图 1-6-3、图 1-6-4)。

1) 测试音:设有啭音信号,可满足声场测听要求。

2) 给声途径:扬声器。

3) 频响范围:0.5、1.0、2.0、4.0 kHz。

4) 声音强度:①扬声器(用于声场测听):20~100 dB HL/SPL;②每 5 dB 一挡(表 1-6-2);③声场测听可依据实际需要进行听力级(HL)和声压级(SPL)的转换。

5) 参考技术标准:GB/T 16402-1996 插入式耳机纯音基准等效阈声压级。

6) 校准要求:便携式听力评估仪需要每年在国家计量测试中心进行一次校验;校准参数主要包括频率准确度、听力级控制器准确度、谐波失真、气导等效听阈声压级等。

(2) 测试方法:对 0~3 个月的婴儿,当其在浅睡眠或相对安静时给予声音刺激容易观

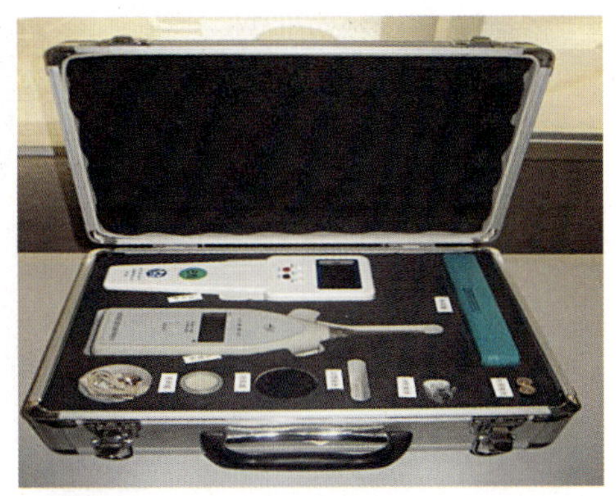

图 1-6-3 全套便携式听力评估设备

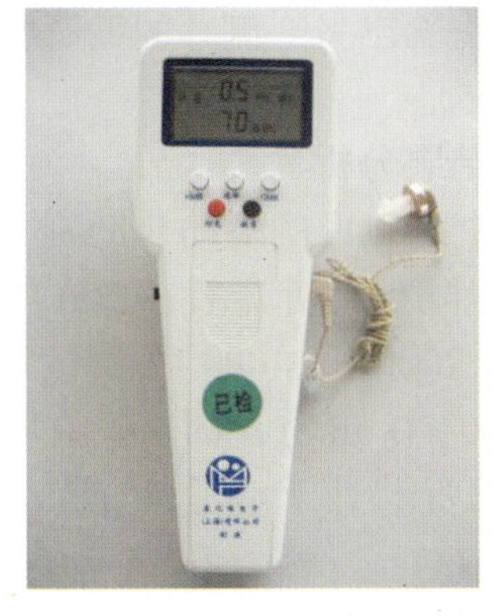

图 1-6-4 便携式听力评估仪

表 1-6-2 便携式听力评估仪扬声器声输出强度

声强 dB SPL / 频率 kHz		20	25	30	35	40	45	50	55	60	65	70	75	80	85	90	95	100
啭音	0.5																	
	1.0																	
	2.0																	
	4.0																	

察到儿童的听反应，如正在吃奶，听到声音会瞬间停止或减慢吸吮，眼睛微微睁开。对于大声会出现反射性听性行为，反射性行为是小婴儿存在的正常生理反射，如听到大声音后的惊跳反射、眼睑反射、哭叫反射、吮吸反射等。随着大脑发育逐渐完善，儿童逐步从反射性行为过渡到注意性行为，会主动寻找声源。了解这些特性，对如何观察儿童对声音的反应很有帮助（表 1-6-3）。

表 1-6-3 不同年龄段听力正常儿童对声音的反应

年龄组	声音强度（dB nHL）	主要观察指标
0~3 个月	65~85	在听到声音 0.5~1 秒后出现听性反射
4~6 个月	50~60	给声音后出现听觉反应

测试时，首先将测试耳助听器音量打开，便携式听力评估仪距测试耳 90°位置、10cm 处，测试音选择啭音。在回避视觉的情况下分别选择 1000 Hz、2000 Hz、3000 Hz、4000 Hz、500 Hz 啭音给声，声音强度依据不同年龄段可参考表 1-6-3，刺激声之间的间隔时间为 5 秒左右，测听时要回避被试儿童视觉，选择恰当给声时机（如相对安静状态或浅睡眠状态）。通过观察其有无听觉反应，判断其测试耳不同频率的助听听阈。关闭此助听器，用

同样的方法测出另一侧耳的助听听阈(图 1-6-5)。

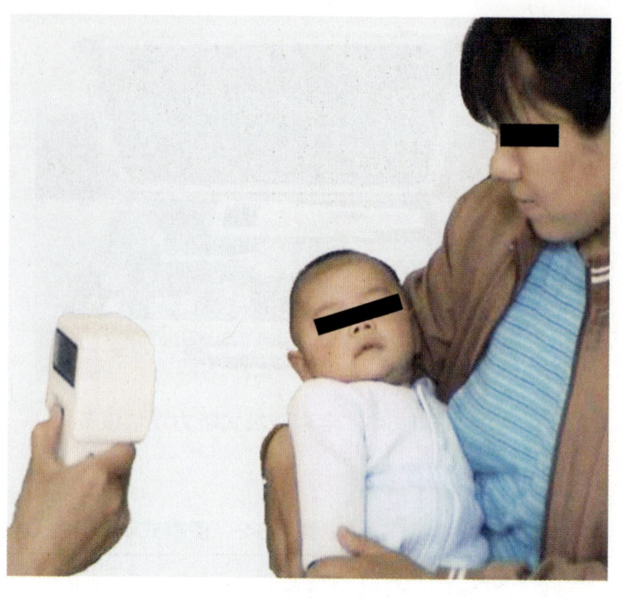
图 1-6-5　听觉行为观察法

(四) 结果分析

对 6 个月以内的婴幼儿助听听阈测试,即佩戴助听器后在 500 Hz、1000 Hz、2000 Hz、4000 Hz 测试频率中,对 60~70 dB SPL 的声音有听觉反应,助听器处于舒适、可听、安全的范围内。

(五) 注意事项

1. 由于这些反射及反应的一部分是非意识控制的,因此,要求给声要突然且回避受试儿视觉。给声前要有一短暂的安静期,以利于观察孩子对声音的反应。

2. 最好验配人员亲自为这部分儿童测试,且把助听听阈结果与同年龄段的正常儿童比较,比如 4~7 个月的听力正常儿童的发声玩具测试时的行为测听反应通过级为 40~50 dB SPL 左右,那么这一年龄段的听力障碍儿童的助听听阈应该在 60~70 dB SPL 左右比较合适,绝对不能也在 40~50 dB SPL 以免过度放大而损伤听力。为了避免助听器的增益过大,最后一定要再逐渐增加测试信号的强度,测试患儿的惊跳反应也就是不适阈测试,如果 70~80 dB SPL 的测试信号患儿就受惊吓甚至哭,那么需要重新调试助听器,降低助听器的最大声输出或者降低大声音的增益等。

3. 如果反应不明确,可以使用同样频谱不同类发声玩具重复测试,看反应结果是否可靠。如果不能得到预期的效果,需要约诊,或者反复多次测试(1 次 /1~3 个月)直到获得清晰可靠的助听听阈结果,对于听力很差的婴幼儿一般 1 个月进行一次复诊。

4. 在听觉行为观察测试中受试者很容易对刺激声产生习惯,因此,要得到正确结论,需考虑多方面的因素,如:受试儿的测试状态、刺激声的频率和强度、听反应的认定、测试者主观判断的差异等。测试中测试人员必须掌握刺激信号的强度、频率范围等精确资料,掌握准确的给声时机,即最有可能诱发出可观察到的行为变化的时间。否则会导致对受试儿助听听阈或听觉最小反应值的错误判断,影响听觉康复效果。

5. 对于 6 个月以上的受试儿,听觉行为观察测试可以补充视觉强化测听的结果,确定受试儿的定位能力;对视觉强化测听结果的可靠性有疑问时,用听觉行为观察测试再做进一步的证实。在有些病例中,如多发听力障碍儿童不能使用条件化方法测试听力时,可使用听觉行为观察测试法,应用发声玩具和言语声作为刺激声,对受试儿的助听器效果做出初步评估。

四、游戏测听法

图 1-6-6 游戏测听辅助玩具

该法的特点是设计一些能吸引受试儿童注意力的游戏方法，让受试儿参与到其中一个简单、有趣的游戏中，教会其对刺激声做出明确可靠的反应，从而在游戏中测试出受试儿的助听听阈。

这些游戏方法应简单易行，例如：听到声音把木块放入罐中；听到声音串珠子；听到声音按动按钮启动会跑的小火车等。被测试的受试儿必须能理解和执行这个游戏，并且在反应之前可以等待刺激声的出现；最好能理解听到声音就反应，哪怕是最小的声音也要快速反应，这样才能使测试结果接近阈值，达到测听目的(图 1-6-6~ 图 1-6-8)。

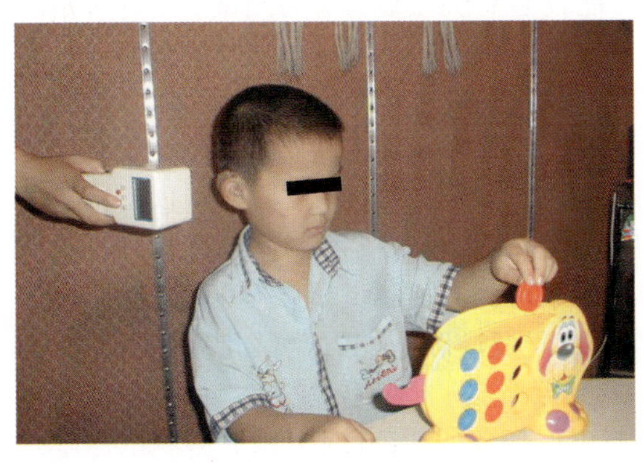
图 1-6-7 游戏测听

图 1-6-8 游戏测听(声场环境)

(一) 适合年龄

游戏测听法适用于 2 岁半至 5 岁儿童。对于听力损失较重或多发听力障碍儿童，因其无法进行可靠明确的交流方式，所以，即便是 10 岁以上的受试儿仍适用此方法进行听力测试。

(二) 测试的条件及仪器

此处要求可与视觉强化测听法相同，只是将游戏方法代替了视觉刺激物。

(三) 测试方法

测试前先检查助听器是否正常工作，测试人员首先要给受试儿做一示范，例如：听到声音把木球放入罐中，要确保给声大于助听听阈，保证儿童能听见声音以便其对进行游戏意义的理解，教几遍使受试儿明白测试规则，正式开始测试时关闭非测试耳助听器，测试耳助听器处于开启状态，依次按照 1000 Hz、2000 Hz、3000 Hz、4000 Hz、复测 1000 Hz、500 Hz、250 Hz 的顺序测出助听听阈值。测出一耳后，用同样的方法测出另一耳的助听听阈值。

(四) 结果分析

依据听觉康复评估标准，做出康复级别评定。

(五) 注意事项

1. 因儿童注意力集中持续性较差，故测试时间应以 10 分钟为宜，在测试过程中要及时给予鼓励，培养兴趣，争取合作。

2. 所选择的初始刺激声音强度应当易被受试儿察觉，充分利用已知裸耳的主观测听结果、客观测听结果以及现有助听器各测试频率理论增益数值，选择恰当的初始刺激强度。所给条件化刺激强度可在阈上 20 dB 甚至更高。若无法确定恰当条件化刺激强度，可尝试使用较高的刺激声来完成条件化的建立。若受试儿听力损失为重度以上，所使用的条件化刺激强度不能太接近阈值。若不能确定受试儿是否能听到刺激声，在条件反射建立时可配合使用振触觉—听觉刺激方法。

3. 对年龄较大的受试儿，首次给声间隔不要太长(3~5 秒)。条件化过程中，可适当增加刺激的间隔时间，确保受试儿在刺激声间隔时至少可等待 5 秒。在寻找阈值前，必须确信受试儿能等待下一个刺激声的出现。

4. 有时由于各种原因，在第一次测试不可能教会受试儿参与听力测试。对这种情况应当重新安排测试时间。对于无法接受首次测试的受试儿，首先应教会受试儿的家长在家里怎样给声和怎样诱发受试儿对声音做出反应。每天进行几分钟训练。

5. 对测试年龄稍小的受试儿，使用大声也不能获得反应时，有两种可能：一是受试儿为极重度聋，助听器补偿不够，根本听不见测试声；二是受试儿不会反应。对这两种情况要做出正确判定往往是困难的，因此，可以更换刺激方式如闪亮的灯或手持骨导振动器教受试儿做出反应，同时给予较大的低频声。如果可教会受试儿做出恰当的反应，说明受试儿是可以被条件化的。如受试儿仍对声音缺乏反应就意味着受试儿真的听不见刺激声。

6. 注意受试儿的假阳性反应，一旦出现需要重新条件化，此时可以放慢测试速度停顿片刻，然后重新给予已引出明确反应的刺激频率和强度，重复 1~2 次反应结果，确保条件化仍可建立。

7. 有些受试儿在改变测试频率时，需要重新条件化。注意受试儿出现疲劳的信号，注意力减退的信号，如受试儿行动缓慢、其他动作过多、东张西望、故意改变反应方式等。出现此类情况应当改变游戏方式，看这种情况能否有所改善。若无任何改善，应当停止测试，否则不可能得到精确的结果。

五、助听听阈结果分析

(一) 助听听阈结果记录

测得的助听听阈应记录在助听器验配报告单上。记录应该包括以下内容：受试者的姓名、性别、出生日期、检查日期、所用仪器型号、测试音种类、测试方法、发声玩具。测试应该写明名称和测试强度、助听器处方及检查者和验配者签名、行为观察测听应标明具体的行为、应该注明测试的可靠程度。

记录助听听阈国际通用的符号：左耳◈ 右耳◎具体见表 1-6-4。

表 1-6-4 助听器验配报告单

中国残联听力语言康复中心门诊部

助听器验配报告单

病案号：________

姓名：________ 性别：男 女 出生日期：________

联系人：________ 联系电话：________

标记符	助听后	助听前
右耳	◈	○
左耳	◈	×
双耳	B	□
dB	SPL	HL

听力计型号________

声场测试音________

测听方式________

助听效果：________ 助听效果：________

助听器设置

	左	右
助听器种类		
品牌 / 型号		
系列号		
耳模 / 声孔		
MPO		
聆听程序设置		

测试人员：________

日　期：____年____月____日

(二) 助听听阈结果分析

为了使助听效果评估达到量化，早在 20 世纪 80 年代就被日本的听力学家、数理博士恩地丰教授和中国聋儿康复研究中心高成华教授把正常人长时间平均会话声谱用于听力障碍者的助听器验配，并以此为依据作为临床助听效果评价标准。随着听力学的发展和助听器验配技术的进步，临床助听效果评价方法不断得到完善。孙喜斌于 1993 年提出了中国聋儿听觉能力评估标准，同年通过专家鉴定并在聋儿康复系统内试行。在听觉能力评估标准中提出了数量评估法和功能评估法。验配助听器后，对无语言能力的听力障碍儿童采用以啭音、窄带噪声及滤波复合音为测试音的数量评估法。对有一定语言能力的聋儿选择用儿童言语测听系列词表，通过在安静环境中及有背景声的环境中言语识别得分来判断助听效果，用这种评估方法可了解聋儿听觉外周至中枢听觉径路全过程情况，所以把这种评估方法称为听觉功能评估法。目前这两种方法均用于助听器验配临床效果量化评估。除此之外，助听效果的满意度调查问卷也是临床评价的重要参考依据。

1. 正常人长时间会话声谱法（SS 线法） 如果对语声的测量是以 dB SPL 为单位，见图 1-6-9，如果声场是以声压级（SPL）建立的，测得的助听听阈结果与正常人长时间会话声谱相比较。一般认为助听听阈在 SS 线上 20dB 为最佳助听效果，即在正常人听觉言语区域内，如果在 3 岁以前能够得到干预能获得好的康复效果。

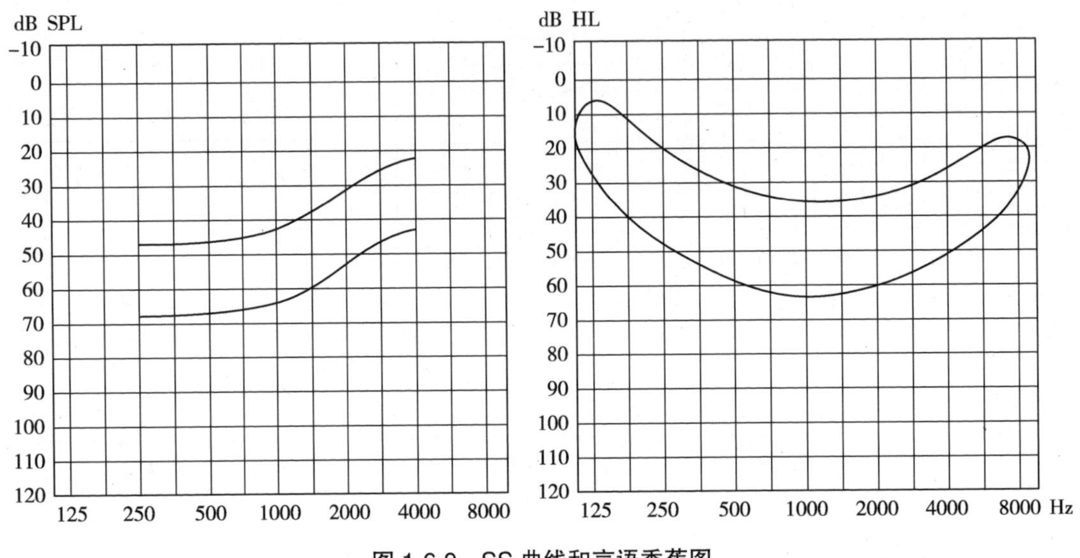

图 1-6-9 SS 曲线和言语香蕉图

2. 言语香蕉图法 如果声场是以听力级（HL）水平建立的，测得的助听听阈结果与正常人言语香蕉图比较。我们常规声场都是按听力级校准的，所以，经常以此法评估助听器效果。依据助听听阈值相对言语香蕉图的不同位置，或通过言语最大识别得分把助听效果通常分为最适、适合、较适、看话 4 个等级。具体分析为：250、500、1000、2000、3000、4000 Hz 的助听听阈结果都在香蕉图内则助听器效果为最适合；250、500、1000、2000、3000 Hz 助听听阈值在香蕉图内则助听器效果为适合；250、500、1000、2000 Hz 助听听阈值在香蕉图内则助听器效果为较适合；仅 250、500、1000 Hz 助听听阈值在香蕉图内则助听器效果为看话（表 1-6-5）。

表 1-6-5 听觉康复评估标准

听力补偿（Hz）	言语最大识别率（%）	助听效果	康复级别
250~4000	≥90	最适	一级
250~3000	≥80	适合	二级
250~2000	≥70	较适	三级
250~1000	≥44	看话	四级

【能力要求】

评估助听听阈操作

一、工作准备

1. 在校准声场前，要准备好声级计，最好有滤波线性功能的声级计。

2. 准备米尺和声级计电池。

3. 检查听力计、扬声器处于正常工作状态。

4. 准备测听玩具　根据儿童的年龄特点及喜好准备测听玩具，例如：插入式测听玩具、听声移物等。

二、工作程序

(一) 声场的校准

1. 确定参考测试点的位置　参考测试点距扬声器成 45° 角 1m 远等高位置。

2. 安装声级计的传感器，将电池放入电池仓，打开电源检查电压，确认电压处正常范围。旋转声级计功能旋钮，置于相应位置(声音强度、频率、线性或 C 声级位置)。然后将声级计放在参考测试点位置(图 1-6-10)。

图 1-6-10　45° 声场示意图

3. 检查听力计并进入校准状态(以 FA-18 听力计为例)

① 开关位置：助听器模拟器置于 OFF；左输出置于 left、右输出置于 right、左右输入置于 Tone；听力级置于 60 dB 或 70 dB；频率钮置于 1000 Hz，左、右扬声器按说明与听力计后部面板相应插孔连接。

② 操作：同时按下脉冲和啭音键，开启电源，待前面板所有的灯亮了几秒钟以后，只剩电源灯、左助听器模拟器及中间 3 个红色灯闪烁时，释放按键，将输出钮置"扬声器"，此时红灯熄灭，只剩电源灯常亮和左助听器模拟器灯闪亮，听力计即进入校准状态。

4. 校准　测试音校准：按啭音键呈工作状态，选定频率，按住送声键读声级计指针分贝值，若小于规定数值可按"反向"按钮，每按一次增加 0.5 dB；若大于规定熟知可按 -2.5 dB 键，每按一次减少 0.5 dB，使扬声器的声输出达到规定数值，该频率校准完毕。依次校准左右声道的 1000、2000、3000、4000、500、250 Hz。

5. 储存　模拟器置于 HFE 挡，右输出置于左通道，左输出置于右通道，同时按下"脉冲"和"啭音"键，待助听器模拟器指示灯熄灭，释放按键。此时校准完成并已储存。

6. 恢复听力计处于声场测听状态　分别将输出钮置 speaker 挡，测试音为啭音后，即可进行声场测听。

7. 收起声级计　关闭电源，将电池取出，卸下传感器，装入盒内保存。

（二）助听听阈测试

1. 检查助听器一般工作状态　测试前要确保听力障碍者的助听器为正常工作状态，如果不能确定最好先对测试用助听器进行助听器性能检测，检查其各项指标是否正常。助听器电池的电量要充足。

2. 让被试者坐于参考测试点。

3. 向受试者解释测试规则，即听到声音做出反应，依据受试者的年龄可采用听声举手或听声放物；没有声音，不做任何反应，尽可能听小的声音。

4. 简单问诊，确定优先测试耳。

5. 开启测试耳助听器，关闭非测试耳助听器，开始测试。

6. 检查听力计工作状态，扬声器给声，测试音设定为脉冲啭音。

7. 确定起始给声强度，一般为 50~60 dB HL。

8. 测试频率为 1000 Hz、2000 Hz、3000 Hz、4000 Hz，复测 1000 Hz，然后测 500 Hz、250 Hz。

9. 测试方法用减十加五法测得阈值，下一频率的起始给声强度是上一频率阈值的 ±10 dB。

10. 阈值的确定 3 次给声有 2 次重合可确定阈值。

11. 正确填写报告单。

三、注意事项

1. 正确使用声级计

(1) 使用前应先阅读说明书，了解仪器的使用方法与注意事项。

(2) 安装电池或外接电源注意极性，切勿反接。长期不用应取下电池，以免漏液损坏仪器。

(3) 传声器切勿拆卸，防止掷摔，不用时放置妥当。

(4) 仪器应避免放置于高温、潮湿、有污水、灰尘及含盐酸、碱成分高的空气或化学气体的地方。

(5) 勿擅自拆卸仪器。如仪器不正常，可送修理单位或厂方检修。

2. 定期校准听力计　常规要求每次进行声场测试之前都要按要求校准声场，以克服系统误差。

3. 声场要定期进行校准　如果声场内的摆设发生变化或者测试音异常要随时进行校准。

4. 测试前要确保听力障碍者的助听器为正常工作状态，如果不能确定最好先对测试用助听器进行助听器性能检测：检查其各项指标是否正常。助听器电池的电量要充足。

5. 测试时双方的手机应关闭；空调要暂时关闭；受试者应该处于心情愉快状态(不渴、不饿、不疲劳等)。

6. 测试人员要向家长解释清楚测试内容和目的，与受试者建立友好关系消除其紧张情绪。

7. 测听室内温度要适宜，否则会影响受试者的情绪，影响测试结果。

第二节 问 卷 评 估

【相关知识】

一、助听效果问卷评估概述

（一）助听效果问卷评估的定义

助听效果问卷评估指听力学家运用经过临床标准化的调查问卷对听力障碍者受益和最终效果进行严格的主观评估。

（二）问卷的功能

问卷是社会研究中用来搜集资料的工具之一，能正确反映调查目的，具体问题，突出重点，能使被调查者乐意合作，协助达到调查目的；能正确记录和反映被调查者回答的事实，提供正确的情报；统一的问卷还便于资料的统计和整理。

（三）调查问卷的现状

美国听力学会认为助听器佩戴前后的听觉功能评估可以准确地反映助听器是否有效。而实验室里达到的目标参数不等于助听器可以有效地帮助患者在不同的现实环境下改善聆听。问卷可涉及各种日常的情况，同时为听力障碍者提供观察的信息。因此，问卷越来越广泛地被应用在助听器的效果评估中。但问卷有较强的主观性，所以，评估听力障碍者听觉能力的同时要结合其心理、生理和社会环境的影响。

（四）国内外常用的助听效果评估问卷

目前国外对佩戴助听器后效果评估方法较多。

评估佩戴助听器后听力障碍者受益程度的问卷有 Walden1984 年设计了“助听器效果评估问卷”（HAPI），Gatehouse 1994 年提出了“格拉斯哥助听器效益评估表”（GHABP），Cox1995 年推出“助听器效果综合能力评估表”（PHAB），Dillon1997 年设计了“以患者为中心的助听器受益评估表”（COSI），Purdy1998 年设计了“助听器效果简易评估表”（APHAB），Cox1999 年设计了“助听器效益评估国际评分表”（IOI-HA）等。

还有一些专门针对听力障碍儿童的问卷，比如有意义听觉整合问卷（meaningful auditory integration scale，MAIS）和婴幼儿有意义听觉整合问卷（infant-toddler meaningful auditory integration，IT-MAIS）；小龄儿童听觉发展问卷（littlEARS auditory questionnaire）；家长对儿童听觉 / 口语表现的评估问卷（the parents’ evaluation of aural/oral performance of children scale，PEACH）和教师对儿童听觉 / 口语表现的评估问卷（the teachers’ evaluation of aural/oral performance of children scale，TEACH）。

此外，还有患者对助听器期望值、患者使用助听器后的满意度等方面的评估。

二、调查问卷的内容及方法

（一）问卷的内容

一份问卷一般包括标题、前言、主体和附录 4 部分。

1. 标题 是课题和假设要测量的变量。一般整卷只显示一个主题，包含调查对象、调查内容和调查问卷字样。如：

(1)“×× 培训中心助听器效果调查问卷”

(2) P.E.A.C.H Diary 家长对儿童听觉 / 口语表现的评估

2. 前言 又称卷首语，是问卷调查的自我介绍，用来说明调查的目的、意义、主要内容，调查者的希望和要求，被调查者的选取方式和他填答问卷的作用，填写问卷的说明，回复问卷的方式和时间，进行该项调查的人或组织的身份等内容。为了能引起被调查者的重视和兴趣，争取他们的合作和支持，卷首语的语气要谦虚、诚恳、平易近人，文字要简明、通俗。前言可置于问卷第一页标题之后，也可单独作为一封信放在问卷的前面。

3. 问卷主体部分 包括调查问题和回答内容。问卷中问题的内容通常包括 3 方面：行为方面，态度或看法方面和回答者基本情况方面。问卷的题目要简短、表述要简明；无暗示、敏感问题；不超出被试者知识能力范围并且尽量易于列表说明、统计分析。问卷中要询问的问题，大体上可分为 4 类。

(1) 背景性的问题：被调查者个人的基本情况，它们是对问卷进行分析研究的重要依据。

例如：

姓名：________ 出生日期：________ 完成 PEACH 问卷的家长 / 监护人姓名：________

完成日期：________________ 单位：________________

(2) 客观性问题：指已经发生和正在发生的各种事实和行为。

例如：

请记录您的配戴助听器 / 人工耳蜗的次数或天数以及每次配戴的时间。您能告诉我孩子在这 1 周内配戴助听器 / 人工耳蜗的作息时间吗？

(3) 主观性问题：指受调查者的行为、思想、感情、态度、愿望等一切主要状况方面的问题。

例如：

您和学生在一个安静的环境中(比如：当教室很安静的时候，他 / 她可能和您并排坐着，在您身后或正穿过屋子)。当他 / 她在看不见您的脸时，是否能做到立即对一个熟悉的声音做出反应，或者能对您叫他 / 她的名字、交谈或唱歌时做出反应？例如：他 / 她可能表现出微笑，向上看，转头或口头回应您。或在一个安静的环境中，当他 / 她并排躺 / 坐在您身边，在回避视觉的情况下能否及时对您的提问或叫声、言语声或歌声这些熟悉的声音及时做出反应？

(4) 检验性问题：为检验回答是否真实、准确而设计的问题。这类问题，一般安排在问卷的不同位置，通过互相检验来判断问答的真实性和准确性。

四类问题中，背景性问题是任何问卷都不可缺少的。因为，背景情况是对被调查者分类并进行对比研究的重要依据。

4. 附录 这一部分可以将被调查者的有关情况加以登记，为进一步的统计分析收集资料。包括：编号、问卷发放和回收日期，调查员、审核员姓名，被调查者住址，问题的预编码等其他资料。有的问卷有结束语，是对被调查者的合作表示真诚的感谢。此部分也可征询被调查者对问卷设计和问卷调查本身有何看法。

（二）问卷的分类

根据问题的形式主要分为开放式、封闭式两种（表 1-6-6）。

1. 开放式问题 事先未对回答做限制性规定，不为回答者提供具体答案，回答者可自由回答。例如：在这 1 周中，受试者是否对大的声音有过抱怨 / 或表现出烦躁？（他 / 她可能震惊及 / 或哭，堵上他 / 她的耳朵，摘掉他 / 她的助听器，抱怨或有其他不舒服的表现）？

2. 封闭式问题 事先对回答做了限制性规定，在提出问题的同时给出若干答案，要求回答者根据自己的情况进行选择填答。例如：

(1) 在过去几周，受试者有无对助听器表现出不适？

A 有　　B 无

(2) 目前受试者使用助听器的频率？

A 每天　　B 周一至周五　　C 有时　　D 很少　　E 从不

表 1-6-6 开放式与封闭式的比较

开放式	封闭式
探索性意外结果（优点）	受限定，不够灵活、无新发现
创造性回答深入（优点）	标准化（优点）
适用于小样本（优点）	样本大（优点）
	容易混答、不答
混入无关信息	回答具体、可信度高（优点）
非标准，难以量化比较	易于统计分析对比（优点）
回答麻烦、易被拒绝	易回答，回收率高（优点）

（三）问卷调查的方法

问卷调查的方式多种多样。其中，自填式问卷调查，按照问卷传递方式的不同，可分为报刊问卷调查、邮政问卷调查和送发问卷调查；代填式问卷调查，按照与被调查者交谈方式的不同，可分为访问问卷调查和电话问卷调查等。

1. 报刊问卷调查 是随报刊传递分发问卷，请报刊读者对问卷做出书面回答，然后按规定的时间将问卷通过邮局寄回报刊编辑部。

2. 邮政问卷调查 是调查者通过邮局向被选定的调查对象寄发问卷，请被调查者按照规定的要求和时间填答问卷，然后再通过邮局将问卷寄还给调查者。

3. 送发问卷调查 是调查者派人将问卷送给被规定的调查对象，等被调查者填答完后再派人回收调查问卷。

4. 访问问卷调查 是调查者按照统一设计的问卷向被调查者当面提出问题，然后再由调查者根据被调查者的口头回答来填写问卷。

5. 电话问卷调查 是应用电话来获取被调查者信息的方式。

（四）问卷调查的原则

要提高问卷回复率、有效率和回答质量，设计问题应遵循以下原则。

1. 客观性原则 问题必须符合客观实际情况。

2. 必要性原则　必须围绕调查课题和研究假设设计必要的问题。问题数量过少、过于简略，无法说明调查所要的问题；数量过多、过于繁杂，不仅会大大增加工作量和调查成本，而且会降低回答质量，降低问卷的回复率和有效率，也不利于正确说明调查所要说明的问题。

3. 可能性原则　必须符合被调查者自愿真实回答的问题。对被调查者不可能自愿真实回答的问题，被调查者一般都不可能自愿做出真实回答，或者干脆不予理睬，因此，一般都不宜正面提出。最大的弱点是所得资料的质量和问卷的回收率往往难以保证，同时对样本的文化水平有一定的要求。在填写问卷过程中出现的各种误差也不易发现和纠正。这也是我们在进行问卷调查时要注意克服的问题。

(五) 影响问卷调查效果的因素

获得真正需要的信息。信息真实可靠，易于整理统计分析。

1. 被试的主观倾向　如问卷组织者的行为和态度对被试的影响，被试者以符合社会(学校)要求的方式答卷，以接受或默认的方式答卷，希望表现的乐于合作、显得深思熟虑、造成某种倾向。

2. 问卷本身　问题过多使人疲乏，答卷时间一般控制在20~30分钟内。问卷内容涉及个人情感、隐私，语言含糊、生硬、费解、歧义。选项内容层次不清，设计不科学、难以利用。尤其应该设有“其他”项。

3. 问卷环境　问卷现场的条件和特点，要组织和控制好，不允许被调查者交头接耳，这样各自回答才真实。问卷组织者的行为和态度，不能引导。

三、调查评估问卷的结果分析

(一) 定性分析

定性分析是一种探索性调研方法。目的是对问题定位或启动提供比较深层的理解和认识，或利用定性分析来定义问题或寻找处理问题的途径。但是，定性分析的样本一般比较少(一般不超过30)，其结果的准确性可能难以捉摸。实际上，定性分析很大程度上依靠参与工作的统计人员的天赋眼光和对资料的特殊解释，没有任何两个定性调研人员能从他们的分析中得到完全相同的结论。因此，定性分析要求投入的分析者具有较高的专业水平，并且优先考虑那些做数据资料收集与统计工作的人员。

(二) 定量分析

在对问卷进行初步的定性分析后，可再对问卷进行更深层次的研究——定量分析。问卷定量分析首先要对问卷数量化，然后利用量化的数据资料进行分析。问卷的定量分析根据分析方法的难易程度可分为简单定量分析和复杂定量分析。

1. 简单的定量分析　简单的定量分析是对问卷结果作出一些简单的分析，诸如利用百分比、平均数、频数来进行分析。在此，我们可将问卷中的问题分为以下几类进行分析。

(1) 对封闭问题的定量分析：封闭问题是设计者已经将问题的答案全部给出，被调查者只能从中选取答案。例如：

在一个很吵的商店里购物时，我能听懂收银员说的话？（限选一项）

A. 总是：代表99%的时候遇到题目中所描述的情形。

B. 几乎总是:代表 87% 的时候遇到题目中所描述的情形。

C. 绝大多数时候:代表 75% 的时候遇到题目中所描述的情形。

D. 一半的时候:代表 50% 的时候遇到题目中所描述的情形。

E. 有时候:代表 25% 的时候遇到题目中所描述的情形。

F. 偶尔:代表 12% 的时候遇到题目中所描述的情形。

G. 从来没有:代表 1% 的时候遇到题目中所描述的情形。

对于全部 45 人次访问的回答,我们可以简单地统计每种回答的数目:可把结果整理成表格(表 1-6-7)。

表 1-6-7 问卷调查汇总表

选项	人数	百分比
A. 总是	18	40.00%
B. 几乎总是	6	13.33%
C. 绝大多数时候	5	11.11%
D. 一半的时候	6	13.33%
E. 有时候	4	8.89%
F. 偶尔	3	6.67%
G. 从来没有	3	6.67%
总计:	45	100%

从表 1-6-7 中可以一目了然地看出分析结果,1/3 以上的被调查者认为在一个很吵的商店里购物时,总是能听懂收银员说的话,仅有 6.67% 的人认为从来没有听懂收银员说的话。

表 1-6-7 是对全部样本总体的分析。然而,几乎所有的问卷分析都要求不同的被访群体之间的比较。这就需要用较为复杂的方法来实现——交叉分析。

交叉分析是分析 3 个变量之间的关系。例如"年龄""裸耳听力"和"助听效果"之间的关系等复杂的分析。由于此项较为复杂在此暂不作详细介绍。

(2) 对开放问题的定量分析:开放性问题是指问卷设计者不给出确切答案,而由被调查者自由回答。

例如:助听器配戴后您觉得什么情况下不适?(表 1-6-8)

表 1-6-8 听觉不适场合

姓名	答案
王晓明	马路上,汽车鸣笛时
丁　虎	在建筑工地时
李月兰	洗澡、冲马桶时
陈一宁	在市场、商场、超市时
……	……

如果所有回收的问卷只有这 4 种答案，那么就很容易作出分析概括。可是，一般回收的问卷都有几百份，所以，对于开放性问题就可能有几十种甚或几百种答案。对于这几百种答案，就很难进行分析。因此，对于这种问题，必须进行分类处理。例如可把助听器配戴不适的情况大概分为几类，利用上表中的 4 种原因，我们就可以进行分析处理，并且从表 1-6-8 中很容易看出被调查者的观点。

(3) 数量回答的定量分析：回答结果为数字。对于这类问题，最好的方法是对量化后的数据进行区间处理。在用区间表示数量分布的同时，可同时使用各种统计量来描述结果，包括位置测度；平均值、中位数和出现频率最高的值或者分散程度的测定；范围、四分位数的间距和标准偏差。

上述三种方法仅是简单的问卷分析，靠简单的统计方法来处理数据是十分可惜的，因为这样会丧失大量的数据信息，使决策的风险增大，并使分析结果流于肤浅。

2. 复杂定量分析　简单分析常用于单变量和双变量的分析，但是，社会经济现象是复杂多变的，仅用两个变量难以满足需要。这时就需要用到复杂定量分析，在问卷设计中，常用的复杂定量分析有两种——多元分析和正交设计分析。由于此项较为复杂在此暂不作详细介绍。

现今在发达国家的调查实践中，就经常使用定性分析的方法以辅助与补充定量分析的不足。例如，有些问题涉及被调查者的隐私或对他们的自我形象有消极作用，这时被调查者就可能作出不切实际的回答。此时利用定性分析可得到较切实际的结果。

在实际运用中，经常将定性分析与定量分析相结合，使之互相配合，以便收到更准确、更全面和更细致的调查结果。

【能力要求】

问卷评估操作

一、工作准备

1. 明确目标人群。
2. 明确问卷的研究目的。
3. 详细了解问卷评估的整个工作流程。
4. 熟悉问卷的内容及操作的注意事项。

二、工作程序

1. 选择问卷。
2. 进行问卷调查。
3. 分析调查结果。

三、注意事项

1. 主试者要在调查前要熟知问卷内容及操作方法。

2. 测试者不要凭主观印象填写表格。

3. 不要诱导或暗示被试者。

4. 问卷调查环境应安静、舒适,使被试者注意力集中。

5. 依据问卷要求及时记录结果。

四、问卷实例

(一) 成人问卷

1. 助听器效果评估简表(abbreviated profile of hearing aid benefit,APHAB)

(1) APHAB简介:助听器效果评估简表(abbreviated profile of hearing aid benefit,APHAB),是由Cox等1995年在其发明的助听器效果评估量表(profile for measuring hearing aid benefit,PHAB)的基础上简化而来的。APHAB由四类问题组成,每类6道题目。这四类问题为:

① 交流的难易(easy of communication,EC):了解患者在理想的听环境下交流的难易程度。

② 背景噪声(background noise,BN):了解患者在高强度噪声环境下交流的难易程度。

③ 混响(reverberation,RV):了解患者在有混响的环境下交流的难易程度。

④ 对声音的厌恶(aversiveness of sound,AV):了解患者对环境声的厌恶程度。

每一个问题均有7个可选答案,从"总是"到"一半的时间"到"从来没有",用英文大写字母A到G表示。每个问题的答案都分为"不使用助听器"和"使用助听器"两种情况,由患者分别做答,选出一个最接近平时情况的选项,两者得分之差即为助听器效果。因此,每一类问题会产生3个数据:未使用助听器时的得分、使用助听器时的得分和助听器效果。患者至少要回答每类问题中的4个问题,计分才有意义。

(2) 问卷内容

① 填表须知:请你选出一个最接近你平时情况的选项。选择前请先仔细阅读选项说明。比如,如果你觉得在日常生活中有75%的时候都会遇到题目中所提到情形,就请选"C"。如果你从没到过题目中所提到的情形,就请你尽量向一个类似的情形,然后再答题。如果确实没有遇到过题目中提及的或类似的情形,就请不要回答该题。在选择时请仔细读每一个问题,因为在不同的题目中同一项选择的含义可能会不同。请尽量分别回答每一道题中戴助听器和不戴助听器时的情形。如果不戴助听器,请只回答有关不戴助听器的那一栏。

② 选项说明

A. 总是:代表99%的时候遇到题目中所描述的情形。

B. 几乎总是:代表87%的时候遇到题目中所描述的情形。

C. 绝大多数时候:代表75%的时候遇到题目中所描述的情形。

D. 一半的时候:代表50%的时候遇到题目中所描述的情形。

E. 有时候:代表25%的时候遇到题目中所描述的情形。

F. 偶尔:代表12%的时候遇到题目中所描述的情形。

G. 从来没有:代表1%的时候遇到题目中所描述的情形。

③ 量表正文(表1-6-9)

表 1-6-9　助听器效果评估简表

题目:	不使用助听器时	戴助听器时
1. 在一个很吵的商店里购物时,我能听懂收银员说的话	A B C D E F G	A B C D E F G
2. 上课时我听不懂老师的话	A B C D E F G	A B C D E F G
3. 突如其来的声音,比如警报器、铃声等让我觉得很不舒服	A B C D E F G	A B C D E F G
4. 当我在家里和家人一起的时候,我很难听懂他们说的话	A B C D E F G	A B C D E F G
5. 在看电影或者演出的时候我很难听懂演员们说的话	A B C D E F G	A B C D E F G
6. 如果别人在我看电视的时候说话,我就很难听懂演员们说的话	A B C D E F G	A B C D E F G
7. 如果我和一群人在一起吃饭的时候有人在说话,我很难听懂那个人说的是什么	A B C D E F G	A B C D E F G
8. 我觉得交通的噪声太吵了	A B C D E F G	A B C D E F G
9. 如果我在一个很大很空的房间里和某人说话,我能听懂那个人说的话	A B C D E F G	A B C D E F G
10. 如果我在一个小房间里问问题或者回答别人问题的时候,我很难听懂别人说话	A B C D E F G	A B C D E F G
11. 有时我去电影院看电影时,即使是有人在旁边说悄悄话或者揉纸,我也能听懂电影里说的话	A B C D E F G	A B C D E F G
12. 即使是我和一个朋友在一个很安静的房间里说话,我也很难听懂他在说什么	A B C D E F G	A B C D E F G
13. 我觉得冲厕所时或洗澡时流水声太吵了	A B C D E F G	A B C D E F G
14. 当某人在对一群人说话时,就算大家都很安静,我也听不懂那个人说的什么	A B C D E F G	A B C D E F G
15. 当我在医生办公室的时候,我很难听懂医生说的话	A B C D E F G	A B C D E F G
16. 就算旁边有一些人在说话,我也能听懂别人说的话	A B C D E F G	A B C D E F G
17. 我觉得建筑工地上的声音太吵了	A B C D E F G	A B C D E F G
18. 当我在礼堂或者教堂里面的时候,我很难听懂台上的人说话	A B C D E F G	A B C D E F G
19. 在人群中我也能听懂其他人说的话	A B C D E F G	A B C D E F G
20. 火警报警器的声音太吵了,以至于我听到这种声音就想把助听器音量调小甚至完全关掉,或者把耳朵捂住	A B C D E F G	A B C D E F G
21. 在体育馆里我能听懂老师说的话	A B C D E F G	A B C D E F G
22. 我觉到汽车刹车时发出的尖叫声太吵了	A B C D E F G	A B C D E F G
23. 当我和某人在一个安静的房间里说话的时候,我常请他重复他讲的话	A B C D E F G	A B C D E F G
24. 在空调或者风扇开着的时候,我很难听懂别人说话	A B C D E F G	A B C D E F G

(3) APHAB 简表说明：APHAB 量表主要用于验证助听器的效果。前 3 项分级(EC，RV 和 BN)代表了放大的正面效益，即助听器使得言语理解容易些。使用助听器的患者的百位数得分可以帮助我们解释获益得分，通常患者在前 3 项的得分应该超过 50%。第 4 项分级代表了放大效应的负面作用：对厌恶的声音的感觉，由此可以指导我们评价患者对响声和不舒适声音的反应。由于助听器放大所有的声音，几乎所有的患者都表示对于厌恶的声音，他们受益的得分会下降。若患者此项得分等于或高于 50 个百分位值，则说明效果非常好。另外，使用和不使用助听器时的得分之差，单项(EC 或 RV 或 BN)比较时差值达 22% 或总体(EC，RV 和 BN)比较时达 5%，即说明患者使用助听器有效果，他可以从中受益。

APHAB 量表中“未使用助听器”一栏的得分结果可以预测助听器效果。若患者 EC，RV 和 BN 得分均高于正常对照组得分的第 35 个百分位值而 AV 得分低于正常对照组得分的第 65 个百分位值，则该患者应该是一个成功的线性线路助听器的使用者；反之若患者 EC，RV 和 BN 得分均低于正常对照组得分的第 35 个百分位值而 AV 得分高于正常对照组得分的第 65 个百分位值，则该患者可能更适用于压缩线路助听器。若患者仅 BN 得分特别高，其他项得分低，那么该患者的主要问题是在噪声环境下的交流障碍。选配师要针对患者的不同情况选配合适的助听器。

APHAB 量表还可用于不同助听器选配效果的比较。在比较两种不同助听器的选配时，若仅考虑 EC、RV、BN 单项得分，分别相差应≥22% 才说明有显著差异；若仅考虑 AV 单项得分，助听器相差应≥31% 才说明有显著差异；若考虑总体效果，则要求 EC、RV、BN 三项得分至少分别相差 5%，上述结果的可靠性高达 90%。在考虑总体效果时，如果两种选配之间的 EC、RV、BN 三项得分分别相差达到了 10%，则该结果的可靠性可达 98%。这样即可说明得分情况好的选配会更适合患者。

助听器选配师可以通过 APHAB 量表的得分，同时结合具体情况，了解患者在使用助听器中存在的问题，对助听器的精确调试起到一定的指导作用。同时为患者进行咨询，指导他们正确使用助听器，并设置合理的期望值，以使助听器发挥最大、最好的作用。

2. 患者自我听觉改善分级(client oriented scale of improvement，COSI)问卷介绍

患者自我听觉改善分级(client oriented scale of improvement，COSI)问卷，在 1997 年由 Harvey Dillon 首次提出。问卷分为两部分，第一部分为患者的基本情况，包括姓名、性别、年龄、学历、职业等。第二部分为表格部分，分为 3 栏：第一栏为患者自己提出的 5 个最想解决的问题，第二栏是针对这些问题的改善程度(degree of change/improvement)，第三栏为针对提出的问题在使用助听器后听觉能力的改善(final ability)。

首次就诊选配助听器时，要求患者选定或提出 5 个最想解决的问题，如：在安静环境下同 1~2 人交谈；在噪声环境下同多人交谈；听电视或收音机声音；同陌生人打电话等。并要将这 5 个问题按先后次序排列。在后面的随访中(通常在助听器使用 6 周后)要求患者判断使用助听器所带来改变的程度和听觉能力的改善程度，并针对最初提出的 5 个问题说明使用助听器之后比使用助听器之前改善了多少，以及改善的具体情况。改善的程度分为 5 级：非常不好(worse)、没有什么不同(no difference)、有一点帮助(slightly better)、比较好(better)、非常好(much better)。每个级别对应一个分值，从 1 分(worse)到 5 分(much better)。使用助听器后听觉能力的改善也分为 5 级：几乎没有(hardly ever)：指使用助听器后有 10% 的时候可以改善；偶尔（occasionally）：指使用助听器后有 25% 的时候可以改善；一半时间（half the time）：指使用助听器后有 50% 的时候可以改善；大部分时间（most of time）：指使用助听器后有 75% 的时候可以改善；几乎总是（almost always）：指使用助听器后有 95% 的时候可以改善。每个级别对应一个分值，从 1 分（hardly ever）到 5 分（almost always）。患者根据实际改善效果及程度来选择得分。

例如一位患者在使用助听器 6 周后，进行随访，对于他提出的"同陌生人打电话"这个问题，他感到使用助听器后改善的效果比较好，在 75% 的情况下可以听清对方的谈话。那么他在"改善程度"这一项上可以计 4 分，在"使用助听器后听觉能力的改善"这一项上也可以计 4 分。

COSI 问卷主要对患者使用助听器后的效果和效益进行评估。在患者没有使用助听器之前填写 COSI 问卷，选配师可以了解患者需要解决的问题，为他们选择合适的助听器，针对不同的环境设置不同的程序。同时，根据患者的听力损失情况及言语分辨情况，帮助他们设定合理的期望值。使用助听器一段时间后再填写 COSI 问卷，可以看到助听器对患者是否有帮助，以及改善的效果。选配师可以针对没有改善或改善效果很小的问题，为患者进行咨询并讨论，同时精细调整助听器，使助听器尽可能多地帮助患者解决问题，达到最佳效果。

3. 助听器效果国际性调查问卷（the international outcome inventory for hearing aids，IOI-HA）介绍　助听器效果国际性调查问卷（the international outcome inventory for hearing aids，IOI-HA）是 1999 年在丹麦召开的国际研讨会结束时全体专家提出了一套国际通用的效果评估问卷。它适用于不同国家，不同种族的研究。目前已被翻译成多种语言版本，由于它容易被理解，测试时间短，易操作，目前广泛应用于临床。

IOI-HA 问卷由 7 个最小核心效果问题组成，问题包括：

① 每天使用时间（use time）。

② 助听器的帮助（benefit）。

③ 使用助听器后仍存在的困难（residual activity limitations）。

④ 满意度（satisfaction）。

⑤ 参与社会活动时仍存在的困难（residual participation restrictions）。

⑥ 使用助听器后对其他人的干扰（impact on others）。

⑦ 生活质量的改变（quality of life）。

每个问题有 5 个选项，每个选项对应一个分值，从 1 分到 5 分。

通常在患者使用助听器 6 周后进行问卷调查，例如一位患者在随访时，对其进行问卷调查。其中一个问题是："在最近的 2 周时间里，使用现有的助听器之后，您的听力障碍对您周围的其他人还有多少干扰？"。回答从下面 5 种情况里选择：非常有干扰（1 分）、有很大干扰（2 分）、有中等程度的干扰（3 分）、仅有一点干扰（4 分）、根本没有干扰（5 分）。如果患者选择了仅有一点干扰，那么此问题的得分计为 4 分。

IOI-HA 问卷主要对患者使用助听器后的效果进行评估。定期对患者进行问卷调查，可以了解他们助听器的使用情况，发现问题，精细调整助听器，同时选配师可以针对得分低的问题同患者进行讨论，咨询助听器的使用方法和技巧，必要时可以同听力辅助设备联合使用。为患者设定合理期望值，使助听器的效果达到最佳。

（二）儿童问卷

1. 有意义听觉整合量表（meaningful auditory integration scale，MAIS）和婴幼儿有意义听觉整合量表（infant-toddler meaningful auditory integration，IT-MAIS）

（1）问卷简介：印第安纳大学医学院（Indiana University School of Medicine）Robbins 等在 1991 年设计完成了有意义听觉整合量表，主要用于评估 3 岁以上儿童的听觉能力。1997 年 Zimmerman-Phillips 等考虑到婴幼儿认知水平较低，并正处于语言发展关键和快速的阶段。根据婴幼儿的特点对 MAIS 进行修正，提出了婴幼儿有意义听觉整合量表。两份问卷各 10 个问题，由患儿密切接触者尽可能客观对患儿日常表现进行描述。这 10 个问题涉及听觉的 3 个主要层面：对助听设备的接受依赖程度、对声音的感知、对声音的理解。

（2）问卷内容

有意义听觉整合量表

1. a. 孩子是否愿意整天（醒着的时候）佩戴助听装置？

   b. 当没有要求孩子的时候，孩子是否主动要求佩戴助听装置？

2. 如果助听装置因为某种原因不工作了，孩子是否会表现出沮丧或不高兴？

3. 孩子能否在安静环境中只依靠听觉（没有视觉和其他线索）对叫他（她）的名字作出自发的反应？

4. 孩子能否在噪声环境中只依靠听觉（没有视觉和其他线索）对叫他（她）的名字作出自发的反应？

5. 在家里孩子能否不需要提示（视觉、言语、动作、表情）而对环境的声音作出自发的反应？

6. 在新环境中孩子能否不需要提示（视觉、言语、动作、表情）而对环境的声音作出自发的反应？

7. 孩子是否能自发识别出学校或家庭环境中的声音信号？

8. 孩子能否只依靠听觉（没有视觉和其他线索）自发地区分出两人的说话声？

9. 孩子能否只依靠听觉（没有视觉和其他线索）自发地区分言语声与非言语声？

10. 孩子能否只依靠听觉（没有视觉和其他线索）自发地区分不同的语气（生气、兴奋、焦虑）？

总分：________

（3）评分标准（表 1-6-10）

表 1-6-10 有意义听觉整合量表评分原则

选项	说明	得分
从未	从来没反应	0
很少	出现频率 <50%	1
有时	出现频率至少达 50%	2
经常	出现频率至少达 75%	3
总有	出现频率 100%	4

2. 低龄儿童听觉发展问卷(littlEARS auditory questionnaire)低龄儿童听觉发展问卷是一套专门用于评估小龄儿童听觉发展情况的工具。该问卷原版为德文,已有英语、法语、俄语等多种语言版本,并在10多个国家应用,其有效性得到广泛认可。问卷涵盖了听力正常儿童2岁以内、听力障碍儿童植入人工耳蜗或佩戴助听器头两年的听觉发展情况。其内容涉及听觉感知、听觉理解和言语形成3个领域,包含足够的、可观察到的细节来显示婴幼儿发展进程中的差异。共35个闭合式问题,每个问题均以“是”(得1分)和“否”(得0分)作答,总得分等于回答“是”的题目的总数。

(孙喜斌 王丽燕 原 皞)

思 考 题

1. 简述声场建立步骤。
2. 简述助听听阈测试步骤。
3. 简述听觉康复评估标准。
4. 助听听阈测试的注意事项有哪些?
5. 调查问卷的内容主要包括什么?
6. 调查问卷的注意事项有哪些?
7. 调查评估问卷的结果分析方法有什么?
8. 调查评估问卷的操作流程是什么?

第七章

康复指导

第一节　助听器使用指导

通过全面了解助听器和耳模的使用及保养方法，达到充分发挥助听器的助听效果、提高助听器和耳模佩戴舒适性的目的。

【相关知识】

一、耳模和助听器的佩戴与摘取方法

（一）耳模的佩戴与摘取

耳模是将输出声从助听器的受话器传递到外耳道或鼓膜处的一个声学插件，是完整助听系统中的一部分，它的正确佩戴与否，影响到整个助听器系统的助听效果。

1. 传统耳模的佩戴与摘取

(1) 佩戴前先将助听器的开关关闭，用手捏住耳模，耳模的外耳道部分朝向耳廓，慢慢放入外耳道，如不易放到正确位置上，可在耳模的外耳道部分涂一薄层凡士林或婴儿油，将有助于取戴。

(2) 外耳道部分放置后，将耳模向后旋转按下，让耳甲腔、耳甲艇、耳轮依次就位，最后轻拉耳廓，按紧外耳道部分，将助听器放至耳后，注意勿使导声管扭曲。打开助听器的开关，调整音量到适当位置。

(3) 摘取耳模之前，先将助听器的开关关闭，用手捏住耳模，从耳轮、耳甲艇、耳甲腔至外耳道部分依次退出，与佩戴时的顺序相反。

2. 开放式耳塞的佩戴与摘取　开放式耳塞适用于开放耳选配，将有效地解决堵耳效应，具体使用方法如下。

(1) 将助听器的传统标准耳钩拧下，收好。

(2) 根据用户外耳道大小选择合适规格的开放式耳塞与相应耳别细管的一端相连，使助听器与细管的另一端相连、旋紧。

(3) 佩戴前先将助听器的开关关闭，用手捏住细管，慢慢将耳塞放入外耳道，并固定好，将助听器放至耳后，打开助听器的开关，调整音量到适当位置。

(4) 摘取开放式耳塞前，先将助听器开关关闭，轻轻放下耳甲腔内的固定片，用手捏住细管退出。

(二) 助听器的使用与佩戴

1. 助听器的开关　通常以ON、OFF表明，目前大部分以电池仓的开、关来控制，有些则将开关和音量调节旋钮合并在一起。使用者应养成良好习惯，在佩戴助听器之前，不要打开助听器开关，佩戴完成后再打开。若长时间不用助听器，应把电池仓打开，节省电池能量消耗。

2. 安装电池　先确定助听器需要电池的类型，选择适合的电池，注意电池正、负极，将电池轻轻放入电池仓内，合上电池仓。

3. 助听器调节装置的调整　如果是带有M、T、MT挡的助听器，将助听器调节至相应的挡位；调节助听器的音量调节旋钮，使助听器的音量不要太大；如果助听器有程序切换按钮，不要随便调换程序，根据所处环境进行程序切换。

4. 助听器的佩戴　耳背式助听器在佩戴前，通过导声管，把助听器和耳模进行连接。导声管的长度要适度，可按实际情况，进行导声管的裁剪。注意连接的角度，具体的佩戴、摘取步骤与耳模相同。另外，对于定制式助听器，不需要连接导声管，可直接进行佩戴。摘取时，助听器外壳上，会有一根“带尾巴”的渔线，通过拉渔线，方便用户取下助听器。

5. 助听器的更换　由模拟助听器更换为数字助听器，需要有一个适应过程。佩戴模拟助听器越久，不适感越强，尤其是听力损失重的儿童。开始更换数字助听器的时候，感觉声音不大，输出不够强劲，这是由数字助听器的工作原理所决定的。模拟助听器是线性放大，而数字助听器是非线性放大，适应一段时间就会习惯。

6. 助听器的使用　对于助听器的初次使用者，刚开始操作时往往会感到困难或不便，在操作时往往会感到困难或不便，但经过一段时间的适应和使用，一定能得心应手，运用自如。用户选配好合适的助听器后，本人或家属应向助听器专业人员或听力学专家详细了解听力损失特征及助听器的使用注意事项。尤其是儿童的助听器使用，在每天的教学游戏活动中，应经常留意观察听力障碍儿童的助听器是否处于一个较佳的状态，有时因音量调节旋钮的转动或程序切换按钮的碰触使助听器设置发生改变，这时应及时对儿童的助听器进行调整。

7. 助听器晨检　助听器的经常性检查是康复过程中必不可少的内容，用户早晨佩戴助听器之前，应首先检查助听器是否处于良好工作状态，许多专家将这一工作称之为助听器晨检。晨检的内容包括电池的电量、助听器是否有啸叫声、佩戴助听器后是否有应答反应。

二、助听器调节装置的使用方法

随着助听器技术的不断革新，助听器无论从外形上还是从功能上都有了长足的进步，由于助听器的种类繁多，不同类型助听器上的调节装置亦有所差异，在使用助听器之前，应对助听器上的调节装置有全面的了解，以便更灵活娴熟的使用助听器。

(一) 开关

主要有两种形式，一种是On/Off开关，用户通过此开关打开或关闭助听器。它可以是一个小的拨动开关，常见于盒式助听器。可以与电池仓做成一体，常见于耳内式助听器、

耳道式助听器、深耳道式助听器。另一种是 O-M-T 三挡,当处于 O 挡时为切断电源,关闭助听器。M 挡为麦克风接收声音,助听器处于 M 挡时,T 挡失效。T 挡为电感线圈,助听器处于 T 挡时,麦克风就失效。另外,还有一种情况,MT 两种方式同时使用最为有利,比如观看电视时,既想通过 T 挡来听电视,又希望听到其他环境声,所以,一些助听器上会多加一个 MT 挡。

(二) 音量调节旋钮

用户通过上下转动、触摸、按压等方式调节音量大小,通常是可以转动的滑轮,以数字多少来代表音量的大小,一般开启到最大音量的 2/3 处效果最好,一般的调整区间为 5~10 dB。

(三) N-H 转换开关

一些无法连接电脑进行编程的助听器,对于频响的改变,仅能通过机身上的 N-H(normal response/high tone)转换键。置于 H 档,会衰减低频,达到突出高频、改善言语分辨率的目的。

(四) 程序切换按钮

不同程序是为了用户在不同聆听环境下得到最佳的聆听效果而设置的,针对用户日常生活工作中不同的声学环境,验配师可以设置一个或多个程序,用户使用时可自行转换。

(五) 遥控器

一些助听器体积小巧美观(如深耳道式助听器),但是由于体积所限,不允许在助听器上加音量调节旋钮、程序切换按钮等,这时就需要遥控器来实现参数的调节。

三、耳模和助听器的保养方法

(一) 耳模的保养方法

1. 每天用干燥、柔软的布料把耳模擦净,并除去声孔内的污物。

2. 每周用肥皂水洗涤一次,去掉油垢。切记不可用酒精擦洗,因为酒精可溶解耳模材料,用酒精擦洗后耳模表面会产生裂纹,以致影响密封效果。

3. 每天晚上将耳模声孔内的水气、水珠甩掉,最好存放在有干燥剂的密封小盒内。

4. 定期到验配机构接受验配师的检查,保证助听器及耳模的正常使用。

5. 更换耳模,一般情况是 0~3 岁的儿童每 2~3 个月更换一次,3~5 岁的儿童 3~6 个月更换一次,5 岁以上的儿童每 6~12 个月更换一次。成人每年更换一次,听力损失严重者,每半年更换一次。此外,遇到以下情况时需要及时更换。

(1) 佩戴方式正确但仍感到疼痛或不适者。

(2) 耳模声孔内的污物无法除掉,以至影响助听效果者。

(3) 耳聋严重,需要更换更大功率助听器时,同时应更换耳模。

(4) 有漏声现象出现,说明耳模缩小,密封不严,需要换新耳模。

(二) 助听器的保养方法

1. 助听器常见故障与解决方法 助听器是一种集电子、机械、声学等高技术为一体的精密电子医疗产品,由于其使用环境的特殊性,使用一段时间(多为 1~2 年)后,可能会有一些不同程度的损坏,其中一部分是助听器本身的故障,但还有一部分是患者使用不当造成的,临床上常见的一些助听器故障和相应的处理方法,见表 1-7-1。

表 1-7-1　助听器常见故障和相应的处理方法

故障	原因	处理方法
啸叫	1. 音量开得太大 2. 助听器内部啸叫 3. 声管脱落或助听器内部零件损坏	1. 减小音量 2. 送厂重装机器 3. 送厂维修
杂音	1. 电池夹接触不良 2. 音量电位器磨损 3. 电池电量低 4. 初戴助听器不适应 5. 助听器有故障	1. 刮去电池夹表面氧化物 2. 送厂维修,更换电位器 3. 更换电池 4. 重新调节 5. 送厂维修
耗电快	1. 电池不良或电量不足或存放时间久 2. 助听器功率大,但新电池应可使用 2 天以上 3. 在湿热夏天及干冷的冬天,电池寿命短,但新电池应可使用 2 天以上 4. 助听器故障,新电池使用不足 2 天	1. 更换质量好的电池 2. 属正常现象 3. 属正常现象 4. 送厂维修
失真	1. 初戴助听器不适应 2. 进声孔或出声孔堵塞 3. 电池电量低 4. 助听器受过强烈撞击 5. 油性耵聍或中耳分泌物进入受话器,使受话器受损 6. 助听器受潮或电池漏液,损坏芯片	1. 需适应一段时间 2. 清除异物 3. 更换电池 4. 5.6 送厂维修
无声	1. 开关没有打开 2. 电池电压太低或没电 3. 电池与电池夹接触不良 4. 出声孔堵塞 5. 麦克风口堵塞 6. 助听器故障	1. 打开开关或关紧电池仓 2. 更换电池 3. 将电池夹或电池表面氧化物刮去 4. 清洁出声孔或耵聍挡板 5. 清除麦克风口异物或送厂 6. 送厂维修
助听器佩戴不舒适	1. 耳聋严重 2. 耳印、耳模、外壳不合适	1. 需要适应 2. 重取耳印,耳模、外壳重做
声音断断续续	1. 电池电量不足 2. 电池夹接触不良 3. 耳背式助听器,导声管扭曲 4 开关接触不良 5. 定制式助听器安装时损伤了导线	1. 更换电池 2. 将电池夹表面氧化物刮去 3. 调整或更换导声管 4. 送厂维修 5. 送厂维修重新安装
声音轻	1. 进声孔堵塞 2. 出声孔堵塞 3. 音量设置偏低或助听器功率不够 4. 电池电量不足	1. 清除异物或送修 2. 清除异物或送修 3. 调高音量,也可重新检查听力,选用更大功率助听器 4. 更换电池

续表

故障	原因	处理方法
声音听不清楚	1. 电池电量不足 2. 脏物堵塞进声孔或出声孔 3. 用户将音量开得过大 4. 用户期望值过高 5. 助听器内部参数未调节好 6. 未做到对症选择助听器 7. 外壳与耳道不匹配,开大引起啸叫 8. 助听器故障	1. 更换电池 2. 清除脏物 3. 减少音量 4. 多做解释工作 5. 重新找专业人员调节 6. 更换助听器 7. 重新取样,送厂维修 8. 送厂维修

2. 日常维护 在日常生活中,助听器所处的环境中空气里的潮气与灰尘都有可能损坏助听器,故科学的使用及保养,可以提高助听器的使用效果,延长助听器的使用寿命,主要的保养措施需注意以下几点。

(1) 防潮、防震、防高温:应将助听器放在阴凉、干燥处,不能戴着助听器洗澡、游泳。不使用助听器时,应将其放在装有干燥剂的盒子里,不要将其放在阳光直射的地方,应避开高温、高湿环境,尽量避免摔碰。盒式助听器注意不要扯断导线,不要摔坏耳机,不要用尖且硬的小螺丝刀捅麦克风。耳内式助听器要小心佩戴和摘取,不要跌落在坚硬的物体上,汗水对耳背式助听器的损害较大,注意用柔软的干布擦拭助听器,保证出声口、声音通道、通气孔通畅,不要尝试自行修理助听器。

(2) 清洁:由于助听器容易被污垢、细菌污染,因此要经常保持清洁,定期对助听器进行专业清洗处理,切忌用水擦洗。定制式助听器至少 1 周清洁 2 次,对于皮脂腺分泌较旺盛的皮肤,每天都应清洁 1 次。用棉花球或柔软的棉纸(布)将助听器擦干净,然后用配套的软刷清除出声孔或耵聍挡板上的耳垢或其他阻塞物。如果耳垢过多或呈油性耵聍,请使用有防护网的耵聍挡板。

(3) 定期检查电池:电池是为助听器提供能量的,当助听器的放大能力下降或出现杂音时,应立即检查电池电压是否充足,否则会影响助听器的正常使用,要及时更换电池。助听器较长时间不用时,应取出电池,放置在阴凉通风处,以防电池漏液腐蚀机芯。

(4) 保护音量调节旋钮:平时调节音量时,要平稳旋转,避免受到外力冲击。汗水多时,要擦干,保持清洁。

(5) 保护开关:开关是每天开启次数最多的部分之一。所以,在使用时要轻开轻关,避免用力过大、过猛。

(6) 保护耳钩:耳钩位于助听器的最前端,是连接耳模的通道。很多使用者习惯旋转耳钩,使助听器与耳模分离,这样是不正确的,长时间频繁使用,会使耳钩根部松裂,产生漏声。

定期更换耳模导声管,避免声管老化后折断耳钩。

(7) 定期保养:助听器每隔半年或 1 年时间,要送到验配中心,由专业人员清洗助听器内部,以确保助听器处于良好状态。

(8) 其他:把助听器以及其配件、电池放置在小孩拿不到的地方,以防吞入腹中,引起事故;在喷发胶等时,不要戴助听器,以免堵塞进声孔;如果去医院做微波理疗,不要把助听器带进理疗室;不要用尖物捅进声孔与出声孔等。

【能力要求】

一、耳模与助听器的连接与分离

（一）传统耳模的连接与分离

1. 将图 1-7-1 导声管末端与图 1-7-2 耳钩末端相连，注意导声管与耳钩末端要连接紧密，以防漏声。

2. 连接好后，如图 1-7-3 所示，分离与此过程相反。

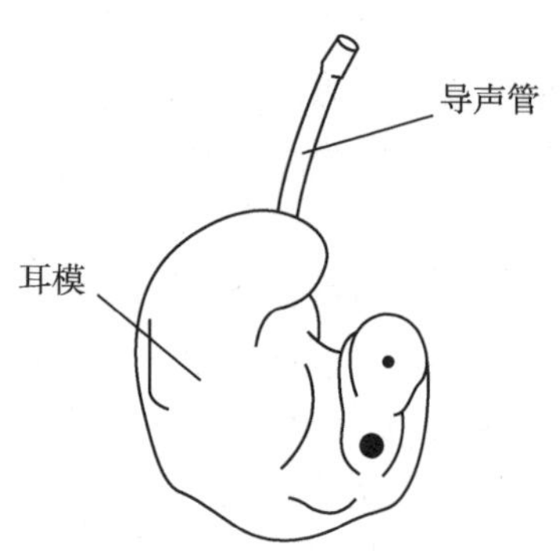

图 1-7-1 耳模导声管

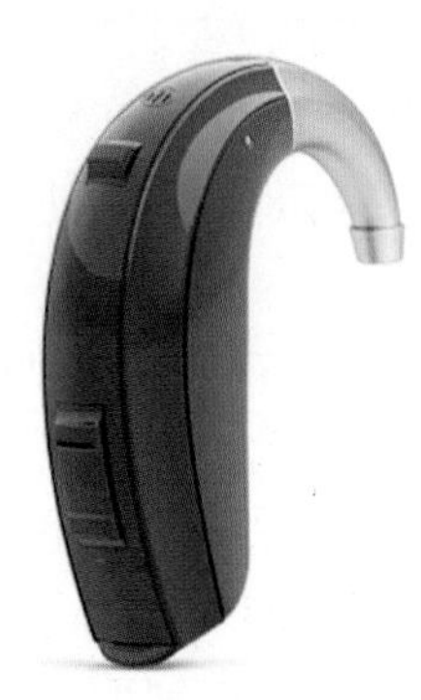
图 1-7-2 助听器耳钩

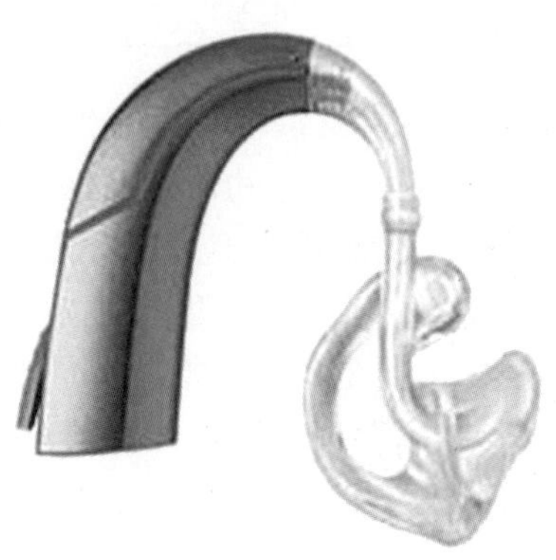
图 1-7-3 连接好的带耳模的助听器

（二）开放式耳塞的连接与分离

1. 将助听器的传统标准耳钩取下、收好，如图 1-7-4 所示。

2. 根据用户外耳道大小选择合适规格的开放式耳塞与相应耳别的细管一端相连，并使助听器与细管的另一端相连、旋紧，如图 1-7-5 所示，分离与此过程相反。

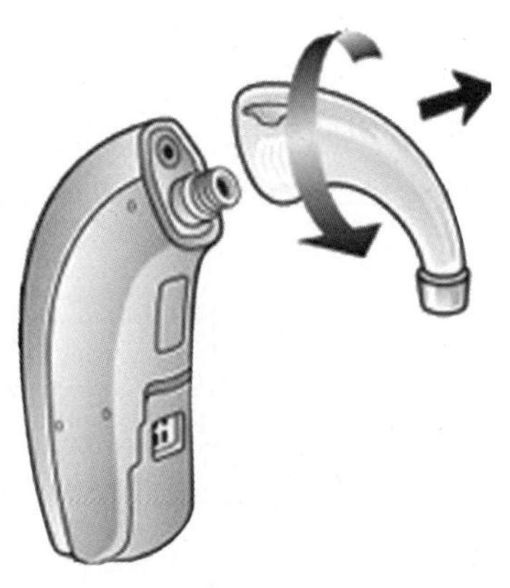
图 1-7-4 取下传统耳钩

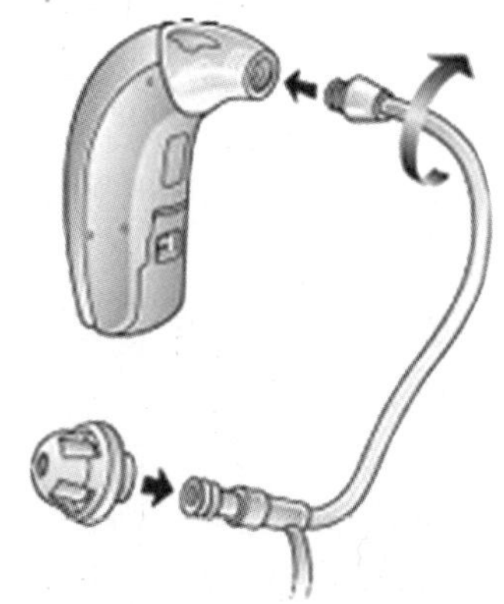
图 1-7-5 连接开放式耳塞

二、助听器的佩戴方法

1. 用电耳镜检查耳道是否清洁，有无异物，皮肤有无破损。

2. 连接好助听器，助听器与导声管之间要结合紧密，否则，容易造成助听器脱落，使助听器损坏或丢失。

3. 依次将耳模送入外耳道、耳甲腔、耳屏，嵌入紧密，如图 1-7-6、图 1-7-7。

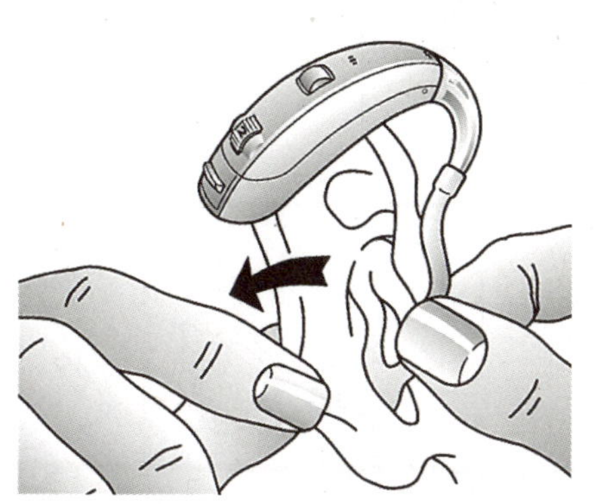
图 1-7-6 耳模放入耳甲腔

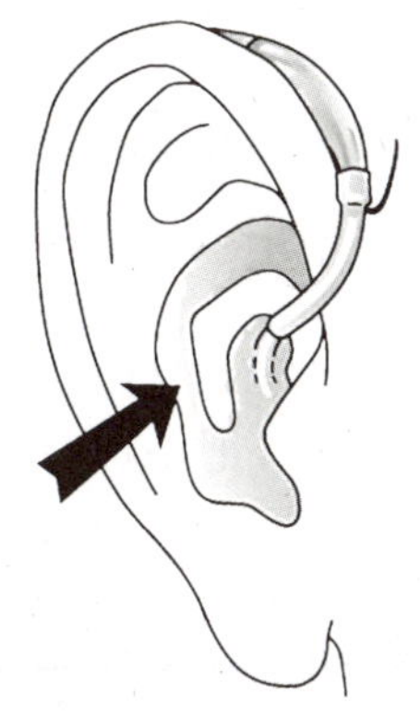
图 1-7-7 压紧耳模

三、助听器电池的选择、测试、安装、取出

（一）电池的选择

电池是助听器正常工作的动力源泉。一般而言，助听器的增益和输出越大，所需要的电池能量也就越大，相应的电池体积也越大。助听器在使用中应选用助听器的专用电池，根据助听器的型号选择相应大小的电池，具体使用步骤为：撕开电池上的小标签，等待 60 秒左右，让足够的氧气进入以激活电化学系统，电池一旦激活，就会慢慢的耗竭。不用时，把小标签贴回去可以减少消耗，但它不能完全阻止这一过程。

图 1-7-8 各种型号的助听器电池

除了盒式助听器使用普通 5 号或 7 号电池外，其他助听器均使用纽扣电池，常用的型号分别为 A675、A13、A312、A10，如图 1-7-8 所示。

1. A675 是目前助听器用的纽扣电池中最大的，常用于大功率耳背式助听器，使用时间在 10~15 天。

2. A13 厚度与 A675 相同，但是直径变小，常用于中小功率耳背式助听器或耳内式助听器，使用时间在 10~15 天。

3. A312 与 A13 直径相同，但是厚度变薄，常用于耳道式助听器，使用时间在 5~8 天。

4. A10 厚度与 A312 相同，但是直径变小，常用于深耳道式助听器，使用时间在 5~8 天。

（二）电池的测试

在使用电池之前，对电池是否有电进行测试，以便更好的使用助听器和准备备用电池。具体方法主要有两个：①用电池测试器测试电力是否足够；②做声反馈粗略测试，将助听器安装好电池放于手中，呈握鸡蛋状，握紧、放松，如此反复，根据助听器发出的强、弱啸叫声，判断电池的电力。

（三）电池的安装与取出

1. 根据助听器的类型选择合适的电池型号，撕下电池上的小标签，等待60秒左右，如图1-7-9所示。

2. 打开电池仓门。

3. 将电池放入电池仓，注意正负极放置要正确。

4. 合上电池仓门。

5. 轻轻地打开电池仓门，将电池取出。

6. 电池不用时，把小标签贴到电池上，可以减少消耗。

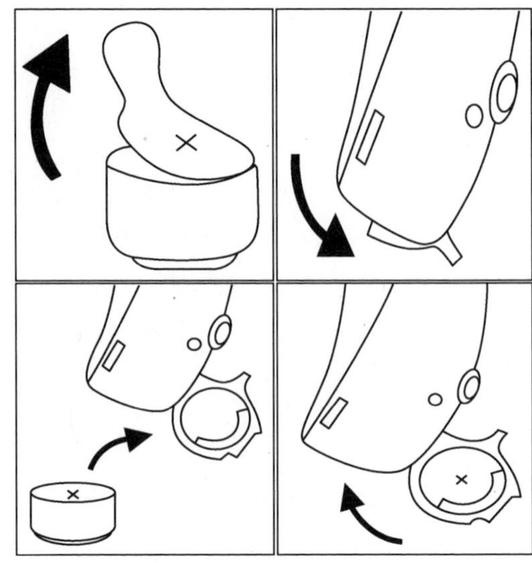

图1-7-9　助听器电池的安装

四、耳模和助听器的日常保养

（一）耳模的日常保养

1. 每天用干燥、柔软的布料把耳模擦净，并除去声孔内的污物。

2. 每周用肥皂水洗涤一次，去掉油垢。切记不可用酒精擦洗，因为酒精可溶解耳模材料，用酒精擦洗后耳模表面会产生裂纹，以致影响密封效果。

3. 每天晚上将耳模声孔内的水汽、水珠甩掉，最好存放在有干燥剂的密封小盒内。

4. 定期到验配机构接受验配师的检查，保证助听器及耳模的正常使用。

（二）助听器的日常保养

1. 防潮、防震、防高温　应将助听器放在阴凉、干燥处，不能戴着助听器洗澡、游泳。不使用助听器时，应将其放在装有干燥剂的盒子里，不要将其放在阳光直射的地方，应避开高温、高湿环境，尽量避免摔碰。盒式助听器注意不要扯断导线，不要摔坏耳机，不要用尖且硬的小螺丝刀捅麦克风。耳内式助听器要小心佩戴和摘取，不要跌落在坚硬的物体上，汗水对耳背式助听器的损害较大，注意用柔软的干布擦拭助听器，保证出声口、声音通道、通气孔通畅，不要尝试自行修理助听器。

2. 清洁　由于助听器容易被污垢、细菌污染，因此要经常保持清洁，定期对助听器进行专业清洗处理，切忌用水擦洗。定制式助听器至少1周清洁2次，对于皮脂腺分泌较旺盛的皮肤，每天都应清洁一次。用棉花球或柔软的棉纸（布）将助听器擦干净，然后用配套的软刷清除出声孔或耵聍挡板上的耳垢或其他阻塞物。如果耳垢过多或呈油性耵聍，请使用有防护网的耵聍挡板。

3. 定期检查电池　电池是为助听器提供能量的，当助听器的放大能力下降或出现杂音时，应立即检查电池电压是否充足，否则会影响助听器的正常使用。要及时更换电池。助听器较长时间不用时，应取出电池，放置在阴凉通风处，以防电池漏液腐蚀机芯。

4. 保护音量调节旋钮　平时调节音量时，要平稳旋转，避免受到外力冲击。汗水多时，要擦干，保持清洁。

5. 保护开关　开关是每天开启次数最多的部分之一。所以，在使用时要轻开轻关，避免用力过大、过猛。

6. 保护耳钩 耳钩位于助听器的最前端，是连接耳模的通道。很多使用者习惯旋转耳钩，使助听器与耳模分离，这样是不正确的，长时间频繁使用，会使耳钩根部松裂，产生漏声。

7. 定期保养 助听器每隔半年或1年时间，要送到验配中心，由专业人员清洗助听器内部，以确保助听器处于良好状态。

8. 其他 把助听器以及其配件、电池放置在小孩拿不到的地方，以防吞入腹中，引起事故；在喷发胶等时，不要戴助听器，以免堵塞进声孔；如果去医院做微波理疗，不要把助听器带进理疗室；不要用尖物捅进声孔与出声孔等。

第二节 随 访

听力障碍者选配助听器后，在使用过程中，会遇到一系列的实际应用问题，其中既有助听器、耳模使用方面的，也有听觉生理、病理和心理方面的。如果处理不好，会影响他们对助听器佩戴效果的信心，影响其听力语言康复。与听力障碍者保持密切联系，定期随访及时解决他们在应用中遇到的问题，对他们能够尽快接纳和正确使用助听器是非常必要的。

【相关知识】

一、随访计划的制定

"凡事预则立，不预则废"，一份完整、准确的随访计划是随访过程的关键环节，尤其是助听器的使用随访，能够及时发现问题和解决问题，使佩戴者能尽快适应助听器的使用，以便更好地享受助听器带来的便捷。一般在制订随访计划时，主要从以下几点考虑。

（一）确定随访时间

根据助听器佩戴者的年龄、需求、受教育程度和家庭经济状况等情况决定随访的时间。一般原则是小龄佩戴者随访时间间隔要短；对助听器期望值高的人随访要勤；受教育程度高的和居住地离验配地远的随访时间可适当延长。2周岁以内的小儿，由于听觉还在发育过程中，对于初次佩戴者最好每月一次，连续3次以后，随访的时间可延长为3个月一次。对于大龄儿童和成年的初次佩戴者每3个月一次，以后时间可适当延长，但至少半年要随访一次。由于老年人对助听器的期望值高，适应能力差，因此，随访时间间隔尽量缩短，原则上每月一次，感到效果满意后可延长为半年一次。以上是基本原则，实际上只要佩戴者有需求，随访应随时进行。

（二）选择合适的随访方法

1. 预约到验配机构 预约到验配机构是最值得提倡的一种形式，特别是对于小龄儿童和高龄佩戴者，在验配机构可以即时解决他们提出的问题，也便于与以前的资料进行对比。缺点是佩戴者需要花费一些时间，路途远者需要一定经济支持；高龄佩戴者行动不方便，出行有不安全因素。

2. 预约到佩戴者家中 这种形式的优点是节省了助听器佩戴者的时间和经费，一方面可以了解佩戴者的生活环境，能结合使用环境更好地进行验配，另一方面可以征求家人的意见和建议。缺点是可能由于条件所限，有些问题不能马上解决；专业验配人员有限，不能及时广泛的上门做随访服务。

3. 流动服务车回访　近年来，国家公益项目为各地残联配发了流动服务车，一些企业也有相应的流动车服务，优点是能使佩戴者集中到一个地方解决助听器存在的问题，提高了工作效率、方便了广大佩戴者。缺点是目前还做不到随叫随到，要间隔一段时间进行流动服务。

4. 电话回访　对于反应灵敏、表达准确、能使用助听器"T"挡接听电话的大龄儿童和成年佩戴者是一种值得提倡的方法，对于那些佩戴时间较长、效果稳定、能用电话交流的佩戴者也是首选的方法。缺点是不适合小儿和老年佩戴者；可能会遭到一些佩戴者的反感，不愿意配合。所以在验配时，应向佩戴者解释，做随访是很重要的一部分内容，要全力配合，才能更好地使用助听器。

5. 问卷调查　特别适合居住地离验配机构较近的佩戴者，也有利于资料的汇总分析，只是花费时间长，反馈间隔时间长，佩戴者的配合度有限，另外需要佩戴者有一定的文字理解力和表达能力。

6. 网络新媒体　优点是便捷、随时、效率高，特别适合接受能力强，年轻的佩戴者。缺点是要求有相应的硬件条件和一定的计算机、智能手机的操作技能；不适合老年人使用；另外与电话访问和问卷调查一样，不能实时解决佩戴者提出的一些问题。

（三）明确随访的具体内容

1. 了解裸耳听力的变化　由于受遗传、发育或疾病等方面的影响，有些佩戴者的听力可能发生一定的变化，例如近年来在儿童中发病率较高的大前庭导水管综合征，可导致明显的波动性听力变化，这些变化肯定会影响助听器的效果，因此一定要成为随访的重要内容。

2. 指导助听器的使用　在验配时，专业人员一定会给他们讲解助听器的使用方法；耳模的佩戴保养；电池的安装更换等方面的知识。但几乎所有的佩戴者或他们的家长（家人）在使用过程中还会提出这些方面的问题，最多的是如何防止助听器啸叫、助听器如何防潮、一天戴多长时间、耳模多长时间更换、软耳模好还是硬耳模好、如何知道电池是否有电等问题。要尽可能地详细给予答复。

3. 指导适应性训练　助听器要想尽快发挥作用，佩戴者首先要认可接纳并坚持使用。但由于听觉能力的改变，他们听到了原来听不到和听不清的声音，会感到不习惯、不适应，特别是初次佩戴和调试以后。小儿往往会表现的哭闹、拒绝佩戴助听器；家长也会对助听器效果产生怀疑。随访时有 70%~80% 的人会反映这种情况。要按照助听器适应性训练章节中的方法，帮助他们度过适应期。

4. 帮助建立正确的期望值　尽管近年来数字化技术使助听器性能发生了巨大的变化，但它仍不能完全弥补听力障碍者听觉器官的缺陷。另外，由于听力障碍者听力损失程度、学习能力、工作性质、生活环境和心理素质的不同，他们对助听器期望值有着极大的差别，要分析佩戴者的具体情况，帮助他们建立适当的期望值。这往往是初次随访的重要内容。

5. 了解听觉感知和认知变化　助听器佩戴后，本人和家人最关心的是听到了什么、

听清了什么、听懂了什么，这也是专业人员最想了解的内容。由于年龄、智力、使用技巧和语言环境的不同，佩戴者的表现会有很大的差别。小儿由于对声音没有本质的认识，在刚戴上助听器时，对声音会出现一贯性的恐惧、紧张，但这种现象很快就会过去。在听觉概念没有完全建立起来之前，他们似乎是对声音没有反应，这是家长最迷茫的时段，总感觉儿童的听觉能力没有变化，更不用说语言，其实这是一个听觉和语言的积累过程。随着听感知、听认知经验的增加，听和说的能力就会有明显的提高。这段时间的长短因人而异，不可能一致，但只要助听器配的合适，一般每隔 3 个月就会有明显的变化。对于成年人和老年人来说，不存在听觉的学习过程，助听器佩戴后很快就会感到有变化，但他们适应和习惯助听器的时间会更长一些。

6. 调查言语听觉清晰度的改善 只有听得清才能说得好，所以，言语听觉清晰度的变化更是一个反映听觉能力改善的硬性指标。一般可以通过语音听觉识别、双音节词及短句听觉识别的方法所获得的言语最大识别得分来判断他们的言语听觉清晰度。对于小儿，一开始也可以通过复述林氏六音的方法，间接了解他们的听觉分辨率和言语听觉清晰度的改善。

7. 解除心理疑虑 助听器佩戴者，特别是听力障碍儿童的家长，最着急的是听觉能力能否达到适合水平，最期望的是语言交流的尽快实现，最担心的是助听器能否加重听力损失，也有的人期望助听器对听力障碍者有治疗作用，通过一段时间的佩戴，就可以使听力恢复正常。要根据佩戴者的综合情况向他们或者他们的家长进行说明，语言的学习是一个循序渐进的过程，不是一戴上助听器就可以立刻实现的，对于那些听力损失严重，听力补偿效果不足的也要明确告知，以便取得家长的支持和理解。无论是小儿还是成人，只要经过科学的验配，助听器不会导致新的听力下降，但助听器对听力障碍也不会有治疗作用，这一点也要与佩戴者解释清楚。

8. 帮助制订新的康复计划 通过随访，掌握了佩戴者的康复现状，可以总结过去的经验，结合当前的实际情况，调整并制订康复计划。

(四) 编制随访调查表

无论采取哪种随访方式，在随访前一定要目的明确，详细记录随访过程并归档保存。在随访过程中，可以借鉴国际已经比较成熟的助听器效果问卷调查表，如助听器每日生活使用满意度调查表(SADL)、助听器效果国际性调查问卷(IOI-HA)、患者导向的听觉改善分级(COSI)、老年听力障碍调查表(HHIE)等，根据随访的听力障碍者的类型选择合适的调查问卷表。也可以根据实际情况自行设计问卷，问卷内容主要包括，听力障碍者基本概况(包括姓名、年龄、性别、出生年月、联系方式、家庭地址等)；生活、工作声音环境情况(主要记录生活工作的噪声情况及接触人员多少)；助听器的基本佩戴情况(包括每天佩戴时间、助听器佩戴史等)；助听器使用过程中遇到的问题；助听器解决的问题等。只有全面了解助听器的使用情况，才能对症下药，准确采取措施，进行下一步的干预，所以随访记录很重要。

(五) 及时采取干预措施

随访的目的主要是了解助听器对佩戴者有多大的帮助，是否存在问题，需不需要重新调整助听器的各项性能参数，以保证最好的听力补偿效果，所以，对于随访中发现的问题，一定要及时的解决。对于采用面对面随访的，可以给佩戴者实时的解决问题，但是还有一部分是通过电话随访、问卷调查等方式进行的，对于这部分听力障碍者的问题，简单的问题可以通过电话进行口头解释及指导，疑难问题就要预约到验配机构进行详细的检查和解决。

二、随访中常见问题的处理

1. 佩戴者听力情况的变化　当小儿佩戴者的家长反映，最近儿童不愿意戴助听器，或者在与他们交流时总是在反问；当成年佩戴者诉说佩戴助听器后感觉声音太小，听觉不如以前时，首先应该想到的是他们的听力是不是有下降。前已述及，由于各种原因，有一部分听力障碍者的听力不能稳定在一个水平上，因此，一定要反复追踪检查听力，直至连续3次检查变化不大时，再对助听器进行彻底调整。在听力波动过程中的助听器调整一定要慎重。

2. 使用、佩戴助听器和耳模　虽然在验配机构，专业人员会教给佩戴者或家人摘、戴耳模和使用助听器的方法，但部分人对此没有深刻的体会，回到家中不能正确操作的仍占相当比例，特别是那些使用软耳模的佩戴者。由于操作不当，在摘、戴耳模时不但感到麻烦，而且产生不适感甚至痛苦，一部分人会因此而对助听器产生厌烦，有些小儿更是会因此拒戴。随访时一旦发现这类问题要立即进行指导，告诉一些操作技巧，例如佩戴前在耳模表面涂少量医用凡士林，使其旋转时表面光滑，不伤及皮肤，且增强密闭性。

3. 是否渡过适应期　无论是小儿还是成人，首次使用助听器都有一个适应过程，我们强调的佩戴原则是声输出先小后大；佩戴时间先短后长；佩戴环境先静后噪；听取声音先简单后复杂；小儿与成人的适应期一般都是1~2个月。对于小儿来说如果拒绝使用，或者虽然允许佩戴，但一打开电源开关就烦躁或哭闹，说明助听器可能不适合他，需要及时调整。无论年龄大小度过适应期的标志是自己主动要求佩戴，且不愿意摘下。

4. 助听器高、中、低频补偿是否平衡　助听器验配水平的高低不是看佩戴者能否听到声音，而是各频率补偿是否平衡。感音神经性听力障碍的特点是高频重于低频，而受限于助听器的高频放大能力不如低、中频，同时高频的放大又会带来助听器的啸叫，如何解决这些个矛盾取决于验配师的验配技术和经验。初次验配，为了表现助听效果，低、中频的补偿往往会大于高频，这对语言的听取和学习是不利的，在随访中一旦发现此问题，要及时予以纠正。

5. 佩戴者是否有了听觉意识，能否自觉的聆听声音　佩戴了助听器，能感受到声音只是“听”的开始，能利用助听器培养自己的听觉意识、养成聆听习惯才是康复听力、学习语言的第一步，由于已经有了“听”的经验，这对于成人来说比较容易，但对于小儿特别是语前聋的小儿来说，这将是一个艰难的过程。要尽快达到目的，除了需要助听器的补偿效果好，还需要科学的康复方法和熟练的训练技巧。如果迟迟达不到聆听的程度，必将影响语言的学习。因此随访时不但要注意听感觉的水平，更要注意听认知的程度。

6. 言语识别率得分　目前检验助听器效果的方法有很多，前已述及，实际上最好的检验方法是评估佩戴助听器后的言语识别率得分，避开视觉让佩戴者复述或指出他听到的字、词或句子。测试用的材料要与他们的语言年龄相吻合。随访记录中给出的字词可以替换。言语清晰度调查用的林氏六音测试非常方便，无论是患者还是聋人家长都易掌

握。具体可采用听觉察知法和听觉识别法。

7. 是否从心理上认同助听器　对于有些大龄儿童和成人，由于害怕暴露生理缺陷，尽管助听器对他们有很大帮助，他们也不接受，或者只是有条件的接受助听器。例如在家里或熟悉的人面前戴，到工作单位或参加社会活动不戴。这虽然是个心理问题，但对于助听器效果的发挥会有严重影响。在随访中一定要对此给予关注。

8. 学会使用助听器辅助装置　随着数字技术的不断应用，助听器的功能也在不断增加，利用“T”挡接听电话和使用电磁感应装置、无线放大系统在我国也越来越普遍。在随访时，了解他们对这些技术的掌握，一方面为更好地发挥助听器的作用，方便他们的生活和学习。另一方面是掌握他们对新技术的兴趣，以便在制订新的康复计划时做出更合理的安排。

9. 制订新的听力康复计划　随访的重要目的就是了解听力补偿的效果如何，是不是需要更换耳模和重新调整助听器的性能参数。综合考虑各方面情况，制订合适的康复计划。

【能力要求】

一、综合分析助听器佩戴者的听力损失和使用环境特点

在随访过程中，不同的助听器佩戴者具有独特的听力损失特点，尤其以老年人和儿童比较特殊，充分了解老年人和儿童的听力损失特点以及使用助听器时所处的环境特点，能够高效地找到问题所在，也能够尽早的解决问题，以便更好地发挥助听器的效果。

（一）老年人听力损失特点

老年性听力障碍者通常表现为不明原因的双耳对称性、缓慢进行性感音神经性听力下降，高调性耳鸣及噪声环境中言语识别变差等，由此为老年人带来一系列心理和情绪困扰。例如压抑感、孤独感、焦虑、易怒等，所以，在随访时，结合这些因素，综合评估老年人的助听器使用是非常重要的。

（二）儿童听力损失特点

人类通过听觉学习言语，婴幼儿通过听觉反馈有了言语感知才能学会说话，言语形成又会影响大脑功能和发音器官功能。听力不好影响言语学习，可以出现说话迟缓，或讲不清楚，直至听力障碍导致言语障碍。听力障碍也会影响到心理健康，儿童听力缺陷或听力受限会导致性格变化，如内向、孤僻、不愿交往、因听力不好或因佩戴助听器而自卑等。

0~6 岁听力残疾的主要病因依次为不明原因、遗传、母孕期病毒感染、新生儿窒息、药物中毒、早产和低出生体重。在 0~6 岁听力残疾原因中，除不明原因外，遗传因素是首位的。

（三）助听器的使用环境

分析助听器佩戴者的使用环境也是至关重要的，如有些老年人的生活环境在农村，一般不参加活动，活动范围主要在自己的家中，那么她的助听器参数设置与那些生活在城市里，经常参加会议、聚会、跳舞的老年人肯定是不一样。所以，在做随访时，一定要询问助听器佩戴者的生活环境，使用最多的环境，这样就能有目的地进行参数调节，同样情况适用于一般成年人和儿童，要因地制宜。

二、独立制订随访计划

(一) 确定随访时间

要根据不同助听器佩戴者的年龄、需求、期望值、受教育程度、交通方便与否等因素，综合确定佩戴者的随访时间。

(二) 选择合适的随访方法

根据自身和佩戴者的身体情况、时间情况、经济情况、交通情况等因素，可以从到验配机构、家中、电话回访、问卷调查、流动服务车回访、问卷调查、网络新媒体等方法中，选择合适的方法，进行高质量的回访。

(三) 明确随访的具体内容

随访过程中，尽可能多的收集佩戴者佩戴情况的资料，这就需要预先设计好齐全的随访内容，保证随访信息的完整性，以便根据随访内容发现的问题，制定相应的措施。

(四) 编制随访调查表

无论是哪种随访方式，都要留有详细记录，这就需要一份详实的随访调查表，根据随访的具体内容，再借鉴国际上已经比较成熟的助听器效果问卷调查表，如助听器每日生活使用满意度调查表（SADL）、助听器效果国际性调查问卷（IOI-HA）、患者导向的听觉改善分级（COSI）、老年听力障碍调查表（HHIE）等，能独立制定一份随访调查表。

(五) 及时采取干预措施

随访的目的主要是了解助听器对佩戴者有多大的帮助，是否存在问题，需不需要重新调整助听器的各项性能参数，以保证最好的听力补偿效果，所以对于随访中发现的问题，一定要及时的解决。

三、能正确处理随访中遇到的问题

(一) 佩戴者听力情况的变化

当小儿佩戴者的家长说，最近儿童不愿意戴助听器，或者在与他们交流时总是在反问；当成年佩戴者诉说佩戴助听器后感觉声音太小，听觉不如以前时，首先应该想到的是他们的听力是不是有下降。前已述及，由于各种原因，有一部分听力障碍者的听力不能稳定在一个水平上，因此，一定要反复追踪检查听力，直至连续 3 次检查变化不大时，再对助听器进行彻底调整。在听力波动过程中的助听器调整一定要慎重。

(二) 使用、佩戴助听器和耳模

虽然在验配机构，专业人员会教给佩戴者或家人摘、戴耳模和使用助听器的方法，但部分人对此没有深刻的体会，回到家中不能正确操作的仍占相当比例，特别是那些使用软耳模的佩戴者。由于操作不当，在摘、戴耳模时不但感到麻烦，而且产生不适感甚至痛苦，一部分人会因此而对助听器产生厌烦，有些小儿更是会因此拒戴。随访时一旦发现这类问题要立即进行指导，告诉一些操作技巧，例如在佩戴前在耳模表面涂少量医用凡士林，使其旋转光滑免伤及皮肤，且增强密闭性。

(三) 是否渡过适应期

无论是小儿还是成人，首次使用助听器都要有一个适应过程，我们强调的佩戴原则是声输出先小后大；佩戴时间先短后长；佩戴环境先静后噪；听取声音先简单后复杂；小儿与

成人的适应期一般都是 1~2 个月。对于小儿来说如果拒绝使用,或者虽然允许佩戴,一旦打开电源开关就烦躁或哭闹,说明助听器可能不适合他,需要及时调整。无论年龄大小度过适应期的标志是自己主动要求佩戴,且不愿意摘下。

(四) 助听器高、中、低频补偿是否平衡

助听器验配水平的高低不是看佩戴者能否听到声音,而是各频率补偿是否平衡。感音神经性听力障碍的特点是高频重于低频,而受限于助听器的高频放大能力不如低、中频,同时高频的放大又会带来助听器的啸叫,如何解决这些个矛盾取决于验配师的验配技术和经验。初次验配,为了表现助听效果,低、中频的补偿往往会大于高频,这对语言的听取和学习是不利的,在随访中一旦发现此问题,要及时予以纠正。

(五) 佩戴者是否有了听觉意识,能否自觉的聆听声音

佩戴了助听器,能感受到声音只是“听”的开始,能利用助听器培养自己的听觉意识、养成聆听习惯才是康复听力、学习语言的第一步,由于已经有了“听”的经验,这对于成人来说比较容易,但对于小儿特别是语前聋的小儿来说,这将是一个艰难的过程。要尽快达到目的,除了需要助听器的补偿效果好,还需要科学的康复方法和熟练的训练技巧。如果迟迟达不到聆听的程度,必将影响语言的学习。因此,随访时不但要注意听感觉的水平,更要注意听认知的程度。

(六) 言语识别率得分

目前检验助听器效果的方法有很多,前已述及,实际上最好的检验方法是评估佩戴助听器后的言语识别率得分,避开视觉让佩戴者复述或指出他听到的字、词或句子。测试用的材料要与他们的语言年龄相吻合。随访记录中给出的字词可以替换。言语清晰度调查用的林氏六音测试非常方便,无论是患者还是聋儿家长都易掌握。具体可采用听觉察知法和听觉识别法。

(七) 是否从心理上认同助听器

对于有些大龄儿童和成人,由于害怕暴露生理缺陷,尽管助听器对他们有很大帮助,他们也不接受,或者只是有条件的接受助听器。例如在家里或熟悉的人面前戴,到工作单位或参加社会活动时戴。这虽然是个心理问题,但对于助听器效果的发挥会有严重影响。在随访中一定要对此给予关注。

(八) 学会使用助听器辅助装置

随着数字技术的不断应用,助听器功能也在不断增加,利用“T”挡接听电话和使用电磁感应装置、无线放大系统在我国也越来越普遍。在随访时,了解他们对这些技术的掌握,一方面为更好地发挥助听器的作用,方便他们的生活和学习。另一方面是掌握他们对新技术的兴趣,以便在制订新的康复计划时做出更合理的安排。

(九) 制订新的听力康复计划

随访的重要目的就是了解听力补偿的效果如何,是不是需要更换耳模和重新调整助听器的性能参数。综合考虑各方面情况,制订适合的康复计划。

(陈振声　张 红)

思　考　题

1. 助听器的调节装置主要有哪些?

2. 助听器佩戴的主要步骤?
3. 助听器的日常维护需要注意哪些方面?
4. 耳模的日常维护需要注意哪些方面?
5. 随访的时间和方法怎样确定?
6. 随访的主要内容是什么?
7. 随访计划包括哪几方面的内容?
8. 怎样正确处理随访过程中出现的问题?

第二篇

国家职业资格三级

第一章

听 力 检 测

第一节 言 语 测 听

【相关知识】

一、言语测听的定义

是一种用标准化的言语信号作为声刺激来测试受试者的言语识别能力的测听方法。

二、常用言语测听方法

1. 言语接受/识别阈 言语接受/识别阈(speech reception/recognition threshold, SRT)是当正确重复(听懂)50% 扬扬格词(spondee)所需的最低言语声级。扬扬格词是指每个音节重音相同的双音节词,英文如 baseball、hotdog、greyhound 等。汉语中有蔡宣猷、程锦元、张华、郗昕等编写的双音节词表。建议使用北京市耳鼻咽喉科研究所编辑的普通话言语测听材料(mandarin speech test materials, MSTMs)或解放军总医院"心爱飞扬"系列词表中的双音节词表。

2. 言语识别率测试 在阈上给声强度下,受试者能够正确识别词语的百分率,或称为词语识别得分。词表的用词基本代表了日常生活中言语的样本。这些单词没有冗余度,而且声音要足够响亮才能听得懂。英文的词表最常用是 CID W-22 和 NU-6。汉语的单音节词表有 20 世纪 50~60 年代张家騄主编的 KXY 系列,程锦元、蔡宣猷各自主编的词表以及 2000 年之后张华主编的汉语最低听觉功能测试(MACC)中的单音节词表。建议使用北京市耳鼻咽喉科研究所编辑的普通话言语测听材料(mandarin speech test materials, MSTMs)或解放军总医院"心爱飞扬"系列词表中的单音节词表 。

3. 言语觉察阈 言语觉察阈(speech detection/awareness threshold, SDT 或 SAT)是指受试者能察觉(但听不懂词义)50% 的言语信号所需要的最低言语声级。SDT 比 SRT 低 8~10 db,正常人为 20 db SPL。

4. 最适响度级 最适响度级(most comfortable level, MCL),正常人约为 65 db SPL。在此范围内听声我们会感到最舒适并不费力。应该注意的是,MCL 和听阈之间的差值在

不同的频率是不一样的。对于听力正常人而言，在 250 Hz，MCL 为阈上 39.5 db SPL，在 1000 Hz 为阈上 58 db SPL，在 4000 Hz 为阈上 55.5 db SPL。低频达到舒适阈所需要的声音强度比 1000 Hz 以上的频率需要的要少。

5. 不适阈 听力范围的上限是不适阈（uncomfortable level, UCL），常人为 130 db SPL 或 110 db HL 左右。声音的强度超过此值就会引起不适，再高就会引起疼痛。可用听力的范围，即 SRT 到 UCL，被称之为动态范围（dynamic range，DR），或舒适响度范围（range of comfortable loudness）。不适阈减去接受阈即为动态范围：DR=UCL-SRT。任何声音的频率和强度在此范围内，我们都会容易听到。在此范围之外，我们就听不到或不能忍受。

6. 噪声中言语辨别测试 感音神经性听力损失临床表现的重要特征之一就是在噪声中言语辨别能力差，使用助听器以后问题可能更加突出，这也是多年来助听器研发的重要课题。在助听器的体积、失真等需求接近完美的今日，各种新产品问世常常把改善噪声中辨别言语的能力作为第一目标。对一些辨别较差、以往在这方面抱怨较多的患者进行噪声中言语测试（speech perception in noise, SPIN）或快速噪声中言语测试（quick speech in noise，Quick SIN），无论在选配前预估助听器效果，还是比较各助听器的差异，都会有很大帮助。

三、言语测听结果临床分型

P-I 曲线（performance-intensity fuction，言语识别 - 强度函数曲线）的走势也有一定的鉴别诊断价值。如图 2-1-1 所示，听力正常人的言语识别率随声强增加而表现出较为强健的增长，P-I 曲线的斜率较陡直；单纯传导性听力损失患者，由于只是语音能量受到外耳中耳病变的影响有所衰减，内耳的频率与时间分析机制并未受损，一旦言语声强提高到听阈之上，其 P-I 曲线的斜率也会如正常听力者一样强健，呈现出“平移型”的 P-I 曲线；轻度、中度感音性听力损失患者，其言语识别率也会随着声强增加而逐渐提升并有可能接近 100%，但其增长趋势则要平缓许多，P-I 曲线被称为“平缓型”；而重度、极重度感音性听力损失患者，即使言语声强提高到患者的不舒适级，其言语识别率仍不会达到日常实用水平，多徘徊在 50% 以下，表现为“低矮型”P-I 曲线；一部分存在蜗后病变、听处理障碍等听觉信息加工缺陷的患者，但言语声强渐次增加的过程中，其言语识别率可能会在达到某一高点后出现回跌，呈现“回跌型”P-I 曲线。

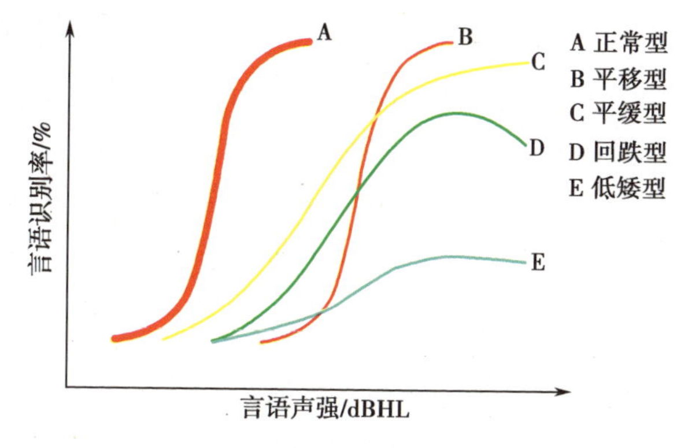

图 2-1-1 P-I 曲线

四、测试信号

言语测试可以采用监测嗓音（monitored live voice）发音，或使用录音磁带 /CD 盘，通过耳机 / 扬声器传递给受试者。

1. 口声信号 监测嗓音是指测试者自己直接通过听力计的麦克风将测试词汇念给

患者听，通过听力计的 UV 表监测自己的嗓音声级，使指针在“0”附近摆动。受试者通过耳机听到测试者的发音，并按要求回答。通过听力计衰减器控制输出声级，以 dB HL 为单位。口声测试需要两个声学隔开的房间（即测试者和受试者不在同一个房间），否则受试者会听到测试者的“原音原味（live）”，使得结果不可靠。口声测试的缺点是大多数测试者未接受过正规的播音训练，不能保证每个词的发音方式和强度一致，而且地方方言和口音均影响结果。但口声测试简便易行，尤其是对注意力不易集中的儿童尤为方便。

2. 录音信号　录音材料测试（recorded voice testing）是使用录音磁带或 CD 将录制好的语音传递给受试者。听力计的听力级衰减器控制词汇的音量，而 UV 表显示放音的声级限度（strength）。在磁带和 CD 的开始，都有一个 1000 Hz 的校准纯音信号。在每次测试前应把这个测试纯音设置到 UV 表的零点。测试者带上监听耳机，可以听到测试音的发音和受试者的回答。用录音材料测试仅需要一个房间就够了。词汇的输出声级、音质和清晰度（enunciation）都比较稳定，不同的测试者均可以重复使用。

尽管口声测试可针对老年受试者反应慢的特点，保证患者都能集中精力去听每一测试词句，但采用录音材料时使用“暂停键（pause）”也可达到此目的。测试者也可以自己录音测试（recorded voice presentation）。

可以先给患者和家人一段简明的测听文字说明，帮助其在测试前了解测试内容和方法，以便配合测试。

【能力要求】

言语测听操作

在助听器选配中，常规使用的言语测听项目有：言语接受阈（SRT）、最适响度（MCL）、不适阈（UCL）、动态范围（DR）、言语辨别得分。SRT 和言语辨别测试是让受试者聆听一系列的词汇并让其重复，记录下阈值或正确重复词汇的数量。MCL 和 UCL 测试则使用连续言语为材料，也可以使用不同信号测试每个频率的 UCL。测试 MCL 和 UCL 以后，计算出动态范围。

1. 言语接受／识别阈测试

【目的】测试受试者听到并理解言语的最低声级。

【测试要求的讲解（instructions）】“您将听到一个人给您念一些词，如‘睡觉’、‘足球’。请您每听到一个词就重复一遍。我会把音量逐渐调低，直到您听不懂为止。我们希望了解您能听懂多轻的讲话声。听不懂就大胆猜。明白了吗？”

大多数受试者都不重复测试内容前的负载句（carrier phrase）“请跟着说（say the word）”。若受试者连续两次重复提示句，可以暂停测试，告诉受试者仅需重复提示句后面的词就可以了。但大多数中文测试材料中无提示句。

SRT 等于 PTA，上下浮动 5 dB 左右。正常值为 0~20 dB HL。记录受试者的阈值，以 dB HL 为单位。

【方法】先测试好耳，让受试者熟悉测试方法。以受试者听到并听懂的声级开始（一般从 PTA 阈上 15~20 dB 开始较便捷），然后每次下降 10 dB，直到找出受试者仅能正确重

复 50% 的扬扬格词的声级为止。

【掩蔽】只要 PTA 需要掩蔽，测试差耳 SRT 时也要予以掩蔽(若 SRT 和 PTA 一致性不好，就予以掩蔽)。不能使用窄带噪声作为言语测听的掩蔽，而应选用言语噪声或白噪声。有效掩蔽是好耳的 SRT(或 PTA)加上听力计所需的阻塞效应(cushion)一般为 6~9 db，个别患者需要 20 db 。

告诉受试者您正在使用掩蔽噪声："我让您的好耳朵听一种噪音，同时测试您另一耳的听力，目的是让好耳朵听不到差耳朵的声音。不要管噪声，只听这边的词并跟着重复"。若患者一侧全聋(dead ear)对测试词毫无反应，可用"不能测试(could not test, CNT)"或"无反应(did not respond, DNR)"等方式记录。

2. 言语辨别率测试 将输出声级调整到 MCL 水平，或阈上 30~40 db。对助听器选配最有帮助的是测试 MCL 时患者的辨别得分，因为我们希望患者在 MCL 情况下使用助听器。可以使用 CD 唱盘或磁带放音，也可以由测试者自己发音测试。在日常助听器选配中，我们建议测试 25~50 个单词。选配前的无助听测试可以用耳机或声场测试，选配后的有助听测试一般均在声场内进行。

【测试要求的讲解】"您将听到一些单词，请您重复说出每一个单词。如果感到困难，可以猜着说。如果您觉着音量不舒服，请告诉我是大声点或是小声点。明白了吗？"当患者要求调整音量时，应在新的音量条件下重新开始测试记分。

【记分】使用 50 字词表时，每词 2% 的得分，使用 25 字词表时，每词 4% 的得分。只要回答的与播放的词不一样，就算错误。但口音不能算错。

【掩蔽】只要气导听阈需要掩蔽，辨别测试就应掩蔽，掩蔽级为 MCL。

【双耳测试】患者有时两耳的听力图或其他测试结果类似，但辨别率可能差别很大。在测试了每一侧的得分以后，应该将音量调整到双耳各自的 MCL 声级，进行双耳耳机同时听音测试。若双耳得分反而较单耳下降，则患者往往很难适应佩戴双耳助听器，可能需要选择辨别率好的一侧使用助听器。根据笔者经验，若双耳得分提高，往往效果良好，同时在选配前可以向患者或家属展示为什么要选配两个助听器。即便是两耳的得分一样，双耳同时听音得分也可能改善。因此，言语辨别测试是选配哪一侧、是否选配双耳的重要标准。同时再次提醒大家，好的听力图或 SRT 值并不代表言语识别的得分就一定高。

3. 言语觉察阈测试 为受试者感知到言语声存在 50%概率时所需的强度，又称(speech awareness threshold, SAT)测试。

【目的】测试受试者能正确感知到言语声存在的最低声级。

【测试要求的讲解(instructions)】"您将听到一个人给您念一些词，如'睡觉'、'足球'。请您每听到一个词就举手(或按反应键)。我会把音量逐渐调低，直到您听不到为止。我们希望了解您能听到多轻的讲话声。

【方法】同纯音测听法。先测试好耳，让受试者熟悉测试方法。以受试者能听到的声级开始，若有反应，即降低 10 db，若无反应，即增加 5 db。直至患者在同一强度下，3 次有两次反应即可。

【掩蔽】同纯音测听掩蔽法。

4. 最适响度级测试 测试 MCL 的材料一般称之为冷言语(cold running speech)，

即含有语言信息而无感情色彩的句子，用恒定的声级录制。冷言语具有较多的冗余(redundancy)信息。受试者听到并听懂了测试句的主题，但未必听清了每一个词汇。句中的一些字可以去掉而不影响句子的意义。由于这种言语材料在SRT以上的任何感觉级的播放都可能是舒适的，所以采用较严格的方法以使测得的MCL值比较精确。

【目的】找出受试者听到和听懂言语声的最佳声级。MCL为受试者选配助听器提供了重要的信息。首先，无论何种耳聋，MCL约在动态范围的一半之处。其次，可以计算出达到MCL所需的感觉级(sensation level, SL)，SL=MCL–SRT；感觉级的两倍大致等于动态范围；此感觉级对预测辨别得分很重要；不同的听力损失有不同的感觉级，如传导性听障的SL比感音神经性听障的SL大。

【测试要求的讲解】“现在您将要听到一段话。您不需要重复任何词句。我想知道您多大声听得最舒服。我把音量慢慢开大，请您告诉我您何时听得最舒服。当您需要声音大一些时，您可以用手指向上指；当您需要声音小一些时，您可以用手指向下指。明白了吗？”

【限制选择方法】(forced choice method)先将衰减器的指针指向略高于患者所说的言语舒适级。而当真正安静下来听时，患者会意识到言语声更响或许更舒适。然后每5 db一挡上升，直到患者决定音量应该小一些，再回到上一个声级。

在实际工作中采用监测嗓音测试法，既实用又便捷。方法是：

用耳机测试受试者。以SRT加40 db HL为开始测试音量，除非此值超过UCL。然后上下转动输出衰减器，幅度为5 db HL。通过麦克风告诉受试者“我将说一些地名，每次说两个，请您告诉我哪一个听起来更舒服”。如患者的SRT或PTA为35 db HL，加上40 db等于75 db HL。通过耳机发音：

“北京(70 dB HL) - 上海(75 dB HL)”　　“上海”听起来更舒服
“上海(75 dB HL) - 广东(80 dB HL)”　　“广东”听起来更舒服
“广东(80 dB HL) - 西安(85 dB HL)”　　“广东”听起来更舒服
“海南(80 dB HL) - 大连(75 dB HL)”　　“海南”听起来更舒服

那么这个患者的MCL应为80 dB HL(或100dB SPL)。若测试者不能很好地控制自己的发音(使听力计的UV表指针在零附近摆动)，可以用“电台一”、“电台二”等比较类似的词汇。

【掩蔽】只要纯音气导测试需要掩蔽，MCL测试也要掩蔽。有效的掩蔽使好耳的MCL加上阻塞效应，或者应用70 dB SPL，选其中较小值。鉴于正常谈话的声级为65 dB SPL，此掩蔽声级涵盖了正常交谈言语。

5. 不适阈测试　不适阈不是痛阈，而是言语声变得太响而不舒服时的声压级。对于正常人来说，痛阈(threshold of pain)为130~140 db SPL或110~120 db HL。

【目的】找出动态范围的上限，不允许助听器输出超过此限，患者也不能接受超过此值。

【测试要求】由于我们不是让病人在MCL以上5 db就说“声音太响了”，所以测前解释工作至关重要。“我现在想知道听多大的声音，您就开始感到不舒服，而不是太响一点点。您将听到电话铃声或汽笛声，请不要等到耳朵疼了才告诉我。只要感到不舒服时，请

举手告诉我停下来。”

牢记：测试完毕 UCL 以后，立即将音量钮调回最低强度！

【掩蔽】只要气导听阈需要掩蔽，就用测试 MCL 时的掩蔽级掩蔽 UCL 测试。在助听器选配的最后阶段和校正时一定要测 UCL。

【将言语声级转换成 SPL】SRT、MCL 和 UCL 值加上 20 db 就成为 SPL 值（ANSI 标准）。双耳 MCL 通常比单耳 MCL 低 5 db。由于双耳整合作用（loundness summation），双耳的 SRT 值，双耳 UCL 值也会变低，或变得更舒适。

MCL 和 UCL 在选配助听器（尤其是定制机）尤为重要。MCL 决定了增益（gain）的大小，许多工程师采用算法：gain=MCL–40 db HL + 10 db。而 UCL 是设计最大输出的主要参考值。动态范围 UCL 和 SRT 的差值小于 30 db 必须使用压缩线路。

6. 噪声中言语辨别测试

【目的】检测受试者在噪声背景下辨别言语的能力，观察其应用言语中语言学信息内容（如根据上下文判别词汇）的能力，以及记忆功能和认识（知）（cognitive）能力；对助听装置抗干扰能力作初步评价、对比，评估在噪声环境下患者是否能从助听装置中受益。

【测试方法】

(1) 共选用了 4 组 40 个短句，句长为 7 个或 8 个单音节词。

(2) 采用声道录音法，其噪声选用国际通用的语频噪声（babble）。言语句子录在左声道，噪声录在右声道。

(3) 测试时一般采用单一扬声器或耳机放音，把双声道的音响用同一侧（受试耳）的扬声器输出。调节听力计输出强度，选择不同的左 / 右声道信噪比进行测试。正常人及聋人一般采用以下四种信噪比（signal/noise，S/N）（即左 / 右声道输出强度之差）进行测试：0 db（S/N=MCL/ MCL）、–5 db（S/ N=MCL/ MCL+5）、–10 db（S/ N=MCL/ MCL+10）、–5 db（S/ N=MCL–5 / MCL）。每种信噪比测试一组 10 个短句。若在第二种信噪比情况下得分趋于零，则不进行 –10 db 信噪比的测试，而改为 +5 db，即 S / N=（MCL+5）/ MCL，或 +10 db，即 S/N=（MCL+10）/ MCL 或 MCL/（MCL–10）测试。无助听及有助听测试时，每组选用相同的信噪比，以兹对比。

(4) 让受试者听全句，按回答正确的关键词数评分。因汉语句子中有不少语气词出现在句末，故不采用英语 SPIN 中只回答最末一个词的方法。这样可以把这项测试看作是噪声环境下理解连续语言（言语）的测试，而不是仅仅增加了噪声的单音节词测试。

（张 华 李玉玲 周 蕊）

第二节 声导抗测试

概 述

声导抗测试可用于评估受试者中耳传声系统、内耳功能、听神经以及脑干听觉通路功能。

临床常用的声导抗测试主要包括三部分：鼓室图、同对侧声镫骨肌反射（简称声反射）和咽鼓管功能测试。鼓室图可主要用于评估受试者外耳道、中耳及咽鼓管功能的相关信息，如外耳道是否耵聍栓塞、鼓膜是否穿孔、咽鼓管功能是否正常等。声反射主要用于评估受试者中耳功能是否正常、听力损失的程度和性质以及声反射弧是否完整等。咽鼓管功能测试可用于评估咽鼓管功能。

【相关知识】

一、声导抗仪的结构

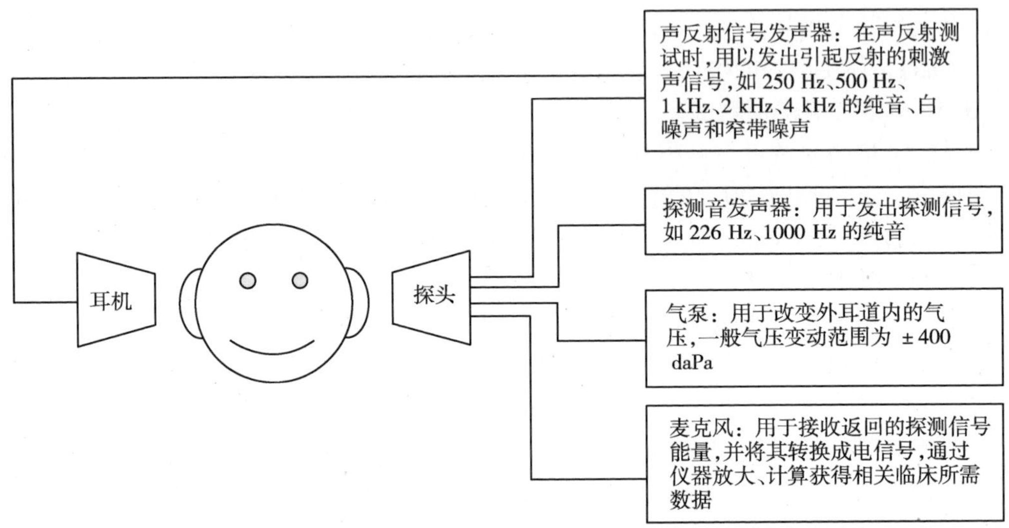

图 2-1-2　声导抗仪的主要组成部分

图 2-1-2 为声导抗测试设备的简单示意图。声导抗测试设备的一端为探头，在探头处会固定一个柔软且有弹性的耳塞，用以保证舒适度和耳道密封性。如图所示，探头内一般有四个管道，分别为同侧声反射信号发声器、探测音发声器、气泵和麦克风。此外，如果测试设备能够进行对侧声反射测试，其还应配备有对侧耳机用以在进行对侧声反射测试时提供刺激声信号。

二、声导抗测试原理

在声学中，声波在介质中传播需要克服介质分子位移所遇到的阻力称为声阻抗(acoustic impedance)，被介质接纳传递的声能叫声导纳(acoustic admittance)，两者合称为声导抗(acoustic immittance)。当声音强度固定时，介质的声阻抗越大，则声导纳越小，即两者呈倒数关系。介质的声导抗取决于它的质量(mass)、劲度(spring)和摩擦(friction)。其中质量主要影响高频声音的传递，劲度主要影响低频声音的传递，而摩擦对所有频率声音的传递均会有影响。对于成人而言，中耳是一个以劲度为主的传声系统，而对于婴幼儿，中耳则是一个以质量为主的传声系统。因此在对成人和婴幼儿进行声导抗测试时，在探测音频率上应有所区别。对于成人，我们应使用低频探测音(如 226 Hz 探测音)，而对于婴幼儿(尤其是 6 个月以内的婴儿)则应使用高频探测音(如 1000 Hz 探测音)并同时使用

低频探测音。

三、鼓室图的含义

鼓室图测试(tympanometry)主要是通过在受试者外耳道内动态测试中耳声导抗值与气压变化之间的关系来了解其中耳功能状况。目前临床中使用的测试设备主要是测试中耳声导纳值与气压变化之间的动态关系,其在不同压力下获得的声导纳值可绘成相应的鼓室图(tympanogram)。

目前临床中最常使用226 Hz作为探测音进行单成分鼓室图测试。对于婴幼儿(尤其是6个月以内的婴儿),由于中耳是一个以质量为主的传声系统,因此目前各相关指南均开始提议使用高频探测音(如1000 Hz探测音)进行单成分鼓室图测试。我们在使用226 Hz作为探测音时,还可以获得以下几项临床中常用的参数,包括:

峰补偿静态声导纳(peak compensated static acoustic admittance, Ytm)即是由从测试平面测得的声导纳峰值减去外耳道内空气的声导纳值(通常使用外耳道压力在+200daPa时测得的声导纳值),如图2-1-3所示,Y_{tm}=a–b。

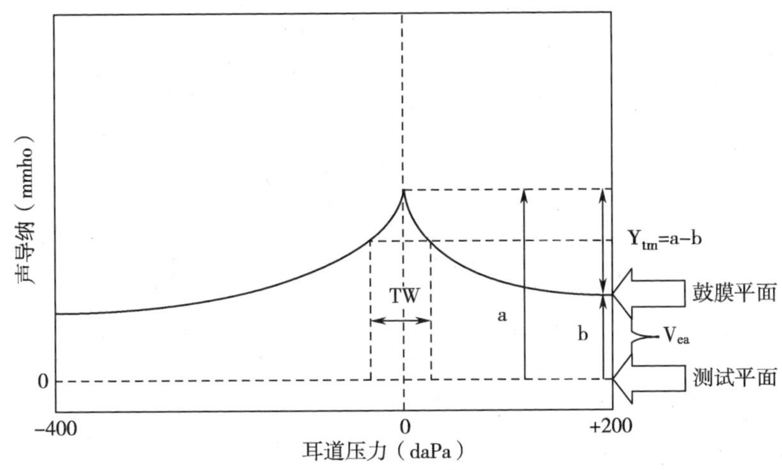

图2-1-3 鼓室图及相关参数

等效外耳道容积(equivalent ear canal volume, Vea):使用“等效”主要是因为它不是外耳道容积的直接测量值,而是由于在海平面水平,如果使用226 Hz作为探测音时,1ml气体的声导纳值为1mmho。因此可以通过外耳道内空气的声导纳值来推算出外耳道容积。目前临床中常使用外耳道压力在+200daPa时测得的声导纳值来进行推算。

峰压值(Tympanogram Peak Pressure, TPP):在单峰鼓室图中,与鼓室图峰值所对应的压力值。

鼓室图宽度(tympanogram width, TW):补偿声导纳值等于峰补偿静态声导纳值一半的两点之间的距离。

目前对于各项参数的正常值范围还没有统一的标准,相关研究众多,表2-1-1显示了其中一项研究的结果,表2-1-2显示为正常中国儿童相关参数的研究结果。

表 2-1-1　18 岁及其以上正常中国人的鼓室图相关参数研究结果

			Y_{tm}(mmho)	TW(daPa)	TPP(daPa)	Vea(ml)
Shahnaz 和 Bork(2008);测试对象年龄范围:18~34 岁	男(27 人)	平均值	0.67	107	5.0	1.32
		标准差	0.29	72	13.80	0.25
		90% 可信区间	0.30~1.20	40~290	-35~5.0	1.0~1.7
	女(26 人)	平均值	0.37	128	-4.04	1.06
		标准差	0.20	70	7.5	0.25
		90% 可信区间	0.20~0.70	70~225	-15~5.0	0.7~1.6
	合计(53 人)	平均值	0.51	118	-4.5	1.18
		标准差	0.29	61	10.9	0.28
		90% 可信区间	0.20~1.10	50~265	-20~5.0	0.7~1.6

表 2-1-2　正常中国儿童鼓室图相关参数的研究结果

	年龄范围	测试人数		Y_{tm}(mmho)	TW(daPa)	TPP(daPa)	Vea(ml)
Bosaghzadeh (2011)	5~7 岁	80	平均值	0.36	120.26	-15.32	0.78
			90% 可信区间	0.20~0.61	75.00~170	-65.50~20.25	0.60~1.00
Wong 等 (2008)	6~15 岁	556	平均值	0.42	118	-9.8	0.98
			90% 可信区间	0.20~0.70	70~205	-95~30	0.60~1.50
			90% 可信区间	0.26~1.13	62~156	-85~10	0.68~1.46

四、鼓室图测试的临床应用

Liden(1969)首先对单成分鼓室图(226 Hz)的分类方法进行了报道。之后 Jerger(1970)、Jerger 等(1972)和 Liden 等(1974)对这一方法进行了修正从而形成了目前通行的分类方法。其中每种类型均与不同的中耳病变有较密切的关系。如图 2-1-4 所示:

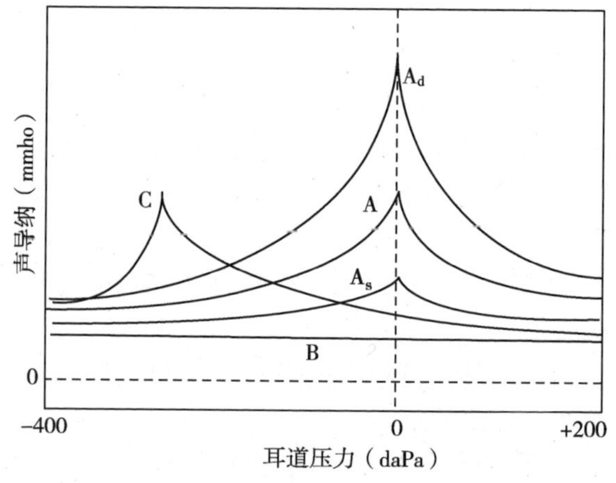

图 2-1-4　单成分鼓室图(226 Hz)的分型

A 型:单峰,钟形,峰压值在 -100daPa 至 +100daPa 范围内,声导纳值在 0.3 至 1.6ml。多见于正常中耳系统。

A_d 型:单峰,钟形,峰压值在 -100daPa 至 +100daPa 范围内,声导纳值大于 1.6ml。多见于听骨链中断、鼓膜病变(如鼓膜愈

合性穿孔、鼓膜钙斑）等。

A_s 型：单峰，钟形，峰压值在 -100daPa 至 +100daPa 范围内，声导纳值小于 0.3ml。多见于中耳积液或听骨链固定等。

B 型：鼓室图较为平坦，无明显峰值。多见于鼓室积液、鼓膜穿孔、耵聍栓塞、探头被堵塞等。

C 型：单峰，钟形，峰压值小于 -100daPa，声导纳值一般正常。多见于中耳负压的情况。

五、声反射的解剖路径和生理机制

声反射（acoustic reflex）是指在高强度声音的刺激作用下中耳肌肉的反射性收缩。当任意一侧耳朵接受高强度声音刺激时，会引起双侧中耳肌肉反射性收缩。

对于为什么存在声反射现象？由于镫骨肌收缩会牵拉镫骨向后运动，使镫骨底板离开前庭窗、中耳传导系统的劲度增加等，从而减少了到达内耳的声音能量，达到保护耳蜗的作用，因此目前认为其是一种保护性的反射。不过，由于声反射有一定的潜伏期，因此对于爆炸声或间歇期极短的脉冲声波等，其对内耳的保护作用尚有争议；而对于持续性低频强声等，其具有一定的保护作用

声反射弧如图 2-1-5 所示，当一侧耳朵接受高强度声音刺激时，各有两条反射弧用于引起同侧和对侧声反射。

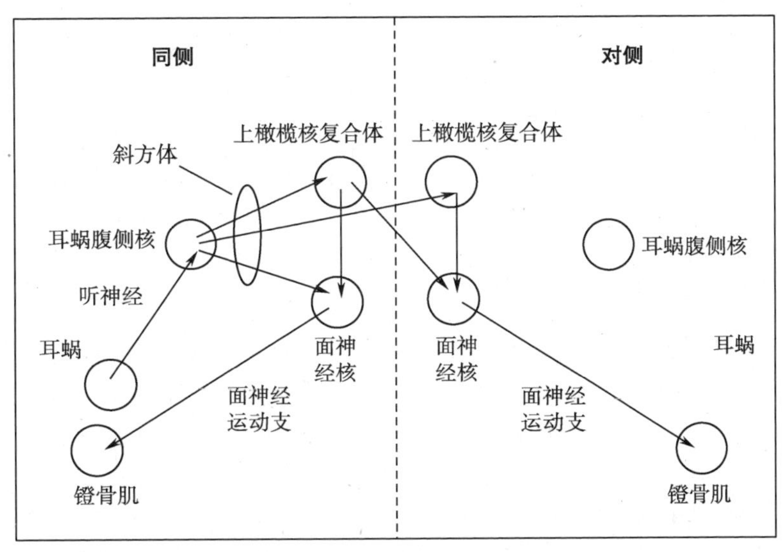

图 2-1-5　同侧和对侧声反射弧示意图

六、声反射测试的内容

在声反射测试时，一般使用 226 Hz 作为探测音。目前临床中较常使用的内容有两种，分别为声反射阈测试和声反射衰减测试。

（一）声反射阈测试

声反射阈（acoustic reflex threshold，ART）是指能够引起声反射的最小声音刺激强度，

一般以 db HL 作为单位表示。也就是说高于此强度的刺激声都可引出声反射，且随着刺激声强度的增加，声反射的幅度也会随之增大。

目前临床上通常使用 0.5k Hz、1 kHz、2 kHz 和 4 kHz 纯音作为刺激声，反射阈的正常值范围为 85 至 100 db SPL，表 2-1-4 显示了当使用纯音作为刺激声时，同侧和对侧声反射阈的正常平均值和标准差。

表 2-1-4　同侧和对侧声反射阈正常平均值和标准差
（纯音作为刺激声，基于 Wiley 等（1987）的研究结果）

	对侧声反射阈（dB HL）		同侧声反射阈（dB HL）	
	平均值	标准差	平均值	标准差
0.5 kHz	84.6	6.3	79.9	5.0
1 kHz	85.9	5.2	82.0	5.2
2 kHz	84.4	5.7	86.2	5.9
4 kHz	89.8	8.9	87.5	3.5

（二）声反射衰减测试

声反射衰减（acoustic reflex decay），也叫适应（adaptation），是指在持续的声音刺激情况下，声反射幅值会出现下降的现象。目前常用的测试方法是使用纯音作为刺激声，将强度设置为获得的声反射阈值上 10 db，持续刺激 10 秒。在这 10 秒刺激时间内，如果声反射幅值降低超过 50%，则认为出现声反射衰减现象。一般使用对侧 0.5 kHz 和 1 kHz 纯音进行声衰减测试。

声反射衰减异常多见于蜗后病变。不过对于声反射衰减异常的判断标准上存在一些争议，目前最谨慎的判断方法是将使用 0.5 kHz 和（或）1 kHz 刺激声刺激时，10 秒内出现了声反射衰减现象视为异常情况。

七、声反射测试的临床应用

在介绍临床应用之前，首先要明确探头所在耳被称为探测耳，接受刺激的一侧耳被称为刺激耳。当进行同侧声反射测试时，探头位于刺激耳内，即刺激耳与探测耳为同一侧耳。而进行对侧声反射测试时，则刺激耳与探测耳不同。由于对侧声反射测试时，刺激耳与探测耳分别位于两侧耳。

（一）传导性听力损失患者

对于单侧传导性听力损失患者而言，当探测耳为患耳时，由于中耳的病理状况可能阻止测试设备对声导抗变化的记录，一般情况下表现为声反射消失。而对于双侧传导性听力损失患者而言，根据前述，则同侧和对侧声反射均消失。

（二）感音性听力损失患者

由于感音性听力患者的病变部位为耳蜗，不存在影响测试设备记录声导抗变化的情况，同时感音性听力损失患者多存重振现象，因此能否引出声反射主要取决于患者的听力损失程度。听力损失在轻度至中度的患者其声反射阈基本不受影响，重度至极重度听力损失患者声反射阈随听力损失而升高直至消失。就目前的声导抗测试设备所能给予的最

大刺激声强度而言，一般情况下极重度感音性听力损失患者较难引出声反射。

（三）神经性听力损失患者

此处的神经性听力损失主要是由于听神经、脑干等组成声反射弧的部位存在病变所引起。对于此类听力损失患者，当病变部位为一侧时，则其患侧的同侧声反射和对侧声反射均消失。

（四）面神经病变患者

由于声反射弧中包括面神经核及其支配的面神经镫骨肌支，因此当在该部位出现病变时，患侧同/对侧声反射消失。

声反射的临床价值主要包括：评估中耳功能是否正常，帮助判断听力损失的程度，帮助判断听力损失的部位。特别需要提及的是，声反射是否引出远比声反射阈值大小重要。在各种临床听力学检测方法中，声反射是对中耳功能异常最为敏感的听力学测试，一旦中耳有轻微病变时，最先出现变化的就是声反射消失。

八、咽鼓管功能测试的方法

咽鼓管的主要作用是通过维持中耳通气以保证中耳能够正常工作。咽鼓管功能测试（eustachian tube function test）是在鼓膜完整或穿孔的情况下了解咽鼓管是否具有正常的通气功能。其中，在鼓膜完整情况下进行咽鼓管功能测试主要是为了了解分泌性中耳炎与咽鼓管功能障碍之间的联系。而在鼓膜穿孔情况下进行咽鼓管功能测试则主要是为了预测中耳手术的效果。

目前临床上常用的咽鼓管功能测试方法均来源于鼓室图测试。这些方法的机理是基于鼓室峰压值接近于中耳腔静息压力的假设。首先，在指导受试者前进行一次鼓室图测试作为基准；其次，在指导受试者做完帮助咽鼓管开放的动作（如吞咽）后，再进行一次鼓室图测试。两次鼓室图测试获得的鼓室峰压值的差异被作为评判咽鼓管功能的参数。

【能力要求】

一、测试前准备

（一）检查声导抗测试设备导线的连接、主机运行是否正常、探头是否清洁（切勿堵塞）。预热5~10分钟。

（二）测试设备的校准：生物学校准（正常中耳测试）及耦合腔校准（2cc耦合腔）。

（三）安排受试者坐在固定而舒适的座椅上。

（四）病史询问及电耳镜检查：了解受试者此次就诊的目的以及外耳道是否通畅、鼓膜是否完整、色泽等，从而预估测试结果。

二、正式测试

（一）交代注意事项：告知受试者测试时需要静坐，平稳呼吸，禁止说话、肢体及吞咽动作，婴幼儿可考虑在熟睡状态下进行测试，尽量避免使用镇静药物。

（二）根据电耳镜检查情况，选择合适的耳塞（一般选择比外耳道口直径稍大的耳塞）。

（三）测试顺序为先测试相对较好耳。

（四）耳塞放置：对于成人受试者，将其耳廓向后上方提拉，而对于婴幼儿，则将其耳廓向后下方提拉，这样便于其外耳道处于平直状态，有利于耳塞的放入。同时耳塞应平直放入受试者外耳道内，避免探头碰触外耳道壁。

（五）选择测试项目（鼓室图测试、声反射测试、咽鼓管功能测试）

1. 鼓室图测试　一般选择 226 Hz 探测音（6 个月以内的婴儿最好选用 1000 Hz 探测音），加压速度 200daPa，加压方向为由正压向负压变化。

2. 声反射测试　一般选择 226 Hz 探测音（6 个月以内的婴儿最好选用 1000Hz 探测音），同侧声反射测试一般选择 1 kHz 和 2 kHz 纯音，而对侧声反射测试一般选择 0.5 kHz、1 kHz、2 kHz 和 4 kHz 纯音。刺激声强度一般从 80 db HL 开始。

3. 咽鼓管功能测试　在前面咽鼓管功能测试部分已对目前临床中常使用的一些测试方法和步骤进行了介绍。在实际测试过程中，还需要查看自己所使用的测试设备说明书，这样才能更好的完成咽鼓管功能测试。

4. 测试过程中需要时刻注意耳塞是否脱出、受试者是否出现吞咽等动作。

（李　刚　郑　芸　陈　静）

第三节　视觉强化测听

【相关知识】

视觉强化测听的概念和原理

视觉强化测听（visual reinforcement audiometry，VRA）是通过对听障儿童建立声与光的定向条件反射，即当给测试声音时，及时以声光玩具作为奖励，使其配合完成听力测试的一种测听方法。临床常用于 7 个月 ~2.5 岁年龄范围的小儿听力测试。

VRA 是将听觉信号与光、声和动物玩具结合起来。测试者的热情鼓励和玩具奖励可以激励孩子很好地完成测试。常用耳机或声场（扬声器）来进行测试。需要特别指出的是，声场条件下测得的结果只代表较好耳的听觉阈值。对于早产儿必须待其运动和认知能力达到正常小儿 6 个月以上，再进行 VRA 测试更为合理。由于幼儿期的行为测听受到孩子的清醒状态、活动能力及注意力是否集中等因素的影响，所以，有时初次 VRA 的测试结果比实际阈值偏高，当孩子的各方面状态都比较好时，阈值会更准确。对于极重度聋的孩子，多次测试前的训练是十分必要的。为了减少人为因素的干扰，小儿行为测试必须由两位受过专业训练的专业人员进行。只有掌握正确的测试方法，才能得到准确的结果。

【能力要求】

一、工作准备

（一）测听室条件和设备

1. 测试室　要有符合听力测试要求的声场。房间内朴素明快，墙壁上无吸引孩子注意力的图画，四周无多余的玩具和仪器设备。灯光强度要低，光线要略为暗些，使孩子更

容易看清灯箱中闪亮的奖励玩具。孩子使用的桌椅上衬垫一层绒布,防止孩子活动时碰击出噪声。房间的温度要适宜,让家长和小儿感觉舒适。

2. 设备　纯音听力计、扬声器、配有活动闪亮奖励玩具的灯箱、脚踏板。

(二) 测试人员和小儿位置

1. 测试者　负责给出刺激声和显示奖励玩具,观察小儿对声音的反应。记录测试结果。

2. 诱导观察者　负责观察和吸引小儿的注意力,让小儿保持安静。使孩子在每次正确反应结束后不再追寻奖励玩具。帮助给声者分析孩子对声刺激反应的情况。在有些测听室,为诱导观察者也配有脚踏开关,向测试者提示最佳给声时机,并可建议孩子某一反应是否真实可靠。

3. 受试儿和父母的处理　测试时让孩子坐在声场校准点的椅子内。扬声器位置应与孩子的视线呈 90°夹角,(助听听阈时测试多使用 45°夹角)。奖励强化玩具(木偶)应当在扬声器附近,通常在扬声器之上,使其仅在灯亮时才可看见。父母的座位安排应在远离扬声器的地方,一般坐在孩子的背后或侧后方。防止测试者把孩子寻找父母的转头误认为对刺激声的反应信号(图 2-1-6)。

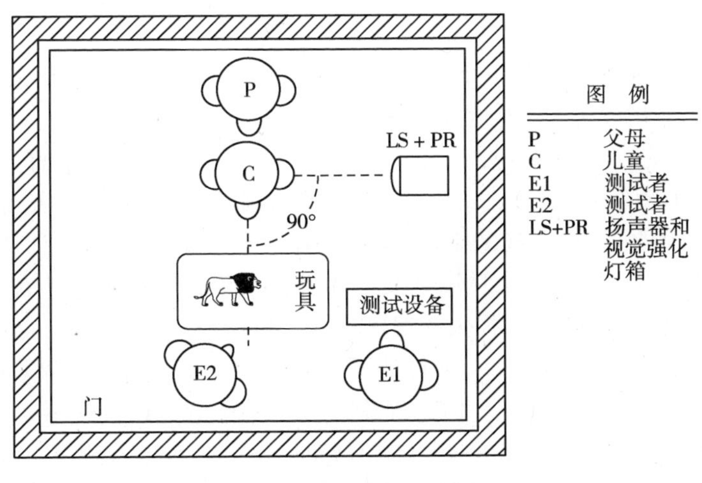

图 2-1-6　90°夹角声场示意图

二、工作程序

(一) 询问病史并解释测试要求

测试人员可根据小儿的年龄重点询问小儿对声音的反应,以帮助确定初始给声强度。如可询问当孩子刚刚入睡(浅睡眠时),对周围环境的噪声是否有反应;当叫孩子名字时,是否能转向发声者;对其他声音如汽车通过的声音、电话铃声、动物的叫声是否感兴趣;是否能听到雷声、鞭炮声以及用力关门声等大声音。通过询问和观察小儿生长发育情况确定选择合适的游戏。

测听人员需向家长解释测试方法,并嘱咐其配合测试,安排被试者坐于参考测试点位置。当测试音或视觉强化物出现时,家长避免暗示听障儿童。

（二）条件化建立的过程

开始进行条件化建立的过程时，首先确定孩子能听到所给的刺激声，此步骤非常重要，而条件化建立的成功与否将直接影响到正式测试结果的准确性。

测试者给出刺激声，刺激声一般为啭音，强度为估计阈上 15~20 db。观察孩子出现的任何行为反应。如孩子出现转头、微笑以及表明孩子听到声音的任何反应。当捕捉到这种信息时，迅速显示灯箱的奖励玩具，此时诱导观察者应当引导孩子去看闪亮的玩具，并微笑晃动玩具，给予口头的称赞，让孩子感到游戏有趣。训练进行 2~3 次，直到条件化完全建立。或者开始条件化时，所给的刺激声强度肯定为小儿的阈上 15~20 db 声音，测试者可同时给予刺激声和奖励玩具的配对给出，直到孩子表现出仅给刺激声做出自愿转头寻找奖励玩具的反应。训练进行 2~3 次后，如果听性反应肯定，迅速跟随奖励木偶。

对于重度或极重度聋孩子的条件化建立往往比较困难，因为即使孩子戴上耳机，听力设备可能给出的最大声输出的声音强度，也不能很好的引起孩子的注意，因此在测试中可以采用听觉 - 振触觉 - 视觉强化的训练方法，或者利用助听器进行多次测试前训练。

（三）正式测试

当孩子条件化建立可靠后，即小儿学会听声转头看灯箱的反应方式。通常采用的测听方式为纯音测听法，采用“降 10 升 5 法”确定某频率的反应阈值(详见第二章第二节“纯音测听”)。

受试儿童不能像成人有较长时间集中注意力，测试时必须提高效率，让有效的听觉信息优先得到，这在小儿行为测听中是非常重要的。

小儿行为测听的目的是得到受试儿童听力能力的一般印象。若孩子状况良好并时间允许，可以采用“填图游戏”的方法完成所有频率的测试。因此，在小儿游戏测听常采用的顺序为：最佳初始频率先从 1000 Hz 和 4000 Hz 两个频率开始。得到这两个频率阈值后，即使孩子对测试失去兴趣，此时你对孩子的听力是否为感音神经性聋有一基本印象。因为大多数感音神经性聋的听力损失曲线图是从 1 kHz 斜降至 4 kHz。当然，为了获得更多的信息，可继续测试其他的频率。或许测试者也会考虑是否得到一侧耳的全部信息后，再去评估另外一侧耳的听力状况。但是当受试孩子的注意力时间过短，或孩子比较难测试。用这样测试过程，你仅能获得一侧耳的信息时，就可能意味着测试过程的结束。采用同一个频率去测试每一侧耳，然后再转换到另外一个倍频程的频率，这种测试方法可能更为实用。一般游戏测听常采用的测试频率顺序为 1 kHz ——相对好耳；1 kHz ——对侧耳；4 kHz——相对好耳；4 kHz——对侧耳，然后再测试其他频率。

三、注意事项

（一）判断小儿能力是否适合视觉强化测听

首先必须了解受试儿的能力是否可完成 VRA 测试。受试儿应当能够在很少的支撑下独立坐稳。可以控制自己头部、颈部的活动，头部可以很容易转向声源处的奖励玩具，并可看见奖励玩具。对孩子身体活动能力的了解可在测试者与孩子父母谈话和采集病史时由诱导观察者完成。

（二）正确选择测试所使用的玩具

测试时所使用的玩具包括奖励玩具和用于分散听障儿童注意力的玩具。奖励玩具

的选择通常在购买设备时厂家会给出多种选择，考虑到听障儿童不同喜好，可备有动物、卡通人物、模型等不同种类，便于定期更换；或同时摆放几个奖励玩具，每次给出不同的玩具，以提高听障儿童的兴趣。

用于分散小儿注意力的玩具应当灵活、柔软，又有多种变化。玩具不能太复杂，避免孩子注意力过于集中在玩具上，忽略对刺激声做出反应。玩具也不能过于乏味，使孩子失去兴趣。测试室内使用的玩具应当与待诊室内的玩具以及正式测试前使用的玩具不同。防止测试一开始孩子对吸引他的玩具失去兴趣。

（三）测试人员之间的配合

诱导观察者时时处处都要十分谨慎，避免出现各种对孩子反应的暗示。当刺激声出现时，避免动作停止、眼神漂移、表情变换等暗示信号。变换玩具玩的方式上，不要出现暗示动作。和孩子谈话不要过多，以免影响给声者的工作。与测试者判断孩子反应的真实性。注意观察和提示父母避免各种暗示信号的出现，如面部表情的变化、身体的移动等。

（四）注意受试孩子的假阳性反应

一旦出现需要重新条件化，此时可以放慢测试速度停顿片刻，然后重新给予已引出明确反应的刺激频率和强度，重复 1~2 次反应结果，确保条件化仍可建立。

（五）让受试儿童安静的方法

诱导观察者必须能控制孩子的注意力，控制与孩子玩耍的程度。防止孩子不停地环视房间或追寻奖励玩具或完全注意玩耍的玩具。对于年龄较小的孩子，诱导观察者手持玩具仅让孩子看，来分散孩子的注意力，防止孩子注意力过度集中于玩具；对于年龄较大的孩子，应当让他自己摆弄玩具，但是一次只能拥有一件玩具，时间也不要过长。一般来说应避免小儿接触玩具。在更换玩具之前，其他玩具一定不要在他视线范围内出现。当孩子过于集中玩耍玩具时，刺激声出现后经常不去转头。此时应当把玩具更换成兴趣较低的玩具，必要时可把所有玩具都撤回，或拉大玩具与小儿之间的距离。当孩子总是环视房间时，应当使用更有兴趣玩具吸引他。当孩子表现出坐立不安时，这意味着应当改换玩具或游戏方式，或孩子身体出现其他不舒服感觉，如燥热、需要大小便等。

（刘 莎）

思 考 题

1. 言语识别阈的定义及常用测试方法？
2. 言语识别率的定义及常用测试方法？
3. MCL、UCL 及 DR 的定义及意义？
4. P-I 曲线的分型及意义？
5. 声导抗测试在判断患者是否适合验配助听器中的价值是什么？常规的声导抗测试应包括哪些部分？
6. Jerger 分型主要用于什么频率探测音的鼓室图分型？各种类型按照临床价值由大到小的顺序是什么？是否仅通过鼓室图类型就能够很好的判断中耳情况？
7. B 型鼓室图中为什么要关注等效外耳道容积的大小？

8. 声反射（包括同侧和对侧）引出和未引出的临床意义是什么？
9. 简述视觉强化测听的概念及适用年龄。
10. 举例说明视觉强化测听中如何建立条件化反射？
11. 视觉强化测听的注意事项有哪些？

第二章

印 模 取 样

第一节　耳廓异常印模取样

一、异常耳廓的形态结构

1. 耳廓畸形　耳廓畸形有先天性也有后天性的，其中先天性原因引起的往往不单纯是耳廓的畸形，还伴有外耳道、中耳及其他结构的异常。后天因素如耳廓外伤、感染等也可造成严重耳廓畸形，有的可以并发外耳道狭窄或闭锁，但一般不伴有中耳畸形。耳廓畸形的种类繁多，主要包括以下几种。

(1) 无耳：这种畸形相对少见，表现为一侧或双侧没有耳廓，常伴有外耳道和中耳的畸形。

(2) 小耳：耳廓发育异常，一般可分为三级。一级，耳廓较正常耳小，形状无明显畸形，可伴有外耳道狭窄和中耳畸形；二级，耳廓无正常形态，可见条索状皮赘，其下有软骨，常伴外耳道完全闭锁和中耳畸形，这种情形比较多见；三级，耳廓残缺不全，呈不规则突起，除伴有外耳道和中耳畸形外，可有面神经和内耳的异常及颌面部的其他畸形，表现出面瘫、神经性耳聋、下颌发育不良等。

(3) 副耳：副耳或多耳，除存在正常耳廓外，在耳屏前、颊部或上颈部有耳廓样结构或皮赘存在，可伴有颌面部发育的异常。

(4) 巨耳：耳廓过度发育，表现整个耳廓增大，或耳廓某一部分肥大。

(5) 招风耳：招风耳是一种较常见先天性耳畸形，多见于双侧。特点为耳廓略大，上半部扁平，对耳轮发育不全，形态消失；而耳甲过度发育，耳舟与耳甲之间夹角大于150度(正常 90°)。

(6) 杯状耳：称为卷曲耳或垂耳，为较常见的先天性耳畸形，多发生于双侧。特点为耳轮缘紧缩，耳轮及耳廓软骨卷曲和粘连、耳舟、三角窝狭小，严重者整个耳廓上部缩小、下垂，耳舟及对耳轮形态消失，整个耳廓呈管状称为舟状耳(图 2-2-1)。

(7) 隐耳：又称袋状耳是较少见的先天性耳畸形，特点为除耳垂正常外，耳前皮肤与颅侧皮肤连成一片，耳廓软骨结构基本正常但被埋在皮肤内不能正常突出，颅耳沟消失，提起或压迫时可出现正常耳廓外形，放松后又缩回，有时有对耳轮上脚成角畸形和耳轮软骨折叠。

(8) 菜花耳：耳廓烧伤或外伤后、软骨感染破坏，使软骨挛宿增厚变形，卷曲一团，耳廓外形极不规则称为菜花耳(图 2-2-2)。

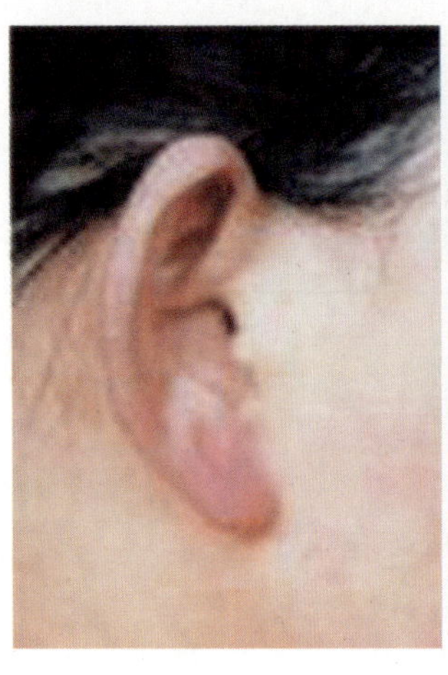
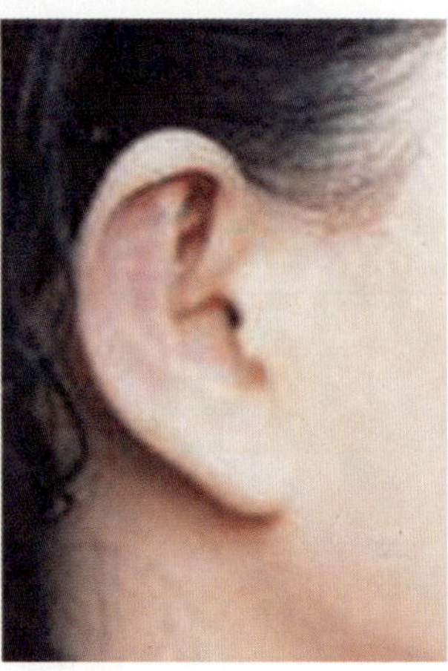

图 2-2-1　杯状耳

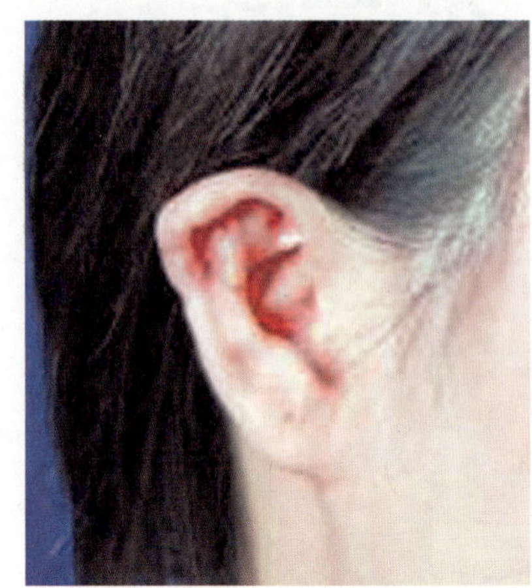

图 2-2-2　菜花耳

2. 耳廓疾病　所有以下耳廓疾病均应首先选择医学治疗，在病情稳定并经主治医师同意后方能考虑助听器验配事项。

(1) 耳廓表面急性炎症

耳廓局部疼痛，表面红肿、糜烂、有渗出或脓液。

(2) 耳廓外伤

耳廓易遭受各种挫伤、切伤、撕裂伤、断离伤及火器伤。处理不当、可发生软骨膜炎、软骨坏死，遗留耳廓畸形。

(3) 耳廓化脓性软骨膜炎

耳廓化脓性软骨膜炎(见图 2-2-3)主要由于耳外伤如撕裂伤、切割伤、冻伤或手术伤及邻近组织感染扩散所致，其致病菌多为绿脓杆菌。本病系耳廓软骨膜和软骨急性化脓性炎症。常因耳廓外伤、虫咬或血肿继发感染所致，也可由外耳道炎症蔓延而来。

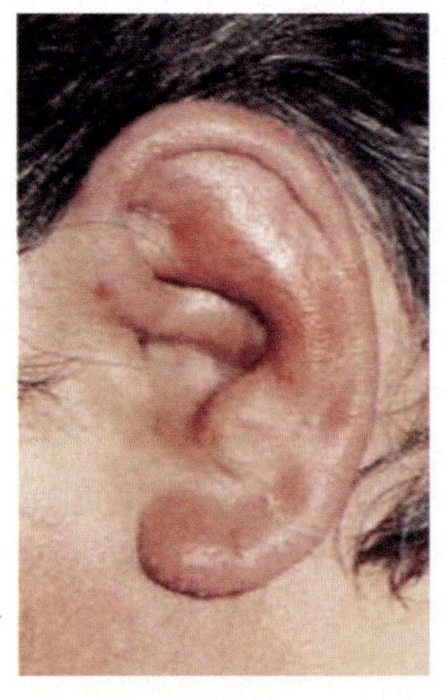

图 2-2-3　耳廓化脓性软骨膜炎

(4) 耳廓假性囊肿

耳廓假性囊肿(习称耳廓浆液性软骨膜炎)是原因未明的耳廓腹侧面局限性囊肿，因其囊壁无上皮层，故称假性囊肿。患者以男性居多，发病年龄一般在 30~40 岁，多发生于一侧耳廓。

(5) 耳廓肿瘤

耳廓表面高低不平，有菜花状或乳头状新生物。色苍白或暗红，恶性者表面有破溃。

二、耳廓异常印模取样

1. 适应证

外耳道正常或轻度狭窄，耳廓畸形但形态大致存在，如招风耳、杯状耳、隐耳、巨耳等可佩戴助听器的听障人士。

2. 取样范围

根据选配助听器的型号和类型，结合畸形的异常结构，来确定耳印模的取样范围。在将印模膏注入外耳道后，依次将膏体注入耳甲腔、耳甲艇、舟状窝等区域，并填满至耳轮外缘，从而填满整个耳廓的前外面，保证印取耳朵的前外结构。

3. 耳印器具和材料

(1) 耳印器具　主要有电耳镜、耳探灯、耳障、注射器等。

电耳镜：带有放大镜，可以仔细观察外耳道内部的情况。

耳探灯：在放置耳障时使用，可以使验配师更好地看清耳道的走向，并在不损伤耳道的情况下，把耳障放置于耳道的深处（见图 2-2-4）。

耳障：又称堵耳器，为穿有丝线的海绵或脱脂棉球。它的大小根据患者的耳道大小选择，合适的耳障可以恰到好处地控制耳印模材料注入耳道的深度和范围，以保护鼓膜。放入耳障前要把丝线的耳障部分打成死结，并检查丝线不易断裂。

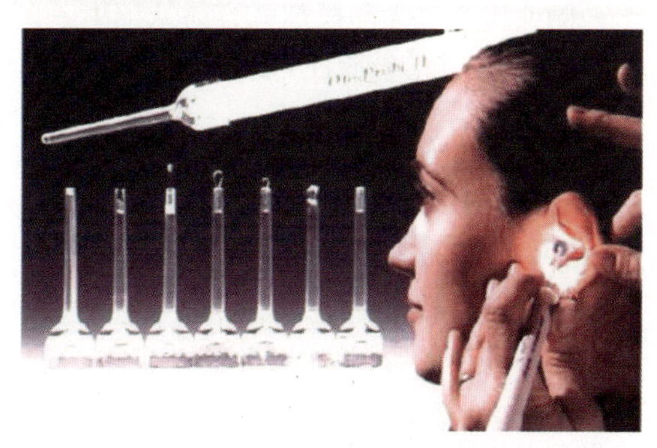

图 2-2-4　使用耳探灯放置耳障

(2) 耳印材料　耳印模材料由两种独立包装的化学材料组成。在使用时，将两种化学材料按一定比例混合，产生一种软性膏体，混合后的膏体具有一定的凝固时间和粘稠度。其按化学成分分类：硅胶类和丙烯酸类。

4. 询问病史

仔细询问患者最近三个月内是否有耳部感染、手术等，若发现耳道有感染、耳内手术未满 3 个月，以及突发性聋等以上现象者，建议暂时不取耳印模，应及时医院治疗，待病情稳定后再取。

5. 坐姿

让患者坐在一个不可旋转的椅子上，并向其解释取耳印模过程，以取得患者的配合。对于年幼、不配合的患者，在取耳印模的过程中需要家长的配合，使其头部在操作者工作时保持不动。

6. 检查外耳道

使用电耳镜或额镜聚焦好光线照在耳廓上，仔细观察耳廓的畸形结构特点。待光线照进耳道，对于成人将耳廓向后上方拉动，儿童应将耳廓向后下方拉动，以便拉直耳道，看清楚鼓膜的情况。

7. 取出耵聍、清洁外耳道

耵聍或异物会影响到耳印模的外形，故应结合耵聍和病人的实际情况，易于取出的耵聍，在确认不会引起患者疼痛及外耳道损伤的前提下，用经消毒的镊子或耵聍钩取出，取出耵聍后再用消毒的棉签蘸取少许医用润滑剂清洁与润滑外耳道及耳廓；若不能保证安全取出，建议转诊至专科医生处理。

8. 润滑外耳道

润滑外耳道是安全制取耳印模的重要环节之一，它可以有效的降低耳印模制取过程中出现的外耳道损伤以及不必要的疼痛。正确的操作方法是用消毒棉签蘸取少许医用润滑剂均匀地涂抹在外耳道壁、耳甲腔等耳印模材料覆盖的部位，或将耳障蘸上少许润滑剂。

9. 放置耳障

将耳障放在耳道口，将耳廓向上、向外和向后拉直，用耳探灯轻轻地将棉球推入耳道，一直推到耳道第二弯。不要用耳探灯直接将棉球笔直地推入耳道，必须上、下、左、右以滚动的方式推到第二弯。切记防止棉障偏小或棉障放置过深，否则注入印模剂时压力稍偏于一侧或压力过大印模剂就容易从棉障一侧边缘向后溢而危及鼓膜，或沿耳道一侧冲过棉障，通过穿孔的鼓膜注入鼓室腔。耳障的丝线放置于外耳道底部，从屏间切边处悬挂在耳下方。

10. 混合耳印模材料并注入

根据患者外耳道大小，取适量的耳印模材料，严格按照耳印模材料说明中所注明的比例混合材料。混合时间越短，混合好的膏体就越软，注射时所需压力越小，所以混合操作要迅速，最好控制在一分钟之内，在混合过程中，同时要注意耳印模材料中的气泡，在混合前应贮备好注射器，并让患者做好准备。将注射器的尖端 0.5cm 放进耳道，注意将其嘴端与耳道留小一点空隙，小心将印模膏挤向棉障，迅速将其耳道完全填满。耳道完全填满后注射器退出到外耳道口，但尖端仍埋在印模膏里并继续以一定的角度注射到耳甲腔、耳甲艇、舟状窝、三角窝等区域，并填满至耳轮外缘。在注射过程中，要注意畸形的异常结构，膏体要填充到畸形的各个部位，最后填满整个耳廓的前外面，保证印取耳朵的前外结构。注射完毕后，不要在外面用力按压，以免出现偏差。

11. 取出材料

通常印模膏会紧贴患者耳朵的皮肤，因此在取出印模之前，需要先将印模轻轻地拉离耳廓使空气进入耳内，让密封的情况松弛一下。用手指抓住印模边缘，将三角窝顶部的区域轻轻地分离开来，然后拉紧耳廓，将印模轻轻提高，前后活动一下印模，轻柔地向上、向前、向外转动，一手向外取耳样，一手同方向向外拉住丝线，使印模的耳道部分顺利出来。

12. 再次检查耳道和耳廓

再次用耳探灯检查耳道，牵拉耳廓(成人向上、向外拉，幼儿向后、向下拉)，使耳道直，仔细观察耳道、鼓膜的情况，观察是否有损伤，确保耳道内无残留物。

13. 检查耳印模　原则上主要注意以下几点：

(1) 表面是否光滑无隆起、凹陷、裂痕或气泡等；

(2) 耳道部分是否超过第二弯曲 3~5mm；

(3) 畸形部位是否填充完整；

(4) 对于耳廓畸形的患者，待耳印模取出后，对照助听器选配的型号与类型，判断耳印模是否满足实际制作的要求。如选择半耳式或耳内式助听器的听力损失较重的患者，其畸形的耳甲腔取出的耳印模，狭小的容积有可能无法满足实际制作的要求，从而需要更换其他类型的助听器。

三、注意事项

1. 无耳或耳廓严重畸形，如小耳二、三级，菜花耳等无法取印模。

2. 隐耳患者印模取样与常人无异，但因无耳后沟，无法佩戴耳背式助听器，所以在印模取样单中必须注明。

3. 耳廓表面急性炎症、耳廓撕裂伤以及化脓性软骨膜炎时禁止印模取样。

4. 耳廓假性囊肿若在耳甲腔、耳甲艇、三角窝等部位，或耳廓良性肿瘤，尽量避免佩戴耳模，若必须佩戴耳模，印模取样单中要注明清楚，在制作耳模时应与病变部位之间有空间，以免摩擦加重病情。

5. 耳廓恶性肿瘤原则上不取印模。

第二节　外耳道异常印模取样

一、异常外耳道的形态结构

1. 外耳道畸形　先天性外耳道畸形多伴有耳廓、中耳及其他结构的异常，而后天因素造成的畸形主要是由于外耳道、中耳及颞骨手术或外伤所致，不同原因所致畸形也各不相同，耳镜下常见的畸形如外耳道狭窄或闭锁、塌陷、扩大、与鼓室连成一体等。

2. 外耳道疾病

(1) 外耳道湿疹：多发生在耳后皱襞处，表现为红斑、渗出，有皲裂及结痂，有时带脂溢性，常两侧对称。中耳炎或耳挖伤引起的湿疹，可有或多或少的脓性分泌物和脓痂。

(2) 外耳道炎：细菌感染所引起的外耳道弥漫性炎症称为外耳道炎。可分为两类：一类为局限性外耳道炎，又称外耳道炎疖；另一类为外耳道皮肤的弥漫性炎症，又称弥漫性外耳道炎。要预防外耳道炎必须注意纠正挖耳习惯，游泳、洗头时污水入耳后应及时拭净，及时清除或取出外耳道耵聍或异物。总之，保持外耳道干燥、避免损伤、最为重要。

(3) 外耳道骨疣：外耳道骨壁的骨质局限性过度增生形成外耳道结节状隆起性骨疣，成年及青壮年多发，男发病多见，且呈双侧及多发性。外耳道外生骨疣(图 2-2-5)是外耳道骨部骨质局限性过度增生形成的结节状隆起，病因可能与局部外伤、炎症及冷水刺激有关。病理检查可见骨疣骨质中含丰富的骨细胞和基质，但无纤维血管窦。

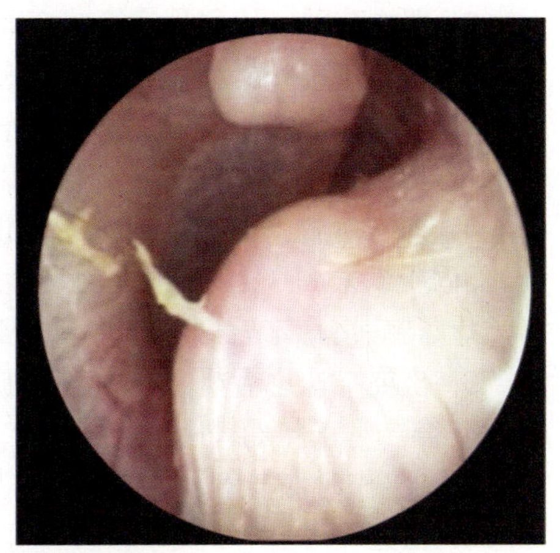

图 2-2-5　外耳道外生骨疣

(4) 耵聍栓塞：耵聍栓塞，是指外耳道内耵聍分泌过多或排出受阻，使耵聍在外耳道内聚集成团，阻塞外耳道。耵聍栓塞形成后，可影响听力或诱发炎症。

(5) 外耳道异物：外耳道异物多见于儿童，因小儿喜将小物体塞入耳内，成人亦可发生，多为挖耳或外伤时遗留小物体或小虫侵入等。异物种类可分为动物性(如昆虫等)、植物性(如谷粒、豆类、小果核等)，及非生物性(石子、铁屑、玻璃珠等)3类。

(6) 外耳道肿瘤：主要分为良性和恶性两类。良性肿瘤可发生于外耳道，阻塞外耳道，妨碍耵聍排出，使听力下降。恶性肿瘤早期表现为皮肤硬结，有痒感，搔抓易引起出血，之后表面糜烂、溃烂或形成菜花样肿物。

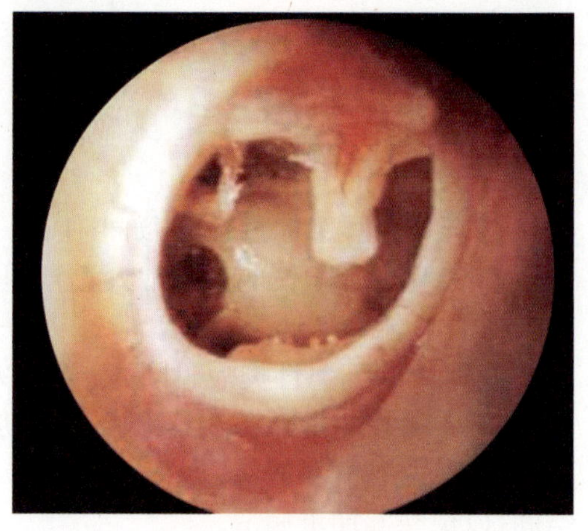

图 2-2-6　鼓膜穿孔

(7) 鼓膜损伤：中耳的外伤、炎症、肿瘤等疾病都可导致鼓膜的穿孔(图 2-2-6)，外伤性鼓膜穿孔多为不规则穿孔，鼓膜表面有血痂，鼓膜色泽多正常，若合并感染时则有充血并有脓液。炎症引起的鼓膜穿孔多为紧张部或松弛部穿孔，鼓室黏膜粉红色或苍白，或鼓室内有肉芽或息肉，严重者有灰白色鳞屑状或豆渣样物质，耳道内有脓液。中耳肿瘤引起的鼓膜穿孔多为中耳腔或骨性外耳道后壁有肉芽或息肉样组织生长，堵塞耳道，易出血。不同的耳科疾病造成的鼓膜穿孔会带来传导性或混合性的听力损失，在制作耳印模时更应正确地放置堵耳器，防止耳印模材料注入鼓室内。

乳突根治术是一种彻底清除中耳乳突内病变组织，并通过切除外耳道后上骨壁，使鼓室、鼓窦、乳突腔和外耳道形成一永久开放空腔的手术。乳突根治术后带来的问题是：中耳腔形成一个与耳道相通的较大的术后残腔；外耳道的自净作用消失，**常常积攒大量的痂皮，而且还经常伴有真菌感染**，难以获得干耳；术后听力下降加重。

二、外耳道异常印模取样

1. 适应证　耳道形状正常或轻度狭窄，耳道及鼓膜无急性炎症感染的可佩戴助听器的听障人士。

2. 取样范围　达到耳道第二弯曲至耳道底延续到整个耳廓前外面。

3. 耳印器具和材料　一般材料和工具与上节一样，耳道狭窄或扩大所需的耳障要根据情况自制。若外耳道扩大与鼓室连成一体或外耳道扩大与鼓室、鼓窦及乳突腔连成一体等特殊情况还需备有无菌棉球，用以填充。

4. 询问病史　仔细询问患者最近三个月内是否有耳部感染、手术等，对于耳道有感染，耳内手术未满3个月，以及突发性聋等患者，不要取耳印模，而应建议患者先去医院及时治疗，待病情稳定后再考虑是否取印模。

5. 坐姿　让患者坐在一个不可旋转的椅子上，并向其解释取耳印模过程，以取得患者的配合。对于年幼、不配合的患者，在取耳印模的过程中需要家长的配合，使其头部能在操作者工作时保持不动。

6. 检查外耳道　对于成人，将耳廓向后上方拉动，儿童，应将耳廓向后下方拉动，仔细检查外耳道，彻底清除外耳道内耵聍和异物，用电耳镜观察外耳道结构，若为耳道骨疣

或外耳道良性肿瘤导致耳道狭窄者，应建议患者先行手术治疗，然后再取印模；若为耳道感染，应建议患者先行抗感染治疗，痊愈后再取印模；若为耳道畸形，应仔细观察其形状和范围。

7. 取出耵聍、清洁外耳道　基本与上节一致。

8. 润滑外耳道　针对有畸形的外耳道患者，特别是内大外小形的耳道，或乳突根治术后等骨性外耳道明显扩大变形的，应仔细清洁外耳道、去除外耳道痂皮等分泌物，用棉签或镊子钳消毒棉球蘸取少许医用润滑剂涂抹于外耳道及与耳印模可能接触的部位，更有利于耳印模的取出，防止耳道损伤引起病人疼痛及不适。

9. 放置棉障　耳道狭窄者，先制作与耳道匹配的棉障，如外耳道扩大与鼓室连成一体或外耳道扩大与鼓室、鼓窦及乳突腔连成一体等常表现为耳道口小腔大者，先用棉球填塞好扩大的鼓室、鼓窦及乳突腔，重塑耳道形态，防止印模成形后嵌顿、断裂而使耳印模取出困难，调试确保取出的印模耳道部分正对准鼓膜。对乳突根治术等中外耳手术后造成的巨大腔体者，用多个棉障放置于术腔，并同时用将绑线放置于耳道口外(图 2-2-7)。

图 2-2-7　巨大腔体的棉障放置

10. 混合耳印模材料并注入　混合两种印模材料并注入耳道。印模注入过程一定要轻柔、缓慢，动作要连贯。切忌推注速度过快，压力过大过猛，否则大量膏体突然注入耳道深部容易造成外耳道内压力骤然增大，损伤外耳道皮肤，致耳印模不易取出，断裂在耳道内。

11. 取出材料　基本同上，待印模确认凝固后，取出印模材料。

12. 检查耳印和耳道　对于耳印模，隆起、凹陷的部分在耳模制作单上应注明是由于耳道狭窄或扩大造成的。对于耳道，检查其是否有残留物、外耳道及鼓膜是否有损伤等。若有发生，必须采取相应的处理。

三、注意事项

1. 取样前详细询问病史，以避免漏诊外耳道疾患。
2. 注意口小腔大的耳道，放置棉障应填充饱满。
3. 注意殊疾病，及时转诊。

（王永华）

思 考 题

1. 耳廓异常取样的注意事项有哪些?
2. 耳廓畸形有哪些种类?
3. 耳廓有哪些疾病(列举三种以上)?

4. 异常耳廓印模取样的适应证有哪些？
5. 外耳道异常耳印模取样的注意事项有哪些？
6. 常见外耳道疾病有哪些？
7. 耳模材料主要有哪几种？

第三章 助听器调试

第一节 助听器方向性调试

【相关知识】

在噪声环境中，助听器通过采用方向性技术提高信噪比来达到提高言语清晰度的目的。

助听器方向性降噪技术依赖于麦克风的设计，通过单一麦克风和多麦克风均可达到降噪的目的。

一、助听器方向性麦克风的原理

采用方向性麦克风技术可以减少相关信号的输入，单麦克风系统和双麦克风系统都可以产生相同的作用，这就是目前的方向性麦克风系统应用的原理。当前助听器方向性麦克风主要是双麦克风系统。

如图 2-3-1 所示的双麦克风系统由两个独立的麦克风组成，分别为前置麦克风和后置麦克风，其中后置麦克风附加有信号延迟电路。声音信号一进入麦克风先转变成电信号，然后才进行处理，之后从这两个麦克风输出的电信号就产生出方向特性。在典型应用上，信号延迟电路一般来说都用在后置麦克风，这样比较容易得到各种不同的极性，同时这种设计的另一个好处是能够方便地在方向性和非方向性（全方向性）之间选择切换，因为只要把延迟电路关掉（延迟为零）就变成全方向性了。目前助听器都使用了双麦克风系统以实现不同的方向特性，以及方向性和非方向性的选择功能。

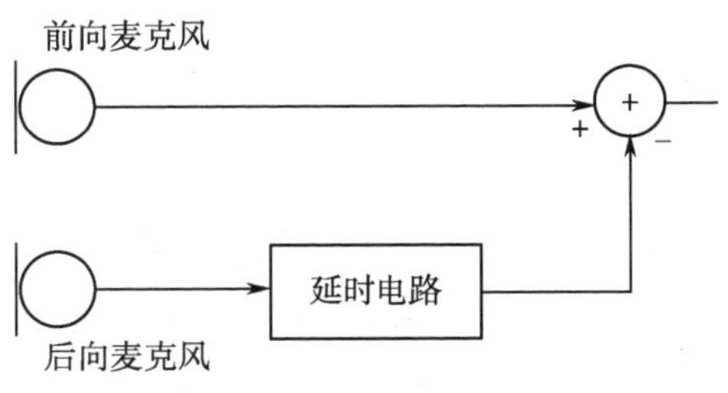

图 2-3-1 双麦克风系统

二、麦克风匹配的概念

双麦克风系统相对比较复杂，为了获得所需的方向性，它们必须在任何时候其灵敏度、相位特性上具有很好的一致性，否则方向特性就会产生偏离。麦克风其灵敏度会因老化而发生变化，高温和湿气也会对麦克风的方向性特性和灵敏度产生不良影响。另外，即便起初麦克风是严格匹配的，经过一段时间的使用，也会发生漂移，导致方向性的损失。

图 2-3-2 为方向性麦克风系统，两个麦克风入口相距 10mm，频率为 250 Hz。图 A 为双麦克风完全匹配时的特性图，图 B 为当两个麦克风振幅相差 0.25 db 时所产生的特性图。

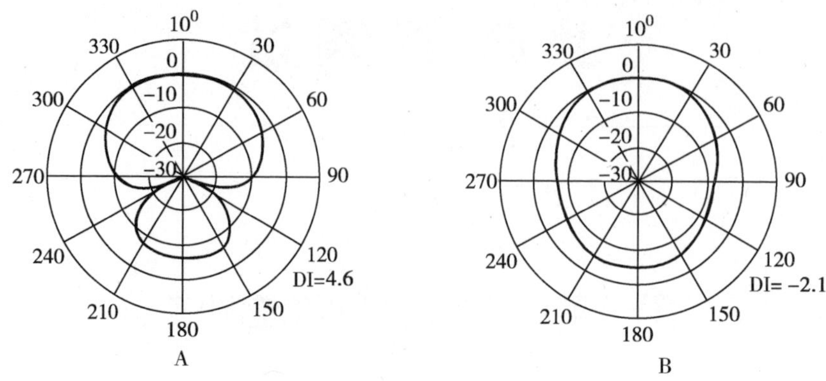

图 2-3-2　麦克风振幅匹配及失匹配特性图

A. 麦克风完全匹配时的特性图　B. 麦克风振幅相差 0.25 dB 的特性图

1. 振幅匹配　在双麦克风系统中，每个麦克风的特性变化率是不同的，这往往会导致整个系统有不同的振幅响应。任何程度的振幅失配都会对方向性产生不良影响，尤其是在低频段。图 2-3-2 说明了振幅失配所产生的影响，图 2-3-2A 为理想的方向性，图 2-3-2B 为两个麦克风在 250 Hz，振幅有 0.25 db 失配时的实际效果。因为振幅不匹配所导致的结果应该是对称的，所以，不管哪个麦克风的灵敏度更低，都会产生对称的方向性。加速老化实验显示（温度为 60℃，湿度为 100%，老化时间为 1 个月）麦克风在大多数的频段中都大概有 0.8 db 的偏移，这充分说明了在低频段是没有什么方向性的。

2. 相位失配　其他类型的麦克风失配通常还有相位失配问题，图 2-3-3 为相位失配（但振幅匹配）的方向特性（250 Hz）。图 2-3-3A 为相位失配 2°的效果（前向麦克风延迟）；图 2-3-3B

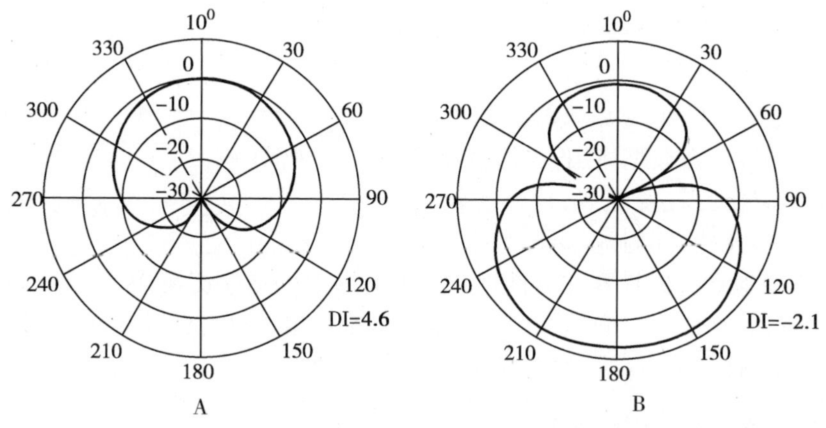

图 2-3-3　麦克风相位失配特性图

A. 相位失配 +2°　B. 相位失配 -2°

为相位失配 –2°的效果（后向麦克风延迟）。图中 2-3-3A 显示前麦克风的相位滞后于后麦克风 2°时尽管还具有方向性，但这时的方向性效果已大为降低（方向性指数低）。图 2-3-3B 后麦克风的相位滞后于前麦克风 2°，方向性指数低则为负，从图中可以看出前方的灵敏度比其他方向的灵敏度差。由此可以很明显地看出相位失配是由两个麦克风不对称造成的。

最新的双麦克风技术可以持续估算和修正双麦克风之间的失配，即使经过了多年的使用，也始终在所有频率保持所需的方向性。另外，新技术允许更小的麦克风进声口间距，而不会牺牲方向性。较小的麦克风间距使得在耳内机和耳道机上使用双麦克风成为可能。

3. 全向型麦克风的概念　图 2-3-4 是全向性麦克风极向图，它的方向性指数为 0，这表明助听器对来自各方向的声音信号均给予放大，即 360°等量放大。譬如在安静的家中或听音乐，要听到更多的声音而不需要方向性功能，这时就可以使用助听器的全方向性功能。传统的模拟技术助听器只能提供全向性（非方向性）的功能，数字处理技术的出现为方向性功能的多种选择成为现实，并在实际应用中提供了极大的方便。

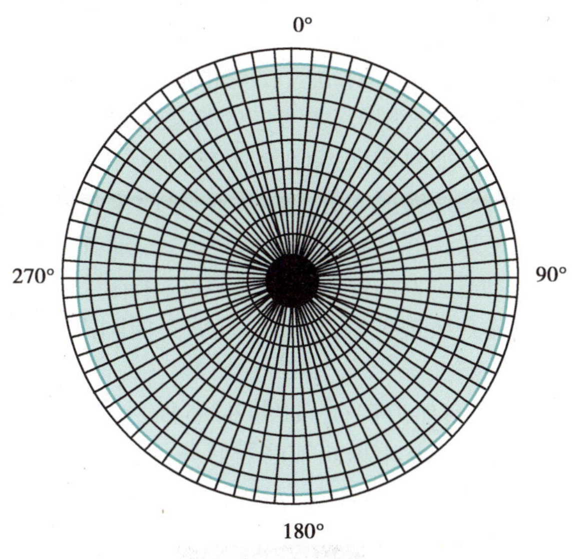

图 2-3-4　全向性麦克风

4. 方向性麦克风的概念　方向性麦克风的方向性模式可分为：固定方向性模式、自适应方向性模式、实境自适应方向性模式和自然方向性。

（1）固定方向性模式：图 2-3-5 表明固定方向性助听器使用的是全向性或方向性麦克风，它是根据典型的使用环境定义的，主要有 3 种：心型、超心型和双极性。这几种传统的固定模式是根据比较常见的生活场景设计的，用户可以根据当时的情况选用其中一种来使用，如果正好处于某种模式的作用范围内，则可以达到比较好的效果。

固定方向性助听器的局限性：为了获得固定方向性系统带来的好处，佩戴者不仅要学

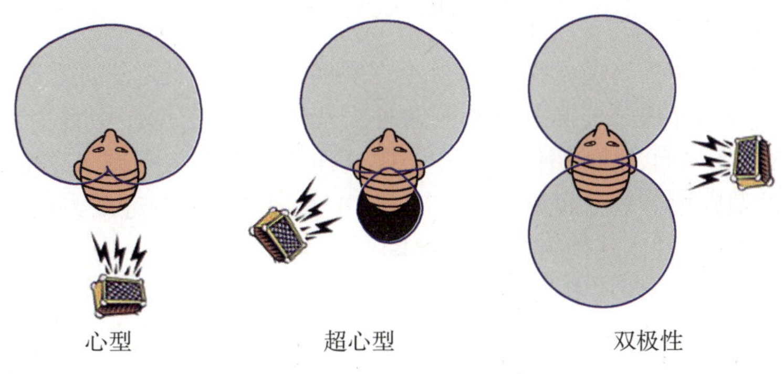

图 2-3-5　固定方向性模式

会程序切换的操作，而且必须要会分析何种聆听环境适合何种方向性。根据经常会遇到的一些问题和错误，佩戴者还必须学会如何评估相关因素，如房间大小、说话者的距离、回声和声强级等，以及如何利用这些因素提高助听器方向性的效果。很显然，每个佩带者不可能完全掌握这些技巧并从中获得方向性的受益。即使有些佩戴者完全掌握了，但也常常会忘了去切换程序，因为除了技巧外这还需要意识的参与。

(2) 自适应方向性：现实生活环境中噪声源往往不是固定不变的，噪声通常会从许多方向到达助听器。噪声不断变化发生移动(如旁边驶过的汽车)，在这些情况下，不可能建立对某一个噪声源的方向敏感度，致使固定方向性模式的效果受到影响。

自适应双麦克风系统可以实时改变其方向性特性，从非方向性到心形、超心形、强超心形和双极形。自适应方向性系统自动捕捉和分析噪声源，根据噪声源的方向自动调整方向性模式，使噪声源方向的灵敏度最小化，以达到最有效的消除来自不同方向不同次数的噪声。如果无噪声存在，系统判断非方向性是当前的最佳选择，自适应方向性麦克风系统能自动切换成非方向性模式，这时来自两个麦克风的信号会同相相加，从而减少了麦克风噪声达 3 db，因此，可以解决固定方向性系统使用过程中的局限性。

自适应方向性系统的局限性：①在抑制目标信号时无法识别信号的水平和类型；②最大声输入级被抑制；③患者有丢失周围声音的感觉，例如：有人在另一房间谈话或者身后电话铃响。

(3) 自然方向性：如图 2-3-6 所示自然方向性是一种独特的双耳非对称验配方案，它依靠人类听觉中枢认知信号处理，通过左右耳传递不同的声学信息，一方面给用户提供方向性益处，另一方面对声学情景进行更高级水平的分析。

图 2-3-6　自然方向性

研究表明，有 20%感兴趣的声音信号不在聆听者正前方，这是助听器使用者经常遇到的情况。自然方向性通过监测耳检测到这种声音信号，并根据使用者个人意愿来选择。而且，在言语清晰度方面，已证明像自然方向性这样的不对称验配方法完全能够提供与双耳方向性一样的清晰度。现已证实，在真实环境中使用的聆听舒适度方面，在有挑战性的聆听环境中，自然方向性比其他方向性好得多。

(4) 目前最新的方向性技术简介

1) 双耳智能方向性技术：该技术是建立在原有自然方向性基础上，使用 2.4GHz 无线技术让双侧助听器交换数据协同工作，在复杂多变的聆听环境中动态的选择最佳的方向性模式。助听器对来自双侧的言语和噪声进行分析，方向性模式可以由双侧方向性变更

为一侧方向性另一侧全向性，或是双侧都为全向性。该技术能为用户提高言语可懂度的同时又对周围环境有更多的自然意识。

2）双耳多通道自适应方向性：与其他方向性模式不同的是双耳多通道自适应方向性在多个方面改进并升级了自适应方向性技术。一方面助听器对噪声可进行多通道处理，自动消除来自不同频段的多个最大噪声源，当用户处于背景噪声大且存在多个噪声源的困难聆听环境下，能帮助其获得最佳的言语清晰度。另一方面是双耳方向性，传统的双耳助听器在处理方向性时，由于两侧环境可能存在的差异，会出现双耳不同的方向性模式，因此会给大脑带来混淆。而高速无线交流技术能让双耳的方向性功能实现同步变化，能够真实的还原环境，避免双耳混淆，同时保证双耳的能量平衡。

【能力要求】

助听器方向性调试操作

一、工作准备

1. 熟悉患者资料　并不是所有的听力障碍患者都能享受到助听器方向性功能带来的益处。以下类型的听力障碍患者助听器方向性功能的有效性不会明显：重度和极重度的听力障碍患者、陈旧性的感音神经性聋患者、综合反应较为迟钝的老年听患障者。

简而言之，要了解患者的综合听力障碍情况，包括经常使用的环境、对助听器效果的期望值等。

2. 打开相应软件界面　各种品牌助听器选配软件的界面设计和助听器方向性的调试内容以及调试方法差异较大，下面显示了 3 种助听器验配软件的界面图。

(1) 助听器软件一的界面(图 2-3-7)：通过该界面可以选择适合听力障碍者的助听器。

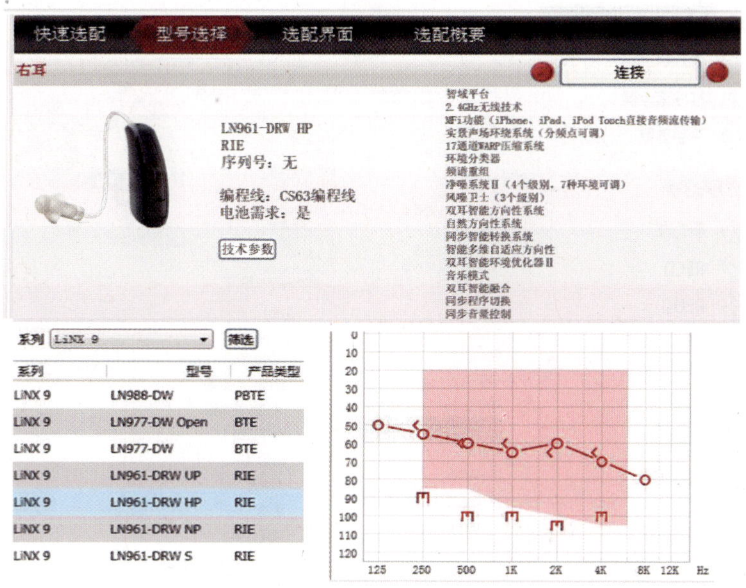

图 2-3-7　助听器软件一的界面

D 表示具有方向性功能。

(2) 助听器软件二的界面(图 2-3-8):该界面中的 C-ISP 平台、经典降噪、数字耳廓效应和 IE 言语增强功能Ⅱ均涉及方向性技术的应用。

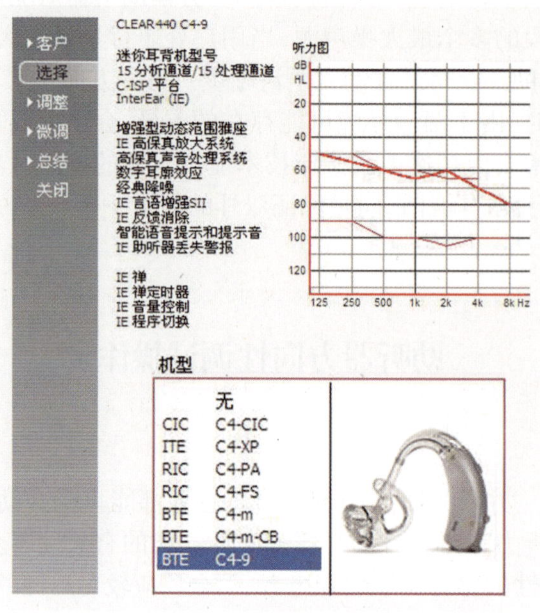

图 2-3-8　助听器软件二的界面

(3) 助听器软件三的界面(图 2-3-9):通过界面特性可以按需求选择适用的助听器。

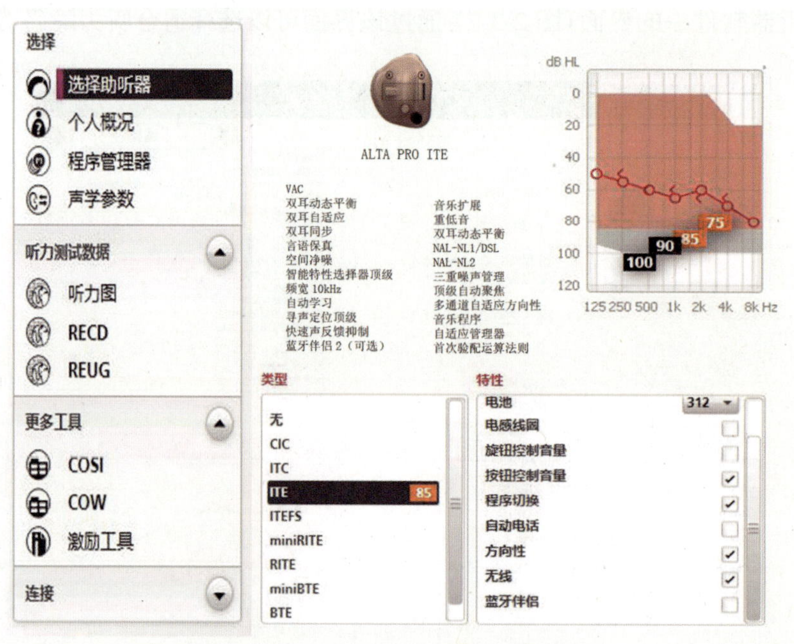

图 2-3-9　助听器软件三的界面

二、工作程序

1. 连接助听器并打开相应调试界面　图 2-3-10、图 2-3-11 和图 2-3-12 分别是图 2-3-7、图 2-3-8 和图 2-3-9 助听器软件的调试界面图。

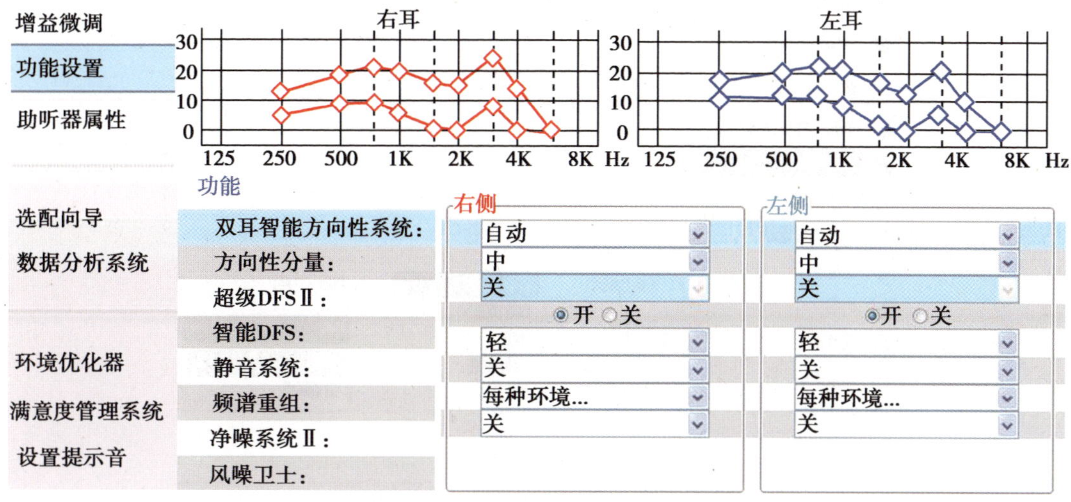

图 2-3-10　助听器软件一的调试界面

2. 根据收听环境设定麦克风全向性或指向性　了解听力障碍者经常性的聆听环境来设定方向性麦克风的功能。

(1) 图 2-3-13，图 2-3-14 是助听器软件一方向性功能设置：分别为双耳及单耳验配时的方向性模式，可根据听力障碍者的实际需求选择相应的功能。

(2) 助听器软件二方向性功能设置：图 2-3-15 方向性系统管理器可以有多种选择。

1) “带有数字耳廓效应的高精度定位器”为系统默认的基本程序。

2) “高精度定位器”保证安静环境下的可听度和嘈杂环境中的最优信噪比。

3) “带有数字耳廓效应的高精度全向性定位器”保证安静环境中的可听度，并且希望听到周边所有声音可选此项。

4) “高精度全向性定位器”即全向性，用于特定环境，如音乐程序中或者需要 360°全方位放大的患者。

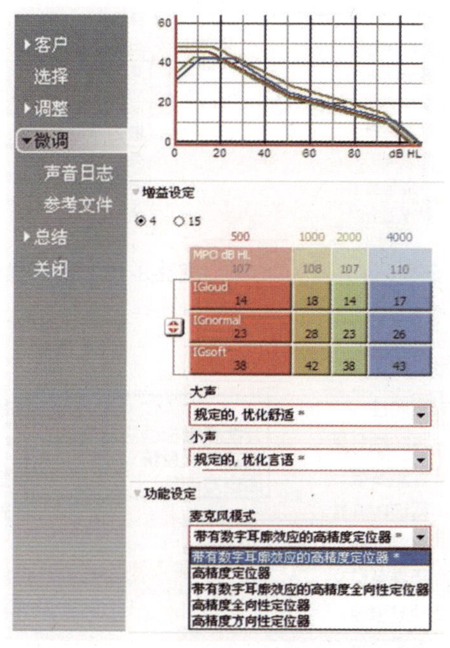

图 2-3-11　助听器软件二的调试界面

5) “高精度方向性定位器”固定方向性，希望听到以前方为主的声音可选此项，用于

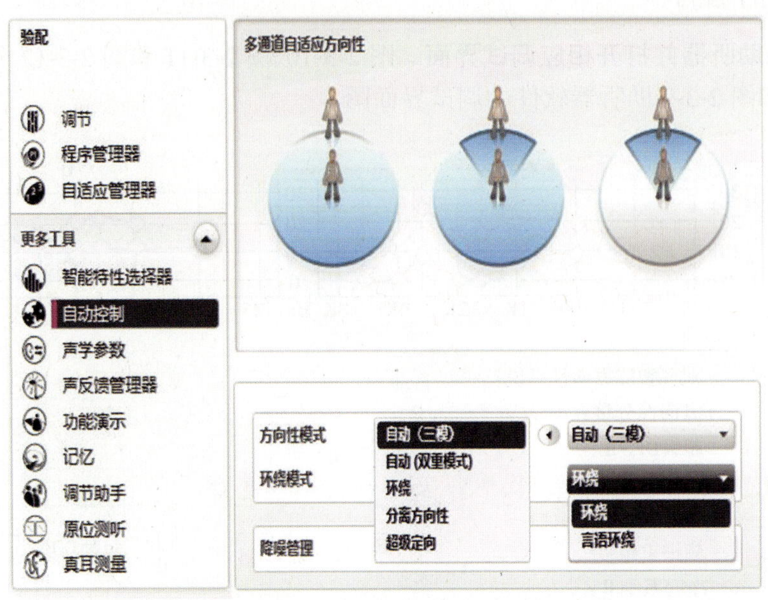

图 2-3-12　助听器软件三的调试界面

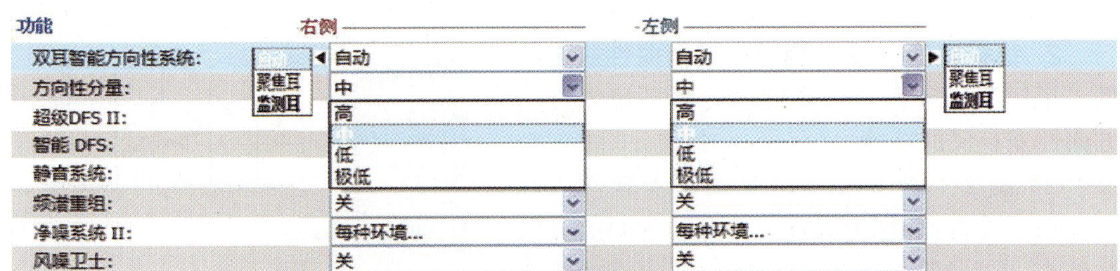

图 2-3-13　助听器软件一方向性功能设置（双耳选配）

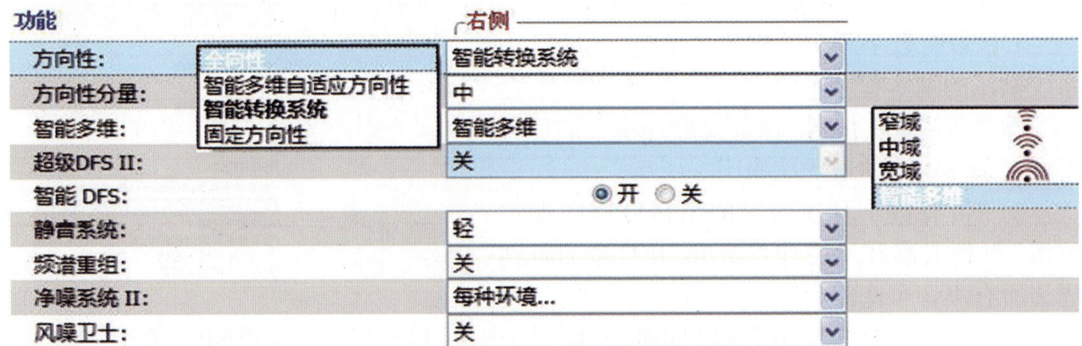

图 2-3-14　助听器软件一方向性功能设置（单耳选配）

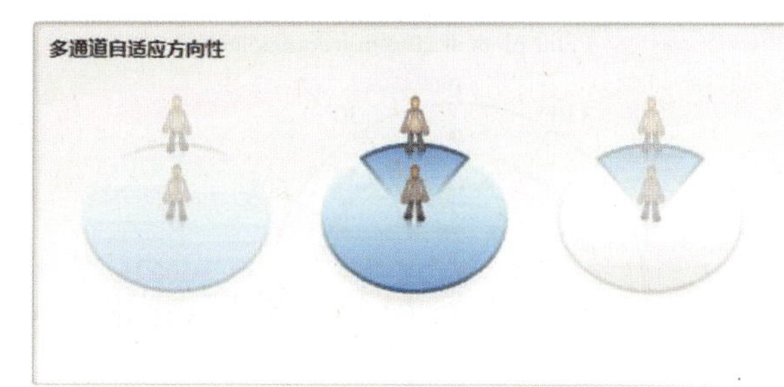

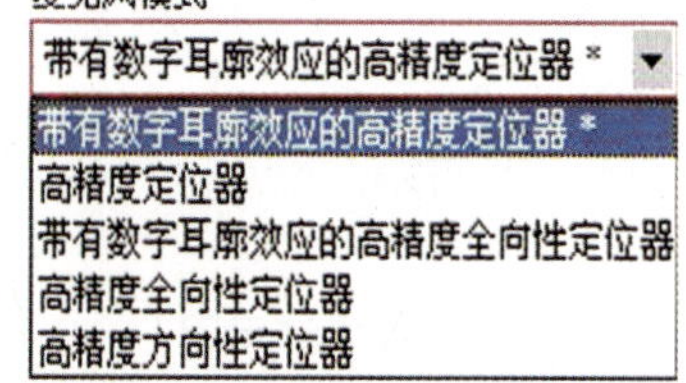

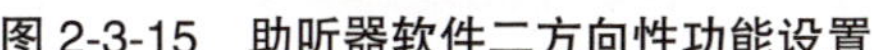

图 2-3-15　助听器软件二方向性功能设置

图 2-3-16　助听器软件三方向性功能设置

特定需要时。

注明："带有数字耳廓效应"的选项只是用于耳背机，不适用于定制机，该功能利用人耳耳廓的生理功能更好的帮助用户分辨来自前后方的声音。

(3) 助听器软件三方向性功能设置：方向性系统管理可分为两部分进行设置：

1) 方向性模式

① 环绕表示：多通道全向性，用于背景噪声低、信噪比非常好的聆听环境，确保用户能听到所有自然存在的声音。

② 分离方向性表示：低频是多通道全向性；中高频为心型 / 超心型方向性，适用于中等噪声且信噪比较好的聆听环境（图 2-3-16）。

③ 超级定向表示：即固定方向性，能消除最大的移动噪声源，用于背景噪声大、信噪比非常差的聆听环境。

④ 自动（三模）表示：多通道自适应三模，即环绕、分离方向性和超级定向之间可自动切换。

⑤ 自动（双重模式）表示：多通道自适应双模，即环绕和分离方向性之间可自动切换。

2) 环绕模式

① 全向优化（环绕）：更加贴近真耳的方向感，稍微增强了前方的聚焦强度，适用于安静环境（图 2-3-17）。

② 言语优化：属于分离方向性，用于较安静的环境，较多的抑制后方的声音，确保前方言语信号，适用于轻中度的言语噪声混合环境。（图 2-3-17）

通常情况下，软件会依据所输入的听力图默认方向性模式，但作为验配师可根据听力障碍患者实际需求做适当调整。

3. 保存方向性设置　各种助听器软件中功能的设置都是在助听器选配结束后按照各种软件的操作指南进行。因此，保存方向性功能的设置可以按操作指南完成。

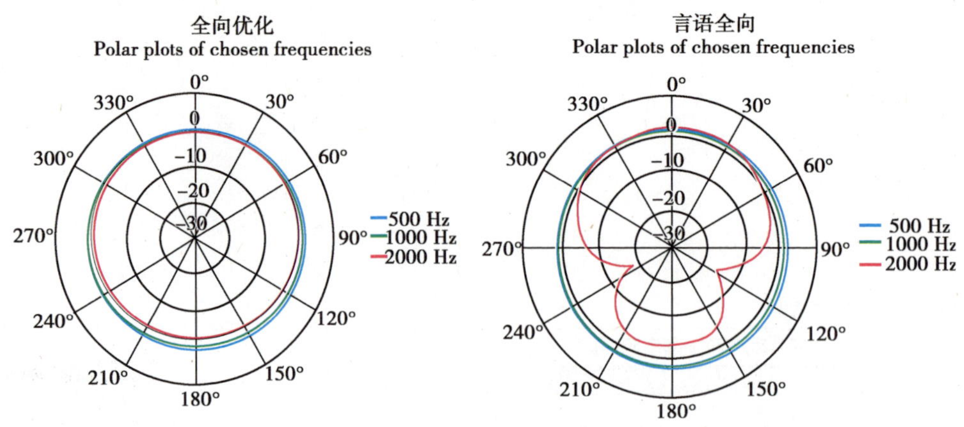

图 2-3-17　助听器软件三全向优化和言语优化效果演示图

第二节　助听器程序设置

【相关知识】

一、助听器程序种类

现代助听器技术可以满足多程序设置，目的是最大限度发挥助听器在各种环境和场合下的作用。助听器程序种类主要有以下几种。

1. 安静程序　背景噪声在 40 db(A)左右的环境中可以视为安静环境，安静程序的设定可以最大限度满足听力障碍者清晰度和舒适度的需求。

2. 噪声程序　噪声程序的设置主要解决以下两个问题。

(1) 在嘈杂的环境里避免助听器响度过大引起听力障碍者的不适感。

(2) 在嘈杂环境下尽可能提高(优化)助听器的信噪比，改善言语清晰度(提高言语的可懂度)。

3. 电话程序　通过助听器麦克风直接打电话的效果普遍不理想，电话程序的设置是为了保证响度需求和提高信噪比。电话程序的效果会因听力障碍者听力损失的程度(和言语分辨功能的强弱)而表现出明显的差异化，效果不佳者可以考虑与蓝牙或 2.4GHz 等无线传输技术配套使用予以改善。

4. 音乐程序　频率范围宽和响度变化大是音乐的特点。音乐程序在频响、压缩速度和压缩强度方面给予了特殊处理，目的是提高声音的还原性和(增强)层次感。音乐程序的使用面较窄，轻中度、听力曲线相对平坦、耳聋时间较短者效果相对好。

二、助听器程序设置原则

日常生活中，当助听器使用者置身于不同的环境和场合时，通过选择程序来满足相应的需求以提高聆听的效果。助听器验配师可以按照听力障碍者个性化的需求设置不同的程序。

助听器程序设置的数量和种类决定于听力障碍者使用的环境和场合，初次助听器配戴者的程序设置以2个为佳，程序的设置以满足舒适度为前提，逐渐过渡到清晰度。

三、助听器噪声环境下程序的设置

设定噪声环境下的聆听程序需要考虑以下几点。

1. 避免响度过大给听力障碍者带来不适感，控制MPO输出和大声增益的补偿。

2. 注意听力图中的听力曲线特征，对听力障碍者敏感频率的各项参数设置要给予特别关注，避免为了提高清晰度而忽视听力障碍者在噪声环境下的耐受能力。

四、助听器电话程序的设置

电话程序是通过电感方式或磁片方式实现。设置时要满足响度需求，尤其频率在300~3000 Hz范围内的增益要保证。听力损失较重或耳聋时间较长者电话程序的效果往往不佳，此时不要勉强设置此程序，可以尝试使用蓝牙或2.4GHz等无线传输技术的辅助设备予以改善。

五、音乐程序的设置

音乐程序的设置较简单，选择该程序后助听器验配软件会自动给予各种参数处理，人为的调试参数效果往往不佳。当音乐程序不能改善聆听效果时避免强制设置。

六、特殊程序的设置

根据特殊听力情况或特殊场合需要设置的程序，包括可听度扩展程序、反向聚焦程序等。

【能力要求】

助听器程序设置操作

一、工作准备

1. 了解听力障碍者年龄、职业、病史、症状以及致聋原因等情况。

2. 了解听力障碍者助听器经常使用的环境，从而决定助听器程序设置的数量及内容。

二、工作程序

1. 打开助听器程序调试界面(图2-3-18)

2. 根据佩戴者聆听环境选择程序种类　打开助听器程序管理器，可对聆听程序做调整。以下介绍均为双耳选配。

(1) P1助听器的主程序，系统默认为双耳智能方向性系统(图2-3-19、图2-3-20)。

(2) P2交通程序，提高用户在嘈杂环境中聆听的舒适性(图2-3-21、图2-3-22)。

(3) P3普通电话，如果用户对接听电话的声音参数有特殊的要求，可添加此程序(图2-3-23、图2-3-24)。

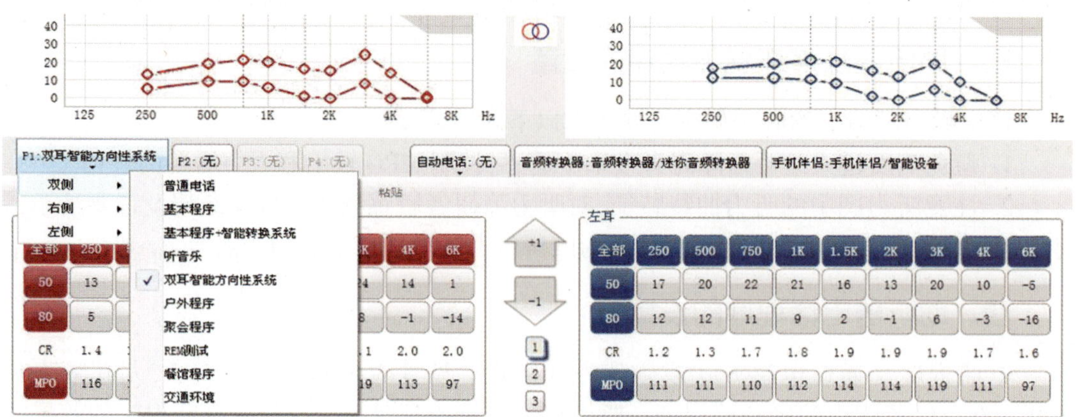

图 2-3-18 程序调试界面

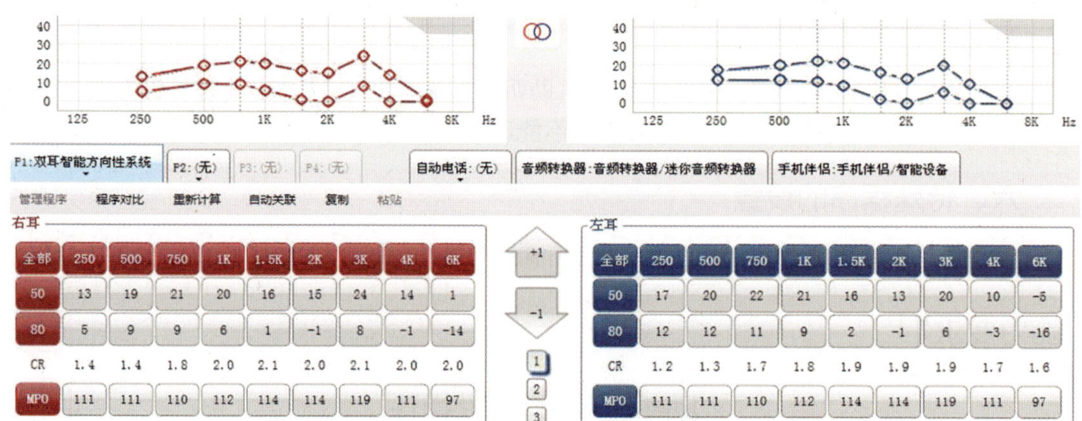

图 2-3-19 助听器程序 1 的增益设置

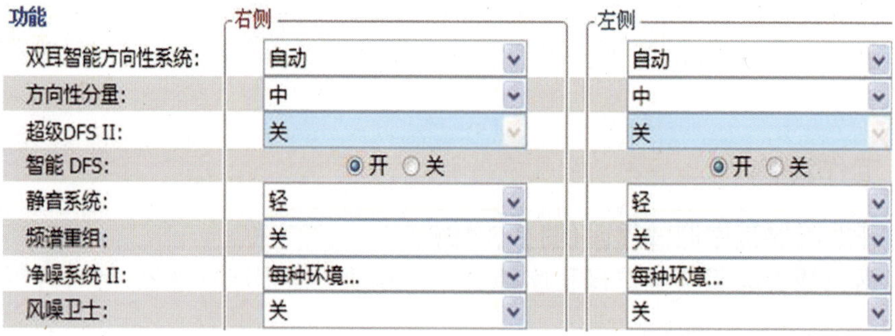

功能	右侧	左侧
双耳智能方向性系统:	自动	自动
方向性分量:	中	中
超级DFS II:	关	关
智能 DFS:	◉开 ○关	◉开 ○关
静音系统:	轻	轻
频谱重组:	关	关
净噪系统 II:	每种环境...	每种环境...
风噪卫士:	关	关

图 2-3-20 助听器程序 1 对应的功能设置

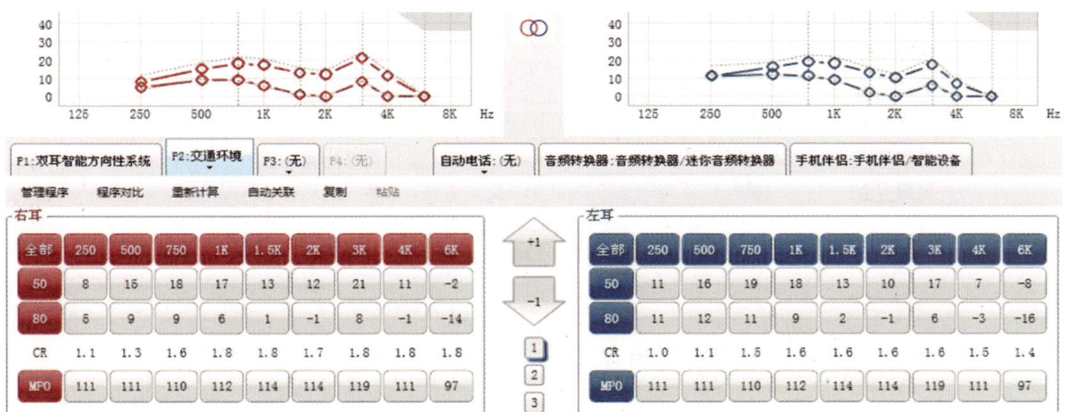

图 2-3-21　助听器程序 2 的增益设置

功能	右侧	左侧
方向性:	全向性	全向性
超级DFS II:	关	关
智能 DFS:	◉开 ○关	◉开 ○关
静音系统:	轻	轻
频谱重组:	关	关
净噪系统 II:	较强	较强
风噪卫士:	关	关

图 2-3-22　助听器程序 2 的功能设置

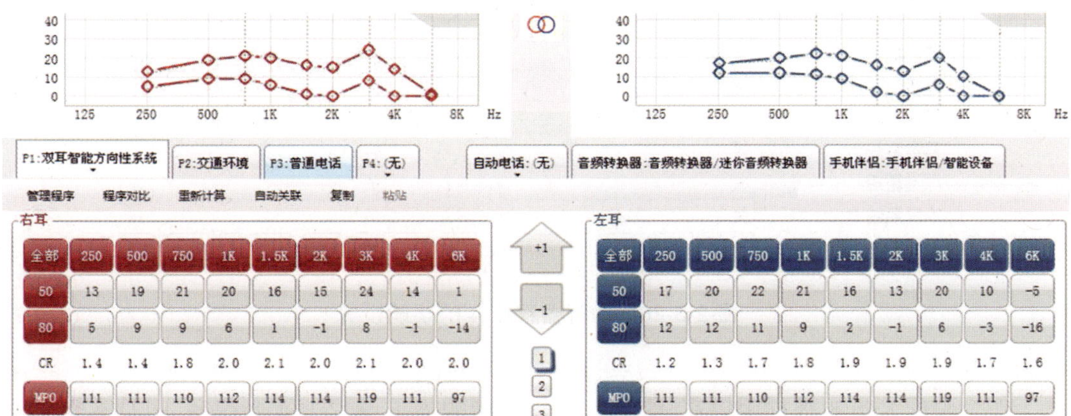

图 2-3-23　助听器程序 3 的增益设置

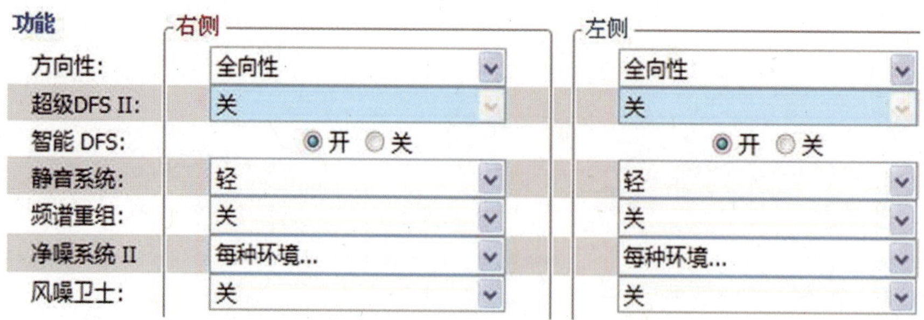

图 2-3-24　助听器程序 3 的功能设置

(4) P4 听音乐，满足用户有听音乐的特殊需求(图 2-3-25、图 2-3-26)

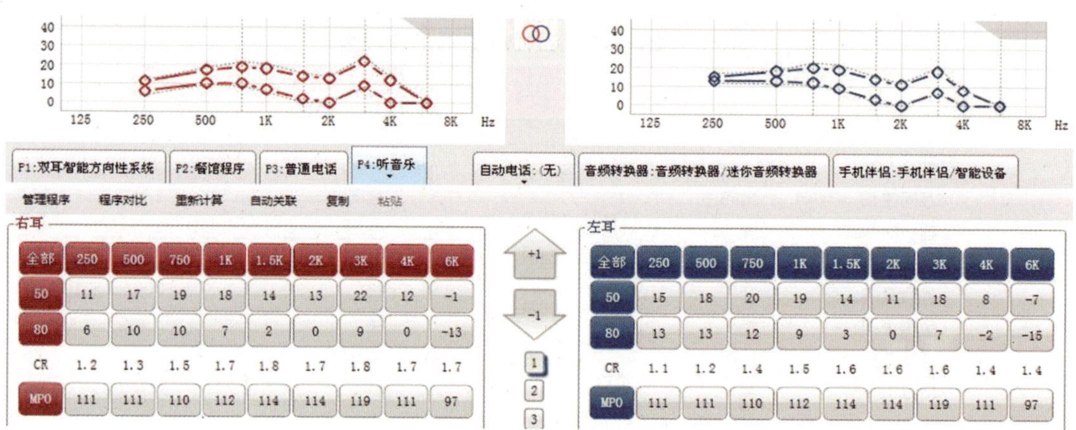

图 2-3-25　助听器程序 4 的增益设置

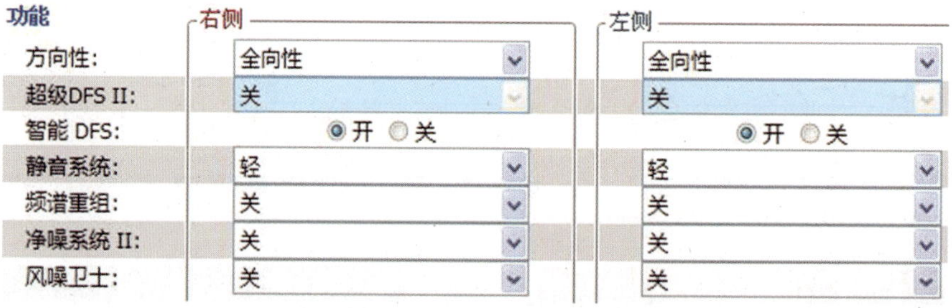

功能	右侧	左侧
方向性:	全向性	全向性
超级DFS II:	关	关
智能 DFS:	开 关	开 关
静音系统:	轻	轻
频谱重组:	关	关
净噪系统 II:	关	关
风噪卫士:	关	关

图 2-3-26　助听器程序 4 的功能设置

作为验配人员要根据用户实际生活、工作环境的需求设置 1~4 个程序，同时不要简单依赖于助听器软件的默认设置参数，可对每个程序中的增益和功能选项进行精细调整，以达到助听效果的最大化。

3. 保存程序设置　当所有程序的微调完成后，可点击验配界面中的“保存”储存数据完成验配(图 2-3-27)。

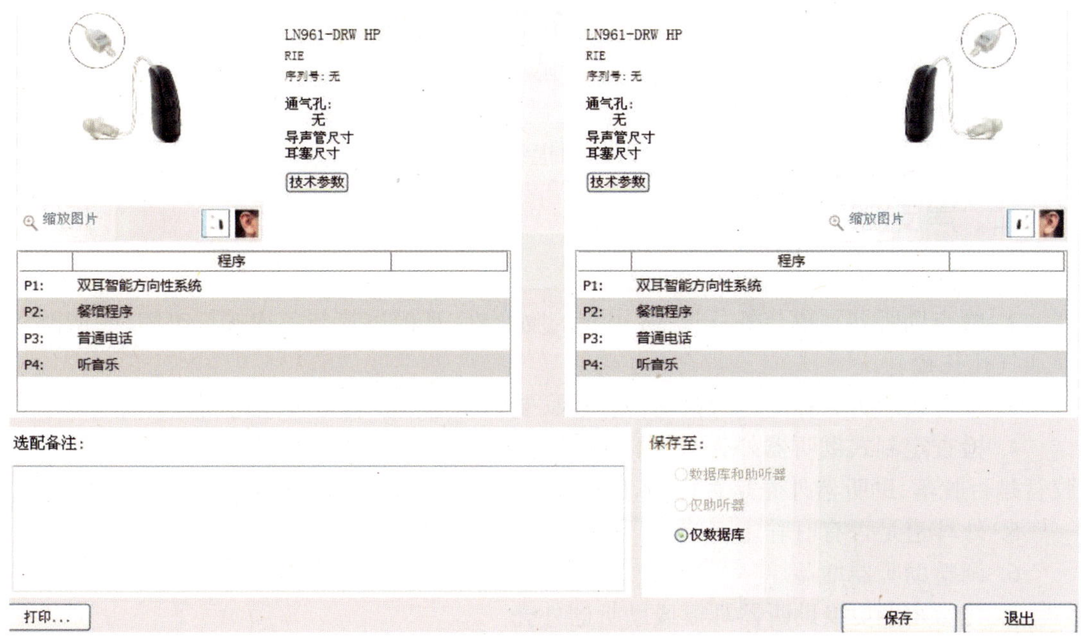

图 2-3-27　保存设置

三、注意事项

1. **程序不是越多越好**　并非所有患者都适合配戴多程序助听器或将助听器设多个程序，如果配戴者的日常听环境以某种固定的状态为主（比如退休老年人每天在家看电视），调节音量基本能够适应环境的小幅度变化，或者虽然有不同的环境，但需要的频响十分类似，则不需要选配多程序助听器或将助听器设多个程序。

2. **儿童患者程序的选择**　儿童患者可根据不同年龄的成长阶段，陆续开启部分或全部程序，使助听器得到最大限度的利用，以适应不同的生活和学习环境。

第三节　助听器声反馈管理

【相关知识】

一、助听器声反馈的概念及声反馈的危害

1. **声反馈定义**　经过助听器处理放大后的声音信号被助听器麦克风再次接收并被连续放大后产生的啸叫称之为助听器声反馈。

助听器频响范围中的中高频信号由于各种原因被过度放大是产生声反馈的诱因。

2. **助听器验配过程中需要注意的问题**

(1) 避免耳印模取样过松、过短、或不完整，这会直接导致耳模或助听器外壳与外耳道之间的吻合性差。

(2) 耳模或定制式助听器通气孔的大小。

(3) 避免助听器增益过度补偿,尤其是中高频增益的补偿。

(4) 助听器配戴方法要正确、耳模或定制式助听器配戴要到位。

3. 助听器声反馈的危害　声反馈发生后:助听器增益输出受到限制,助听器效果降低,干扰影响他人。听力障碍者经常为此而拒绝佩戴助听器。

二、声反馈的处理方法

1. 保证听力障碍者正确佩戴助听器。
2. 检查助听器耳模与外耳道、耳甲腔的吻合性,耳模声管与各连接部牢固性、调整耳模通气孔孔径。
3. 耳背式助听器耳勾是否松动,麦克风、受话器连接胶管是否老化或脱落。
4. 检查定制式助听器外壳与外耳道、耳甲腔的吻合性,通气孔孔径是否过大,受话器胶管是否脱落,助听器外壳是否龟裂,助听器装配工艺出现问题。
5. 外耳道是否有耵聍。
6. 调整助听器增益。
7. 儿童定期更换助听器耳模或助听器外壳。
8. 使用助听器声反馈抑制功能。
9. 硬耳模换成软耳模。
10. 助听器内部出现自激,需要返厂维修。

三、助听器声反馈抑制的调试方法

助听器声反馈抑制的调试方法有两种。

1. 利用助听器验配软件中的声反馈抑制功能　常规设置方法如下:首先保证听力障碍者的助听器配戴方法正确,听力障碍者保持正常坐姿,助听器 10cm 之内不得有任何物体靠近,测试环境噪声应 <40 db(A),按照助听器验配软件规定的操作方法进行声反馈测试。

2. 在排除其他可能导致声反馈的因素后,并进行了声反馈抑制的测试声反馈依旧存在时,可以通过再次调试助听器增益的方法来解决声反馈问题。

【能力要求】

助听器声反馈设置操作

一、助听器各项参数调试后进行声反馈测试

助听器声反馈测试的前期必要条件:

1. 依据纯音听力图进行了最大声输出、声增益的调试。
2. 听力障碍者配戴助听器在正常使用情况下有声反馈现象出现。
3. 测试环境噪声应 <40 db(A)。

二、工作流程

1. **软件一**　连接助听器进入调试界面，系统会自动弹出校准界面，如图 2-3-28。

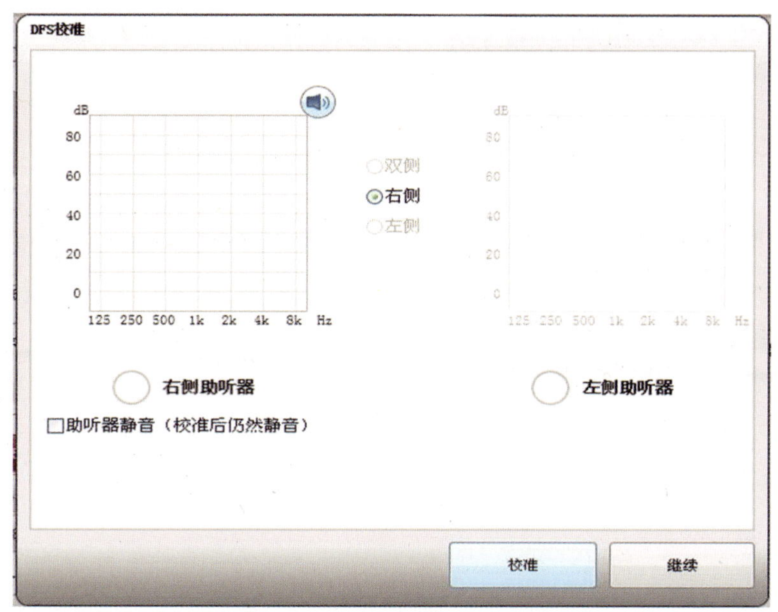

图 2-3-28　助听器软件一校准界面

点击“校准”，助听器自动进行校准，任务结束点击“继续”，如图 2-3-29。

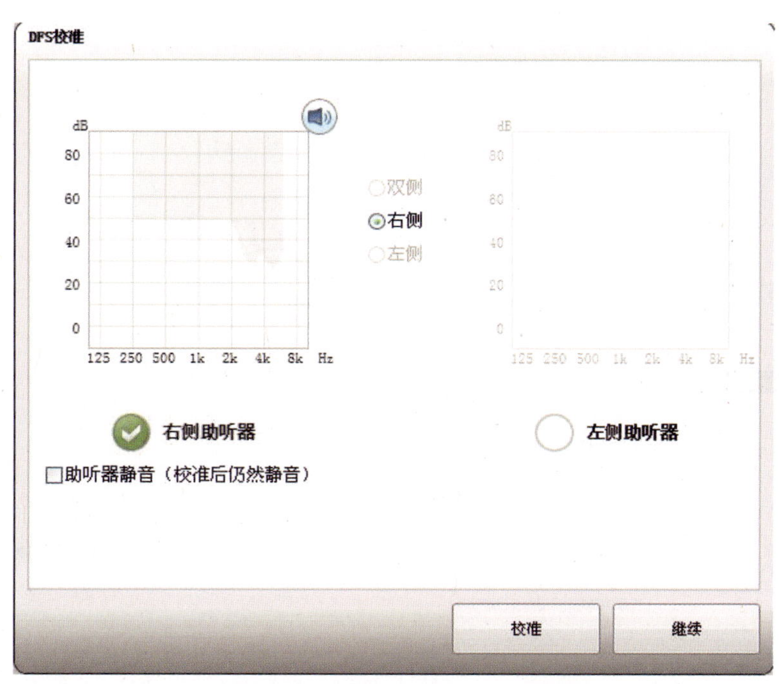

图 2-3-29　助听器软件一校准界面

校准完成后，进入调试界面，图中显示“灰色部分”即表示DFS已开始正常工作，点击保存退出选配，见图2-3-30。

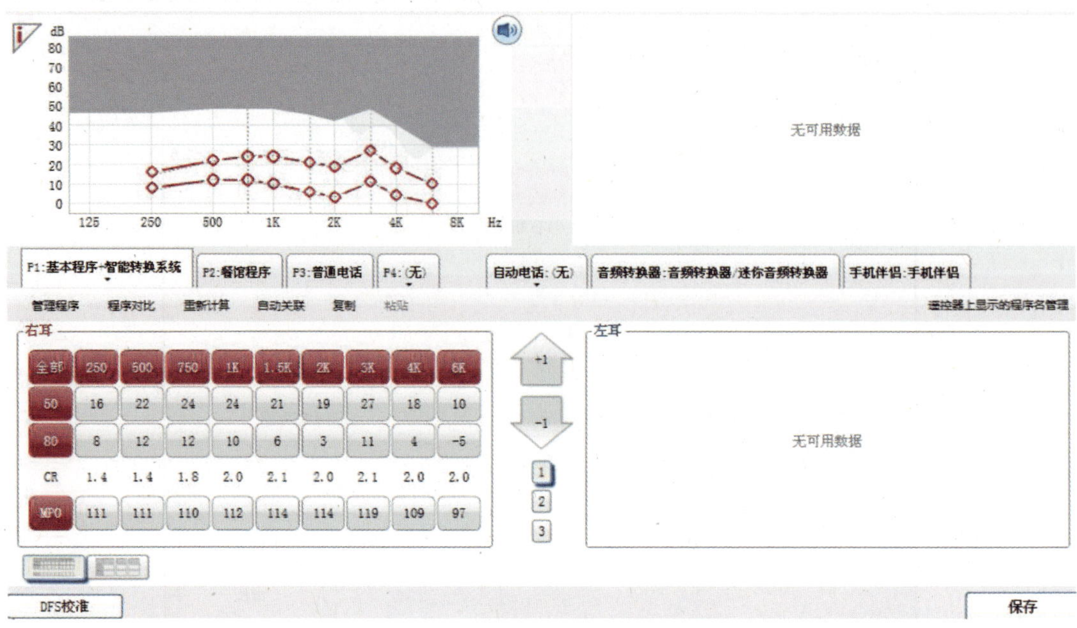

图2-3-30　助听器软件一调试界面

2. 软件二　连接助听器进入选配界面，点击“声反馈管理器”开始反馈测试，如图2-3-31。

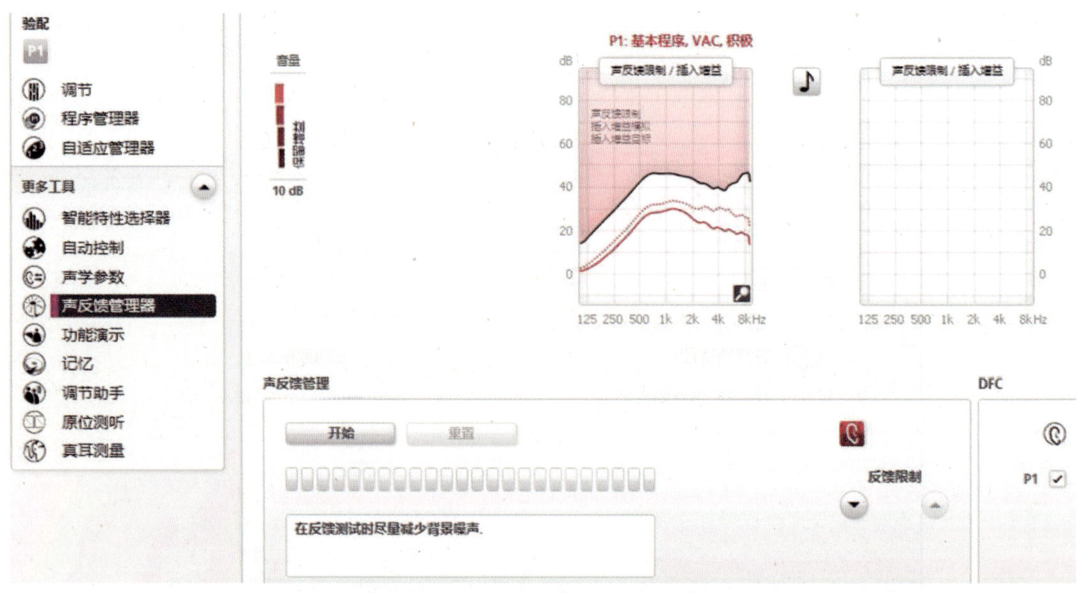

图2-3-31　助听器软件二反馈界面

声反馈测试结束，如图 2-3-32。

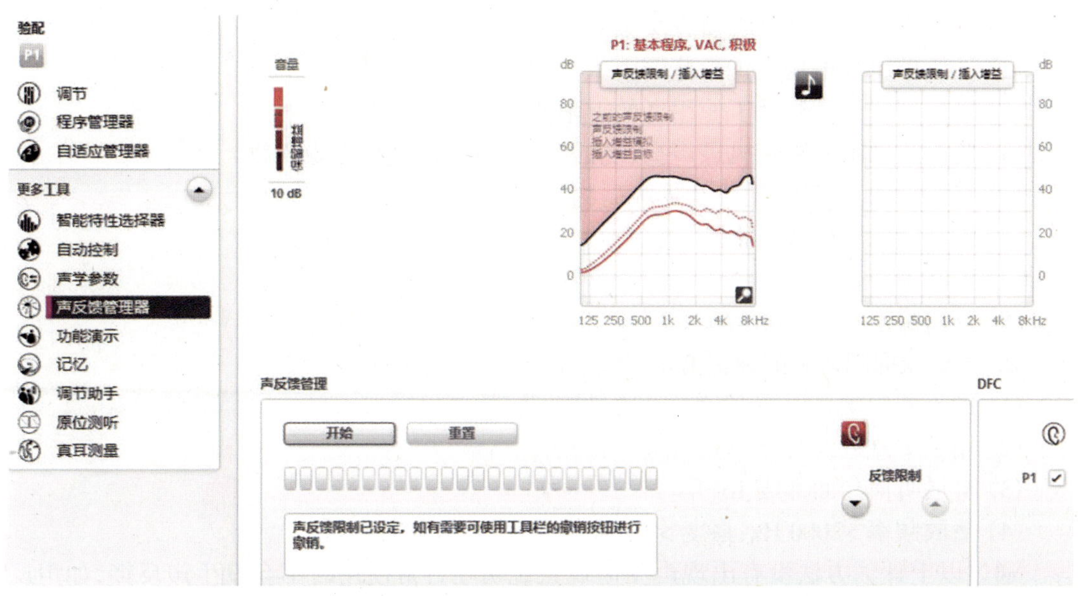

图 2-3-32　助听器软件二反馈界面

点击“调节”返回选配界面，“阴影部分”表示已经应用反馈，保存并结束验配，如图 2-3-33。

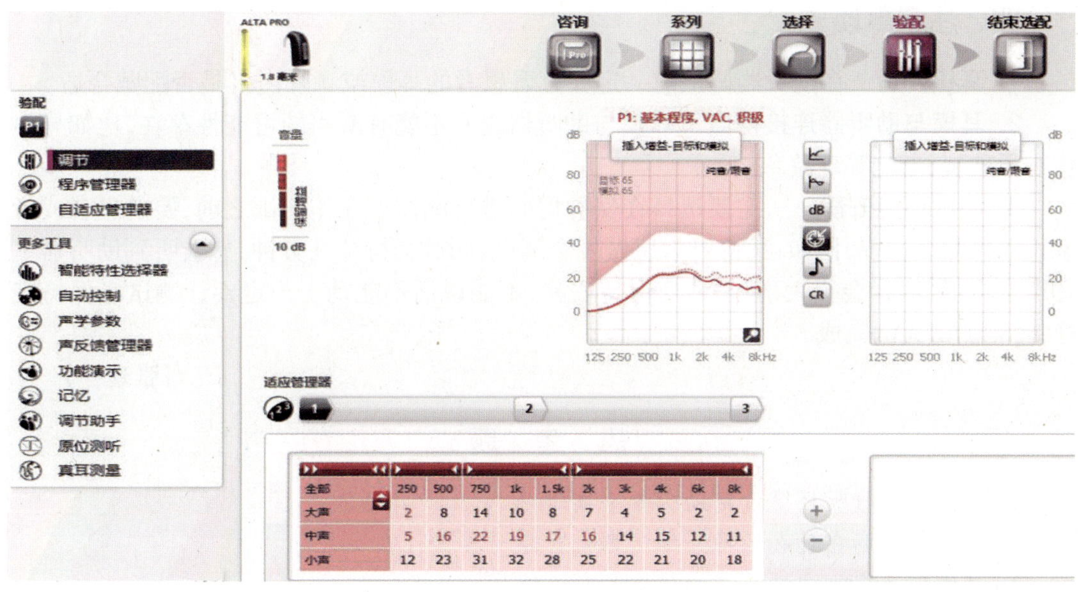

图 2-3-33　助听器软件二选配界面

三、评估声反馈抑制效果和评估方法

1. 声反馈抑制效果评估的先决条件

(1) 听力障碍者配戴助听器方法正确。

(2) 助听器电池电压在正常范围内。

(3) 助听器音量控制处于使用者的上限值。

(4) 定制式助听器麦克风进声孔、受话器出声孔、通气孔无障碍物。

(5) 耳背机的耳模声管、声孔无障碍物。

(6) 外耳道无耵聍或异物。

(7) 助听器声音正常。

(8) 环境噪声应 <45 db(A)。

2. 声反馈抑制效果的评估方法

(1) 助听器配戴者说话、张嘴、咀嚼、晃动头部。

(2) 用手掌靠近助听器麦克风至 2cm 处。

(3) 电话听筒与面部成 15° 角。

(4) 播放频率 >2000 Hz、强度 >80 db 的音频信号(如有条件)。

通过以上评估方法没有出现声反馈现象说明在日常使用时不会发生声反馈,如声反馈仍然存在应确定声反馈形成原因,对症处理。

通过以上评估方法声反馈仍然存在就要仔细查找声反馈形成的原因,可以参照上文“声反馈处理方法”中提到的相关内容进行分析处理。如果排除了一切可能形成声反馈的因素后仍然不能解决问题,则应该将助听器返回助听器公司检查或重新取耳印模重新制作。

四、注意事项

1. 耳模合适　在助听器调试前一定要查看患者的耳模或者耳内机是否配戴合适。

2. 耳模与助听器连接得当　耳模与助听器之间不能有漏声的可能性存在,比如导声管有无破裂、老化等现象。

3. 测试环境安静　一定要选择在安静房间进行测试。在作测试之前,要向患者或者家长解释测试过程,比如:我将要为您做一个测试,测试会持续几分钟,您会听到助听器里有声音,也许声音会很大,但是请您保持安静,不能说话不能动。一定要让测试者保持安静,否则测试无法完成。

(张建一)

思　考　题

1. 如何根据收听环境设定助听器全向性？
2. 请举例说明在什么环境下助听器应设定为指向性?
3. 多维自适应方向性系统的优点是什么?
4. 低音增强系统有什么作用?
5. 助听器全向性麦克风与方向性麦克风的区别是什么?

6. 助听器有哪几种常用程序?
7. 噪声程序适用于什么声学环境?
8. 音乐程序具有什么特点?
9. 设置多种程序的目的是什么?
10. 程序设置有哪些注意事项?
11. 简述助听器声反馈的概念。
12. 助听器声反馈形成的原因有哪几种?
13. 简述数字技术在声反馈抑制方面的应用。
14. 简述助听器声反馈的处理方法。

第四章

效果评估

第一节 真耳分析

【相关知识】

一、真耳分析的含义及其意义

早在1942年，探管麦克风测试（probe microphone measurements, PMM）的概念被首次提出。它是指一切使用探管麦克风在外耳道靠近鼓膜处所做的声学测量，包括可视言语图谱，真耳分析和助听器高级性能的验证。真耳分析（real ear measurement, REM），是指在真实的耳朵靠近鼓膜处围绕插入增益等参数所进行的声学测量（包括外耳道共振峰的测量）。插入增益（insertion gain, IG）是指助听器介入传声途径所产生的增益，即佩戴助听器前后所测得的近鼓膜处声压级之差，也叫做介入增益。

真耳分析是客观验证助听器效果的金标准。在插入增益问世以前，主要用耦合腔或耳模拟器（如IEC 126中规定的2cc耦合腔，IEC 711中规定的堵耳模拟器，IEC 959中规定的KEMAR®）进行助听器电声学性能的测试，以此验证处方公式的选配效果。但是耦合腔或耳模拟器与真实的外耳道确实存在差异，因此，助听器在耦合腔或耳模拟器中产生的效果也与之在真实耳朵中产生的效果不同。这是因为：①助听器是佩戴在人的头或躯干上的，头和躯干不可避免的会对声波产生散射效应而改变助听器的增益或频响特性。② 2cc耦合腔在IEC 126中被近似等效为戴好耳模后的外耳道容积，但实际上耳模的声孔、通气孔及尖端长度等参数都决定了2cc耦合腔不能很好的模拟戴上耳模后的情况。③通常情况下，外耳道并不能被耳模封闭得很好，少许的缝隙就有可能改变助听器的频响，尤其是低频频响。所以即使我们采用IEC 711堵耳模拟器，仍不能模拟这些实际应用中的情况。④在耳模与鼓膜间的外耳道腔的声阻抗，连同鼓膜的声阻抗，并不能用一个简单的腔体来等效模拟。⑤外耳道原有的外耳道共振特性，由于耳模的介入会消失或减小。助听器的增益也应将这一部分的损失补偿进去，而具体补偿多少取决于每一个人具体的外耳道及耳模的尺寸。⑥每一个具体的外耳道及耳模的特性，最终都将对助听器特性产生影响。即使是同一台助听器，在不同人的耳朵及耳模，尤其在小儿身上也会产生不同的

效果。总之，真耳分析可以提供最精确的助听器效果评估(Valente，听力学治疗，2007)。

下面就真耳分析中涉及的基本名词术语做介绍。

1. 测量麦克风 测量麦克风是指与探测软管连接，测量外耳道近鼓膜处声压级所用的麦克风，记录助听器在近鼓膜处的实际输出(图 2-4-1)。

2. 参考麦克风与参考点 参考麦克风是用于等效测量声源在助听器声输入端或外耳道口处声压级的麦克风。参考麦克风的位置即为参考点。若参考麦克风使用探管插入外耳道(如比较法)，则探管在外耳道开口处即为参考点。不同的测试方法中，参考点的位置是不同的。

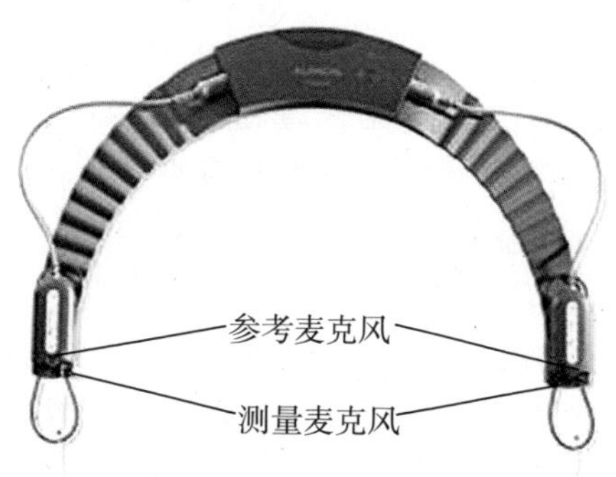

图 2-4-1 测量麦克风和参考麦克风

3. 真耳堵耳响应(real-ear occluded response, REOR) 是指戴上助听器或耳模，但助听器不工作时，探管麦克风在鼓膜附近测得的频响曲线。人耳戴上助听器或耳模后共振特性被改变，REOR 曲线与 REUR 相比会有很大的下降，尤其是 2000 Hz 以上。通过 REOR，可以观察助听器或耳模插入外耳道后的堵耳程度，有时也用于解释为什么病人抱怨助听器放大后的声音不真实。另外，使用助听器放大声音之前，首先要弥补 REOR 带来的外耳道共振频率强度的降低。

4. 真耳未助响应(real-ear unaided response, REUR) 定义为在特定声场中，用测量麦克风在开放的外耳道内近鼓膜处测得的各个频率的声压级。测量方法是在外耳道完全开放的情况下，将一根探管插入到近鼓膜处，由声场扬声器给出声强恒定的刺激信号，由探管检测到外耳道中各频率点的声压级。这是未戴助听器时外耳道对声源的响应，反应外耳道固有的放大特性，但个体差异较大。人耳的外耳道是一个长 2.5~3.5cm(中国人多为 2.5cm)的管道，一端开放而另一端闭合，可引起某些频率的共振，主要在 2400~3400 Hz 范围内(图 2-4-2)。真耳未助响应减去参考麦克风记录的声源声压级，即为真耳未助增益(real-ear unaided gain, REUG)，也称真耳共振增益(表 2-4-1)。

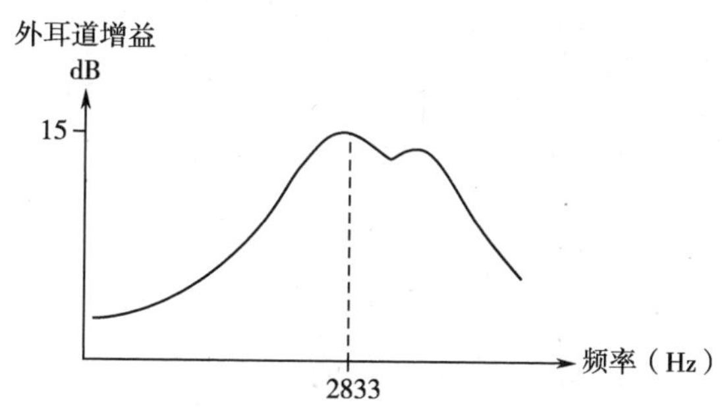

图 2-4-2 外耳道共振增益

表 2-4-1 增益(G)和响应(R)之间关系的举例

频率(Hz)	250	500	750	1000	1500	2000	3000	4000	6000
REUR	51	53	53	57	58	60	68	64	58
- 输入	50	50	50	50	50	50	50	50	50
REUG	1	3	3	7	8	10	18	14	8

5. **真耳有助响应(real-ear aided response，REAR)** 定义为在特定声场中，助听器放置于外耳道并处于开启状态，用测量麦克风在外耳道内近鼓膜处测得的各个频率的声压级。真耳有助响应减去近外耳道口处参考麦克风记录的声源声压级，即为真耳有助增益(real-ear aided gain，REAG)或称为原位增益。

6. **真耳插入增益(real-ear insertion gain，REIG)** 定义为在同一声场，外耳道内相同的测试点，各个频率点测得的真耳有助响应和真耳未助响应的差值，或称为真耳介入增益。也就是以前所说的真耳插入响应或真耳介入响应(real-ear insertion response，REIR)。真耳插入增益反应的是在戴助听器和不戴助听器情况下，外耳道近鼓膜处声压级的改变，即真耳有助增益减去真耳未助增益。真耳插入增益与真耳有助增益的区别，是前者减去了外耳道对声源特性的自然改变效应，是助听器在外耳道内实际放大的净增益曲线。

7. **真耳耦合腔差值(real-ear-to-coupler difference，RECD)** 指的是真耳与耦合腔的差值，即同一输入信号条件下，在真耳近鼓膜处测得的声压级与在 2cc 耦合腔中测得的声压级之差。在 Moodie 等的理论中，真耳目标频响曲线需要用个体特异的声学转换值转换为 2cc 耦合腔目标频响曲线。RECD 值就是比较同一信号用测量麦克风测得的真耳值(用儿童自己的耳模)和 2cc 耦合腔测得的值在各个频率点上的差异，也是每个个体唯一的声学修正值。RECD 有两种：一种是标准 RECD 值，它是通过测定一群正常儿童的 RECD 得出的平均值，与年龄有关，一般分为以下几个年龄段，0~12 个月，13~24 个月，25~48 个月，49~60 个月以及 >60 个月。选配时如果无法测量患者的 RECD 值，那么输入患者的年龄，电脑会自动选择与年龄相匹配的 RECD 平均值；另一种就是测量真实的 RECD 值。前者的不足之处是不能反映个体差异，而且对于早产儿或体重不足的婴幼儿并不准确，耳部畸形的患儿外耳道频响特性也无法用标准 RECD 值表示(Trarpe，Sladen，Huta and Rothpletz 2001)，急性化脓性中耳炎以及咽鼓管异常等因素都会影响 RECD 值。

8. **真耳饱和响应(real ear saturation response，RESR)** 定义为在特定声场中，给出一个足够大强度的声音信号，使助听器达到最大声输出强度，此时用测量麦克风在外耳道内近鼓膜处测得的各个频率的声压级。该测试的目的，是确保助听器的最大声输出不超过患者的不舒适响度级(uncomfortable loudness level，ULL)。一般使用 85 db SPL 或 90 db SPL 的信号作为刺激声。需要注意的是，RESR 要在 REAR 的界面下测试，而非 REIG 的界面。

9. **目标增益(target gain，TG)** 处方公式根据患者的纯音听阈值计算出各频率所需的增益值，并连成曲线，此曲线是作为听力补偿的目标。插入增益测试的目的，就是通过调节助听器的各项参数，使之与目标增益最大限度地吻合或匹配。

10. **功能增益(functional gain，FG)** 在声场中进行测试，获得助听器的助听阈值和未助听阈值，两者之差即为功能增益。在不具备进行真耳测试的情况下，可用功能增益反应助听器对听力损失的补偿。但是两者相比，真耳分析具有独特优势。首先，病人无需作答，故真耳分析可用于儿童及不能主观配合听阈测试的人；其次，它能测出比行为听阈更细微的变化(2-10 db)。同时，真耳分析可反映助听器在小声、中声、大声及最大声输出(MPO时的实际放大效果。

二、真耳分析的测试方法

真耳分析的测试方法主要有3种：比较法（comparison method）、替代法（substitute method）和改良声压法（modified pressure method）。其中改良声压法最常用，它又可以分为使用实时均衡化的改良声压法（modified pressure method using concurrent equalization，MPCE）和使用储存均衡化的改良声压法（modified pressure method with stored equalization，MPSE）。后者使得开放式助听器也可以进行真耳分析，而不受声音泄漏的干扰，这种对开放式助听器的真耳分析测试称为开放式真耳分析（OpenREM）。

此处只对储存均衡化的改良声压法做一简单介绍：首先，测量真耳无助响应；其次，测量真耳有助响应，二者相减不仅得到了插入增益，还排除了头颅、躯干和助听器的散射效应，同时还补偿了环境噪声和病人运动的影响。这种方法需要有储存器来储存真耳无助响应和真耳有助响应（图2-4-3）。

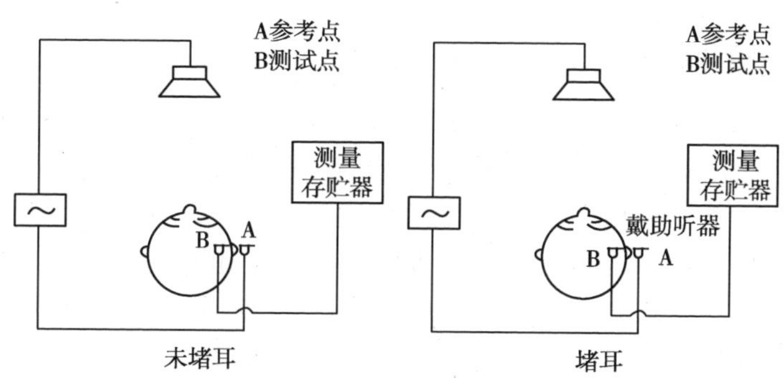

图2-4-3　用声压法进行真耳分析

三、真耳分析用验配公式

对于成人建议使用NAL-NL1公式。有研究表明，DSL i/o公式在高频的增益过高，超出了成人所需的增益量(Moore et al 2001)。但也有学者持不同观点。Parsons和Clarke认为，直接询问患者的感受可以避免成人使用DSL进行验配时过多的高频增益。

对于儿童建议使用DSL i/o公式。但是，如果儿童验配时使用NAL-NL1公式，则需要选择REAR作为目标而不是REIG，否则会导致中频放大不足。因为REIG的目标值是基于成人外耳道共振的，而儿童的外耳道共振往往比成人偏于高频。

除此之外，还需要注意处方公式中是否考虑了双耳总和效应或传导性因素。如果选择双耳验配或考虑骨导听阈，处方公式会自动添加相应的修正值。例如，选择双耳验配会将目标增益减少3~6 db。

但是大多数情况下，不同厂家的助听器都是使用各自的自适应处方公式。此时就需要使用真耳分析仪中的自定义处方公式功能，手动输入目标值（图2-4-4）。

【能力要求】

真耳分析仪在市场上存在多种品牌和型号，如丹麦尔听美公司的Aurical，丹麦国际

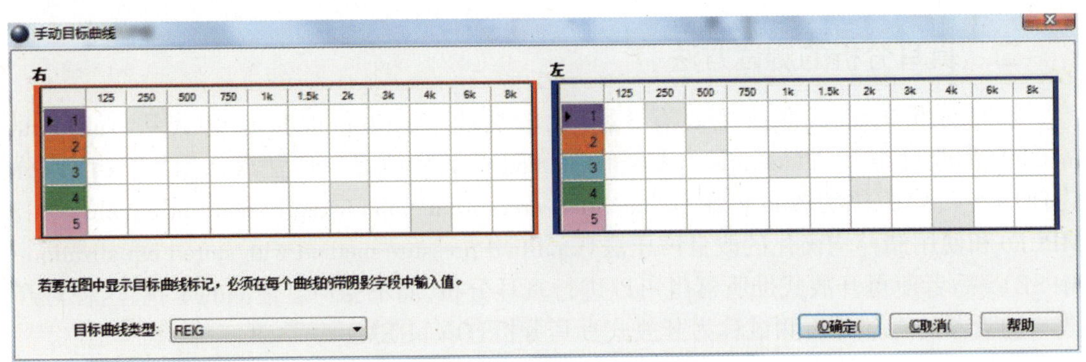

图 2-4-4　手动输入目标曲线，建立目标值

听力公司的 Affinity，美国 Frye 公司的 Fonix 等。尽管不同设备的操作步骤细节会有不同，但是其工作原理和操作程序都是相通的，具体工作时请参照厂家提供的使用手册进行操作。这里以 Aurical 为例，介绍真耳分析的操作步骤。

一、测试前准备

1. 测试环境　真耳分析对环境噪声的要求，没有像听力评估那样需要在隔声室中进行，也可以在普通房间进行，但是，所有频率带的测试信号强度至少要高于噪声强度 10 db。测试环境越安静，可以采用越低的信号强度进行测试，尤其是对非线性助听器。对于线性助听器，65 db SPL 是可接受的最低信号强度。但是对于一些非线性助听器，如果需要评估小声（例如，40 db SPL）的放大作用，对环境噪声的要求就变高；同时也要求测试者尽可能保持安静。

2. 耳镜检查　进行所有真耳测试前，必须先进行耳镜检查，并清理外耳道（Tecca，1994）。外耳道内的耵聍（异物）可能会影响探管的放置位置或堵塞探管。此时设备就会显示不正确的结果，即外耳道内的信号强度偏低。鼓膜异常（如，鼓膜穿孔）时，探管可能伤及中耳。外耳道炎或中耳感染（如，急性中耳炎）时，探管可能会被病菌污染。另外，测试前先用耳镜观察外耳道解剖形态有助于确定探管的放置位置。

3. 扬声器的放置　在真耳分析中，扬声器与受试者的方位非常重要。扬声器的距离和方位可以影响真耳测试的结果（Hawkins and Mueller，1986，1992；Ickes 等，1991）。尤其是用替代法进行真耳分析测试时（Preves and Sullivan，1987 and Hawkins and Mueller，1992）。一般扬声器与受试者距离 0.5~1.0m，需同时考虑测试精确度（如，减少环境噪声和混响的影响）和病人舒适度（如，距离扬声器太近会使受试者觉得太吵）。对于扬声器的方位角，一般建议采用 0°或 45°（图 2-4-5），方向性麦克风采用 30°，受试者耳部与扬声器中

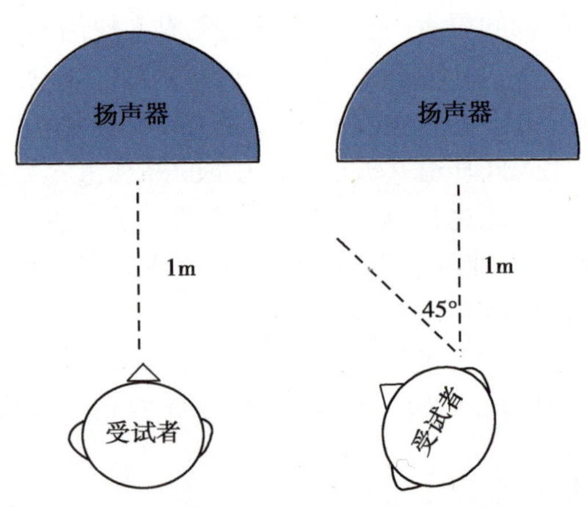

图 2-4-5　扬声器位置（左图为 0°角，右图为 45°角）

心保持同一水平。有关于不同方位角对测试可靠性的研究显示,90°方位角所得数据的可重复性差,所以很少使用。

4. 测试信号的选择 在测试中尽可能选择最大带宽的信号,因为尽管测试设备使用参考麦克风,但它仅对参考麦克风所在位置的强度进行控制。控制参考麦克风所在位置周围测试信号的稳定,对确保测试结果的正确有积极意义。围绕耳廓周围测试信号强度的控制和稳定,与测试信号带宽和测试环境有关。如果反射(房子的边界,附近的物体,受试者的肩部)使得信号在头部附近产生驻波,在小范围内就会使声压产生巨大的改变,尤其对低频声音。纯音容易产生驻波,因为当反射波抵消了直接波时,可以有最小的节点发生。使用宽带测试信号,由于信号中包含多种频率,因而不可能在空间同一位置上产生相同的节点,声场就变得均匀。传统的测试信号可以选择啭音,窄带噪声或宽带噪声。现在,很多新的真耳分析仪中更多采用复合言语声信号,如国际言语测试信号(international speech test singnal, ISTS)信号,国际康复听力学执行管理委员会(international collegium of rehabilitative audiology, ICRA)信号等。这些信号更接近自然言语声。

5. 探管放置 测试探头的位置与测试项目有关,介入增益测试探头的位置不如真耳有助增益的严格。一般,探管末端要超过助听器或者耳模内侧约 0.5cm。因为在距鼓膜 0.5cm 以内,声压受声波从窄的声孔转换到宽的外耳道中的影响较小,同时避免驻波现象,并保证高频部分的测试精度。距离越近高频测试结果越精确见 Dirks and Kincaid, 1987)。如要进行非常精确的测试,就应该考虑探头位置与由驻波误差引起的强度改变。

放置探管的方法有两种:①深度标记法(图 2-4-6):用探管上的标尺直接测量插入的深度,并用黑环做好标记。探管插入深度因受试者年龄和性别而异,国外推荐的插入深度为:男性 3~3.1cm,女性 2.8cm,国人一般在 2.5cm 左右,儿童 2.0~2.5cm;②耳模参照法:以耳模或助听器作参照,探管末端超出耳模或助听器内侧端约 0.5cm,在探管近耳模外侧端做好标记,再将探管连同耳模一并插入外耳道,调整插入深度至标记对齐耳模外侧端。放置过程中要观察患者的反应,如果有痛等表现,有可能是探管头端触及鼓膜。

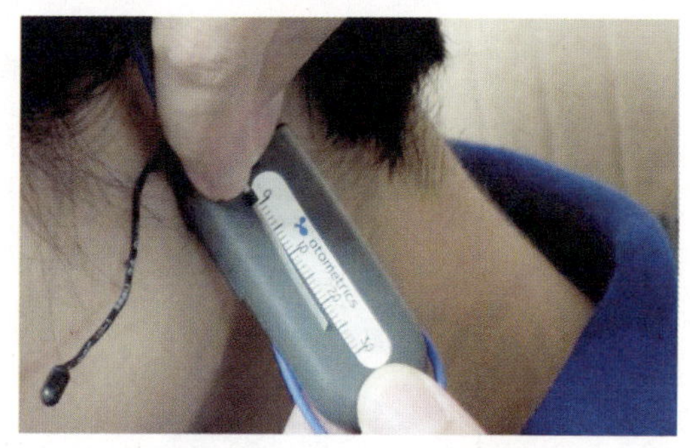

图 2-4-6 深度标记法示意图

二、测试步骤

1. 输入听力图

(1) 打开真耳分析软件——耳遂听软件,输入患者信息。

(2) 在左侧导航中选择“测听”模块中的“纯音”,点击 打开手动输入模式。

(3) 点击控制面板 控制面版 打开左侧控制面板。

(4) 在左侧控制面板中选择相应的耳侧别和将要输入的听力图类型,如气导、骨导、不舒适阈。

(5) 输入气导、骨导、不舒适阈听力图。

2. 探管校准　大多数真耳分析仪在测试前均要进行探管校准。由于探管是一根细长的软管，所以其内在频响是非平坦型的。真耳分析仪通过探管校准（probe calibration）或通过机器本身的修正值校准频响反应。通常使用具有平坦频响曲线的参考麦克风校准测量麦克风。

(1) 点击导航器 导航器 回到左侧导航界面，选择探针麦克风测试模块下的真耳无助听响应。

(2) 点击控制面板 控制面版 打开左侧控制面板，连接 Aurical。连接成功后会自动跳出探管校准的对话框。

(3) 测试时将测量麦克风的探管末端与参考麦克风相对应（图 2-4-7），参考麦克风面朝扬声器，距离扬声器约 1m，并与扬声器保持同一水平。

(4) 点击“启动”自动进行校准。若校准成功，则会显示“已校准成功”的字样（图 2-4-8）。

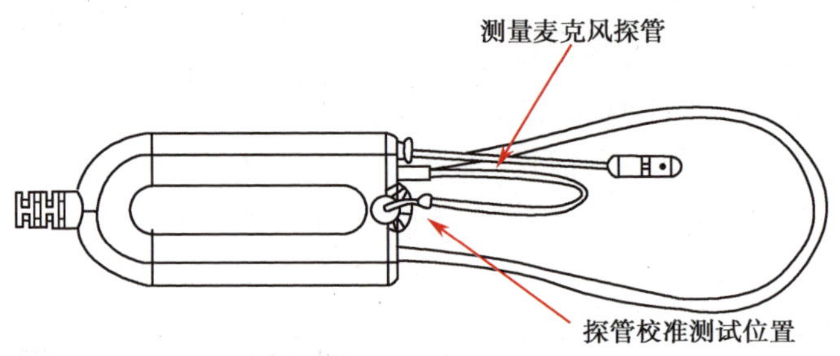

图 2-4-7　探管校准时探管放置位置示意图

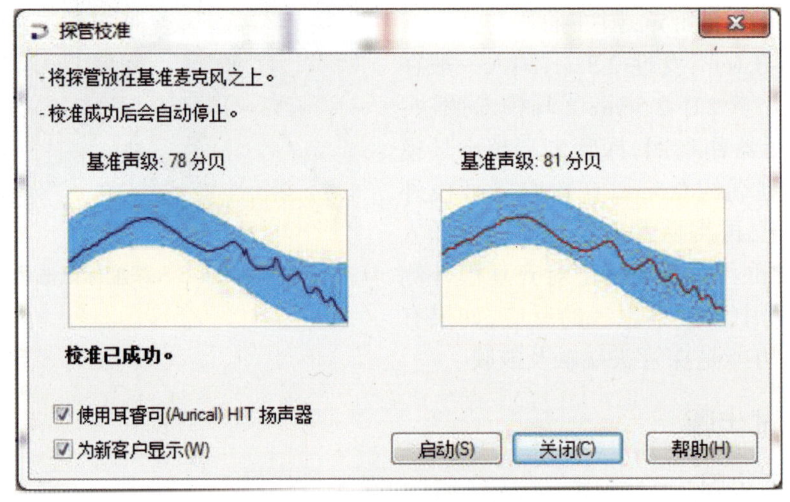

图 2-4-8　显示探管校准已成功

但是对开放式助听器的校准会有所不同。因为开放耳验配选用的是开放式的耳塞(非堵耳)，进行真耳增益测试时会导致声音泄漏，干扰参考麦克风的声音输入，导致系统错误计算需要的输出信号。此时就要开启设备上的开放式助听器真耳分析（OpenREM）校准功能，使用储存均衡化的改良声压法进行探管校准。测试时参考麦克风处于关闭状态，系

统直接监控到达耳朵的声音而不受助听器泄漏声音的干扰。

3. 受试者准备

(1) 受试者取坐位，面朝扬声器或与扬声器成45°角，距离扬声器1m，且受试者的耳朵与扬声器中心点处于同一水平面。

(2) 让受试者保持安静，测试时不要移动身体和头部，以免影响测试结果。

(3) 告知受试者大概的测试过程，以及插入探管时可能会有点痒或不舒服，但不会对耳朵造成损伤。若实在无法忍受请立刻告知验配师。

(4) 将测试肩带挂到受试者的脖子上，取下探头，用蓝色皮筋挂到受试者的耳朵上，并适当调节皮筋松紧以固定探头。

4. 插入探管

(1) 用深度标记法或耳模参照法标记插入的深度。

(2) 一只手将外耳道拉直，另一只手轻轻插入探管，使探管躺在外耳道底部且黑色标记物处于耳屏间切迹。

(3) 用黑色支架固定探管，放置探管滑出外耳道。

5. 测试真耳无助响应(REUR)

(1) 选择要测试的耳别或选择双耳。

(2) 点击左侧控制面板的“未戴助听器”进行测试。

(3) 测试后会自动显示真耳无助响应的测试结果(图2-4-9)。

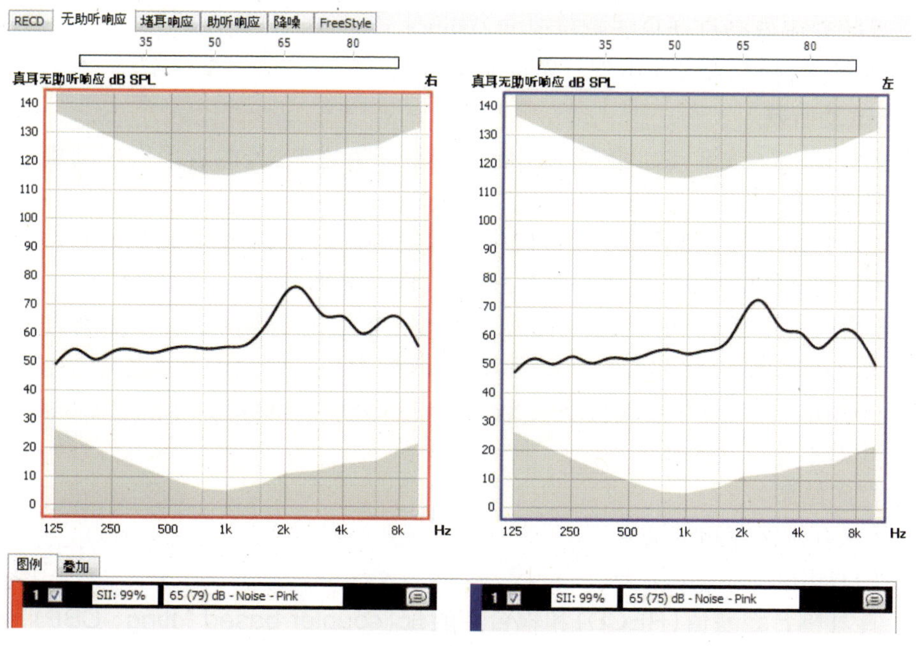

图2-4-9 真耳无助响应结果示意图

6. 设置验配详情

(1) 按F10打开验配详情对话框。

(2) 选择相应的处方公式(图2-4-10)。

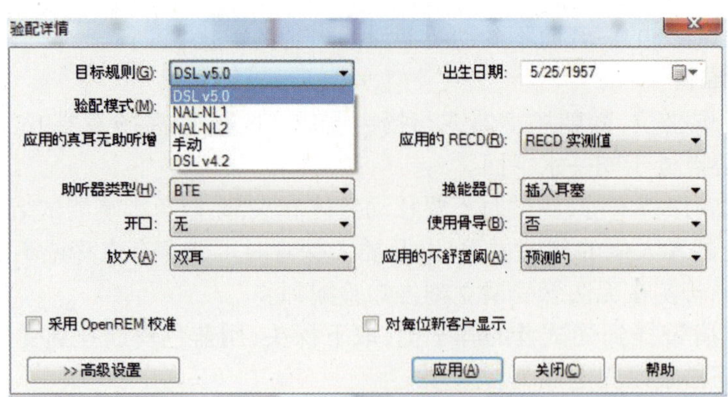

图 2-4-10　验配详情对话框

(3) 填写对话框中的 ⊕ 剩余字段。

(4) 点"应用"完成设置。

7. 真耳有助响应(REAR)

(1) 点击助听响应 助听响应 切换至真耳有助响应的界面。

(2) 保持探管位置不变,戴上助听器或耳模。注意,此时助听器通过编程线连接至验配软件,且助听器处于开启状态。

(3) 选择测试强度和测试信号类型。

(4) 勾选需要测试的项目,按序列键开始自动测试序列。

(5) 测试完成后会自动显示测试结果(图 2-4-11)。其中相应颜色的曲线代表相应的强度。虚线代表目标,实线代表真耳实际测量值。

8. 调试助听器

(1) 按 OnTarget 按键 ⊕ ,会显示实测值与目标值之差,若两者不匹配则提示需要重新调试助听器。

(2) 打开验配软件,根据真耳分析仪中显示的值,适当调节助听器的增益。若实测值大于目标值,则降低增益;若实测值小于目标值,则调高增益。

9. 再验证　重新调试助听器后,需要再做一次真耳有助响应,看实测值是否匹配目标值。若不匹配则再调试再验证,直到两者匹配为止。调试的基本原则是,250, 500, 1000 和 2000 Hz 时,虚线和实线相差 ±5 db 以内,3000 和 4000 Hz 时相差 ±8 db 以内,每倍频程间相差不超过 ±5 db。

10. 打印结果

(1) 按保存键保存测试结果。

(2) 按打印键打印测试结果。

11. 真耳耦合腔差值(RECD)和耦合腔验配(coupler based fitting, CBF)　如果您要使用测得的 RECD 值来进行基于耦合腔的验配,则需要按照以下方法进行测试。

(1) 耦合腔响应:如果存储有耦合腔测试值,则跳过此过程。

1) 在 PMM 中打开 RECD 选项卡。

2) 指明所用的耦合腔适配器的类型,以及是否使用耳模或海绵插入式耳塞。

3) 在 RECD 控制面板中单击耦合腔响应。

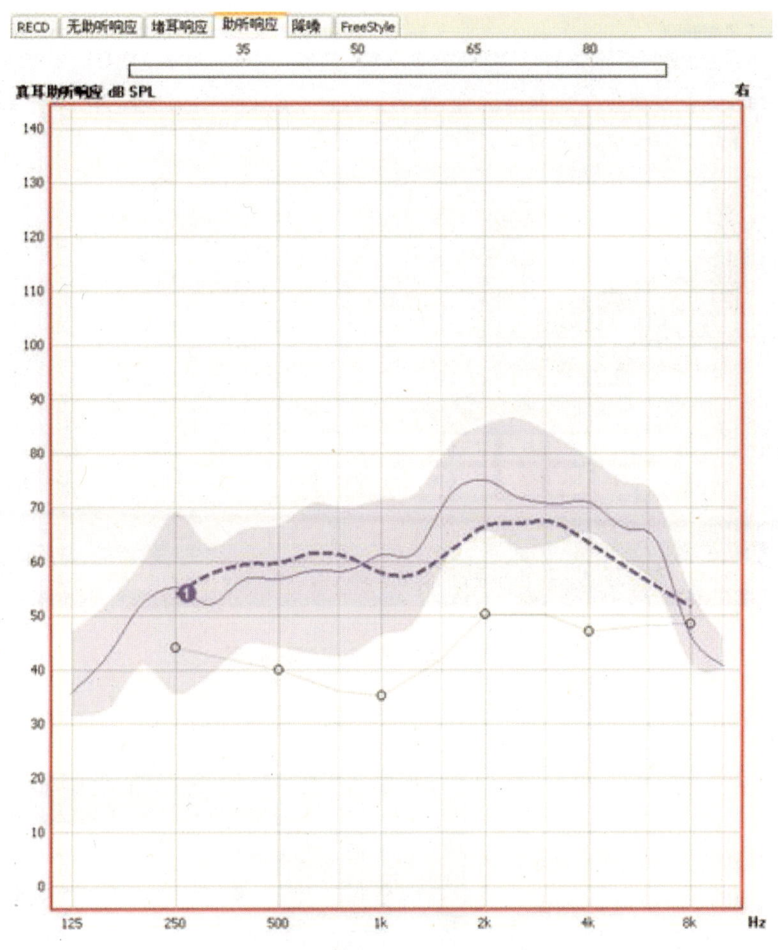

图 2-4-11 右耳真耳有助响应测试结果

4）按照示意图(图 2-4-12)，将右侧RECD 探头连接到 Aurical 海特箱中的耦合腔上，点击测试右耳开始测试。

5）再测试左侧 RECD 探头的耦合腔响应。

6）测试完成后点击确定退出(图 2-4-13)。

7）从 Aurical 海特箱上取下探头，并从BTE 适配器管上卸下 RECD 快速接头。

(2) 真耳响应

1）将 RECD 快速接头连接到耳模管(或海绵插入式耳塞)(图 2-4-14)。

2）将探管和耳模或海绵插入式耳塞放入受试者耳朵中。

3）选择要测试的耳别。

4）在控制面板中，单击耳响应进行测试。

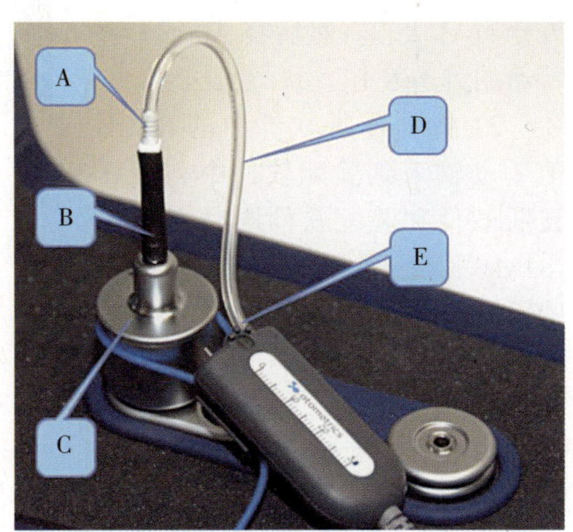

图 2-4-12 耦合腔响应连接示意图

A. RECD 快速接头；B. BTE 适配器管；C. BTE（HA2）适配器；D. 换能器探管；E. 换能器管端口

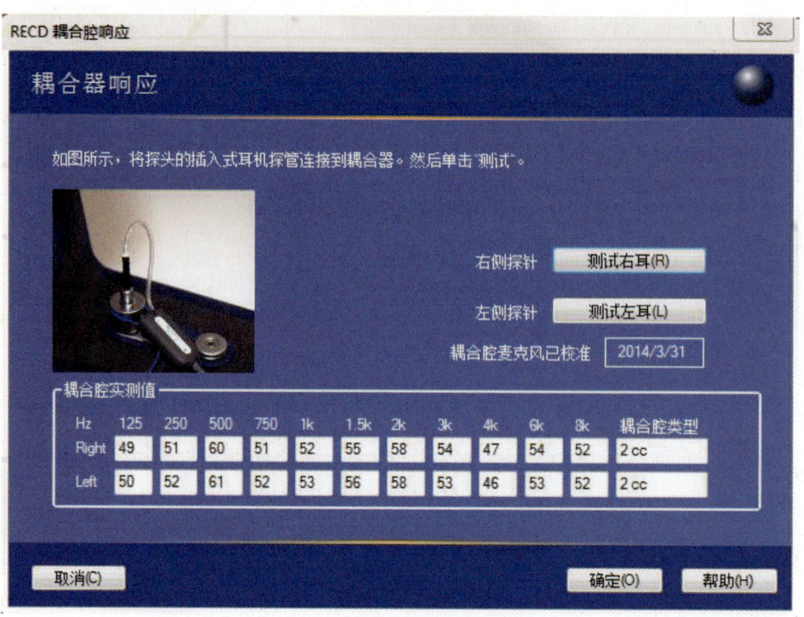

图 2-4-13　耦合腔响应测试结果

5）测试完成后会自动显示 RECD 值。

（3）耦合腔验配：将助听器连接到耦合腔中，在耦合腔中进行验配。

1）将助听器连接到耦合腔中（图 2-4-15）。注意此时助听器通过编程线连接至验配软件中，助听器处于开启状态。然后将 Aurical 海特箱的盖子盖上。

2）将耳遂听软件中的 RECD 值手动输入到验配软件中。若耳遂听软件和验配软件同时安装在 NOAH 平台下，则只要选择导入 RECD 值即可。

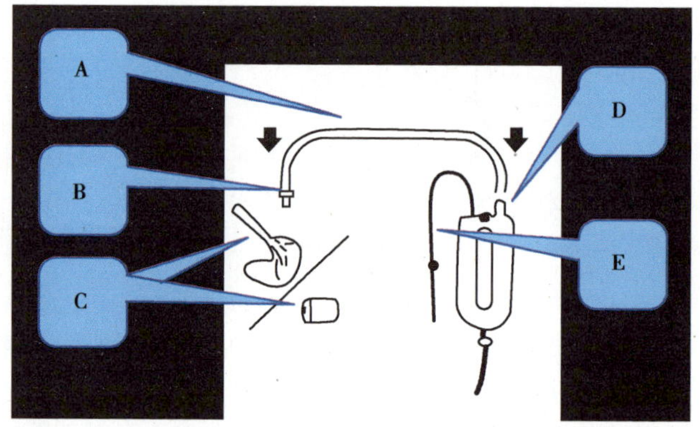

图 2-4-14　真耳响应时连接方法示意图

A. 换能器探管；B. RECD 快速接头；C. 耳模或海绵插入式耳塞；D. 换能器管端口；E. 探管）

3）在真耳助听响应的界面下，将左侧控制面板中的真耳测试切换成 2cc 耦合腔测试。

4）选择需要测试的强度和信号类型。

5）勾选需要测试的项目，按序列键开始自动测试序列。

6）测试完成后会自动显示测试结果。其中相应颜色的曲线代表相应的强度。虚线代表目标，实线代表真耳实际测量值。

7）看实线是否接近虚线，若两者不匹配则需要重新调试助听器。

8）在助听器验配软件中重新调试助听器。

9）在耳遂听软件中再做一次验证，直到实线与虚线已经匹配。

真耳测试除可验证助听器的效果之外，还可用来排除故障，例如有些助听器配戴者抱怨“音质很尖”，这时在真耳测试中会在 REAR 上显示出一个尖锐峰值。此外，需要注意的是，除了做真耳分析验证助听器的实际效果，还需要结合助听器配戴者的主观反应，才能更好的满足患者的需求。

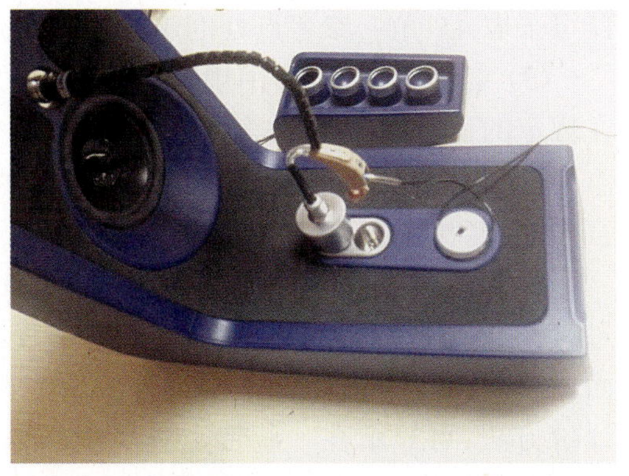

图 2-4-15　耦合腔验配：将助听器连接至 Aurical 海特箱的耦合腔中

第二节　言 语 评 估

一、言语听觉评估的内容

1. 言语听觉评估的意义　言语指语言的口语形式，即说话的声音。言语要比语言的文字形式更为复杂，同一民族的文字语言相同，但在不同地区言语表达却很不一致，这一点在我国特别突出，因此，给言语测听带来了较大困难。在人类社会中，言语是最重要的交际工具，能听到或听清周围环境声和言语声是听懂语言的基础，也是判断是否有听力障碍的主要指标。言语听力和纯音听力常不一致。有的病人纯音听力较好，但言语听力却很差。纯音听力主要反映耳蜗对不同频率的声音敏感情况，而言语听觉评估则是反映包括听觉中枢在内的听觉通路全过程的听觉功能。因此，尽管言语听觉评估较为复杂，且受诸多因素的影响，在听力学评估中仍然占有十分重要的地位。

及早发现儿童的听觉言语障碍，采取早期干预措施，对减少听力言语残疾的发生是至关重要的，言语听觉评估是耳聋诊断及听力补偿或听力重建效果评估的重要手段，对于康复方案的制订至关重要。

2. 听觉言语评估的相关概念

⑴ 言语听觉评估：言语听觉评估是指利用标准言语词表作为测试信号，通过听力计或自然口语发声来测定言语听觉识别得分的一种评估方法。测试包括刺激、反应、计量三个内容。

刺激：言语信号作为刺激音包括声母、韵母、声调、单音节、双音节、三音节、短句、自然环境声等。

反应：被试者听到言语信号后的反应。反应方式有两种，一种是在封闭项测试中，以听声指认图片或玩具、实物等的反应方式；二是在开放项测试中，以听声复述的方式反应。

计量：言语听觉识别得分以百分比表示。

⑵ 参考点：在声场测听时，被试者取坐位，其两侧外耳道口连线中点称为参考点，声场扬声器的位置距参考点为中心 1m 远，如果只有一个扬声器可采取 0°角，如果两个扬声

器可采取45°角。参考点处的声音强度用声级计计量。

(3) 言语识别率：指用规定的言语信号(通常采用言语词表)和规定的信号发送方法，在规定的言语级(如正常言语强度65 db SPL)条件下，能正确识别的测试项目数的百分比。

(4) 言语均衡词表：是指按特定语音在规定的年龄段各种因素出现的频率而编制的言语词表。

3. 儿童言语听觉评估词表　听力障碍儿童佩戴助听器后的听觉功能评估主要通过言语听觉识别来完成。听力障碍儿童寻求帮助的最主要目的是能听清、听懂言语，进而发展言语。言语识别是测试小龄听力障碍儿童佩戴助听器后对言语可懂程度直接的评价方法，可显示在一些特定环境中听取言语能力的情况，是助听器效果评价的重要组成部分，尤其对全数字助听器的评价更有意义。功能评估的测试音为言语声或滤波复合音。

儿童言语识别测试以中国聋儿康复研究中心孙喜斌、高成华(1993)编制的儿童言语听觉评估系列词表《听障儿童听力语言康复评估题库》为例进行说明。该词表以图画为主要表现形式，内容包括自然声响识别、声调识别、数字识别、选择性听取9项。

4. 听觉言语评估计算机导航系统　计算机、多媒体技术的发展，为传统的康复技术与现代康复技术的结合提供了良好的平台。听觉言语评估计算机导航系统运用国际最新DSP技术、频谱复合和分解技术、滤波技术、FFT快速分析技术、制作出一套全新理念的、国内首创的听觉言语能力评估多媒体软件系统及专用硬件系统。该系统具有听觉数量评估、听觉功能评估及听觉言语学习等功能。听觉数量评估的测试音分别有啭音、窄带噪声和滤波复合音供评估时选择。听觉功能评估的测试音为言语声，包括儿童系列言语识别词表和自然环境声响识别等内容。该系统配以更加丰富的彩色图片及动画表达测试词意义，儿童在与计算机互动游戏中达到听觉言语评估的目的。评估结果可由计算机自动统计分析，打印出评估结果。如果借助该系统进行听觉训练，通过选择键可导入听觉言语学习系统，该学习系统依据儿童听觉评估中的错误走向自动形成联系项目，采用声音和动画结合的方式，充分发挥听力障碍儿童视觉动感和色彩理解能力，有针对性地对听力障碍儿童进行听觉言语训练，提高对听力障碍儿童的刺激和理解，达到强化训练的目的。

二、儿童言语听觉评估内容及意义

成人的言语听觉评估已在言语测听等相关章节中介绍，本节主要阐述听力障碍儿童佩戴助听器后或人工耳蜗植入后的言语听觉评估内容。

1. 3岁以内儿童的言语听觉评估　对0~3岁婴幼儿的言语听觉评估方法及刺激音的选择，要以婴幼儿的听觉言语发育指标为重要依据。选择与听觉言语发育阶段相适应的语音及词汇作为测试音，采用正常言语声强度(约65 db SPL)，测试者注意回避婴幼儿眼睛，在安静房间(约≤ 45 db A)进行测试。

对1岁以内的婴幼儿可利用婴儿熟悉的语音进行测试，通过观察其有无寻找声源的听性行为反应来判断其听觉能力。对1~3岁婴幼儿可采用每个年龄段应掌握的词汇，回避看话，通过听说复述来判断其听觉能力。或采用对熟悉的物体命名指认的方法，如经常玩的玩具，小动物模型，娃娃的五官及身体部位，各种水果等。如果通过与听力计相连的扬声器，可根据反映的情况，降低信号强度，以估测小儿言语听敏度(测试结果可代表好耳

听力情况)。

2. 3岁以上儿童的言语听觉评估 3岁以上婴幼儿言语发展近于完善，与成人进行一般言语交流已不是困难，但文字语言对他们仍然是很陌生的，所以，制定并使用规范又具有图文并茂特点的儿童言语测听词表是必要的。儿童的言语测听词表与成人不同，因为无论声母还是韵母词频的出现率都有显著差异，以图代词是儿童言语听觉评估词表的一大特点，游戏是儿童进行言语听觉评估的主要方法。

儿童言语听觉评估材料的编写是以《学说话》及儿童日常使用最多的词汇为文字资料，可依据被试儿童的实际情况选择听话识图(封闭项)或听说复述(开放项)方法进行评估，整个评估在与儿童游戏中完成。言语测试词表的表现形式是图画，全部词表共由424张彩色图片组成，分为韵母识别、声母识别、单音节词(字)识别、双音节词识别、三音节词识别、短句识别、音调识别、选自然环境声识别及在背景声中选择性听取等内容。配有评估词表CD盘及供听觉学习用的VCD，这套言语听觉评估资料主要用于听力障碍儿童助听器验配或人工耳蜗植入后的听觉效果评估。每一个词表都是一个独立的评估内容，可依据被试儿童听觉言语发育的实际情况选择使用。

(1) 自然环境声识别：本项测试为无言语听力障碍儿童提供了听觉评估途径，每种音响都有其特定的主频范围。判断听力障碍儿童佩戴助听器后的听觉功能、助听效果以及对自然环境各种音响的辨识能力和适应能力。

(2) 语音识别：语音识别分为韵母识别和声母识别。

韵母识别。韵母是汉语的主要语音成分，每个音节都离不开韵母，韵母也可以独立成为音节并在音节长度语音能量方面占有很大的优势。通过韵母识别评估听力障碍儿童中低频语音感知及听觉识别能力，为指导教学实践提供理论依据。

依据儿童日常语词频即韵母出现率，选用了《汉语拼音方案》韵母表中31个韵母，按照语音测试词表编制规则组成75个词，共分为3个测听词表1、词表2、词表3、编成25组，每组由3个词组成，其中有一个测试词，2个陪衬词，全部配有彩色图片。

声母识别。《汉语拼音方案》中21个声母全被选用，按照语音测试词表编制规则组成75个词，共分为3个测听词表即词表1、词表2、词表3，编成25组每组由3个词组成，其中有一个测试词，2个陪衬词，全部配有彩色图片。声母往往不能离开韵母而单独发出音来，它总是伴随韵母前后与韵母一起作为识别信息的语音成分。声母频谱范围3000 Hz以上，远较韵母频率高，听力障碍儿童的听力损失高频显著者居多。通过声母识别可以评估听力障碍儿童听觉功能及助听器对听力障碍儿童高频听力损失的补偿效果。

(3) 数字识别：本测试主要通过听力障碍儿童对数字的识别了解其对声母韵母组合音的听觉识别能力，1~10的数字由计算机随机选出25个，编成5组，每组5个数字，其中有1个为测试词，4个为陪衬词。

(4) 声调识别：由音高构成的声调音位是汉藏语系统语音特点之一，在这些语言里，调位是词的语音结构的一个组成部分。同一个音节只要声调不同，语音的形式和意义就不同，因此汉语的声调同韵母，声母一样占有重要地位。声调识别分为同音单音节声调识别和双音节声调识别。通过同音单音节声调识别，主要了解听力障碍儿童对低频语音成分的感知和识别能力；双音节声调识别主要评估听力障碍儿童通过对声调的识别来理解力语义的能力。

(5) 单音节词(字)识别:本项测试由同等难易度的两个词表组成,每个词表有35个词(字),包括了《汉语拼音方案》中全部声母及35个韵母中的30个。本项测试可以判断听力障碍儿童佩戴助听器后,对韵母、声母、声调在各单词中的综合听辨能力。

(6) 双音节词识别:本项测试通过对双音节词识别可获得言语识别率,了解听力障碍儿童言语可懂度及听觉中枢处理情况。共选60个词,分为词表1和词表2。每个词表30个词,共分为6组,每组5个词。词表1考虑了传统的言语测听双音节词编制规则,根据两个音节同等重本的理论,选择同时避免轻声出现,选择用扬抑格双音节词,并考虑听力障碍儿童的言语特点。词表2与词表1的不同点就是不回避轻声,因为普通话声调与西方语系不同,具有重要的判意作用,轻声同属调类,亦具有重要的判意作用,况且轻声在汉语声调出现率为8.63%,故用词表2评估听力障碍儿童佩戴助听器后的听觉功能,可了解更多的听觉康复信息,更具有应用价值。

(7) 三音节词识别:通过三音节词识别,测试听力障碍儿童感知、分辨连续语言的能力。随着听力障碍儿童言语的发展,三音节识别是单音节向多音节的过渡阶段。

(8) 短句识别:短句识别是评价听力障碍儿童验配助听器后,感知和分辨连续言语能力及听觉功能的重要方法。本词表从"学说活"教材,选用听力障碍儿童已学会的20个句子,分成4组,每组由5个句子组成,全部配有图片。

【能力要求】

言语听觉评估操作

一、工作准备

1. 确定评估方式及声场校准 言语听觉评估方法依据给测试音途径不同使用口声测试法和声场测试法两种。

(1) 口声测试法

1) 确定参考点测试位置。测试者与被试者并排而坐,间隔0.5m。

2) 选择评估词表,依照儿童言语测听方法出示图片。

3) 测试者直接发音,发生强度控制在65 db SPL左右(可用声级计监测)。

(2) 声场测试法

1) 检查设备,连接电源,使评估设备进入校准状态。

2) 进行言语声场校准,选择45°或90°入射角。

3) 储存校准数值,进入测试状态。

4) 被试者坐于参考测试位置。

5) 若采用封闭项测试,测试者可依据儿童言语测听方法出示图片,直至完成测试。

2. 选择儿童言语听觉评估词表 主要依据评估目的不同选择评估内容,例如:

(1) 选择声调识别或韵母识别可以了解中低、中频听力补偿效果。

(2) 选择声母识别可以了解高频听力补偿效果。

(3) 选择双音节词识别可了解言语可懂度。

(4) 选择短句识别可以了解识别连续语言的能力及词语间的相互掩蔽影响程度。

(5) 选择自然环境声响识别,可以了解对不同频响声音的感知。

二、工作程序

1. 口声言语听觉评估规则

(1) 被试者坐在测试参考点位置,测试者与被试者并排而坐,测试者位于好耳一侧,两人间距 0.5m。

(2) 测试环境选择安静的房间。测试者用两人平常交谈时的音量发音(73 db SPL 左右),每一测试词可发音一次,让被试者确认。

(3) 如果利用言语测试专用 CD 通过听力计给声,被试者应坐在测试参考点位置,听扬声器发出的声音。

(4) 测试方法可采用听声识图法(封闭项)或听说复述法(开放项)。

(5) 在评估前被试者一定要首先利用听觉学习 VCD 进行评估相关资料的听觉学习,以便掌握评估词汇的含义,评估时要回避视觉参与,若采用听声识图法时,要避免被试者不懂词汇的出现。

(6) 每套测听材料都是独立的测试单位,应用时可以根据听力障碍儿童的康复需求,言语能力以及评估目的,进行选择测试单元,每次测试在 10 分钟以内完成。

2. 声场言语听觉评估规则

(1) 听觉言语计算机导航系统:儿童言语测听词表通过该系统匹配的扬声器给声,可进行自然环境声识别、声母识别、韵母识别、声调识别、单音节词识别、双音节词识别、三音节词识别和短句识别的标准化测试,评估系统自动计算每一个词表的言语识别率及每一个词(字)的正确识别率,并可标出错误走向及助听效果级别。

(2) 测试环境:评估室经吸音处理,安静房间,室内本底噪声≤ 45 db A。

(3) 建立声场:通过扬声器给声,距离参考测试点位置信号声控制在 70 db SPL,扬声器位于测试者 1m 远,成 45°角水平。

(4) 被试者坐于参考测试点位置,封闭项测试可依据该系统发出的测试语音指出相应图片。

(5) 评估结果和康复指导建议计算机可自动形成,亦可测试者手动制订,并可随时通过系统打印出来。

3. 口声听觉言语能力评估

(1) 自然环境声响识别方法:本测试内容所选 20 种声响均为听力障碍儿童听力训练教材初期课程,共分 4 组,每组 5 张测试图片,其中有 4 张陪衬图片,20 张图片共循环 5 次测试完成。用录音机播放测试音,扬声器距被试儿童 1m,并与听力障碍儿童助听器在同一平面,成 0°角,其声压级控制在 70 db SPL 左右,测试可在较安静的房间进行,考虑听力障碍儿童的心理特点,用听声识图游戏法评估,测试在 10 分钟内完成,按测试表格记录,计算公式:

言语识别率(%)=(正确回答数 / 测试内容总数)× 100%

(2) 语音识别方法:被试者坐在测试参考点位置,依据测试目的不同选择韵母识别词表或声母识别词表。用听说复述法主要评估听力障碍儿童的语音听辨能力及听力障碍儿童的发音水平。用听话识图法主要用于评估听力障碍儿童的语音听辨能力及助听器效果。

一次以组为单位初始图片，选择一个测试词表作为发音词，25 组图片循环出示一次即可完成测试，原则上发音词应是同一词表，陪衬词是其他两个词表，图片的摆放位置可以随机，其计算公式为：识别得分（%）=（正确回答数 /25）× 100%，发音若随机，计算结果时要考虑每一个词的归一化系数。

计算公式为：言语识别率（%）=（实际得分 / 应得总分）× 100%。

（3）数字识别方法：听话识图法（封闭项），被试者坐在测试参考位置，测试者与被试者并排而坐，位于被试者较好耳一侧，每组出示 5 张测试图片，首次分别读其中 2 张，被试者可根据发声词分别选出图片，第二次循环出示图片剩余的 3 张分别发音，被试儿童可根据发声词分别选出图片，循环 2 次可完成测试。将被试者错答的词序号写在测试记录上，以便分析为进一步改进听力学措施及康复手段提供依据，测试结果计算：识别得分（%）=（正确回答数 / 测试内容总数）× 100%。

（4）声调识别方法：同音单音节词声调识别，首先让听力障碍儿童位于参考测试点，在小桌前坐好，测试条件同自然环境声响识别，然后出示 4 张标有声调符号的卡片，用听声识图法进行测试，被试者可根据发声词分别选出图片。若用听说复述法测试，要求只用声调回答正确即可得分，如 ma 答成 ba 等。双音节声调识别，每组两张图片，出示图片同时发音，待图片在被试者面前摆好后再随机选其中一张图片发音，让被试者选择，循环一次完成测试。

（5）单音节词（字）识别方法：可根据听力障碍儿童实际言语能力选用“听说复述法”或“听话识图法”进行测试，在听话识图法中每个词表有 7 组图片，每组 5 张图，评估时，以每组为单位出示图片，可随机读两张图片让被试者分别识别选择，依次测试，待第二次循环时将每组未测 3 张图片分别读出让被试者识别。7 组图片共循环出示 2 次可完成评估，每个词都有发音机会。计算得分方法同自然环境声响识别。

（6）双音节词识别方法：可根据听力障碍儿童实际言语能力选用“听说复述法”或“听话识图法”进行测试。评估时，以每组为单位出示图片，可分别随机读两张图片让被试者听觉识别，依次测试，待第二次循环时将未测 3 张图片分别读出让受试者识别。6 组图片共循环出示 2 次可完成评估，每个词都有发音机会。计算得分方法同自然环境声响识别。

（7）三音节词识别方法：可根据听力障碍儿童实际言语能力选用“听说复述法”或“听话识图法”测试。选用“听话识图法”可根据每句关键词是否正确计分（每个关键词 2 分，共 50 个关键词），“听话识图法”以每组 5 张图为单位出示词表，可随机分别读两张图片让选择，依次测试，待第二次循环时将未测 3 张图片分别读出让被试者听觉选择。4 组图片循环出示 2 次可完成评估，每个词都有机会发音。计算得分方法同自然环境声响识别。

4. 记录并分析评估结果

（1）记录

1）口声言语听觉评估，只记录测试结果发音词与错答词的序号。例如发音词卡片为 3 号，被试者识别卡片号为 5 号，则简单记录为（3）~（5），即（发音词卡片号）~（错误词卡片号）。被试者正确识别卡片号不记录。

2）通过听觉言语计算机导航系统评估，计算机会自己记录，评估结束时可将结果打印出来。

（2）评估标准：通过言语识别率来判断其助听效果，通常分为最适、适合、较适、看话 4

个等级。

(3) 结果分析及康复建议

1) 对最适助听器效果的听力障碍者，助听效果已达到优化，在康复过程中应建立听觉中枢优势，即在日常的听觉言语学习过程中要强化听觉记忆能力，尤其加强在背景噪声环境中的听觉学习，习惯使用助听器进行听觉言语交流。

2) 对适合及较适合助听器效果的听力障碍者，在康复过程中应该注意以听觉为主以看话为辅的原则进行听觉语言学习，使学习效果达到最大化，在听觉训练中要有针对性地对易错音，易混淆音强化训练，尤其将这些音与词汇句子结合训练效果更好，且易巩固。每天的音乐欣赏是非常必要的，节奏明快的音乐有利于听觉神经突触活化，长期坚持可使听敏度提高。

3) 对看话助听效果的听力障碍者，在康复过程中听觉能力的训练和看话能力的训练同等重要。充分利用其听觉补偿和视觉补偿功能进行听觉语言学习，有利于其对语言的理解和表达。值得注意的是对这类听力障碍者助听器效果优化也十分必要的，如经康复跟踪评估，即使助听效果已达到优化，但听觉识别仍然很差，及早选择人工耳蜗植入手术对他们听觉能力提高会很有帮助。

三、注意事项

1. 声场校准和评估人发音强度标定监测是非常重要的。对方言较重的地区，如果以方言为主的教学方式，采用口声言语听觉评估时，发音者一定是当地人，不允许有外地方言。

2. 评估时宜在相对安静环境，室内与评估无关的视觉刺激物要尽量避免。

3. 选择词表的目的性要明确，同时要考虑被试者的实际情况，不能短时间做多个词表。

4. 对3岁以内的儿童采用听觉认知发展评估法，用被试者已掌握的内容，在回避视觉的情况下进行言语听觉能力评估。

（张 华）

思 考 题

1. 什么是真耳分析？
2. 什么是REUR、REOR、REIG和REAR？
3. 什么是RECD？
4. 真耳分析的意义是什么？
5. 简述真耳分析的测试步骤。
6. 简述言语听觉评估的意义及内容。
7. 言语听觉评估有哪些注意事项？
8. 简述言语听觉评估的几个概念。

第五章

康复指导

第一节　听觉训练指导

听觉训练是教导并训练听力障碍者，通过听觉去识别言语、词汇、语法或者句子，提高交流能力。该项工作不仅需要听力语言康复师来承担，助听器验配师同样需要掌握听力语言康复相关知识。作为一名合格的助听器验配师，了解听力语言康复方法，不仅会对助听器的选择和验配提供参考，对提高听力障碍者满意度同样具有积极作用。

【相关知识】

一、听觉发育的规律

人类对自然界的声音有一个从低到高、从简单到复杂的认识过程，伴随着这个认识过程，人们的听觉发育也渐臻完善，习惯上把这个过程分为听觉察知、听觉分辨、听觉识别、听觉理解 4 个阶段，也有的文献中把它划分为听觉察知、听觉注意、听觉定向、听觉辨认、听觉记忆、听觉选择、听觉反馈和听觉概念 8 个阶段，这些阶段可以单独存在、独立发展，也可以相互作用、共同完成。

（一）听觉察知

听觉察知（auditory detection）是人耳对声音的一种生理性反应，也就是通过听觉器官判断声音的有无。这一过程持续的时间很短，但却是听觉发育的重要基础。健听儿童的这一过程是在潜移默化中完成的。在安静环境下用 60 db（SPL）、嘈杂环境下 90 db（SPL）的声音刺激新生儿所表现出的听性反射就是最早出现的听觉察知现象。对于语后聋听力障碍儿童和成年听力障碍者，听觉察知的过程比较容易实现。因为他们有一定听觉经验，很容易把通过助听器或人工耳蜗传来的声音与耳聋以前听到的声音联系起来。但对于没有听取经历的语前聋听力障碍儿童来说，听到声音作出反应这一简单过程却需要通过刻苦的训练才能实现。开始进行听觉察知训练时，可以借助视觉的帮助，让他们既能看到导致声音产生的动作和发出声音的器具，又能听到代表一定意义的声音，再用躯体动作表现他们对声音的觉察，逐渐过渡到不用视觉帮助来完成听声和动作的有机联系。这就是在听力语言康复机构最常见到的用敲击鼓、锣、镲等音响器具来进行听觉训练的原因。

（二）听觉分辨

听觉分辨（auditory identification）指的是能够分辨声音的异同，这是听觉发育的重要环节。因为只有能分辨声音才可以区分发出声音的物体（品），才能将声音和发声体联系起来，才能对物质环境有所认识。听觉分辨过程必须有大脑皮层中枢的参与，是更高级的听觉发育阶段。由于出生后就接触到各种不同声音的刺激，听力正常儿童的听觉分辨能力发育较早，有资料显示月龄儿童就具有听觉分辨能力。先天性聋的听力障碍儿童听觉分辨能力的建立需要一定的时间。在听觉能力训练中，康复专业人员经常从日常生活中最常接触到的声音开始训练，例如，在听觉察知已经建立起来的基础上，避开听力障碍儿童的视觉，敲击不同的打击乐器，让他们听到后加以区分。开始训练时使用的发音器具的声音性质（频率）要有明显区别，以便于分辨，待熟悉后再使用声音性质比较接近的器具进行训练，另外，开始让他们分辨的器具种类要少，最好从两种开始，逐渐增加。当能够正确区分不同频率的打击乐后，再训练他们分辨动物的鸣叫声、交通工具声、自然环境声等日常生活中经常接触到的声音，逐渐过渡到分辨更加复杂的言语声。

（三）听觉识别

听觉识别（auditory recognition）又可以称为听觉确认，即能够在多种声音并存的环境中，确定目标声音信号。这是一个需要进行长期的听觉练习，在积累大量的听取经验的基础上才能实现的过程，在这个实现过程中，“听取”非常重要，“记忆”更是不可缺少。无论是听力正常儿童还是听力障碍儿童，必须把听到的声音信号与声音信号表示的内容进行有机的联系，才能实现听觉识别。如果说听觉分辨需要更多的是浅层次的条件反射类的中枢神经活动的话，那么听觉识别需要的是更深层次的听觉记忆和听觉选择类的中枢神经活动。在听力障碍儿童康复训练中，让他们听到敲鼓的声音去认鼓，联系的是听觉分辨，听到发出“鼓”的发音去寻找鼓的实物或图片，训练的就是听觉识别。听觉分辨只需要知道声音表象的不同就可以将发声体区分开来，听觉识别则需要了解声音内涵的区别才能将不同的声音进行识别。前者是后者的基础，但两者有着本质的不同。听觉识别更接近听力语言康复训练的实质。

（四）听觉理解

听觉理解（auditory comprehension）是听觉发育的高级阶段，这需要在大量积累听觉经验并反复的实践证明，再经大脑皮层系统分析加工整理以后才能达到的阶段。与听觉察知、听觉分辨和听觉识别最大的不同是这个阶段不仅仅是对声音本身的认识，而是大脑对声音信号所反映的事物本质的认识。听到鼓声有反应很重要，听到鼓声能指认鼓更重要，听到鼓的发音能找出鼓已经具有实用价值，但听到鼓声或听到鼓的发音能联想到鼓面是圆的、是一种音响器具、需要敲击才能发出声音，在做游戏或有重要活动才敲鼓等与声音概念有联系的事物或事情，才是最后所需要的听觉阶段，也只有到了这个阶段，听觉发育才有实用意义。如果把听觉发育的整个过程比作盖大楼的话，那么前3个阶段就是在为大楼的建设准备材料，钢筋、水泥、木头、石头对盖楼很重要，但只有局部意义，只有按照设计建起了大楼才有整体意义。“大楼”的建立才是听力语言康复训练最需要的听觉发育阶段。

听觉发育和言语发育有着非常密切的关系，前者为后者创造了条件，后者又促进了前者的发展，两者既相互促进又互为基础，是一个不可切割的整体。

二、助听器适应性训练方法

（一）听力障碍儿童助听器适应性训练方法

由于没有“听”的知识和经验，对于儿童，特别是先天性重度听力障碍儿童，根本无法感受到助听器带给他们的帮助，开始时会对助听器和耳模产生抵触。因此，他们的适应性训练应该从让他们接受耳模和助听器开始。

1. 耳模的适应　在原本毫无负担的外耳道和耳廓内装置耳模，显然会使人感到很不舒服，特别是为了防止声音泄露引起的反馈啸叫，有时耳模做得比较饱满，就会让小儿更加难以接受。因此在初戴耳模时，动作一定要轻柔，可先在成人身上做练习，待动作熟练后再正式给小儿戴。佩戴时，一定要掌握好用力的方向和角度，先将耳模整体前旋，把外耳道部分插入，再慢慢后旋至耳模的耳廓部分，将其全部嵌入耳甲腔和耳甲艇。为了防止摩擦过大增加佩戴时的困难，可先在耳模表面涂抹一层凡士林。佩戴耳模最常见的一个错误是耳甲艇部分不到位，浮搁在耳轮脚上，结果不但不能将耳模戴牢戴严，导致助听器出现啸叫，还会因压迫耳廓让儿童感到更不舒服。如果戴上耳模后，听力障碍儿童出现哭闹或自行将其摘下，要及时给予玩具或食物，分散他的注意力，一段时间后，就会逐渐适应。对于接受耳模和助听器比较困难的幼儿，也可以先不连接助听器，只戴耳模，逐渐适应后再与助听器连接。较大年龄的幼儿可让他先观看其他儿童佩戴的助听器和耳模，或者家长和他同时佩戴，让他从心理上产生认同感，这样接受起来就容易多了。有时也确有耳模不合适的现象，因此在初戴时要经常观察耳道和耳廓皮肤的变化，如出现红肿要及时将耳模取下，进行修整。

2. 助听器的适应　如果幼儿接受了耳模，就可以把助听器连接上，此时也先不要打开开关，应空戴一段时间，目的是让他适应助听器带给他的重量负担。

因为听力障碍儿童长期生活在寂静的环境中，突然听到从助听器传来的声音会感到恐惧和不安，在开始时音量控制放小一些，逐渐增大到适合的位置。千万不要为了追求“助听效果”，一开始就把音量开足。听力障碍儿童受到剧烈的声响刺激，会造成严重的心理负担，有一些会从此拒绝佩戴。

在助听器佩戴的初期，听觉器官会感到“听”的负担过重，这也是有的幼儿经常将助听器摘下的原因。此时应允许他“休息”，不可强迫他坚持。但如果这种现象发生的次数过频或持续的时间过长，就应该考虑是不是助听器输出的声音强度与听力损失不匹配，需要重新评价助听器的效果。

绝大部分感音神经性聋的听力损失特点是低频优于高频，日常生活的环境噪声大部分是低频声，且容易导致堵耳效应的出现。低频噪声是让听力障碍儿童感到不舒适的主要声源，所以初戴助听器时，低频部分的输出不可过大，必要时应适当下调一些。

部分幼儿佩戴助听器后，会出现平衡失调的现象，严重的还出现恶心、呕吐、出冷汗的症状，这些表现可能是“重振”的结果，也可能是外耳道神经受刺激后产生的一种迷走神经反射现象。还有儿童佩戴助听器后出现对部分频率（大部分是对 1000 Hz 左右）的声音特别敏感，一听到这些频率的声音就会出现向一侧倾倒的现象，应引起充分注意。特别是对于患有大前庭导水管综合征的患者要多加照顾，不要出现跌倒摔伤导致听力损失加重的情况。一般来说，以上几种现象会随着助听器佩戴时间的延长而逐渐消失。

3. 测试音的听取学习与适应 在幼儿助听器适应性训练过程中，还有一件非常重要的任务，就是让他们学会听取助听器评估时的测试信号音。目前我国低龄儿童助听器效果评估的方法最多使用的是数量评估法，因此，要教会他们听到音响器具声、啭音或窄带噪声时做动作（摆积木、插玩具、举手或点头等），这对于他们的助听器效果评估将是十分有用的。按照幼儿听觉发育的过程，在进行这种练习时，一开始要借助视觉的帮助，先让他们学会看见敲击发声器具后做动作，逐渐过渡到只靠听就会做动作。

一般不要在幼儿戴上助听器后立即对助听效果做出结论，因为佩戴助听器的目的不仅仅是听到声音，而是要理解声音中的含义，能听懂和学会言语，这些都需要大脑皮层的参与，需要经过一定时间的学习才能做到。

（二）成人及老年人听力障碍者助听器适应性训练方法

与幼儿不同的是，成人听力障碍者有过听取声音的经验，他们迫切希望戴上助听器后，能立即回到以往的声音世界中去。但是由于目前的助听器还不能完全取代听觉器官的功能，总会留有一些"遗憾"。好在听觉中枢有强大的整合能力，只要经过一段时间的训练和适应，助听器就会成为自己身体的一部分。成人的助听器适应训练要注意以下问题。

1. 心理的适应 助听器能够帮助听力障碍者减轻或消除耳聋带来的不便，但也能暴露他们的生理缺陷，因此，他们中的许多人虽然迫切希望通过助听器提高自身的生命质量，但又摆脱不了佩戴助听器带来的"暴露听力障碍缺陷"的心理压力。在助听器验配前就要让他们认识到耳聋和近视都是人人可能遇到的问题，既然戴眼镜已经成为一种司空见惯的时尚行为，佩戴助听器同样也是可以接受的，对于所谓的暴露缺陷来说，两者没有什么不同。如果他们本来对助听器就存在心理上的不认可，那么戴上后肯定不会"适应"。

说到心理适应还有一个让听力障碍者如何认识助听器的问题，就目前的科技水平而言，助听器确实只起到"助听"的作用，起不到代替听觉器官的作用。在向他们介绍助听器知识时，一定要实事求是，千万不要过分夸大助听器的作用，以免让他们对助听器产生过高的期望。否则等他们佩戴以后，发现主观感觉与自己的期望值之间有一定差距，肯定也不会"适应"。

2. 对改变原来听觉习惯的适应 成人初次佩戴助听器后，最大的感觉是大量的声音突然涌入耳内，听到的声音杂乱无章、无法分辨。这是因为通过助听器放大后的声音质量与原来认识的声音有了区别，一下子不能习惯；其次是原来听不到的声音，现在听到了，改变了长久以来已经习惯的"安静"状态，听觉中枢很难立即"启动"，对传入的声音进行甄别处理。因此就表现为"听得见，听不清，更听不懂"，有时会认为还不如不戴。另外，由于相关器官功能退化，有的老年人分析问题能力也有下降，对快节奏的声音信息不能实时理解，反而成了负担。这是许多老年人不愿戴助听器的重要原因，但这些都可以在适应性训练中逐渐得以克服。这就要求再给他们选配助听器前，一定要将助听器佩戴初期可能出现的问题向本人和家属阐述清楚，不能急于求成，要一步一步地去适应。

3. 尽可能保存原有语言结构 由于听力障碍者听 - 说反馈机制的削弱和破坏，反馈性调节能力降低，慢慢会失去语言的原有韵律，变得生硬和干涩，让人难以理解；同时由于自己失去了对声音的监听作用，自己讲话的声音强度也失控，往往表现为比正常语声高许多。因此，应借助与助听器，控制发音肌肉的紧张度，并通过观察听讲人的表情和反应来控制声音的大小，还可通过看话纠正某些发音。

4. 佩戴时间的适应 很少有成人有了听力障碍立即选配助听器的，大部分会经过较长时间的治疗，治疗无效后才想到试试助听器。由于长时间接受不到声音的刺激，听觉系统逐渐趋于“休眠”状态，因此，刚开始使用助听器时会感到很疲劳。建议他们在初戴助听器时注意适当的休息，每天从佩戴 1~2 小时开始，逐渐延长到整天都戴。当然，对于那些从开始使用就没有不适感的佩戴者，应鼓励他们全天佩戴。

5. 对声音强度的适应 刚开始使用助听器，声音小了感到帮助不大，声音大了又会感到吵，甚至感到外耳道有振动感，这主要是因为不适应经助听器放大过的声音的缘故。开始时，应先将音量设置为低于正常位置，随着时间的推移，逐渐加大音量。还有一部分佩戴者，听别人讲话时尚好，但听自己讲话时声音很响，像在水缸中讲话一样，这是因为耳模将外耳道封闭后产生的堵耳效应，只需在耳模上打一个声孔就可以解除。现在也有的助听器本身就带有控制堵耳效应的程序。

6. 佩戴环境的适应 成年人耳聋时，在安静的环境里，使用高性能的助听器可以得到较理想的语言听取、识别和理解效果，但是一旦走向实际生活和工作环境，由于声音的嘈杂，过多低频噪声的输入，会感到非常不适应。因此，成年人佩戴助听器更应进行适应性训练。许多佩戴者都有这样的感觉，就是在验配室佩戴，助听器效果很好，到家后再戴，效果就会下降，到公共场所时效果更差。这是因为没有遵循助听器佩戴后先简单后复杂、先家人再外人、先安静后嘈杂的环境适应原则。还要在佩戴者听取单纯的声音刺激时，适当地加入一些背景噪声，以提高其对突然输入的环境噪声的耐受性。另外，从事助听器验配工作的专业人员应在患者佩戴助听器之前，把佩戴助听器后可能出现的一些问题，例如噪声输入、对语言的理解过程，适应性训练需要的时间、输出言语的失真等问题尽可能地予以介绍，不能认为一经戴用助听器听力就会像正常人一样而寄予过高的期望；同时还要告诉他们助听器使用的详细方法和助听器一些声学特性等。

无论是儿童幼儿还是成人，在进行助听器适应性训练的同时，一定要结合听觉功能的训练，才能达到事半功倍的效果。

三、听觉康复的方法

人们通过听觉，可以了解整个声音世界，但最重要的是可借以学习语言、掌握语言和运用语言。对在长期的社会实践中已经积累了丰富的听觉经验、建立了完整的语言体系的人来说，即使有了一时的听力障碍，只要能及时地运用治疗或康复手段，补偿了听力损失，他的听 - 说不会受太大影响。但如果这种障碍持续的时间较长，就会妨碍听觉信息的获取、利用、分析和回应。在这种情况下，就需要对其听力进行补偿，同时还要通过听觉功能训练，重建中断的听说体系，以适应社会需要。

听力语言康复的目的是减少听力损失对听力障碍患者本人及他们的家庭、朋友和相关人员所产生的消极影响，提供给他们必要的交流技巧，帮助他们建立自信心，以便重新顺利的融入社会。听觉训练要和其他类训练，比如语言训练紧密结合起来，形成一个完整的训练系统。

（一）听觉培建内容

听力障碍者听觉能力的培建和聆听技能的掌握，直接关系到听力语言康复的效果，因此，在听力语言康复训练过程中，其意义十分重要。其具体内容可根据听觉能力发展的 4 种基础水平进行如下分解。

1. 声音察知阶段，培建内容为：

(1) 条件反射的建立。

(2) 自发性机警反应的建立。

(3) 对自然环境声和音乐的感知。

2. 声音分辨阶段，培建内容为：

(1) 区分声音的时长。

(2) 区分声音的响度。

(3) 区分声音的音调。

3. 声音识别阶段，培建内容为：

(1) 对语音超音段特性的分辨。

(2) 对不同音节词的分辨。

(3) 对音节相同但辅音或元音信息不同的分辨。

(4) 对短语中关键成分的识别。

4. 声音理解阶段，培建内容为：

(1) 对日常短语的理解。

(2) 对连续语言的理解。

(3) 对简短故事中顺序关系的理解。

(4) 在背景声中理解对话。

(5) 对拟声或抽象语言的理解。

(二) 听觉训练方法

对于不同年龄段的听力障碍者，不同的康复需求，听觉训练计划的制定个体化差异很大。要求助听器验配师与听力障碍者或家属充分沟通，了解康复需求，提供个别化听觉康复指导，提高服务质量。

1. 听力障碍儿童听觉训练方法　聋儿的听觉言语训练，应符合小儿语言发展规律，按聋儿“听力年龄”分阶段从浅到深逐步进行。大体可分为 3 个阶段，即听觉训练阶段，词汇积累阶段，语言训练阶段。本节重点介绍听觉训练阶段内容。

听力障碍儿童听觉训练的目的是最大限度地开发和利用聋儿的残余听力，尽力减少耳聋给聋儿带来的不良影响，养成其聆听的良好习惯，培养其感受、辨别、记忆与理解声音的能力，为最终像正常儿童一样参与社会生活打下坚实基础。对于语言基础尚未建立的聋儿来说，要获得足够的听觉信息并运用这些信息，听力补偿手段必不可少，听觉功能训练措施更为重要。听觉训练过程大致遵循声音察觉、分辨、识别和理解几个阶段，要循序渐进地从以上几个方面进行逐一训练。

2. 听力障碍成人听觉训练方法　由于多数听力障碍成人有一定的言语听取经验，他们对助听设备的要求不仅是学习语言，更多的是改善听觉感受，增强语言交流能力，提高社会交往自信。首先要使他们树立信心，通过助听器进行训练，一定会取得成功。其效果主要决定于个人坚持不懈的努力，克服成人学语又讲不清楚难为情的自卑心理，在听觉 - 语言治疗师或专业书刊的指导下，遵循科学的训练方法（参照聋儿听觉训练方法）并争取家人，包括小一辈家庭成员的协助下，多能在相对较短的时间内取得明显进步。因此，可以认为，成年聋人的听觉功能训练与聋幼儿并无多大不同，而主要区别即在前者更

重要的是发挥自身的积极性，克服心理障碍，即可较快地摆脱聋哑状态。

在听力语言康复训练之前，我们应对听力障碍者的交流能力进行评估，这样有助于我们确定康复的起始点及制订最适合听力障碍者需要的康复训练方式，同时也为我们提供了康复的背景资料以便于在康复训练结束时比较，从而判断康复效果。

评估方法包括综合测试和分类测试。综合测试的目的是比较在不同条件下（听觉、视觉、听 - 视觉）听力障碍者的交流能力以及决定听力障碍者需做何种分类测试。分类测试的目的是测试听力障碍者识别各种言语特征的能力。根据交流能力评估结果，在与听力障碍者充分沟通后，参考听损程度、受教育程度、工作性质、家庭环境、经济能力等因素，引导听力障碍者设定合理的康复目标，并根据听力障碍者需求制定训练计划。听力障碍成人听觉康复训练可分为分类训练、综合训练和实用训练 3 部分。

(1) 分类训练：分类训练常按由易到难的顺序进行设计，主要培养患者区分音节和音节中因素的能力，而不是针对语义。在整个训练过程中，分类训练只占很短的时间，初期一般为每天 10~15 分钟。对于听力损失较严重的听力障碍者，已经丢失了很多学习声音信息的能力，因此，在分类训练中，通常言语声一次只给出一个音节或词语，所以，听力障碍者可以集中练习言语声的特征。分类训练对于儿童讲，时间相对较长。

(2) 综合训练：综合训练是以正常的方式将言语声提供给听力障碍者，比如通过谈话或者讲故事的方式。训练的目的在于发展和提高听力障碍者听觉 - 视觉或听觉交流技能，训练材料一般包括有意义的句子、段落或词汇。在综合训练中，我们主要集中对言语的全貌如语义、句法、上下文提示等内容的训练。

实际在康复训练中，大部分时间是用于综合训练的。主要应根据听力障碍者的需要模拟实际的交流情况进行，重点是让听力障碍者理解信息，即使不能准确感知每一种声音。在训练过程中，听力障碍者要给出反馈信息，使讲话者能了解有哪些内容被听力障碍者感知到了，哪些内容丢失了。

(3) 实用训练：实用训练是教会听力障碍者如何在交流时，通过改变交流环境获得交流所必需的信息。这种训练的优点在于能够训练听力障碍者使用聆听技巧和交谈技巧，这在实际的交流中是非常有用的。

在训练中，常常训练听力障碍者准确地使用聆听技巧，其目的在于通过改变聆听环境而提高聆听条件，从而能听到言语信号。通过这些训练可以提高使用听觉、视觉和上下文提示的能力。

3. 听力障碍老年人听觉训练方法　听力障碍老年人除了存在听力问题之外，往往还存在逃避、敌意、多疑、犹豫等心理问题，这些问题导致听力障碍老年人孤独、沮丧、焦虑、缺乏自信心、自我封闭等，甚至可能出现早期老年痴呆，严重影响老年人的生活品质。因此，老年人听觉康复是十分必要，十分迫切的。

老年人听觉康复常定义为通过各种方法（咨询、引导和训练）减少听力损失对听力障碍者的功能、社会活动和生活品质的消极影响，使其重返社会。

与儿童使用听力补偿或重建装置的目的不同，听力障碍老年人选择听力改善装置时考虑的不仅仅是言语的听取和学习。听力障碍老年人有丰富的言语听取经验，他们对助听装置的期望值往往会超出所选配装置能达到的听力改善效果。根据老年人的心理需求、生活环境、生活习惯等，引导其设定合理的效果目标显得尤为重要。

听力障碍老年人的听觉训练方法与听力障碍成人方法基本相同，可重点采取综合训练和使用训练方式，根据老年人自身特点，在训练过程中注意控制训练节奏，关注听力障碍者反馈。

在为老年人制定和实施康复策略时，请遵循以下 11 条原则。

(1) 以需求为中心：老年人听觉康复治疗或训练必须以听力障碍者的特定需求为中心。这一原则听上去是理所当然也是应该遵从的，然而在过去的几十年中，从各国的老年人听觉康复服务上不难看出，很少有国家这么做。因此，以老年人听力障碍者需求为中心作为老年人听觉康复的第一原则。

(2) 以身作则：听力工作者应该成为有效沟通的参照标准。正常语速、强度和标准和清晰的言语应当成为交流时的语言标准。已经证实的各种声学环境中，适当的言语强度可以得到最高的言语理解度。

(3) 鼓励互助：听力障碍者不应只是被动地完成听力工作者制定的康复目标，还应该制定自己期望的目标；一些听力障碍者认为，康复目标和职责就是完成听力工作者制定的康复计划。然而老年人听觉康复是一个循序渐进的学习过程，听力障碍者必须也应当担当起其中的角色和责任。

(4) 形式多样：提供多种形式的康复课程（单独训练或集体训练）。交流是一个必须要和不同对象在不同环境中对话的互动过程。听力障碍者 - 听力工作者的这种一对一的模式只是其中之一，并不是单一的康复训练手段。集体训练也是康复训练的手段之一，它要求听力障碍者要与其他听力障碍者进行交流。

(5) 整合咨询：康复过程中在必要时考虑提供咨询服务。听力工作者开始越来越重视这点，并将越来越多的咨询服务纳入听觉预估和康复实践的正式项目中。咨询已成为听觉康复的重要组成部分。

(6) 培养积极态度：在会话环境中培养听力障碍者积极态度和沟通模式。自信而不过于激进的态度对于听觉康复的过程是很重要的。听力障碍者要学会驾驭和掌握交流环境，学会自己创造对自己有利的交流模式。

(7) 建立合理期望值：鼓励听力障碍者在对话过程中达到自信和谦恭的平衡。听力障碍者在咨询过程中应当与听力工作者着重或用事例交换相互的想法和所要达到的共同目的。在整个康复和对话过程中，达到一种自信和谦恭的平衡，建立现实生活中的合理期望值。

(8) 场景丰富：康复训练课程应涵盖生活中大多数典型的场景，并给予听力障碍者相应有效的指导。一些听力障碍者会主动避免或逃避进行人际交流和对话训练。训练课程中往往会包含与外界和周围人群进行相互交流的场景。因此，对于此类听力障碍者，听力工作者可以设计一些对听力障碍者有好奇心、听力障碍者有兴趣参与的训练。

(9) 引入新技术：将新的助听技术引入到康复过程中，比如：放大电话、蓝牙技术、特殊场合的专用助听设备以及其他辅助设备等。

(10) 统筹制定康复计划：听力工作者应为具体康复目标建立一套康复方法目录，便于在制定个体化康复计划时参考，从文献和书籍上收集多种多样的治疗方法。部分比较特殊的方法在将来也有可能有用。已有文献表明，增强老年人中枢听觉功能对提升言语理解度具有积极的作用。选择注重语言表达速度、听力准确度的练习项目会对听觉康复起到积极作用。

(11) 关注社会关系：改进听力障碍者亲属和朋友的交流习惯对听觉康复非常重要。大部分时候，听力工作者都把精力放在听力障碍者本身，而很少或者几乎没有关注过与听力障碍者生活息息相关的人们。在康复过程中，交谈者会放慢语速、吐字清晰、尽量减少对交流的干扰等，以改善听力障碍者交流的个体交流效果，这是康复过程中比较重要的一部分。

此外，为听力障碍老年人家属提供听力语言康复知识的培训，家属的积极配合会对老年人对听力辅助设备的适应提供帮助。

【能力要求】

一、能够循序渐进地完成对听力障碍儿童的听觉训练指导

（一）工作准备

1. 熟悉听力障碍者的档案资料　在进行听觉训练指导前，一定要对助听器佩戴者的年龄、耳聋原因、伴随症状、耳聋发病时间、听力损失的性质和程度、耳模的种类、声孔的形状、助听器的型号、功率、工作状态、补偿程度、家庭对患者听力康复的配合程度、患者或家长对助听器的期望值等有所了解，才能有针对性地制订指导计划和方案。对于幼儿的听觉训练指导一定需遵循听觉发育的一般规律，循序渐进，从易到难，从低级到高级，不会“走”就想“跑”，其结果就是耽误宝贵的康复时间。

2. 了解听力障碍儿童家长对助听设备的认识、对助听效果的期望值　通过座谈或问卷摸底听力障碍儿童家长对助听效果的认识，如果家长对助听装置有正确的认识，对助听效果有适当的期望值，这对听力障碍儿童的听觉康复各个阶段的配合会有很大帮助；如果家长对助听效果有过高的期望值，需要对家长进行听觉装置的介绍，引导家长对助听效果建立适当的期望值。

（二）工作程序

1. 指导听力障碍儿童适应聆听环境，进行各阶段听觉康复指导。

(1) 养成聆听的习惯：要训练他们会感觉声音的有无，可以指导他们做一些与声音有无有关的游戏。

(2) 学会分辨声音：就是让听力障碍儿童知道不同的物品可以发出不同的声音。

(3) 练习听觉识别：特别是对言语声的认知训练要结合听力障碍儿童的语言听阈、听觉舒适阈、言语接受能力以及听觉动态范围进行，应从易于分辨的单词开始，逐渐过渡到不易分辨的单词和句子。

(4) 听觉理解练习：训练他们对语言的理解时，要从借助于情景过渡到自然的场面，争取让他们在一般的环境中通过自己的分析，理解语言或谈话的内容。

在指导听力障碍儿童进行听觉康复训练时，一定要注意与健听儿童的共同活动。这一方面可提高他们适应主流社会的能力，另一方面对于听觉发育和语言发育也有促进作用。

2. 指导听力障碍儿童学会选择性听取　听力障碍儿童佩戴助听器的目的是要走向社会，在背景声中能否听到言语声是听觉康复的关键。选择性听取是在模拟自然环境声和音乐环境声中进行听觉言语学习，培养选择性听取能力，以适应社会听觉生活学习能力。具体方法：

(1) 确定背景声源的性质，可以是言语声背景，也可以是餐馆噪声或街区噪声。一

般通过 VCD 或 CD 机给声。

(2) 确定测试材料,根据被测者的年龄和听觉发育阶段可选择单音节词、双音节词或短句。

(3) 确定测试环境的信噪比,一般要求 +10 db 或 +20 db。

(4) 确定被试者的位置,一般选择测试环境的中心点。

(5) 确定听到测试音后的表示方法,一般采用"听话识图"法或复述法。

选择性听取的训练和评估,对判断助听器在自然环境中的实际应用效果更具有实用价值,是听力康复训练的重要一环。

二、能够指导听力障碍成人及老年人助听器适应性训练

助听器选配后的护理往往是听力障碍者接受并正确使用助听器的关键因素,对听力障碍者加以积极引导,灌输康复知识,同时取得家人的配合对听力障碍者听力的改善都有着十分重要的作用。

对于成年人,一般要有 1~3 个月的适应期(老年人应适当长一些),要根据听力障碍成人及老年人的听力障碍需求及适应能力,指导其进行助听器适应性训练。

(一) 工作准备

工作的准备与针对听力障碍儿童的相似,了解佩戴者基本信息、受教育程度、生活及工作环境、听力损失的性质和程度、所选助听器相关参数、家庭对听力障碍者听力康复的配合程度及听力障碍者对助听器的期望值等,才能有针对性地进行适应性训练指导。对于听力障碍老年人,可增加指导次数,减慢交流节奏,增加询问反馈,以保证听力障碍老年人听懂、掌握适应技巧。

(二) 工作程序

1. 分析听力障碍者心理　拒绝佩戴助听器的理由。

(1) 许多助听器的背景噪声太大。

(2) 不切实际的期望,人们渴望立竿见影的效果,他们不给自己足够的时间进行适应。

(3) 受其他人消极态度的影响。

(4) 对助听器了解太少,不会正确使用。

(5) 价值观、消费观念问题。

(6) 美观方面的问题,认为助听器太显眼。

(7) 人们认为佩戴助听器以后,听力会有改善,因此,不需要常戴着它。

(8) 唯恐佩戴助听器后,听力会下降。

(9) 不喜欢离不开助听器的感觉,试图证明他们可以完全不需要它。

对于所有这些反对意见,都有积极的答案。验配师的责任就是扭转听力障碍者的看法,使他们能以一种积极的态度来看待助听器。

许多听力障碍者一般都是慢慢形成或者已经习惯了安静的世界。因此,刚刚佩戴助听器的时候,会因不习惯听到久违的声音而感到不满意。如何帮助听力障碍者做好心理准备,顺利度过适应期,也是验配师协助听力障碍者做好听力康复必不可少的环节。

应该告诉所有的听力障碍者和他们的家属,佩戴合适的助听器并不代表可以像正常人一样交流和生活,"它只是帮助聆听的一个小工具"。佩戴初期可能会有一种堵塞感、

闷胀感和异物感，有的人还会觉得自己说话的声音响度增强了，这些感觉在佩戴初期都是极为正常的，主要是因为外耳道被助听器或耳模填充所致，同时增强了骨传导。上述不适应感觉会随着佩戴时间的延长而逐渐习惯。

2. 助听器适应步骤　下面是使听力障碍者适应助听器的几个步骤。听力障碍者可以从简单的听力练习开始，经过循序渐进，最终达到听觉康复。

(1) 从最接近的事物中发现一些简单声音：可以坐在一张椅子上，尽量的放松自己，调节助听器的音量直到满意，此时会发现周围有很多声音，坚持几天这种练习直到可以辨认出以下的声音：闹钟的滴答声、椅子的转动声、水流声以及关门声。

(2) 倾听屋外的声音：街道提供了一个良好的声音背景。观看街上所有事物并把所听到的声音合理地分配到这些事物上，闭上眼睛重复这个过程，看能否分清摩托车声、汽车声、狗叫声和小孩子的笑声，尽可能地经常重复这个步骤，因为这些声音对生活非常重要。

(3) 听音乐：已经学会怎样利用助听器去听更多的声音了。打开一段音乐，您新的听觉经历中，尽量地分清每一个旋律和节奏。首先从自己喜欢的歌曲开始。

(4) 认识和控制自己的音量：当已经熟悉生活环境周围的声音以后。现在可以试着怎样去了解自己的声音了，可以大声朗读课本或报纸，注意自己的发音及发音的方式进行练习。

(5) 试着熟悉他人的声音：让他人慢速、清晰地朗读一些资料，先从简短的句子开始，逐渐向较长的段落过渡。首先与朗读者保持 1m 的距离，然后逐渐的拉远距离。

(6) 学着辨认单独出现的词语：让他人随便说些词语。最好从周围的物体开始，或者是家属的名字、植物、动物和一些职业的名称。练习时让他人朗读句子并抽出一些词语，要求正确地填充所被抽去的词语，或者让他人朗读一对相近发音的字词，尽力去区分。

(7) 听电视录音或收音机——尽可能的经常做这个练习来训练听力。这是确定听力是否进步的一个简单方法。如果助听器有入声插口，也可以直接连接电视机或录音机，这样更有利于听力。

(8) 参加一个较长的谈话——常听电视或录音机是这个步骤较好的先前练习。但和他人直接交谈是这个步骤的最佳练习。可以和家人或朋友交谈。起先，分辨每个人的声音，注意他们发音及说话的节奏。第一次的谈话时间不要太长，首先和一个人轻松、随便的交谈。如果效果较好，可以和两个人、三个人甚至更多的人交谈，并且调节与他人的谈话距离直到最佳距离和角度。

(9) 打电话——无论使用的是耳内式、耳背式助听器，都可以听电话，练习时助听器调到“T”挡并且音量开关上调，话筒紧靠助听器麦克风并调整角度，如果助听器没有电感线圈，如耳内式助听器，则只需把话筒放到距离耳朵 1~2cm 左右即可。

3. 必要的使用技巧　教会听力障碍者如何正确使用助听器时决定选配是否成功的重要因素。告诉他们，哪些需要是助听器可以满足的，而哪些是不能的。助听器并不能使听力障碍者听力恢复到正常，它只能最大限度地发挥残余听力的作用。教会听力障碍者如何戴助听器或耳模，如何将耳背式助听器和耳模相连，如何安装电池、如何清洁助听器和耳模、如何干燥等都十分有必要。

4. 实用沟通技巧

(1) 给听力障碍者的建议：虽然听力障碍者本身不致造成任何生理上的痛楚，但常会带来许多心理上和社交上的障碍，因为听力损失不单减低听者的信心，而且影响人与人之

间的沟通，久而久之，听力障碍者为了避免听觉不灵所带来的尴尬，甚至会将自己孤立起来。向外迈出一步十分困难，但适当运用一些沟通技巧会使与外界的交流变得容易许多。

1）确认谈话主题：找出谈话的题目，能使您对话题的重要字眼有心理准备，令您较容易地了解谈话内容。

2）学习唇读：如果您能结合唇读和听觉讯息，一定能增加语音理解能力。

3）利用各种非语言讯息：说话只是进行沟通的一种方法，而对方的眼神、脸部表情、身体语言甚至周围环境等，都能帮助您了解谈话内容。

4）控制谈话环境：尽量在安静的环境中对话，即使健听人士在噪声环境中对话都会感到困难，因此，在交谈时，应把电视或收音机的声音降低 / 关掉，或另选一个较安静的地方。

5）请说话者面对光线：由于唇读能增加语音辨认力，在对话时，能否清楚地看见对方的脸极为重要，如果对方的脸上有影子或者脸背着光，应请对方移到较亮的位置。

6）缩短谈话距离：谈话时最好与对方缩短距离，最好能清楚地看见对方的脸。

7）当听不清楚时，不要羞于提出请求：请对方放慢说话速度、善用已听到的资料、请对方重组句子或问清楚不明白的地方等。

8）多阅时事新闻：尽量保持与社会的联系，有助于熟悉周围亲友的话题，帮助了解谈话的内容。

9）保持双方沟通：不要故意滔滔不绝地讲话，来避免听不清他人说话时的尴尬。别忘记，友好而愉快地沟通是双方面的。

⑵ 给家属的建议：要有效地与听力障碍者交谈，需要关心、耐心和体谅，同时还需要一些沟通技巧。听力障碍人士最需要的是被他人接纳及被视作一个健全的人。

1）缩短谈话距离：与听力障碍者交谈最好是面对面，不要在另一房间或听者看不到您的地方讲话。

2）用平常和适中的语调说话：与听力障碍者交谈不需特别大声叫嚷，尤其是已佩戴了助听器的，大声叫嚷不但扭曲语音，令语音难以辨认，过大的声音也可能令听者感到不适。

3）让对方清楚看见你的脸：唇读或其他非语言讯息，能帮助对方了解谈话内容，所以，当您讲话时，要让对方清楚地看见您的脸，不要背对着对方、用手或其他物体遮挡您的脸、口里含着东西或不停地走动等。

4）说话时不要太快或东拉西扯：说话太快或东拉西扯都会令对方无所适从。只要您稍微慢下来，并在转换话题前通知听者，使听者先有心理准备，容易理解谈话内容。

5）说话前先引起听者的注意：例如，在背后轻拍听者的后背、在开会或小组讨论时，发言前先微微举手，令听者有心理准备，方便集中精神听您说话。

6）简化复杂的句子：冗长而复杂的句子，往往令人难以理解，最好运用简短、清晰的语句，或将一个复杂的句子简化成几个短句。

7）重组句子：如果听者没听清您的说话，尝试以另外的方法表达您的意思，重组句子能提供额外的讯息，这样听者能较容易地了解谈话内容，例如："去看电影吗？"或"我想看电影，您去吗？"。

8）简化数字的传递：面对面谈话时，您可利用手势帮助表达数字，但在电话中则可以将数字简化成字，例如将二百四十五简化成二四五，您也可每次说一个数字，请听者重复。

9）随时注意听者是否明白您的讯息：当听力障碍者听不清某些语句时，有时会假装听懂来避免尴尬。因此，您应不时注意听者的反应，看他是否明白您说的话。遇上含糊地方，只需重复听不清楚的字眼，不用整句重复。

10）允许多些时间交谈：听力障碍者需要非常专注地聆听和充足的时间，才能完全理解谈话内容，故此，说话时应慢慢地表达清楚，不要试图将许多讯息匆匆地在很短地时间内传达，这样双方都能愉快地谈话。

【案例】

一、听力障碍儿童听觉识别训练指导

（一）环境准备

环境噪声≤ 45 db（A）的单训室一间。

（二）教具准备

幼儿课桌 1 张、幼儿座椅 2 把、水果盘 5 个、葡萄 100g、苹果 2 个、橘子 2 个、香蕉 2 个、草莓 3 个。

（三）教学准备

1. 检查助听器的工作状态。
2. 教师（训练人员）与听力障碍儿童并排坐于课桌一侧，相距 50~60cm。
3. 将任两种水果分别放到果盘中并摆放在孩子能触及的位置。

（四）训练过程

1. 教师（训练人员）手指水果分别教孩子认识这两种水果，每种至少 5 遍。
2. 避开孩子视觉，教师用 60 db SPL 的声音说出一种水果的名称，让孩子指认，答对要及时表扬，答错要及时纠正。
3. 增加 1 种水果后，再重复以上的过程。
4. 等以上 3 种水果全部能识别后，再增加 1 种水果。
5. 重复上述做法，直至 5 种水果都能识别为止，然后换用至少有 2 种发音相近的一组水果再练习。逐渐增加发音相近的水果的种类。

（五）总结

本课采用听力障碍儿童常见的水果做教具进行听觉识别练习，开始训练用的水果只有 2 种，逐渐增加到 5 种，听觉记忆的难度不断提高。开始选择的 5 种水果的发音有明显区别，便于他们的听取和记忆，等他们都能掌握后再通过增加发音接近水果的数量来增加听取的难度。

本课采用的教具也可以用动物、交通工具、家具等替换，最好是孩子经常见到的。随训练时间的增加，再添加一些抽象的单词或句子。

二、听力障碍老年人听觉康复课程

康复课程最好以小组的形式开展，其优点在于可以使老年听力障碍者感觉自己并不是孤立无援的，有专业人士和机构提供关于听力的支持与帮助，对助听器建立合理的期望值；小组成员间的相互交流有助于增加对听力损失的认知，增强挑战听力损失的信心，使他们愿意使用助听器，佩戴经验的交流还能减少听力损失对人际交往造成的不良影响。

如果听力障碍者家属能够参与其中就更为理想，专业人士能够向家人介绍相关知识和交流技巧，改善交流环境。

第一课 了 解

目的：使老年人了解助听器的取代、简单的维护和保养，了解助听器的适应过程，电话、辅助装置的使用情况。

适用：首次使用助听器的老年人，选配助听器30天内。

内容：

1. 助听效果评估。
2. 介绍助听器的组成、旋钮和开关。
3. 介绍助听器或耳模的取、戴。
4. 介绍耳模和助听器的清洗、保养维护。
5. 助听器的电池型号和使用。
6. 听觉进步的过程和助听器的使用步骤。
7. 学习使用放大装置时的聆听技巧。
8. 电话的使用（示范和训练）。
9. 辅助装置介绍。
10. 介绍下次康复课程的内容。

第二课 熟 悉

目的：使用视觉线索和其他辅助听觉技巧以提高有效交流。

适用：助听器佩戴初期，感觉不适应的老年人。

内容：

1. 复习第一课的内容。
2. 疑难解答。
3. 电池（或充电器）检查。
4. 复查听力图。
5. 介绍视觉线索的重要性；如何利用相关情景信息、观察肢体语言、手势和面部表情等。
6. 视觉觉察练习。
7. 介绍看话（唇读）。
8. 学习听觉注意活动。
9. 情景线索和相关交流技巧的运用练习。
10. 手势和面部表情交流的练习。
11. 介绍下次康复课程的内容。

第三课 掌 握

目的：模拟各种聆听环境，向成年听力障碍者传授应对策略；介绍助听器常见故障排除方法。

适用：助听器佩戴2~3个月后。

内容：

1. 对前面的课程进行复习和答疑。
2. 电池（或充电器）检查和实践操作。
3. 介绍视觉线索的重要性。
4. 加强看话（唇读）练习。
5. 练习识别上下文线索。
6. 介绍有效听觉的要点。
7. 介绍交流技巧。
8. 如何同听力障碍者进行有效的交流。
9. 助听器的常见故障排除。
10. 在不同环境下（如餐厅、礼堂或利用背景噪声光盘）进行看话（唇读）和听觉训练。
11. 复测助听效果。
12. 助听器使用和满意度测试。

第四课 巩 固

目的：帮助听力障碍者复习使用助听器取戴、维护操作。回顾如何使用电话、辅助听觉装置、视觉线索以及其他听觉技巧来提高交流能力。复习应对策略，解答听力障碍者在助听器保养方面的问题。

适用：有使用经验的佩戴者及其家人。

内容：

1. 介绍课程的目的和方法。
2. 对有助听器使用经验者进行助听器使用和满意度测试。
3. 了解每位参加者的助听器使用情况，包括：①型号 / 类型；②助听器佩戴时间；③使用效果；④出现的问题；⑤特殊情况。
4. 回顾助听器维护、佩戴、保养和故障排除。
5. 为听力障碍者简要地介绍听觉辅助装置。
6. 复习交流技巧，包括：①听觉技巧；②视觉技巧；③语境和情景线索。
7. 讨论控制了解环境的因素，包括：①背景噪声；②光线；③距离；④最佳座位；⑤餐馆 / 会议室等场所的实习；⑥在家中交流的提示；电话使用技巧和练习。
8. 为听力障碍者提供有关信息：①助听器清洗保养设备；②电池购买处；③听力康复服务中心、网站、论坛等；④助听器厂家、经销商联系方式。

第二节 语言训练指导

概 述

语言训练是指通过必要的设备、仪器、训练用具等，由懂得语言训练的师者（家属、医生和言语治疗师等）对语言障碍患者进行检查、诊断、矫正和治疗。采用发音诱导、言语技能训练等个别和集体活动的方式进行训练。

听觉和语言训练是有计划、有步骤地培养、提高听觉和言语能力的活动，为听觉障碍儿童采取听觉和语言康复的主要措施。在内容上，听觉训练和语言训练既有区别又有联系。听觉训练通过各种声音，如自然界的风雨声、鸟叫声、流水声，人类社会生活中的车马声、乐器声、说话声等，刺激受训练者的听觉器官，提高其感受和识别不同声音的能力。语言训练通过发音、看话、会话等训练，锻炼受训者对言语活动中的听觉或视觉信号的分辨力和理解力，形成和发展起言语感受和表达能力。

【相关知识】

一、语言康复的原则

语言训练是在其语言学习的基础上进行的。针对训练内容而言，广义的语言训练一般可分为语音、词语、句子和语用4项。但在聋儿早期康复实践过程中，教学上常采用“二分法”以明确构成语言训练的内容项目。即将听觉训练、呼吸训练、发音训练、词语训练和句子训练统称为语言基本训练，而将对话训练、复述训练、朗诵训练和体态语等方面的训练统称为语言交际训练。

（一）注重语言的实用性，在训练中尽量为聋儿设计和提供相应的语言环境

例如，教聋儿礼貌用语“谢谢”和“不谢”时，要创造大量的语言情境，最好由两个人分角色演示，以免概念混淆。训练者选择的语言内容应具有使用价值，应是日常生活总经常用到的。这样既利于聋儿与其他人的沟通交往，也有利于语言内容的复习巩固。

（二）应从聋儿对语言的理解入手，理解先于表达

很多家长不管孩子的语言发展处于哪个阶段，总是把注意力和训练重点放在聋儿语言的表达上，却往往忽略了孩子对语言的真正理解，这对聋儿语言的整体发展不利。老师应及时引导家长采用正确的训练方法。

（三）用直观有趣的训练形式

在给聋儿传授新的语言内容时，必须伴有直观事物的出现，帮助他们明确语言的真正含义。由于我们的教学对象多是学龄前儿童，所以要尽量设计丰富有趣的游戏互动，以适应其生理和心理的发展特点，吸引聋儿的注意力。

（四）要尽量为聋儿创设良好的语言环境

老师要确保自己及孩子周围的成人都以口语形式和聋儿交往，肢体语言可以作为辅助手段，但不能替代口语。要让家长尽可能为孩子提供与正常儿童游戏交往的机会，包括邻居或亲戚家的孩子。

（五）强调语言的复现巩固

如果你在训练中介绍了新的语言内容，就应在日常生活及后面的教学中有意识地复现这些内容，这样才能帮助聋儿逐渐理解，并加以运用。如果一个语言内容只在一次教学中出现，然后就被扔到一边，那么聋儿是不可能真正理解掌握的。任何知识的掌握都需要一定频率的再现。

（六）聋儿与听力正常儿童的语言发展规律基本一致，但在语言学习上需要比听力正常儿童细致得多的讲解和演示

聋儿在学习语言方面与健听儿童大体相同。比如，都是先学习名词，然后再学习动词、

形容词，最后才能掌握虚词；句子的表达都是从见到到复杂；概念的理解都是从具体到抽象。但是聋儿语言发展速度会不同程度地低于听力正常儿童，聋儿的语言年龄和生理年龄往往是不同步的。听力正常儿童可能现实生活中就可以掌握大量的语言，而聋儿却需要细致的讲解和演示，也许一个小小的疏忽就会让他们形成错误的概念，而错误概念一旦形成，再要纠正就需要花更大的力气。例如，你在他喝水时总是对他说“喝水”，但从来没有交给他“水”的概念，以后他看到水时，也会说成“喝水”，这时，他就把“水”和“喝水”这两个概念混淆起来了。所以，在康复训练中，教师要格外细心，将概念分到最小单位进行讲解，以免出现类似的错误。

（七）强调语言的完整性

我们在对聋儿讲话时，应尽量以完整的语言形式出现，不要总是简化成一个一个的单词。即使在教某些名词概念时，也应将单词放在简短的句子中出现。例如在教“树”这个概念时，老师说“这是树”“指一指，哪个是树？”在讲到关键词“树”时，老师可以适当加强语气或给一个停顿，以突出这个词。在表述短句时，应尽量把关键词放在句尾，这样会更突出。如果你总是用单词跟聋儿交流，会不利于他对语言整体的理解和表达，并容易形成以单词堆砌语言的现象，更不利于虚词的学习。当聋儿语言发展到一定水平时，要强调他用完整句子表述或回答，训练者不能仅仅以聋儿能够理解作为满意的标准。

（八）丰富聋儿的词汇量

在教学中我们要有意识地不断扩展聋儿的词汇量，不要从主观上限制其语言的发展。例如，如果聋儿已经牢固地掌握了“漂亮”一词，就应有意识地引进“美丽”这一新的词汇，但有些训练者在遇到“美丽”一词时，认为聋儿不理解，就用他已掌握的“漂亮”一词来代替，这样就限制了聋儿语言进一步的发展。

汉语有大量的近义词，它们不但能丰富语言，而且还伴有范围、程度及情感色彩的差异，所以应让聋儿逐渐学习掌握这些丰富的语言内容。另外，像助词、介词、副词等虚词也不应忽略。如果训练者认为聋儿语言水平低下，所以，故意略掉大量的语言内容，这无疑会导致聋儿更大的语言障碍。实际上，很多词语虽然比较抽象，但只要你教给他，并大量使用，他们是可以掌握的。而如果从来不给他们接触的机会，那将永远是一片空白。

在教学中甚至可以引入一些习惯用语，像“凑合”“随便”等。如果聋儿完全不理解这些语言，也会给以后融入正常社会形成障碍。

（九）在交往中教学

语言是用于交际的工具，所以要教给聋儿使用语言进行交往的方法，并掌握一些交往的技巧。

（十）循序渐进，坚持不懈

语音学习是一个漫长的过程，不能急功近利，拔苗助长，要根据聋儿的现有水平，设定合理的阶段目标，有计划地发展。

二、语言康复的方法

（一）听力障碍儿童语言训练方法

在基础知识教材中，我们已经较为详尽地介绍了有关听觉训练、呼吸训练和发音训练的基本方法，下面将着重介绍词语训练和句子训练的方法。

1. 词语训练　要以常用词的常用义、具体义为主，以日常口语词为主。

(1) 要在聋儿经常接触日常事务的过程中，活动中学习生活方面的名词和动词。当词汇积累到一定数量后，帮助他们分类，组成生活方面系统的言语。

(2) 通过聋儿的亲身体验来学习表达感知方面的词汇，培养他们分析和认识的能力。在视觉方面帮助聋儿学会分辨“远、近”“大、小”“粗、细”“宽、窄”“胖、瘦”“方、圆”“快、慢”等词与物的关系，分辨基本颜色；在质地方面分辨“软、硬”等；在听觉方面分辨“强、弱”等；在味觉方面分辨“甜、苦、酸”等；在心理感受方面，明白“哭、笑、怒”等词。

(3) 先教基本词，在其了解之后再教个别词，例如先教“人”，在其理解之后，再教诸如“大人、工人”等词汇。总而言之，词语训练需要直观形象教学，完全孤立地教词，是词语训练的大忌。正确的做法是把词语训练同发音训练、句子训练结合起来，真正做到“音不离词，词不离句”。

2. 句子训练　可按照句型由简单到复杂 一般先教陈述句、祈使句，再教疑问句。在陈述句里，先教简单陈述句，然后不断扩展，并能使聋儿进行替换练习。简单陈述句、祈使句的训练取得一定进展以后，即可教疑问句。例如先教是非句“爸爸是工人”，然后再加上“吗”和语调，并要求孩子用“是”或“不是”给予回答。在学会这种问句之后，可以转换成反复问句，如“爸爸是不是工人？”学会一般的句子，达到一定水平之后，可以训练句式变换，如“把”字句和“被”字句等。复句的教学相对应该放在最后一阶段。复句表达的内容比单句复杂，在教复句时，必须设计一定情景，让聋儿在情景中反复观察和体验。具体做法是教师先说出复句中有关的单句，然后用特定的关联词语把它们串起来。句子中的句法规则是一种抽象的模式，而抽象又是聋儿的一大难点。因此教师或家长要根据句型，灵活地多造句子，让聋儿从众多的句子中领悟语法规则，逐步能自由造句。

3. 语言交际训练方法　语言交际训练是聋儿训练的最后一环。交际训练主要是利用基础训练打下的基础，训练听话和说话的一些规则和技巧，如交际的兴趣，怎样提问和回答，怎样控制音量，怎样配合体态，怎样使表达具有连贯性和逻辑性等。

聋儿的语言交际能力训练像听力正常幼儿一样也离不开言语活动。具体地说，就是培养聋儿的交往意识，鼓励他们用一切交往方式，并逐步掌握交往的基本技能，同时在交往中学会和发展语言。

(1) 言语交际过程中的理解性训练：这里所说的“听”的训练是与基础训练中的“听”的训练相区别的。前面基础训练中的听注重听“音”，语言交际训练中的听注意听“义”。这部分内容的规划，可具体参照句子层次的听觉理解所要求训练的内容。

(2) 言语交际过程中的表达性训练：言语表达训练，简而言之就是说话训练。说话训练的目标在于帮助聋儿说出具体有适当音色、音量、语调和节奏的话语。交际训练与句型训练不同。句型训练是让聋儿经过反复操练（包括模仿、替换练习）来掌握句法规则的，说话训练则是要聋儿充分利用所学的词语和句型表达自己的意思。因此，说话训练应注重在提供情景上让聋儿表达自己的意愿。具体的方法有以下几种：

1) 对话训练：可以采用多种方式进行。可以是老师和聋儿说话，也可以是聋儿间的对话。前者主要是由教师引发，后者则由聋儿自由发展。通常的对话训练可以采取角色游戏，教师和聋儿通过不同角色的扮演，模仿在特定环境下的对话。

2) 复述故事训练：此项训练多以听故事或看图听故事为基础，然后由聋儿复述。复述故事不是让聋儿一句一句地背诵故事，要求聋儿能用自己的话（不一定完整）说出来。一开始会出现背诵现象，教师和家长不要干涉，逐步训练到能用自己的话去说故事大意。在此基础上，我们还可以采用续编故事或创编故事的方法进一步拓展孩子的语言。

3）朗诵训练：包括短文朗诵和儿歌朗诵。最初的朗诵训练应先从儿歌开始，训练的主要目的是培养聋儿的节奏感、韵律感，通常引导聋儿按照一定的节拍进行，配以适当的动作、表情，以配合律动。在选择朗诵训练材料的时候，还要注意选用不同韵脚的字，以便聋儿练习不同的押韵形式。

（二）听力障碍成人、老年人语言训练方法

与听力障碍儿童不同，除少数语前聋，大多数听力障碍成人、听力障碍老年人已能很好地掌握语言，对语言训练的效果需要并不是学说话，而是提高自身言语发音清晰度、流畅性，以更好地与他人沟通交流。根据听力障碍者自身语言水平的不同，可选择以下训练。

1. 发音训练　也许在助听之前，听力障碍者一点声音感知也没有，比如语前聋，助听装置提供给他们的是从未听过的声音，这样听力障碍者会更好地监听到自己的言语声。康复师要监测其感受发声困难的音节、词或短语的清晰度。

2. 发音强度的控制　听力障碍者，特别是听力障碍老年人在助听装置佩戴前经常会出现“大声嚷嚷”、发音强度忽高忽低等问题，这是由于听力损失导致听力障碍者本身无法通过声音反馈正确纠正自己的发音。无法控制发音不仅会引起周围人对听力障碍者交流语气的误会，还会打击听力障碍者与他人沟通的积极性，令听力障碍者产生自卑心理。

听力障碍者佩戴助听装置后，可以更好地通过对自己言语声的监听及与周围环境声音强度的对比，练习控制自身说话音量大小。只要通过反复摸索、比较，可以有效地控制自身发音音量，避免说话过于喧哗或者说话声过小影响交流。

3. 语言清晰度、流畅性训练　受听力损失影响，听力障碍者对言语声音采集不完整，部分听力障碍者会出现咬字不清、音调异常、语句不流畅等语言障碍。听力障碍者佩戴助听装置后，针对以前听不到听不清楚的音素，康复师进行有针对性的发音矫正，通过大声朗诵练习提高语句流畅性。

4. 言语看话训练　看话（唇读）是一种通过观察说话者嘴唇、面部和姿势而识别话语内容的技能。看话（唇读）可成为听力障碍者有效的沟通方法，事实上，大多数有听力障碍的人从某种程度上都具备这一能力。

通常在助听后，大多数人会发现他们不那么需要依赖看话（唇读）了。但是，有些听力障碍者也表示，他们依然依赖看话（唇读），并加强了看话（唇读）技巧的学习。言语看话（唇读）可以加进康复训练过程中，作为其中的一项进行训练，多适用于听力损失极重度的老人。

掌握看话（唇读）技巧有很多种方法，可以帮助听力障碍者尝试不同的方法直到找到适合他的为止，一旦找到了正确方法，就应该坚持不懈，因为学习看话（唇读）需要花费一定时间。

【能力要求】

一、会分析听力障碍儿童的语言年龄

利用语言能力发展阶段测试表，初步判断听力障碍儿童个体现有的语言水平等级。

《语言能力发展阶段测试简表》(表 2-5-1)中的测试内容共分 7 级,分别对应的语言年龄为 1~7 岁。每一级测试都包含 5 个题目,使用者按照表中所列的指导方法认真进行测试。如果听力障碍儿童个体能自己独立完成每级的 5 个题目而无须成人的帮助,则视为全级通过,可以继续进行下一级题目的测试;如果任何级别的 5 个题目中,有 1 个题目不是孩子独立完成的或不能通过,则测试停止,听力障碍儿童个体现有的语言能力水平只能算作上一级水平(比如某听力障碍儿童在进行第三级题目的测试时,有一个题目不能独立完成,那么该听力障碍儿童的现有语言能力水平只能为"二级",则其对应的语言起点年龄为 2 岁。如果某位听力障碍儿童连一的测试都没有通过,则视其语言学习的起年龄为 0 岁)。

表 2-5-1 语言能力发展阶段测试简表

测试级别	对应发展阶段	测试内容	测试记录		对应语言年龄(岁)
			结果	日期	
一级	前语言理解	1. 妈妈用和蔼、亲切的声音逗引孩子,观察他的反应,如果孩子能发出 a、o、e 等音即为通过 2. 让孩子熟悉的人靠近他或将孩子熟悉的玩具拿到其面前,观察其行为,如果孩子能表现出咿咿呀呀地发出说话般的声音,即为通过 3. 在孩子的背后叫他的名字,观察他的反应。如果孩子知道回头找呼叫他的人,即为通过 4. 平日里注意倾听他的发音,如果他能发出 da、ma 的声音,但发出声音并无所指,即为通过 5. 大人做出咳嗽、咂舌的声音,如果孩子能模仿这些声音,即为通过			1 岁
二级	语言理解	6. 大人对孩子说"再见"或"欢迎"后,示意孩子用手势表示,如果孩子不是即时模仿而自己就能够用手势表示"再见"或"欢迎"即为通过 7. 对孩子说一些简单的词语如"爸爸""妈妈""拿""走"等,鼓励其模仿发音,如果孩子能模仿 1~2 个音,即为通过 8. 大人和孩子在一起,拿出孩子熟悉的玩具或物品时但不要说话,观察孩子是否有意识地正确地发出相应的字音(1~2 个),即便发音不准确,也算通过 9. 当孩子想玩玩具时,大人对他说"不要动"或"不要拿",但不要做手势,观察孩子的反应。如果孩子听到大人的话能停止拿玩具,即为通过 10. 先把一个玩具放到孩子的手里,然后对他说"把……给我",但不要伸手去拿。观察孩子的反应。如果孩子能把玩具送到说话人的手里并能主动放手,即为通过			2 岁

续表

测试级别	对应发展阶段	测试内容	测试记录		对应语言年龄(岁)
			结果	日期	
三级	口语萌芽	11. 给孩子一个球,让他把球给大人或放在桌上面等,他能正确地按要求去做,即为通过 12. 大人问孩子“眼镜在哪儿?”“耳朵在哪儿?”“鼻子在哪儿?”观察孩子的反应。如果孩子能依次正确指出3个身体部位,即为通过 13. 在孩子面前逐一出示他熟悉的家人亲戚朋友的照片4~5张,如果孩子能够对应说出亲属的称谓,即便发音不清楚,也算通过 14. 带孩子串门儿,当熟悉的人送给孩子吃的或玩的东西时,观察孩子的反应。如果孩子能够主动说“谢谢”或发出任何表示这种意思的声音时,即为通过 15. 大人有意识说出10个或10个以上(除妈、爸外)的字音,如果孩子都能模仿发出,即便不清楚也算清楚			3岁
四级	完整句掌握	16. 让孩子看过鞋、铅笔、钱币和球4种物品后,然后拿出其中的一个物品,让他告诉成人“这是?”孩子能说出其中一种物品的名称,即为通过 17. 拿两个苹果给孩子,让他一个给妈妈,一个给爸爸时,能按要求去做,即为通过 18. 大人观察或询问孩子有意识地说话的情况,只要他能将3~5个字组合在一起,并有意识地说出一句话,其中有主语和谓语,即为通过 19. 大人观察或询问孩子,看他是否会用语言表达自己的需要。如说“吃苹果”“喝果汁”“玩汽车”等,孩子可以一边用语言表达,一边伴以手势表达,但如果仅仅用手势表示,不算通过 20. 鼓励孩子说儿歌,观察他能否在不经提示的情况下说儿歌。如果孩子在不经提示的情况下说出两句或两句以上的儿歌,即为通过			4岁
五级	主体语法掌握	21. 给孩子出示8件常见的物品,无须提示,孩子能正确地说出8件物品的名称,即为通过 22. 找一件2~3天前孩子经历过的事进行提问,“那天妈妈和明明一起去哪儿了或干什么去了?”孩子如果能正确地说出,即为通过 23. 给孩子出示18张卡片,如树、树叶、雨伞、旗子、帽子、电话、电灯、壶、菜刀、钥匙、铲子、房子、船、飞机、枪、嘴、手等,然后提问孩子这些图片的名称。如果能正确地说出其中10张图片的名称,即为通过 24. 会说儿歌4~5首,每首4~5句,每句5~7个字,即为通过 25. 在没有提示的情况下,能正确地说出钥匙、钱币、鞋、球、铅笔中两种物品的用途,即为通过			5岁

续表

测试级别	对应发展阶段	测试内容	测试记录		对应语言年龄(岁)
			结果	日期	
六级	自我言语	26. 问孩子"你是男孩还是女孩(如果孩子是女孩,就改变问法:你是女孩还是男孩)?"如果孩子能正确地回答自己的性别,即为通过			6岁
七级	综合语言能力				7岁

二、能够制定听力障碍儿童言语康复训练计划

(一) 工作准备

1. 熟悉听力障碍者听觉语言发展情况　"有效地促进发展"观点认为,听力语言康复的实质是设法帮助听力障碍儿童进行听觉语言培建和学习的过程,它强调听力障碍儿童是学习的主体。它的做法类似做出诊断和开处方,但并不是从对听力障碍儿童的短处分析入手。首先,要设法确定听力障碍儿童的发展水平,以决定培建或学习的起点,然后努力提供一些必要而有益的经验(这些经验能帮助听力障碍儿童广泛地练习某一特定发展水平的一般性技能),使听力障碍儿童能对自己在多数场合下很想应用的,处于萌芽状态的能力进行练习。根据这一观点,熟悉听力障碍儿童的听觉言语发展情况是实现有效语言训练的必要前提,具体包括以下几项工作。

(1) 了解听力障碍儿童个体助听设备的听觉补偿效果:利用儿童言语听觉评估词表,采用数量评估和功能评估相结合的方法,依据评估工具中所提供的听觉能力评估标准,确定听力障碍儿童个体佩戴助听设备的听觉补偿效果、康复级别,明确语言训练的主导方式(以听为主、以看为主、看听结合还是完全看话)。

(2) 确认听力障碍儿童个体所处的听觉发展阶段:依据言语听觉评估标准,把握听力障碍儿童个体目前的听觉能力是处在声音觉察阶段,还是听觉辨识、模仿并扩展、听能理解、高级聆听技巧发展的阶段,以决定在语言训练中所应采用的句子长度、结构、方式和问话水平及相关的内容。

(3) 界定听力障碍儿童个体现有的语言训练起点:利用语言能力发展阶段测试表,初步判断听力障碍儿童个体现有的语言水平等级。

(4) 明确听力障碍儿童现有的语言能力结构水平:通过对听力障碍儿童的语言能力评估,确定听力障碍儿童个体在词汇量、语音清晰度、模仿句长、听话识图、看图说话、主体对话等项目上的等级水平,确切掌握听力障碍儿童个体现有语言能力结构的细节,明确需要强化的内容要点。

2. 准备相应训练计划　在洞悉听力障碍儿童听觉语言发展请况的基础上,接下来要做的工作就是要为听力障碍儿童个体制订一个个性化训练计划。

(1) 设置语言训练目标:通过听力障碍儿童个体现有语言学习或训练起点的界定,了解了听力障碍儿童个体语言发展所对应的阶段后,就可以此为基础,依据《语言康复对应阶段训练目标参照表》(表 2-5-2)来为听力障碍儿童个体设置与其现有语言起点对应的目标了。

表 2-5-2 语言康复对应阶段训练目标参照表

发展阶段	训练任务	训练内容	要点提示
前语言理解	诱导孩子通过身体语言与成人进行交流和表达 诱导模仿发出母语中的标准语言，尽早改掉母语中没有的自发音	诱导韵母发音训练 诱导声母发音训练 诱导连续音节发音训练 诱导多音节发音训练 诱导多声调训练 诱导身体语言训练	家长保证自己发音正确 要利用各种物品，尤其是自己的动作、表情和语言、声调引逗孩子做出各种笑容和不同的表情
语言理解	理解更多的字词和句子 能按成人的要求完成简单的指令 正确地发音	对物品的特定反应训练 模仿节奏音的训练 双连音训练 四声训练 初级词的概括训练 身体语言训练	把握孩子理解语言的倾向 及时扩展孩子已理解语言的范围 及时诱导孩子发出“发音语言”
口语萌芽	已能讲单词句 能理解成人的许多句子，并能进行简单的交流 能讲一些双词句	掌握动词训练 理解简单疑问句训练 学习主谓、谓宾句词的概括性训练 根据动词作出行为	及时扩展孩子掌握的词 擅于理解孩子单词句的含义 及时引导孩子边说边做 及时引导说出三词句
完整句掌握	发展孩子掌握完整句 诱导说出简单复合句	简单完整句训练 掌握副词训练 掌握代词训练 掌握形容词训练 情景对话训练 看图说话训练 简单复合句训练	扩大孩子的语言环境 扩展重要双词句 及时强化说出的完整句 鼓励较长时间的对话 引导孩子对事物简单特征的描述
主体语法掌握	诱导孩子运用语言的能力 发展句式扩展的能力	简单句成分扩展训练 人、物关系表达训练 语言复述训练 理解代词训练 掌握关联词训练 行为评价训练 判断句子正误训练 组词训练 掌握复合句训练	引导孩子认识事物和人与人的关系 有意进行语言记忆训练 引导孩子学会评价他人用词的正误 教孩子认识一些字形，学会正确的发音，但不要把重点放在每个字义的理解上
自我言语	提高孩子语言的概括性和抽象性水平 诱导发展孩子语言的悟性能力	掌握方位、时间及量词训练 掌握连动、兼语句式训练 理解被动句训练 表达解决问题方法训练	及时引导孩子学会进行过程描述 引导孩子进行完整句扩展造句

续表

发展阶段	训练任务	训练内容	要点提示
综合语言能力	发展语言抽象理解和概括能力 发展语言归纳和逻辑思维的能力 发展理解言外之意和认识事物本质的能力 发展语言悟性能力 发展口头与书面作文能力 发展言语交流我自我认识能力	描述事物训练 类比判断训练 组词、造句训练 同、反义词训练 同、反义句训练 归纳、概括训练 事物的必然与可能性判断、表达训练 概念层次训练 语言悟性与直觉训练 语言推理训练	调动情绪，激发兴趣 亲身参与，积极鼓励 由简入繁，循序渐进 难易交替，持之以恒 计划在心，成竹在胸

(2) 选择具体训练内容：设置了阶段的语言康复训练目标之后，可利用听力障碍儿童康复机构和家庭现行的有关听力语言康复活动或训练方案汇编中的资料，选取与设置的目标相匹配的活动方案作为训练内容。

(3) 编制康复训练指导计划：最好的方法是，先选择 5 个活动为 1 组，制订为 1 个周计划，每天定出 1 个具体的时间进行专门训练。第 6 天、第 7 天，可视听力障碍儿童个体在训练中的表现，进行有针对性的巩固性训练。如果上述周计划中的活动目标孩子都能独立完成了，就再选择 5 个活动，为孩子制订一个新的周计划。

(二) 工作程序

1. 指导尽早开展有效的言语训练

(1) 依据听觉能力评估的数据结果，告知家长听力障碍儿童个体目前的听觉补偿效果和听觉能力发展的阶段，明确语言训练的主导方式。

(2) 根据语言能力发展阶段测试结果，告知家长听力障碍儿童个体目前的语言训练起点，详细介绍与该起点年龄对应的语言训练的基本任务与内容。

(3) 为听力障碍儿童个体编订个性化训练指导计划，并向家长详细介绍计划内容和实施要求。

(4) 向家长介绍具体活动方案内容，并结合活动内容，讲解可能需要的发音训练、词语训练、句子训练和交际训练的基本方法。

(5) 对家长提出的计划实施过程中可能遇到的困惑进行解答，鼓励家长按计划完成阶段训练任务。

(6) 根据阶段计划的执行情况和阶段目标完成情况，对家长的计划执行和听力障碍儿童个体的语言发展效果进行阶段小结。

(7) 与家长共同商榷，为听力障碍儿童个体制订新一阶段的语言训练个人计划。

2. 指导建立有益的言语交流环境 语境即语言交流的环境，它对听力障碍儿童有声语言的习得和发展极为重要。在康复过程中指导家长根据教学要求创造良好的语言环境，不但有利于听力障碍儿童当时对语言的理解和掌握，并能使听力障碍儿童学会语言的转移和生成。指导建立有益的言语交流环境主要有以下几项工作。

⑴ 指导家长确保优化聆听环境

1）每日坚持检查孩子的助听设备工作状况及电池。

2）尽量减少家庭中背景噪声对听力障碍儿童聆听的影响。

3）坚持1~2m的有效助听范围和孩子交谈。

⑵ 指导家长坚持不懈地说

1）在日常生活活动中坚持不断地说。

2）在专门的游戏时间里坚持不断地说。

3）和孩子交谈家庭生活中所见到的一切。

4）和孩子谈碰巧发生的事。

⑶ 指导家长做一个积极的聆听者

1）对孩子的手势时刻能用语言给予相应的回应。

2）全神贯注地聆听孩子的讲话。

3）不时地对孩子所讲述的话题表示出兴趣。

4）容忍孩子的发音水平

5）重复孩子所讲的话，使其内容更接近他所要表达的主题。

6）适时打断孩子的谈话，插入你的谈论，再继续开始他的谈话，为孩子创造一个既有来言又有去语的交流锻炼机会。

⑷ 指导家长清楚准确地表达

1）说话时语速稍缓。

2）发音清晰有力。

3）可以夸张语调，并非口型。

4）变化音量及语调。

5）使用变化的声调表达激动的情感。

6）使用表情传递要让他知道的信息。

⑸ 指导家长保持和孩子眼神的沟通

1）当孩子在交谈时，不管他看不看家长，都要注视着他。

2）注意调整体位水平，创造孩子和家长进行眼神交流的机会。

3）用点头和微笑的方法延迟与孩子眼神交流的时间。

4）不断变化位置，使自己不断出现在孩子的视野范围之内。

5）在孩子和家长正在谈论的物品之间，不断前后地变化眼神。

6）使用诸如"哦，看！"类似的语言引起孩子的注意。

⑹ 指导家长使用孩子能够明白的语言和孩子交谈

1）倾听孩子的谈话，时刻把握他的理解状况。

2）如果孩子表现出来不能理解对话中的某些内容，则需重复相关内容。

3）如果孩子还是不能理解，就要借助图片、实物等中介，帮助孩子学习有关概念。

4）时刻根据孩子的注意程度来判断谈话的效果。

5）使用简单陈述句式为孩子讲解交谈中的新出现的词汇。

⑺ 指导家长使用更多的命题式语句发展孩子语言能力

1）每天要计划出一个专门的时间帮助孩子练习命题式语言。

2) 学会仔细观察孩子对陈述句、疑问句、祈使句的反应方式。

3) 如果孩子不能理解上述三种句式语意,可借助手势帮助孩子理解、区别。

(8) 指导家长学会时刻扩展孩子的语言

1) 经常在游戏活动中通过丰富游戏环节和内容拓展孩子的语言。

2) 尝试利用增加孩子生活体验的方法拓展语言。

3) 通过专门的语言游戏拓展孩子的语言。

【案例】 语言康复个别训练指导计划范例(训练计划,见表 2-5-3)

学生姓名:王晓雨　　年龄:4 岁　　安置状态:家庭康复

编制人:张林　　编制日期:2008 年 10 月 13 日

执行人:家长　　执行日期:2008 年 10 月 14 日至 2008 年 10 月 20 日

表 2-5-3　语言康复训练周计划

本周目标	日期安排	具体活动目标	训练活动名称	训练中孩子表现评核				目标完成评核		
				模仿	理解	表达	运用	独立	协助	不能
1. 能理解成人的许多句子 2. 能进行简单的交流	10.14	会用“我”“我的”代替自己的名字	《我会说》	√					√	
	10.15	会用话语表达“再来一个”“再添一碗”的要求	《再来一个》		√					√
	10.16	会用话语表达“还要…”的要求	《我还要…》			√		√		
	10.17	能够明白动作所表达的意思,并且准确说出动作的名称	《猜猜在干什么》			√		√		
	10.18	能够用语言说出自己喜欢的东西	《你喜欢什么?》			√		√		
	10.19~20	巩固没有独立完成的目标	《我会说》 《再来一个》		√				√	

(陈振声　郭媛媛)

思考题

1. 完整的听觉发育过程包括哪几个阶段?
2. 听力障碍儿童听觉分辨阶段的培建内容有哪些?
3. 听觉分辨与听觉识别有何不同?
4. 成人的助听器适应性训练要注意哪些问题?
5. 为老年人制定和实施康复策略时,请遵循以下哪些原则?
6. 简述熟悉听力障碍儿童听觉语言发展情况应做的基本工作内容。
7. 听力障碍成人、老年人语言训练方法有哪些内容?
8. 简述如何为听力障碍儿童个体制订个性化语言训练计划并指导家长尽早有效地开展语言训练。

第三篇

国家职业资格二级

第一章 听力检测

第一节 听性脑干反应

一、总论

听性脑干反应技术是听觉诱发电位(auditory evoked potentials,AEP)测试技术中的一种,首先来了解一下AEP的概念。AEP是通过听觉系统对声刺激反应所诱发的一系列电活动变化过程,通常用来了解听功能状态,诊断听觉系统的病变。AEP测试技术是了解听觉系统中神经功能的活动,是用于帮助神经学诊断和听力评估的强有力的测试技术。

早在1930年Weber与Bray在猫的蜗窗记录到对声反应的电位(耳蜗微音电位),随后1939年在清醒的受试者记录到听觉诱发电位,然而直到Dawson(1951,1954)采用平均叠加技术记录到AEP这种微弱信号电位,并随着小型化电子计算机的问世才大大加速了电反应测听的研究步伐,使得比脑电活动小得多且易被神经脑电活动所掩没的AEP的记录进入临床实用阶段。

1967年Portman与Aran用经穿透鼓膜的鼓岬电极,Yoshie等采用外耳道电极,通过计算机平均叠加技术记录到耳蜗电图(electrocochleagram,EcochG)。1970~1971年Jewett首次报道“远场”记录到听性脑干电位(auditory brainstem potential),从此以后,由耳蜗和脑干发生的听觉诱发电位在临床得到了广泛应用直至今日。

(一) 听觉诱发反应分类

表3-1-1为临床听觉诱发电位分类表,主要根据刺激后诱发反应的潜伏期来分类。其典型波形图,见图3-1-1。

表3-1-1 听诱发电位分类

听觉诱发电位反应	潜伏期(ms)	记录部位	可能的来源部位	声刺激种类	刺激重复率(次/秒)	带通滤波(Hz)
耳蜗电图(ECochG)	0.1~4	中耳鼓岬 外耳道近鼓膜处	耳蜗(CM和SP) 听神经(AP)	Click	10~20	100~2500
听性脑干反应(ABR)	1.0~10.0	颅顶、耳垂或乳突	听神经、脑干核团和听中枢通路	Click 短纯音	10~30	100~2500

续表

听觉诱发电位反应	潜伏期(ms)	记录部位	可能的来源部位	声刺激种类	刺激重复率(次/秒)	带通滤波(Hz)
频率跟随反应(FFR)	0至声刺激持续时间	颅顶、耳垂或乳突	听神经、脑干核团和听中枢通路	纯音	5	不定
慢负电位(SN_{10})	8~12	颅顶、耳垂或乳突	不确定	短纯音	5~10	20~100
中潜伏期反应(MLR)	10~80	颅顶、耳垂或乳突	丘脑、初级听皮层	Click	5~40	30~250
相关电位(40 Hz AERP)	8~100	颅顶、耳垂或乳头	不确定	Click 短纯音	40及左右	30~150
迟电位(N_1-P_2、P_{300}、CNV)	80~500	颅顶、耳垂或乳突	初级听皮层及相关皮层	Click	1~2	0.1~30

(二) AEP中几个概念

1. 诱发与非诱发电位 在无外界刺激时可以通过不间断的方式记录到生物电活动，在这种方式中获得的电位类型是一种非诱发电位，如EEG(the electroencephalogram)活动的记录。诱发电位是由外界刺激在时间上被锁定的刺激后诱发引起的电位记录反应，这种反应通常采用特殊技术(如叠加技术)从信号较强的非诱发电位或生理噪声中被提取出来的(图3-1-1)。

2. 神经放电的同步性 要想在脑干水平获得可辨认的听觉刺激诱发反应，就需要使大量神经元参与同步放电活动。由于诱发反应幅值很低在微伏级，人体本底生理噪声又大，尤其是脑电图在毫伏级。听觉诱发反应的低振幅和远场记录就需要大量增加放电神经单元数量，因此，需要一个拥有快速启动反应的刺激方式，如脉冲声，可在短时间周期内引起众多神经元同步放电。也就是说在很短时间内放电神经元越多，在脑干部位才能产生的电位场越大，则记录到的信号(波峰)幅值将越大(如短声诱发的ABR)。因此，对声诱发电位测试，陡峭的起始刺激声则最为可取，而变化慢的刺激不能同时引起足够数量的神经元同步放电。

3. 神经同步放电与听力 为阐明神经同步放电与听力的关系，这里以ABR为例来阐释要记录可辨认的ABR波形，必需诱发大量的神经同步放电。严重听力损失者，或低强度刺激难以或不能诱发足够的神经元同步放电，则ABR波形分化不好或缺失，甚至引不出来，因此，ABR波形的缺失通常指听力严重损失。如：听力学测试表明外周听力正常时，在多发性硬化症病例中ABR缺失普遍存在，同样也存在于其他神经系统疾病中。此外，在测试中枢神经系统未完全成熟的早产儿或者在测试记录过程中出现技术错误时ABR也可以缺失。

4. 时间锁定和信号平均 诱发电位是和外界特定的事件存在相关联一致性(如声刺激和触发记录反应同步相一致)。对计算分析起始声刺激出现的时间给予锁定以保证大量的记录反应信号能够进行线性叠加。而过强的背景电噪声和生理本底噪声等一系列干扰，由于它的随机属性(即噪声在1000次叠加中出现正向和负向的概率相同，各为50%左右，而被相互抵消，使其振幅越来越小，即噪声越来越小)，平均叠加后噪声将被减弱，相

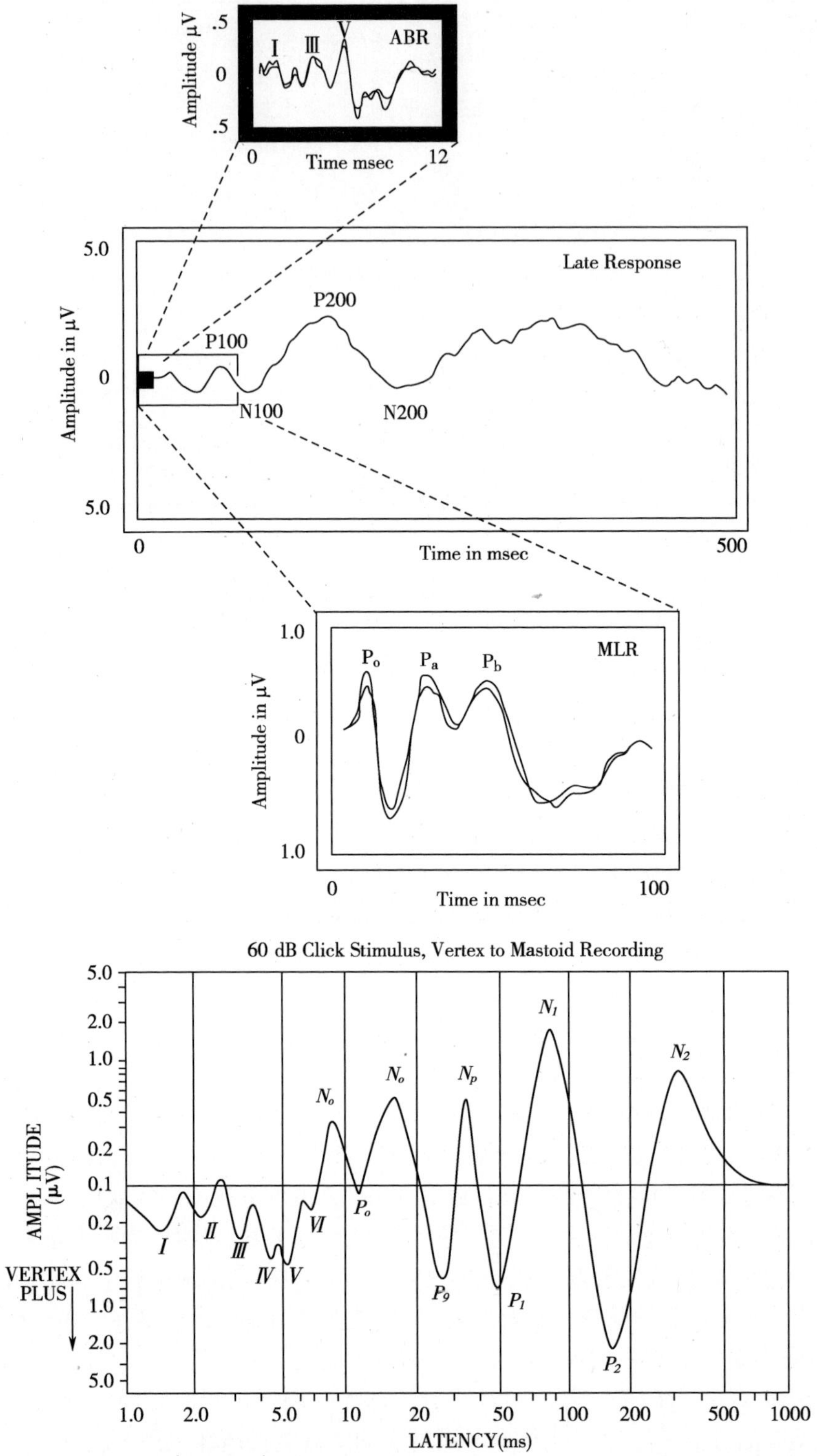

图 3-1-1　主要听觉诱发反应与时间及强度的关系(Hood,1998);听诱发电位典型波形;SLR 为短潜伏期,MLR 为中潜伏期,LLR 为长潜伏期

反和外界特定事件(如声刺激触发)相关的神经反应(有用的记录信号)平均叠加后将被保留和增强。图 3-1-2 表示叠加次数与背景生理噪声强度减少的关系,叠加后噪声强度 = 本底生理噪声 ×1/√叠加次数

5. 滤波 诱发电位记录的波形包含很多不需要的成分(如过高过低的频率成分以及公用电 50 Hz 干扰成分等)。滤波的概念是将不需要的成分通过滤波器滤掉。诱发电位中常遇到的滤波器有高通、低通滤波器和陷波器。高通滤波器是将设置点频率以上的频率成分通过而滤掉低于设置点频率成分的波形。低通滤波器则是将设置点频率以下的波形频率成分通过而滤掉高于设置点频率成分。例如:听性脑干反应(ABR)高通常设置为 150 Hz,低通设置为 3000 Hz,因此,两个滤波器联合使用表明即高于 150 Hz 的信号通过,低于 150 Hz 的信号被滤掉,低于 3000 Hz 的信号通过,高于 3000 Hz 的信号被滤掉,即 150~3000 Hz 之间的信号通过,这就是我们常说的 150~3000 Hz 这一带通频率信号通过,即高通,低通滤波器联合使用就获得带通滤波器。陷波器主要是针对性地消除掉某一特定频率点的噪声干扰,如 50 Hz 的公用电干扰(图 3-1-2)。

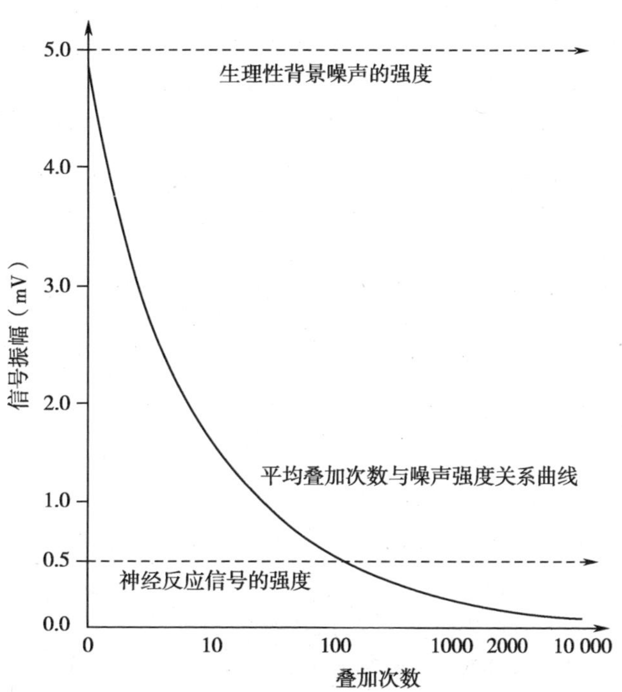

图 3-1-2　信号叠加的叠加次数与背景生理噪声强度减弱的关系

(三) AEP 的有关问题

测试设备:听觉诱发电位记录设备必须包括以下部分:声刺激发生器(含耳机和衰减器)、电极、生物信号放大滤波器(差分前置放大器、主放大器、带通滤波器)和信号平均叠加器(含时间锁相触发),结果显示及打印等装置。记录设备工作原理框图,见图 3-1-3,电极为记录电极,参考电极和两侧地极。差分前置放大器工作原理图,见图 3-1-4。

差分前置放大器,将两个电极中的一个电极电活动的波形极性倒转,而另一个电极不变,因此,两个电极部位共同的电活动即被消除,同时又有效地放大两个电极部位不同的电活动(记录电极中的有用信号)。如听觉诱发电位中,记录电极提取的信号为有用信号(如 ABR)与无用信号(噪声)的混合,参考电极提取的仅为无用信号(噪声),若将参考电极提取的无用信号改变极性再与记录电极提取的信号相加则只剩有用信号,如此,绝大部分无用信号相抵消。这就是差分前置放大器的原理,见图 3-1-4。

1. 测试环境 听觉诱发电位是极弱的生物电信号,易被背景噪声干扰,测试时需要一个安静的环境,良好隔声室的使用对阈值测试尤为重要,因为环境嘈杂噪声对接近阈值刺激声可产生掩蔽等效应而影响阈值。此外,尽管现代前置放大器能够排除大多数公用

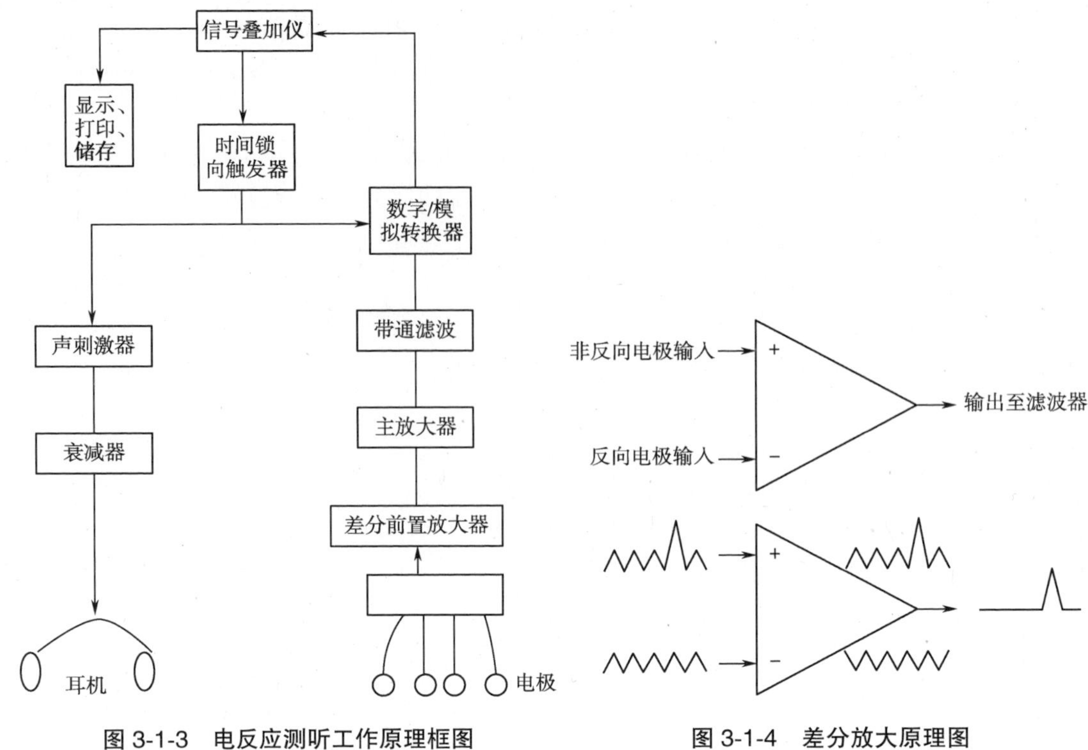

图 3-1-3　电反应测听工作原理框图

图 3-1-4　差分放大原理图

电干扰，但由于周围其他仪器可以对获得清晰的记录波形产生电干扰，电屏蔽也仍然十分重要，因此，测试应在隔声屏蔽室内进行。

2. 受试者的松弛状态　测试期间病人应该尽可能放松以避免记录期间肌肉紧张等产生的干扰。通常让病人采取仰卧位，并鼓励他们闭上眼睛，在测试期间尽量入睡。但有一种例外即病人有自发眼球震颤，可能会因眼的运动而引入赝象。此时若要求他眼睛盯住室内某一点通常可以降低这些肌肉活动引起的干扰。

婴幼儿及小龄儿童在测试期间必须保持安静，睡眠是其最好的状态。因此，我们建议条件允许者对他们最好采取预约方式，预约时交代家长，小孩测试前夜晚点睡，早晨早起(尽量少睡)，以利于测试时入睡，即采用剥夺睡眠法使其入睡(当然，多数情况仍需要使用小剂量镇静药)。

需要指出的是，有一小部分小孩用水合氯醛达不到镇静目的，则需要采用其他的镇静药或者甚至在整个测试期间采用麻醉药。但是，必须记住任何镇静药和麻醉药必须在医生指导下使用。通常 4 个月以内的婴儿如果测试时间在所估计的正常睡眠期内或哺乳后即可，则不需要镇静药。

3. 病史采集　临床测试技术人员应当从临床记录(病历)和病人的主诉中提取适当的资料。如：脑干功能检查和眼震电图的结果对 AEP 的异常相关性研究很有帮助。此外，病史采集可为以后的结果分析总结积累资料。

4. 常规的听力学测试　常规的纯音听力图、声导抗结果可用于帮助解释验证 AEP 的测试结果。按临床常规，ABR 和神经学测试以前，如果患者条件允许应接受主观听阈测试。

5. 声刺激强度　刺激强度是诱发引出 ABR 的重要参数之一。临床神经生理学实验

应根据自己的需要（听力学和神经学）确定声刺激程序。目前较常采用 pe SPL 及 n HL 作为听性脑干反应刺激声强度标定单位。通常短声的起始强度是 60~80 dB SL（即听阈上 60~80 dB），低于该强度 AEP 波形常常分化不好。如果在上述刺激强度时 AEP 波形仍然难以辨认，则应以 10 dB（或 >10 dB）的挡次递增刺激强度。

6. 波形辨认及阈值的确定 AEP 技术中最基本的最重要的内容之一就是反应波形的辨认。这不仅关系到其他参数测试结果的准确性，对临床诊断也将产生直接的影响。当然，也没有一个定型的识别方法，以下只是提出几点建议仅供参考。

赝象（artifact）的排除：在 AEP 记录测试时，散在有肌源性噪声或因电极 / 皮肤表面的电赝象等产生了瞬态高振幅电位，使真正的 AEP 波形失真，此种情况可通过赝象自动排斥系统功能（reject）设置将超值电位予以排除。

重复测试记录：在用于神经学诊断测试时应该重复记录 2 次（尤其是记录波形分辨有困难时），比较 2 次测试结果的重复性是否良好。此外，对接近反应阈的低刺激强度重复测试，应对比 2 次测试结果，以确定其是否为诱发反应阈值。

反应阈测试：从起始强度 60~80 dB SL 开始，每 10 dB 一档下降，进行记录，至特征信号（如 ABR 的 V 波）消失时的强度上 5~10 dB，重复测试一次，观察波形是否重复，若重复性好方可视为反应阈。对于阈值可能接近最大声刺激强度的受试者（潜伏期范围有助于辨认 V 波），亦可采用不给声刺激观察在可能出现反应部位是否也有波出现。若仍有波出现应考虑为赝象。

强度递减测试：从高强度到低强度测试，根据反应的强度依赖关系判断是否为真实反应波形。

注：受试者良好的松弛状态，极间电阻低（<5kΩ），即去脂的成功对波辨认和反应阈确定至关重要。

7. 正常测试参数值确定 由于各实验室测试环境不同，给声方式、记录时设备参数的选择，以及人群、人种与地理位置等差别不同所获得的正常参数值可能差异较大，因此，每套测试系统在正式用于临床测试之前应获取自身的正常参数值。

二、听性脑干反应（auditory brainstem response，ABR）

ABR 代表听神经和脑干各个单元、时间锁相、传导起始敏感的神经元对诱发声刺激活动产生的同步放电的总和。其特征和可重复性是完全独立于受试者的状态且能够在受试者处于清醒、睡眠、镇静、一般麻醉状态下或昏迷中获得。正因为这一可重复性、人群之间的一致性，以及对某些听觉通路失调的敏感性等特性，使得 ABR 成为临床评估和术中监测听觉功能的一项重要工具。

ABR 是听觉接受声刺激后立即通过头皮表面电极记录电位波形并叠加，放大及滤波后获得的诱发电活动，这一电反应是低振幅且被淹埋在其他神经系统活动中。针对这一原因，必须采用高共模抑制比的放大器、滤波、自动排斥系统和平均叠加技术才得以从多种电活动中提取并记录到。

（一）测试记录方法

1. 电极位置 颅顶为记录电极（正极），但临床常采用额部正中近发际处为记录电极（正极），额部（两眉之间）为地极，同侧耳垂（耳后乳突也可）为参考电极（负极）（图 3-1-5）。

2. 设备参数选择　滤波范围 100~2500 Hz；扫描时间≥15ms；灵敏度 50μV；给声刺激重复率 10~30 次 / 秒(婴幼儿可略高些)；叠加次数 1000~2000 次，刺激声一般选用交替短声(Click)，亦可选用 Tone burst 等其他声(可参阅相关章节)。

刺激开始和波峰之间的时间间隔称之为潜伏期。在正常受试者，采用高于阈值 75 dB 左右强度水平的短声刺激，波Ⅰ的潜伏期一般接近 1.5ms，波Ⅲ大约 3.7ms，波Ⅴ约 5.5ms。正常值的范围通常延伸至 2 个或 3 个标准差，或大约 ±0.32~±0.48ms 范围。

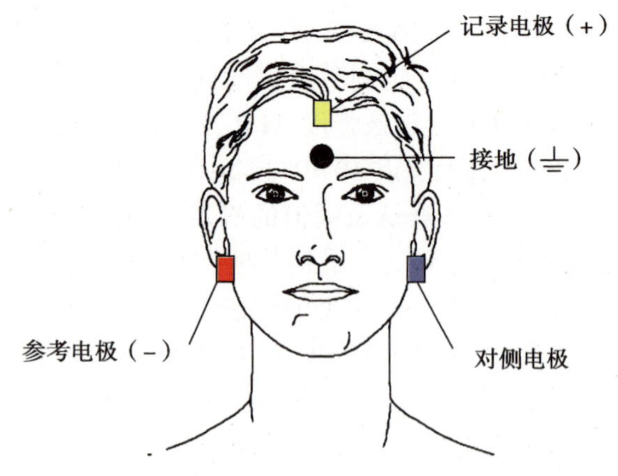

图 3-1-5　ABR 测试标准电极安置示意图

(二) ABR 各波成分的起源

20 世纪 70 年代早期有些学者对 ABR 各波成分的起源和脑干通路及核团之间的相关性提出Ⅴ波来源于下丘，Ⅳ波来源于外侧丘系，Ⅲ波来源于橄榄束，Ⅱ波来源于耳蜗核，以及Ⅰ波来源于第Ⅷ神经。Stockard 和 Sharbrough(1978)及后来一些学者明确指出脑干中发挥作用的核团确切位置和相互关系不甚清楚，因而以往对各波起源部位的描述过于简单，因此，应该放弃上述的 ABR 各波成分的起源学说，但是，目前仍有许多国内读者忽略了这一点。

Mϕller 和 Jannetta(1981)报道波Ⅰ和部分波Ⅱ应归入第Ⅷ脑神经的活动。他们记录的受试者的头皮内在靠近神经活动第Ⅷ脑神经部分在时间上和表面记录波Ⅰ和波Ⅱ相一致。对波Ⅲ~Ⅵ可能没有简单的产生部位，每个波极可能是在听觉中枢系统中脑干结构的几个部位整合的活动作用结果。

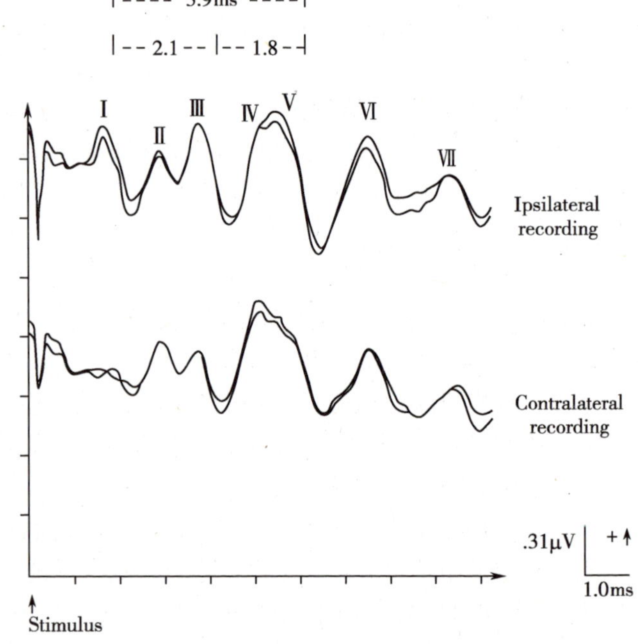

图 3-1-6　正常人典型 ABR 波形图

(三) ABR 参量测试及临床报告标准

1. 波形辨认　ABR 由刺激后 10ms 内出现的Ⅰ~Ⅶ波组成(图 3-1-6)，在确定反应阈时波Ⅴ最重要，在诊断病变部位时，Ⅰ、Ⅲ、Ⅴ波最为重要，因此，辨认 ABR 的Ⅰ波、Ⅲ波和Ⅴ波是临床 ABR 测试中的关键问题，尤其是波Ⅴ(图 3-1-7)。

2. 潜伏期及波间期　ABR 各波的潜伏期反映了听神经中枢传导时间，在诊断中枢性病变中占重要地位，由于波Ⅱ及波Ⅳ振幅较小，出现率相对较低，临床主要关心的是和Ⅰ、

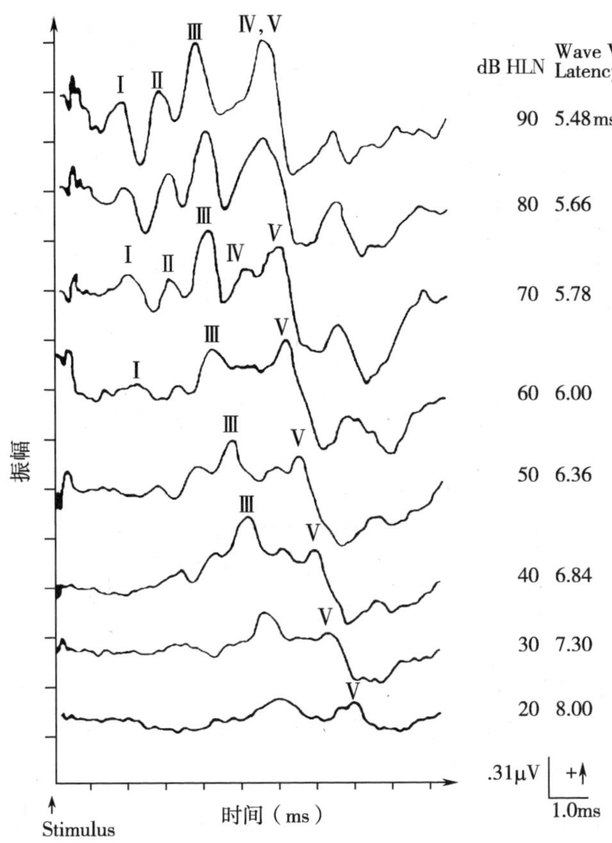

图 3-1-7 ABR 波形辨认示意图，随短声刺激强度降低，Ⅴ波潜伏期延长及Ⅴ波最后消失

Ⅲ、Ⅴ波有关的波潜伏期及其波间期，见表 3-1-2、表 3-1-3 和图 3-1-8、图 3-1-9。

表 3-1-2 某家医院所得的 ABR 各波的潜伏期值（n=15）

130 dB peSPL 时各波绝对潜伏期（ms）	波间潜伏期（ms）	双耳波间潜伏期差（ms）
波Ⅰ 1.38 ± 0.20	波Ⅲ ~Ⅰ 2.28 ± 0.19	波Ⅴ 0.23 ± 0.11
波Ⅲ 3.66 ± 0.18	波Ⅴ ~ Ⅲ 1.80 ± 0.16	波Ⅰ~ Ⅴ 0.20 ± 0.09
波Ⅴ 5.46 ± 0.21	波Ⅴ ~Ⅰ 4.08 ± 0.22	重复测试反应潜伏期 ± 0.1

表 3-1-3 另一家医院所得的 ABR 各波的潜伏期值（n=15）

130 dB peSPL 时各波绝对潜伏期（ms）	波间潜伏期（ms）	双耳波间潜伏期差（ms）
波Ⅰ 1.47 ± 0.09	波Ⅲ ~Ⅰ 2.28 ± 0.15	波Ⅴ 0.22 ± 0.12
波Ⅲ 3.74 ± 0.15	波Ⅴ ~ Ⅲ 1.76 ± 0.14	波Ⅰ~ Ⅴ 0.18 ± 0.10
波Ⅴ 5.50 ± 0.07	波Ⅴ ~Ⅰ 4.03 ± 0.12	重复测试反应潜伏期 ± 0.1

3. 振幅 由于个体差异及测试之间的变异较大且受很多其他因素的影响而重复性差，临床很难仅根据振幅的改变判断病变的部位及其严重程度等，故在临床未被广泛应用。

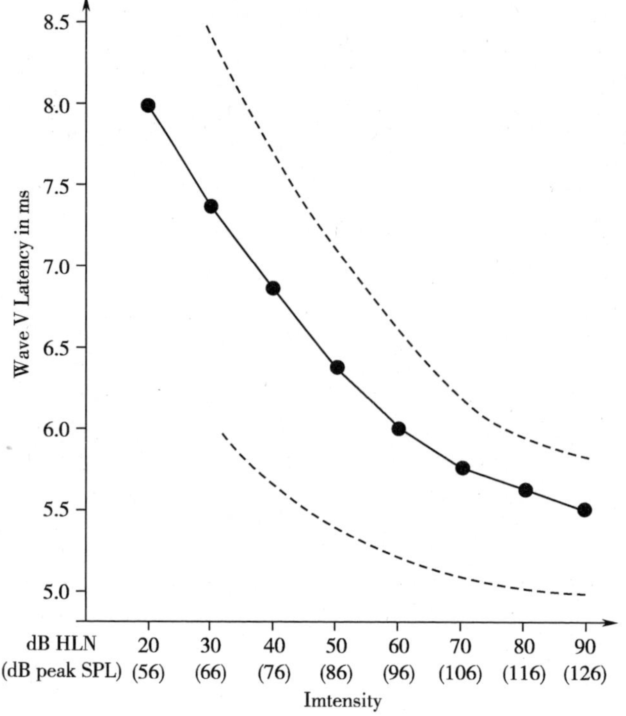

图 3-1-8　正常人 ABR V 波潜伏期 - 强度函数曲线(means ± 3SD)

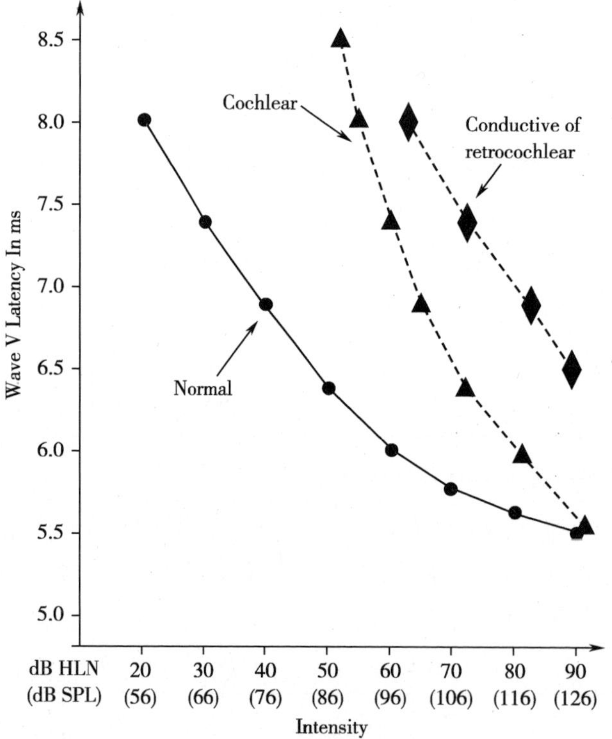

图 3-1-9　正常听力，传导或蜗后，以及耳蜗性听力下降 V 波潜伏期 - 强度函数曲线

4. 反应阈 在ABR的记录中，通常刺激声强度从70 dB SL开始，以期记录出重复性最好的波形，随后降低强度。随刺激强度的降低，最后波V消失，因此，把波V刚消失时的刺激强度上5 dB或10 dB，重复一次观察波V，如有重复性即此强度可确定为ABR的反应阈，见图3-1-10。

文献报道正常听力受试者ABR反应阈在0~20 dB nHL。ABR反应阈可用来客观评估中高频听阈(2000~4000 Hz)。

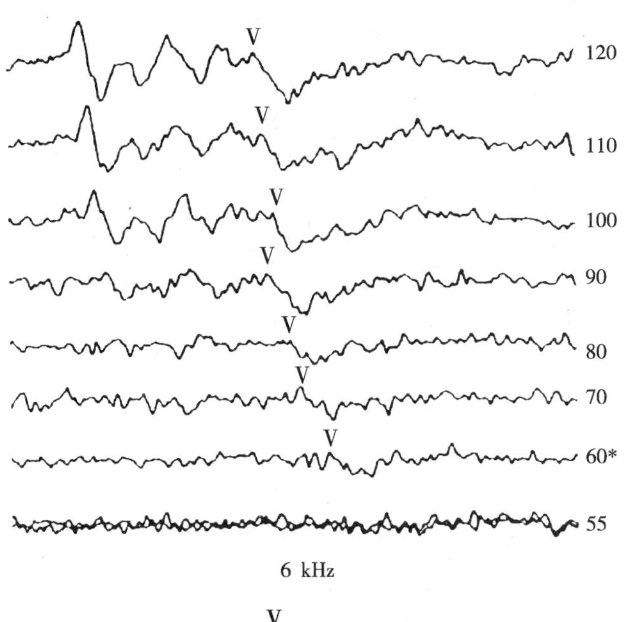

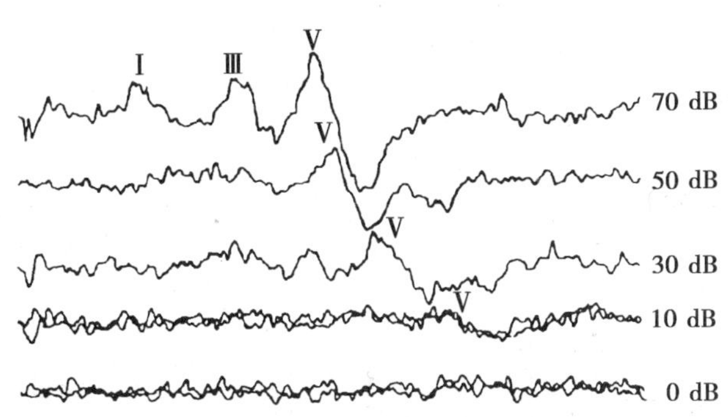

图3-1-10 ABR反应阈测试过程

5. 临床报告标准 目前临床ABR诊断蜗后病变采用的主要参数指标为：①各波绝对峰潜伏期；②波间潜伏期差；③波V潜伏期延长；④双侧V~I波间期；⑤波形异常或缺失。

ABR检查结果的临床报告标准通常可分为正常、大致正常、可疑异常与不正常四级，这是根据各参数均值加1、2和3个标准差分别计算而来。为便于参考，现将某院资料列于表3-1-4、表3-1-5。

在低强度刺激时ABR波形的辨认常常带有主观性，且不同测试者判断标准可能不同。因此，虽然ABR是一种不需要病人主观参与的客观测试，但是在对测试结果的判断上却含有一定的主观成分，即客观测试，主观判断。

6. 解释ABR结果应注意的问题

(1) 年龄在6个月至5周岁的多数儿童行ABR测试需要给予镇静药物。因此，在儿童清醒之前，在有效的时间里获得尽可能多的资料。作者主张采用剥夺睡眠法来让儿童进入自然睡眠状态。

(2) 18个月以前的婴幼儿随日(月)龄的增长，ABR波V绝对潜伏期日趋缩短。

(3) 用短声作为刺激声记录的ABR波V反应阈用于评估中高频听力(2000~4000 Hz)损失情况相关性较好，但评估低频听力则相关性较差。

(4) ABR有时并不能代表真实的听力。确切地说ABR可以帮助确定外周听敏度和脑干听觉通路的神经传导能力。但有严重皮层功能障碍的儿童，却也能记录到正常的ABR波形。

7. 什么样的病人需要行ABR测试 当有不能解释的听力损失(如突发性聋)、单侧

表 3-1-4　ABR 的临床报告标准（例 1）

项目	潜伏期（ms）			波间期（ms）			双耳Ⅴ波潜伏期差（ms）	双侧Ⅰ～Ⅴ间期差（ms）	波幅Ⅴ/Ⅰ比值	波形分化程度
	Ⅰ	Ⅲ	Ⅴ	Ⅰ～Ⅲ	Ⅴ～Ⅲ	Ⅰ～Ⅴ				
正常	<1.58	<3.84	<5.67	<2.47	<1.96	<4.30	<0.34	<0.29	>1	清楚
大致正常	1.58~1.78	3.84~4.02	5.67~5.88	2.47~2.66	1.96~2.12	4.30~4.52	0.34~0.45	0.29~0.38	>1	清楚
可疑异常	1.78~1.98	4.02~4.20	5.88~6.09	2.66~2.85	2.12~2.28	4.52~4.74	0.45~0.56	0.38~0.47	<1	不清楚
异常	>1.98	>4.38	>6.09	>2.85	>2.28	>4.74	>0.56	>0.47	<1/2	不清楚

表 3-1-5　ABR 的临床报告标准（例 2）

项目	潜伏期（ms）			波间期（ms）			双耳Ⅴ波潜伏期差（ms）	双侧Ⅰ～Ⅴ间期差（ms）	波幅Ⅴ/Ⅰ比值	波形分化程度
	Ⅰ	Ⅲ	Ⅴ	Ⅰ～Ⅲ	Ⅴ～Ⅲ	Ⅰ～Ⅴ				
正常	<1.56	<3.89	<5.57	<2.43	<1.90	<4.15	<0.34	<0.28	>1	清楚
大致正常	1.56~1.65	3.89~4.04	5.57~5.64	2.43~2.58	1.90~2.04	4.27~4.39	0.34~0.46	0.28~0.38	>1	清楚
可疑异常	1.65~1.74	4.04~4.19	5.64~5.71	2.58~2.73	2.04~2.18	4.39~4.51	0.46~0.58	0.38~0.48	<1	不清楚
异常	>1.74	>4.19	>5.71	>2.73	>2.18	>4.51	>0.58	>0.48	<1/2	不清楚

耳鸣、眩晕、单侧面部麻木及不对称的听力损失，镫骨肌声反射衰减及蜗后病变反应等结果阳性的患者。

（四）临床应用

ABR 在临床听力学方面已获得广泛的应用。

1. 新生儿和婴幼儿听力筛查（详见新生儿听力筛查技术章节） 作为听力筛查一般认为选用 35 dB nHL 的 Click 声刺激强度，能引出 ABR 反应即可认为通过了听力筛查，而对未能引出反应的，则视为 refer（需转诊）。

2. 器质性和功能性聋的鉴别。

3. 听力损失评估 ABR 在临床上一个非常有成效的用途是用于评估婴幼儿和难于测试的患者的听力损失情况（如涉及法医鉴定、纠纷和赔偿等）。但 ABR 对短声刺激的反应阈值仅代表纯音听力图 2000~4000 Hz 范围的听敏度，而短音和短纯音等带有频率特异性声刺激诱发的 ABR 可解决频率特异性问题。因此，ABR 反应阈值可用于小儿的听力评估及助听器选配的工作。

4. 听神经瘤及小脑脑桥角占位性病变的诊断。

5. 听觉通路的中枢神经系统疾病的诊断 许多影响听觉脑干的神经系统疾病均会引起 ABR 参数的改变。如：多发性硬化（有文献报道 60% ABR 存在异常）、脑干胶质瘤、脑外伤等。

6. 术中监测 手术中持续监测听神经和脑干听觉通路的状况。新近有报告用于麻醉中监测麻醉的深度获得较满意的效果。

7. 昏迷病人预后 昏迷病人的脑死亡过程是从波Ⅴ到波Ⅰ逐渐消失的。

（五）影响 ABR 测试的因素

1. 声刺激因素 刺激极性、声刺激重复率（图 3-1-11）、刺激强度、种类、频率、单侧和双侧刺激。

2. ABR 记录参数的影响 电极安装（去脂、极间电阻等）、滤波范围及放大器性能等。

3. 测试者因素 年龄、性别、注意力、病人情绪状态、背景噪声的干扰、听力图类型、药物及体温等。

4. 其他因素的影响 波形识别的主观性错误，技术性操作错误等。

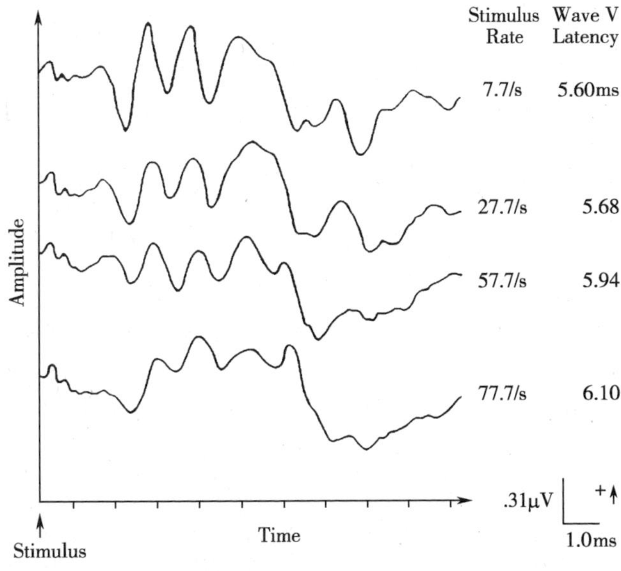

图 3-1-11　4 种不同刺激重复率记录的 ABR 的变化。注意波形分化和Ⅴ波潜伏期

（六）频率特异性听性脑干反应

click ABR 反应阈难于对听力损失作出具体和较全面的评估，尤其是对低频听力损失的评估。随着我国“新生儿早期听力检测和干预”项目的实施，以及法医鉴定中对听力客观评估越来越高的要求（各频率损失的评估），迫切需寻求用于各频率点或段的听力损失

评估方法，具有频率特异性声诱发的 ABR 可望解决这个问题。

目前公认的适合用于诱发 ABR 的刺激声主要有两类：短声(click)和短纯音(tone burst)。临床上常规采用的是由 click 声诱发引出 ABR(click ABR)，一般认为在规范的测听条件下，短声刺激引起的是耳蜗宽频区域的兴奋，无频率特异性，click ABR 的Ⅴ波反应阈在一定程度上反应了 2000~4000 Hz 范围的行为听阈。短纯音则刺激引起的是其主瓣频率相应的耳蜗特定区域的兴奋，故有一定的频率特异性。

虽然临床常采用 click ABR 来评估中高频听阈，但由于 click 声的声学特征为宽频谱，缺乏频率特异性，当听力损失构型为平坦型，多数学者认为可反映 2000~4000 Hz 范围的行为听阈；但当听力损失为异常构型时(如陡降型)时用于评估 2000~4000 Hz 的行为听阈依然会很不准确。

有研究表明在陡降型听力损失组中，在 1000 Hz 和 2000 Hz 频率点纯音听阈出现陡降的实验组，click ABR 反应阈与 2000 Hz、4000 Hz 纯音听阈均值之差的均数及标准差分别为 7.5 ± 4.7 dB，25.2 ± 5.9 dB，click ABR 反应阈平均值分别好于 2000 Hz、4000 Hz 纯音听阈 10 和 12 dB。说明用 click ABR 反应阈评估 1000 Hz、2000 Hz 陡降型听力损失人群纯音听阈时，比 2000 Hz、4000 Hz 纯音听阈低 10 dB 以上。而用于评估 500 Hz 的听阈则相差更大。陡降型听力损失组中出现 click ABR 反应阈好于 2000 Hz、4000 Hz 纯音听阈这种现象的原因可能是更多的低频耳蜗区域参与了兴奋，说明 2000~4000 Hz 以外其他频率对 ABR 有贡献。

对陡降型听力损失人群的听阈评估，ABR 反应阈和行为听阈差异从 10 dB 到 70 dB。尽管如此，在临床应用中 click ABR 反应阈作为听阈客观评估仍有其重要价值。

1. 频率特异性听性脑干反应的记录　刺激声采用门控制包络，其包络的上升及下降时间一般设置均为 1 毫秒，包络的平台期为 2 毫秒的短纯音，其他参数同 click 声诱发的 ABR。

2. TB-ABR 反应阈、主观听阈与纯音听阈　研究结果表明 ABR 反应阈总比主观听阈高。500、6000、8000 Hz ABR 反应阈与主观听阈差值最大，接近 30 dB；1000 Hz 次之，接近 20 dB 左右，2000~4000 Hz 为 10 dB 左右。表明 2000 Hz、4000 Hz Tone-Burst ABR 反应阈与其主观听阈、纯音听阈最接近，阈差最小。对较低频和高频 Tone-Burst ABR 与主观听阈之间的差异性较大可能限制了用 Tone-Burst ABR 来评估纯音听阈。因此，在临床每个测试系统需要获得 Tone-Burst ABR 反应阈的正常值，根据它给定一个修正值用来预估纯音听阈(图 3-1-12、图 3-1-13、表 3-1-6)。

表 3-1-6　Tone-Burst ABR 反应阈正常值

刺激声频率	500 Hz	1000 Hz	2000 Hz	4000 Hz	6000 Hz	8000 Hz
ABR 反应阈(dBnHL)	35.75 ± 5.25	17.75 ± 4.06	13.00 ± 4.76	10.75 ± 3.43	29.50 ± 5.36	31.50 ± 6.47

(七) 骨导听性脑干反应(BC-ABR)

ABR 的检测在临床已获得广泛的应用，主要是基于气导刺激方式进行，通常用于客观评估婴幼儿听力及难以进行行为测试的人群及蜗后听觉传导病变的诊断。但对听力损

失的传导性成分的客观评定则存在困难,以骨导声刺激方式的 ABR 则可能解决这一问题,具有气导 ABR 无可比拟的优越性,临床应该重视其应用价值。

1. BC—ABR 的测试 测试除了给声方式是以骨振器给声外,其他同气导 ABR 测试,骨振器的放置成人同纯音听阈测试。婴幼儿测试时可直接将骨振器放置乳突,用手轻轻顶着固定。

2. BC—ABR 的局限性

(1) 骨导振子最大刺激强度远远小于气导最大声输出强度,限制了骨导听阈的测试范围。

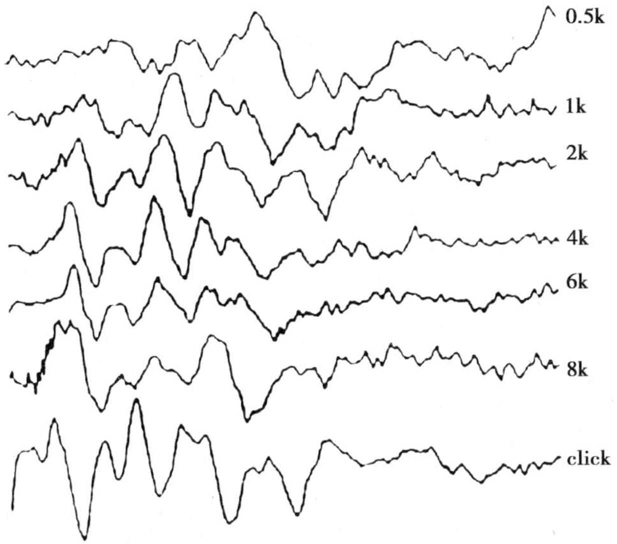

图 3-1-12 500~8000 Hz 短纯音及 click 声测听听阈 120 dB 诱发出的典型 ABR 波形

(2) 骨导 -ABR 刺激时常规需要噪声掩蔽,建议在对侧给出的噪声掩蔽水平不宜超过 60 dB SPL。

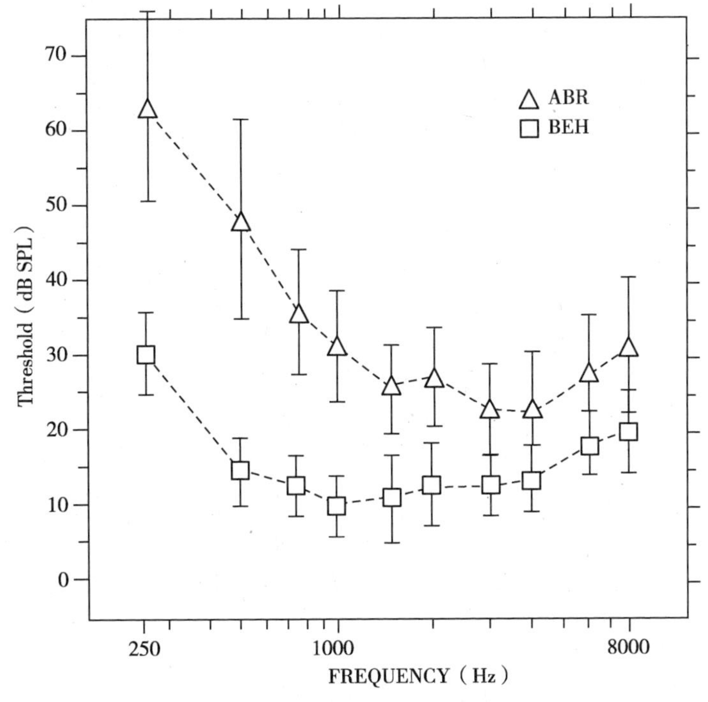

图 3-1-13 短纯音 ABR 阈和行为

(3) 连接骨振器与头颅固定的环保证相同的压力比较困难,尤其是婴幼儿及儿童,婴幼儿测试时可直接将骨振器放置乳突,用手轻轻顶着固定。

(4) 图 3-1-14 中 AC 和 BC-ABR 潜伏期一强波曲线的数据是成年人,而小儿和成年人

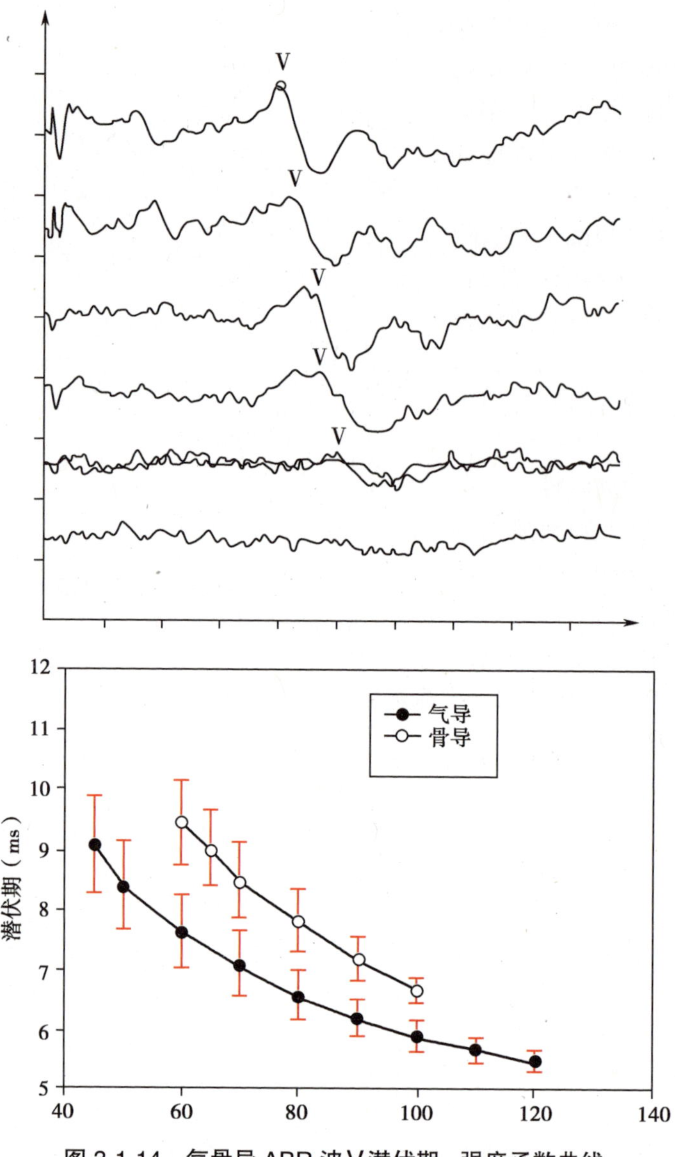

图 3-1-14 气骨导 ABR 波 V 潜伏期 - 强度函数曲线

是不同的，因此，年龄一刺激强波相应的正常值参数需要做进一步工作以获得。

总之，骨导 ABR 检测在方法学上能与气导 ABR 相补充，且对轻 - 中度听力损失的评估，新生听力筛查中的应用以及传导性聋客观鉴别诊断具有主要的临床应用价值，希望在国内能够普通开展和推广应用。

三、中潜伏期反应和 40 Hz 听性相关电位（Middle latency response，MLR；40 Hz Auditory event related potential，40 Hz AERP）

（一）概述

中潜伏期反应是从人的头皮记录到的一种诱发电活动，它出现在刺激声后 8~100ms 之间，且可能来自源于脑干以上和初级听皮层投射区域。

中潜伏期反应是由 2~4 个正峰波组成的系列波，它们分别被标记为 P_0、P_a 和 P_b。负波峰记为 N_a 和 N_b。正常人典型的中潜伏期示意图（图 3-1-15）。主要波型潜伏期值，表 3-1-7。

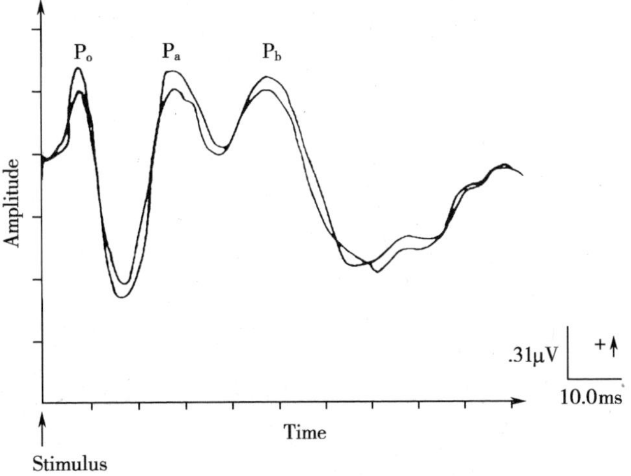

图 3-1-15 正常人典型中潜伏期波形示意图

MLR 的振幅比 ABR 大的清晰反应波，但通常所获得波形为重复性比 ABR 要小。

40 Hz 听性相关电位：Calambos 等（1981）报道一种被命名为 40 Hz 反应的电位。这种电位的获得是使用刺激率每秒 40 次或接近 40 次所记录到的电位，这种电位为一种具有周期接近 50ms（40 Hz）的类似正弦波，且记录电位的振幅在刺激率接近 40 次 / 秒时为最大（图 3-1-16）。因其刺激的节律与诱发的反应同步，故命名为 40 Hz 听性相关电位（40 Hz AERP），为稳态诱发电位的一种。

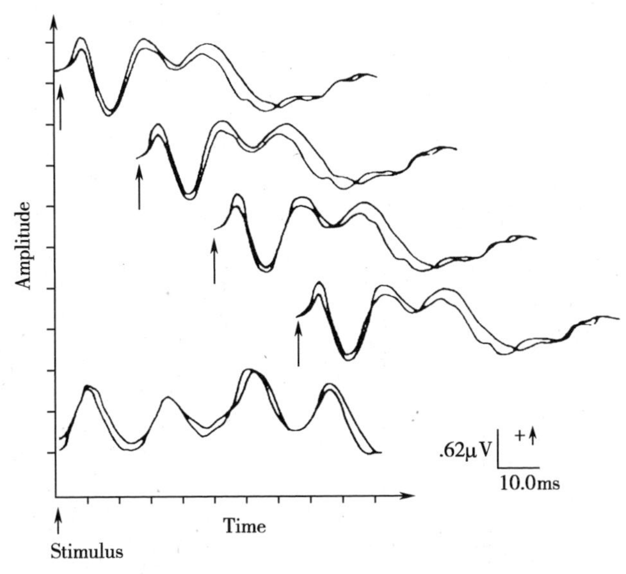

图 3-1-16 40 Hz AERP 获得示意图

表 3-1-7 主要波峰典型的潜伏期值（n=15）

波（n=15）	P_0	N_a	P_a	N_b	P_b
均值	10.00	19.47	30.33	40.40	51.54
标准差	0.58	1.57	1.78	3.88	4.78

MRL 和 40 Hz AERP 记录技术：基本方法同 ABR（如电极安放等）。为获得清晰、准确的结果，现将建议性的测试参数列于表 3-1-8。

表 3-1-8　MRL 和 40 Hz AERP 记录技术设置

参数	MLR	40 Hz AERP
扫描时间	100ms	100ms
叠加次数	500	250~500
刺激声	短声或短纯音(2-1-2)	短声或短纯音(2-1-2)
刺激重复率	低于 10 次 / 秒	接近 40 次 / 秒(如 39 或 40)
滤波设置	10~150 Hz 且 6 或 12 dB/octave	10~100 Hz 且 6 或 12 dB/octave

(二) 影响 MLR 和 40 Hz AERP 结果的因素

除记录技术外,年龄、睡眠、安眠镇静剂等均可影响 MLR 和 40 Hz AERP 的结果。

关于年龄对 MLR 和 40 Hz AERP 的影响意见不尽一致。一般认为小儿的 MLR 波形与成人相似,但有人认为 40 Hz AERP 在新生儿中波形不全类似于 40 Hz 正弦波且不稳定。

从听觉发育角度看,由于 MLR 较 ABR 成熟晚,因此,在分析 MLR 和 40 Hz AERP 结果时应考虑年龄这一因素,尤其是对年龄 <14 岁的儿童评估。

儿童因不能主动配合,需在自然睡眠和服镇静药后处于睡眠状态下测试。有的学者认为由睡眠致 MLR 振幅降低而使反应阈升高,但亦有学者认为睡眠和少量镇静药对振幅影响很小,而有利于反应阈检出(图 3-1-17)。

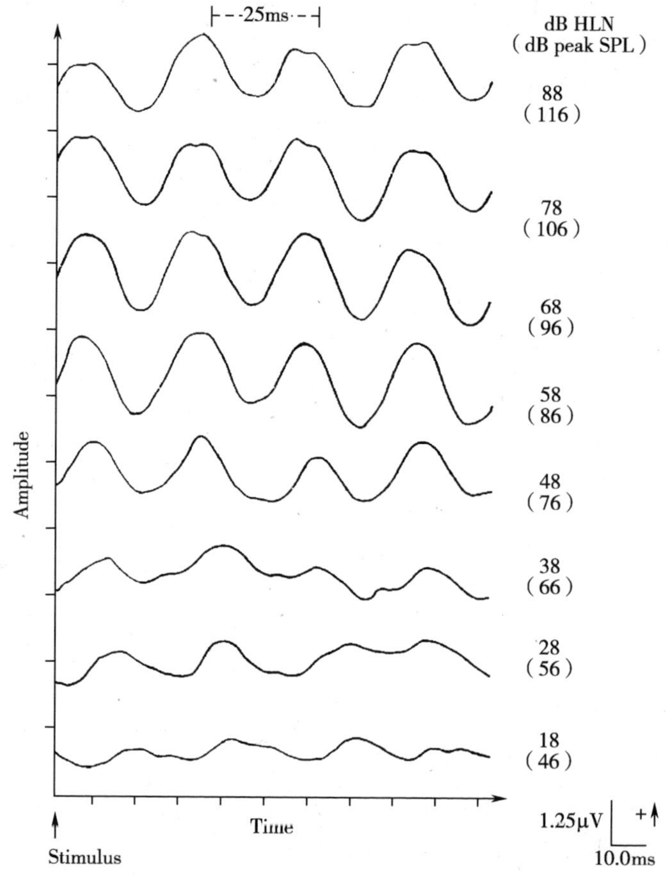

图 3-1-17　40 Hz AERP 刺激强度逐减的反应示意图

(三) 临床应用

1. 阈值测定　中潜伏期反应和 40 Hz AERP 反应在成人和行为阈值有高度的一致性 2000~4000 Hz,大约在 10 dB 之内。用 MLR 或 40 Hz AERP 和 ABR 相结合,前者用低频短纯音,后者用短声,测得的反应阈,可用于估计 500、1000、2000、4000 Hz 的听功能状态。由于 MLR 和 40 Hz AERP 产生于较 ABR 更高听觉中枢,尤其是年龄低于 14 岁的儿童聋儿残余听力的评估要慎重。

2. 中枢听觉障碍评估　由于 MLR 和 40 Hz AERP 较耳蜗电图和 ABR 来自更高听觉

中枢，因此，当耳蜗电图和 ABR 正常，MLR 引不出时，要考虑中枢聋的可能。即对脑干以上平面的听通路病变，MLR 和 40 Hz AERP 可提供诊断性依据（如多发性硬化病例）。

3. 功能性聋、伪聋的鉴别 由于 MLR 和 40 Hz AERP 均为客观测听，因此，可用于功能性聋、伪聋的鉴别诊断。此外，与 ABR 相结合，可为法医鉴定中客观听力评估提供可靠全面的听力资料。

四、多频听觉稳态诱发反应

（一）基本概念

听觉稳态诱发电位是一种对应于受到持续、调制声刺激时，诱发听神经、脑干和听皮层的神经活动生物电反应，由于频率成分稳定而被称为稳态诱发反应，在头皮记录到该反应的一种电位称为听觉稳态诱发电位。

临床上常遇到和听觉稳态反应相对应的一种反应是瞬态反应，它们都是诱发电位反应的一种形式。总的来说，瞬态反应是由低刺激率（理论上仅 1 次）声刺激诱发产生的，而稳态反应则是由较高频率（多次）的声刺激诱发产生的。若声刺激率足够快到以至于前一个刺激的反应可与紧接着的第二个刺激诱发的瞬态反应相重叠，则出现的生理反应通常可看作是稳态反应。因此，稳态反应和瞬态反应有其各自独立反应的生理功能情况。此外，它们在测试反应阈判断方法上是不同的，瞬态反应反应阈的判断为波形（属主观判断，如 ABR、耳蜗电图的反应阈等），稳态反应反应阈的判断是频谱的振幅（属客观判断，但有多种判断方法和实现途径，最常见的是统计学分析的方法）。

听觉稳态反应（ASSR）是一种同时用多个调制音刺激，然后从头皮记录反应，用统计学方法（反应的分析常用 F 检验，该法是比较信号帧与相邻帧（噪声）有无差异性来判断反应是否产生的方法）从脑电丛中判断 ASSR 成分是否为有效的成分。

（二）ASSR 的刺激信号

以一正弦波对另一正弦波进行频率调制，称为调频（frequency modulation，FM），进行幅度调制称为调幅（amplitude modulation，AM），同时既调频又调幅称为混合调制（mixed modulation，MM）。被调制的正弦波称为载波，它的频率称为载波频率（carrier frequency，CF），进行调制的正弦波称为调制波，它的频率称为调制频率（modulation frequency，MF）（图 3-1-18）。

ASSR 刺激信号

调幅（amplitude modulation，AM）

载波频率 = 2000 Hz；调制频率 = 100 Hz

（三）ASSR 反应原理和发生部位

目前对稳态电位的发生源并不十分清楚，多学者认为听神经元、耳蜗核、下丘脑及听皮层的神经元都参加了反应。通常认为听觉稳态诱发反应的产生部位与调制频率有关，而与载波频率无关。

ASSR 所用的刺激声信号的载波是言语频率范围内的纯音（250 Hz、500 Hz、1000 Hz、2000 Hz、4000 Hz、8000 Hz；临床通常仅选择测试 500 Hz、1000 Hz、2000 Hz、4000 Hz 4 个频率点），对其进行调频，或调幅，或混合调制。如果以 100 Hz 调制波对 2000 Hz 的纯音，其包络由调制波决定，能量主峰在 2000 Hz，其频率范围在载波频率 ± 调制频率内，即

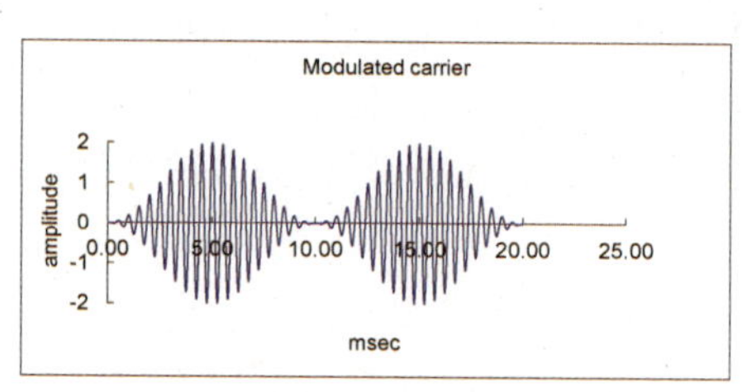

调频(Frequency modulation,FM)

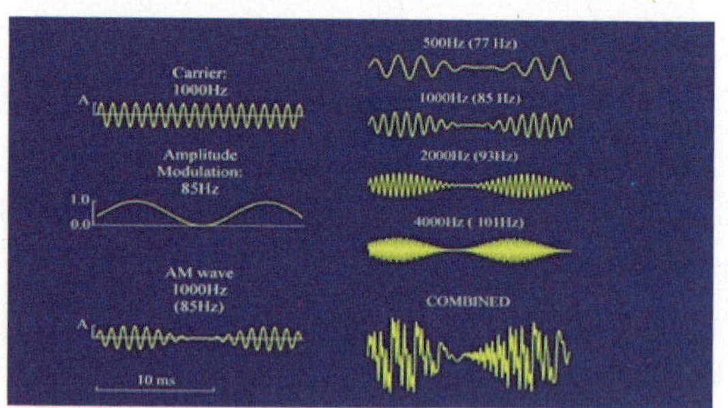

混合调制(Mixed modulation,MM)

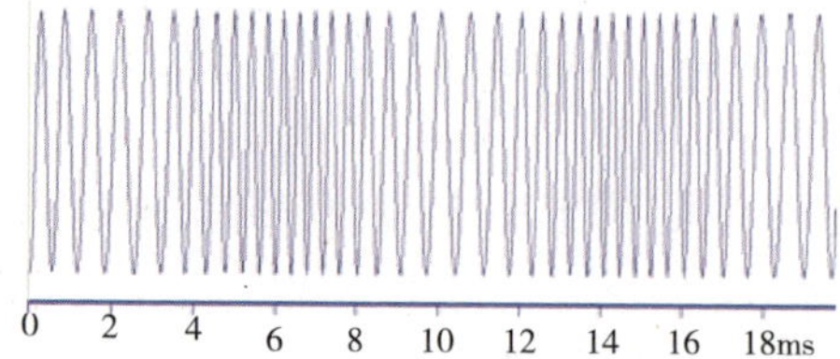

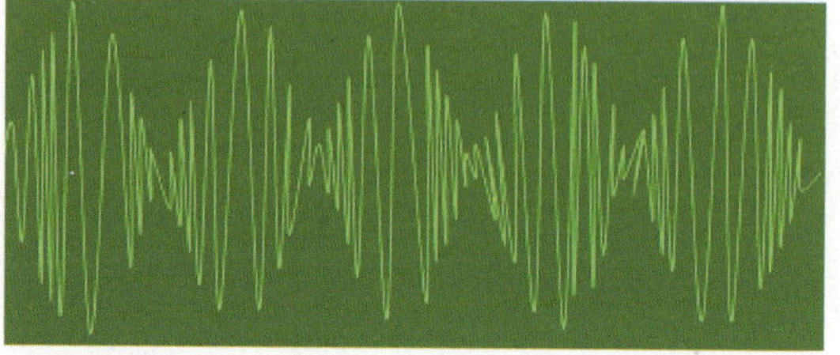

图 3-1-18　ASSR 刺激信号的示意图

1900~2100 Hz(2000 ± 100 Hz)。因而刺激声的频率范围较窄,能量集中,对耳蜗基底膜的刺激兴奋部位也较窄,所以,其诱发的反应被看作是基底膜上相应部位受到特定的频率刺激后兴奋所致,因此,ASSR 测试结果被认为具有很好的频率特异性。

Mauer 与 Döring 指出在运用调制率为 24~120 Hz 的 ASSR 时,脑干和颞叶皮质均被激活;然而,随调制率的增加,皮质的活动强度降低,在调制率 >50 Hz 时脑干的活动占主导。以上研究表明在调制音诱发的反应时整个听觉神经系统均被激活。大脑皮质对低调制率的 ASSR 更敏感,脑干对高调制率的 ASSR 占主导地位。近期的研究主要集中于较高刺激率的听觉稳态诱发反应。John 等发现在较高调制频率 75~110 Hz,甚至 150~190 Hz 也可引出听觉稳态诱发反应,而且其反应的幅度受睡眠及觉醒状态的影响较小,更重要的一点是这些较高刺激率的听觉稳态诱发反应在婴幼儿也同样易于记录(图 3-1-19)。

(四) ASSR 测试及结果显示

1. 测试记录方法

(1) 电极位置:同听性脑干反应。

(2) 参数设置

1) 调制率:清醒状态低调制频率为最佳选择(成人 -40 Hz AERP);睡眠状态,高调制频率为最佳(婴幼儿)。

2) 调制深度:一般情况下,调幅深度设为 100%;调频深度设为 10%。

3) 扫描次数:也称叠加次数,它是提高信噪比一种主要方式,一般情况下扫描次数越高,信噪比越大,有效反应越多,反应幅值越大以及信号检出率越高,假阳性率越低,自然阈值评估越准确。当然,代价是测试耗费的时间越长。因此,通常采用 16~64 次。

4) 滤波设置和伪迹剔除(rejection)的设置:滤波是去掉反应的某些干扰频率成分,带通滤波范围通常设为 10~300 Hz,当振幅超过 30~40uV 时视为伪迹剔除。

5) 有效反应的判断方法:有效信号定义为频率等于调制率的反应信号,其余的反应为噪声。

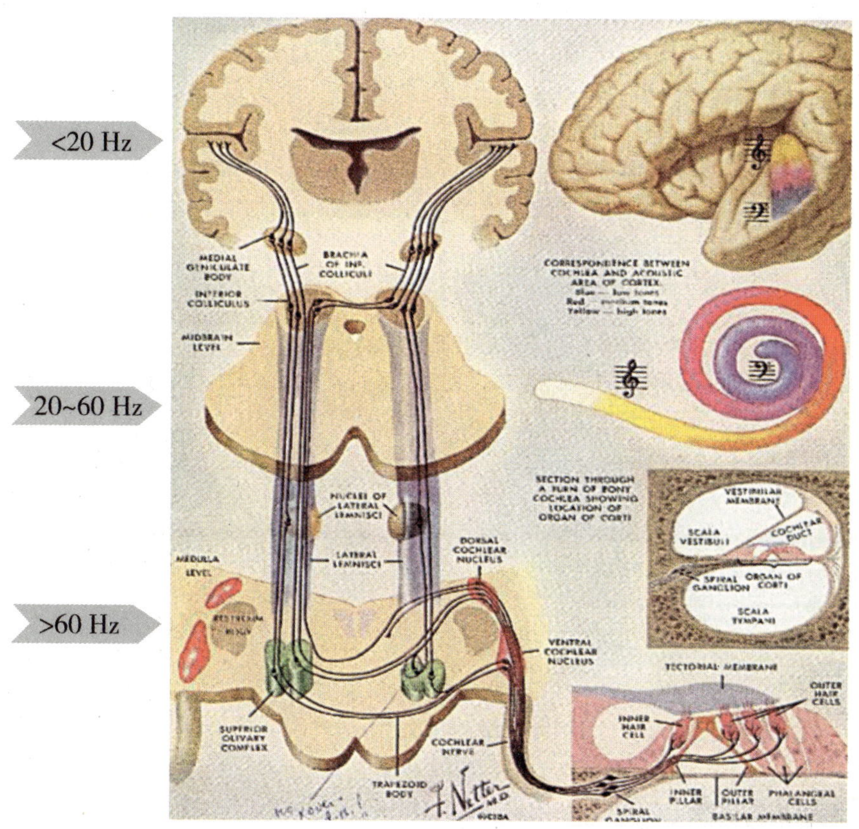

图 3-1-19 声刺激信号的调制率与诱发出的反应部位的关系图

有效反应的分析常用 *F* 检验，该法是比较信号帧与相邻帧（噪声）有无差异性来判断产生的反应是否有效的方法。

6）ASSR 分析判断方法：稳态反应的参数是波幅和相位结果以极坐标形式表示，矢量线段的长度代表波幅，其与 X- 轴的夹角代表相位。判断的指标（Valdes 等 1997）有 4 种（*F*-test 法、CT^2 法、HT^2 法、PC 或 CSM 法）。

7）单频刺激和多频同时刺激问题：依刺激方式不同即单频刺激和多频同时刺激，其反应的判断亦不同。

单频率刺激时反应的有无判断主要依据相位相关性（phase coherence，PC），它与信噪比有关，其范围为 0~1。若有反应则相位延迟与调制频率的关系是固定的，所有采样点之间的相位一致，即它们之间的相关性很高，PC 接近 1。若为噪声，则采样点间的相位随机分布，他们之间的相关性就很低，PC 接近 0。因此可依据统计学方法判断反应有无。

多频率刺激时反应的判断则主要依据信噪比。即将调制频率及其左右各 5 Hz 处的波幅与 EEG 背景噪声相比较，行 *F* 检验。

2. 结果显示方式，如图 3-1-20。

（五）ASSR 在临床听力评估中的作用

由于该方法无需受试者及检测者的参与，因此，比较客观。目前主要用于婴幼儿童的临床听力评估。有研究表明听力正常青年者 ASSR 反应阈通常比行为听阈高 10~20 dB，

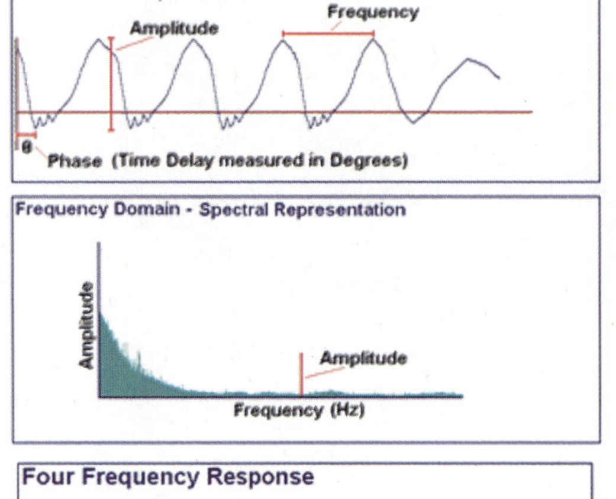

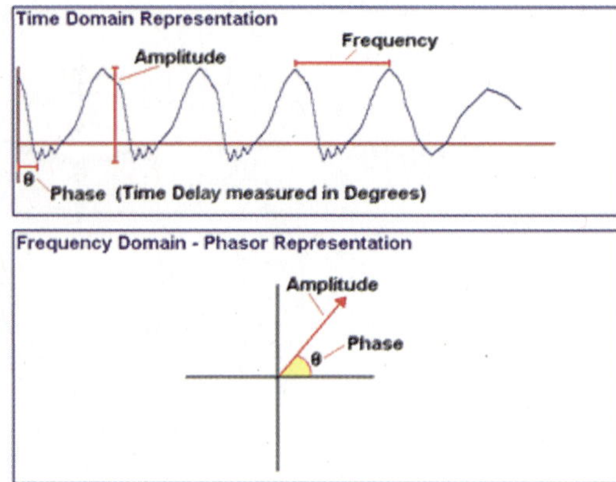

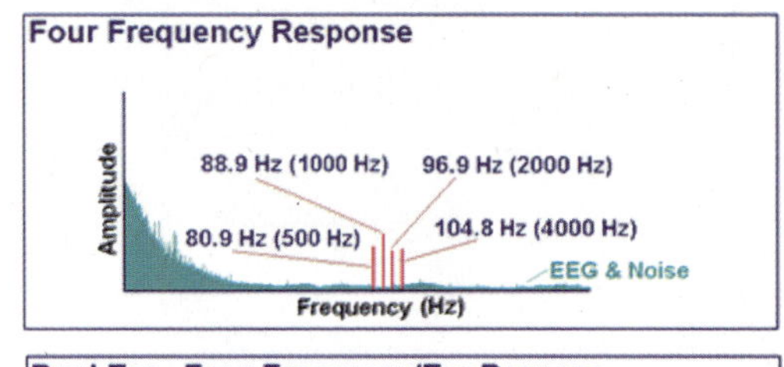

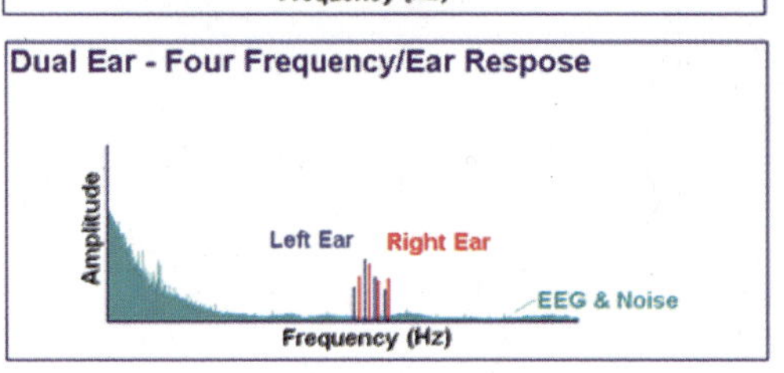

图 3-1-20　ASSR 测试的结果显示图

与行为阈值相关系数在 500、1000、2000、4000 Hz 分别为 0.71、0.70、0.76、0.91；中等及以上感音神经性听力损失者稳态反应阈值与行为听阈的相关系数在 500、1000、2000、4000 Hz 分别为 0.86、0.81、0.93、0.91。听力损失程度越重稳态反应阈值与行为听阈相关性越好；载波频率越高稳态反应阈与行为听阈相关性越好。

测定残余听力：对于 ABR 测不出听力的婴幼儿，并不能说明他没有残余听力，因为普通 ABR 使用的是短声（click），它所测得听阈更接近高频处的（2000~4000 Hz）的纯音听阈，难以反映低频处的听阈。另外，用于 ABR 测定的最大刺激声输出强度较低，尤其是频率特异性 ABR 的低频部分 TB-ABR 测试无反应的患者用 ASSR 测试仍可得到残余听力。

（六）ASSR 的临床应用特点

1. 客观性。
2. 具有频率选择性。
3. 最大声输出高。
4. 不受睡眠和镇静药物的影响。

尽管 ASSR 有着上述诸多优越性，但目前临床应用时间还是相对较短，有些临床现象尚不能完美解释，需要进一步探讨。听力评估的准确性也有待确认，但作为确定有无残余听力有极其重要的作用，此外，值得注意的是临床上切不可用 ASSR 的结果直接去为婴幼儿验配助听器。

第二节 耳声发射及临床应用

一、概述

耳声发射是一种产生于耳蜗，经听骨链、鼓膜的逆向传导释放入外耳道的音频能量(Kemp. 1986)，是 20 多年以来听觉生理学和听力学最重要的进展之一。

早在 1948 年，Gold 即提出在耳蜗中可能存在一种与机械 - 生物电转换过程相匹配的逆过程，即生理电 - 机械能的转换过程，通过正反馈作用，加强基底膜的运动，并认为在外耳道中可能记录到这种活动信号。1978 年，英国研究人员 Kemp 用耳机 / 传声器组合探头，发现他们所记录到的耳道声场信号中除刺激信号外，还有一延迟数毫秒出现，持续约 20ms 的另一声信号，从强度和潜伏期看，这一机械能量不可能来源于刺激信号，必定来自耳蜗的某种耗能过程，kemp 将其称之为耳声发射(otoacoustic emission OAE)。

目前对耳声发射的产生机制仍在继续研究中，一般认为，耳声发射的发生与耳蜗外毛细胞的主动运动有关，是耳蜗主动释能的结果。为耳蜗内存在主动机制提供了重要的证据，是研究耳蜗生理、病理的重要指标和评估听中枢传出系统功能的一种重要手段。

二、耳声发射的分类

按是否接受了外界刺激而记录到的不同信号，耳声发射可以被分为自发性耳声发射(SOAE)和诱发性耳声发射(EOAE)。在诱发性耳声发射(EOAE)中又可依据外界刺激方式不同而诱发记录到的不同信号，又可进一步分为：瞬态诱发耳声发射(transiently evoked otoacoustic emission，TEOAE)、畸变产物耳声发射(distortion product otoacoustic emission，DPOAE)、刺激频率耳声发射和电诱发耳声发射。其中自发性耳声发射(SOAE)为在没有任何外界刺激情况下记录到发生的声能释放。瞬态诱发耳声发射、畸变产物耳声发射和刺激频率耳声发射是在不同的刺激声条件下记录到发生的声能释放。而电诱发耳声发射则是在电刺激的条件下记录到发生的声能释放。

三、耳声发射的基本特征

(一) 耳声发射的共同性特征

1. 非线性性 当刺激声强度增加到一定强度时，OAE 幅值增长出现非线性饱和现象(即刺激声强度继续增加，而 OAE 幅值无明显增加)。这是耳声发射的一个重要特点。

2. 可重复性和稳定性 外界声刺激时记录到的持续的 OAE 声频能量在一定时段内(不同时间点，记录条件相同的情况下)其频率和能量幅值是稳定的，波形等也具有重复性。

3. 锁相性 耳声发射的相位取决于刺激声信号的相位，且随刺激声相位的变化而发生固定的相应的变化。

(二) 耳声发射记录测试方法及注意事项

1. 耳声发射记录设备 在听力学临床中，尤其是新生儿听力筛查和小儿听力评估中，使用较多和较为成熟的耳声发射的测试方法有两种，即瞬态诱发和畸变产物耳声发射测试技术。

目前我国临床诊断用的声发射的测试主要是通过临床诊断型耳声发射仪来实现的。临床诊断型耳声发射仪主要由三部分组成：测试的探头、主机和结果分析用的计算机。测试的探头内含有包括给予声刺激的微型耳机（用于瞬态诱发和畸变产物耳声发射给予声刺激）和一个记录外耳道内耳声发射信号的高灵敏度微音器。微音器将从外耳道检测到的耳声发射信号转换为电信号，输送到主机内的低噪高增益放大器，将微音器采集到的时域模拟信号经放大，滤波后被转化为数字信号，再输入到计算机，通过专用软件对信号进行时域叠加（降低噪声和提高信噪比），然后经快速傅里叶变换（FFT）转变为频域信号，最后在屏幕上加以显示。

2. 耳声发射测试方法　首先，耳声发射测试仪每天都要进行日常校准。

选用不同大小的柔软耳塞（针对不同新生儿和儿童而不同）装在探头前端插入外耳道，使耳塞与外耳道形成密闭腔。外界噪声和被测试者的安静状态对测试结果影响很大，因此，测试应在隔声室内进行，患者尽量保持安静。

（1）瞬态诱发性耳声发射：TEOAE 最常用的刺激声是短声（clicks），但也可以使用 tone-burst 刺激声。采用短声（click）刺激诱发出耳声发射的能量主要是广谱的能量，可使耳蜗整体兴奋，同时也能依据频谱特性来分析耳蜗各频率段的情况。常用的刺激声强度为 80~85 dBpeSPL，给声速率 <60 次 / 秒。TEOAE 通常记录时域为 12.5ms 或 20ms 的波形（图 3-1-21）。信号分别采集到 A 和 B 两套缓冲存储器内，并进行积分和统计学处理，计算两套缓冲存储器内信号的相关率及频域内信号的功率谱，若两套缓冲存储器数据相关性很高，则视为有效反应，若数据相关性低，则视为噪声。记录的 TEOAE 通常为时域（time domain）内的数据，随后被转换至频域（frequency domain）分析，通常为倍频分析，TEOAE 的成分在 500~4000 Hz 的频率内（图 3-1-22）。

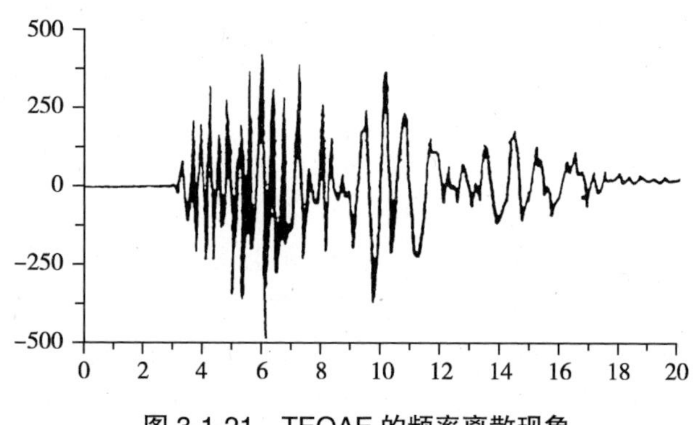

图 3-1-21　TEOAE 的频率离散现象

为用 80μs 短声 40 dBpeSPL 诱发的正常的 TEOAE 波形，TEOAE 波形，TEOAE 的波形呈频率离散性——高频潜伏期短，低频潜伏期长，OAE 各频率成分的潜伏期大致相当于各该频率右基底膜上行进的时间的 1 倍

观察 TEOAE 的反应引出判断的主要两个指标：根据 TEOAE 各频率的反应能量的信噪之比，一般以耳声发射能量反应幅值≥噪声 3 dB 作为 TEOAE 引出反应的指标；根据波形总的相关性（率），一般认为波形总的相关性（率）≥50%，即表示 TEOAE 的反应引出。TEOAE 的反应幅值个体差异较大，一般在 −5~20 dB SPL 之间，正常新生儿的反应幅值显著高于正常听力成人。

检出率：在正常听力成人中，TEOAE 的检出率可接近或达到 100%。由于 TEOAE 的鉴别标准并不统一，各方统计结果有一定差异。一般认为当年龄 >60 岁时，TEOAE 的检出率下降，可降至 35%。

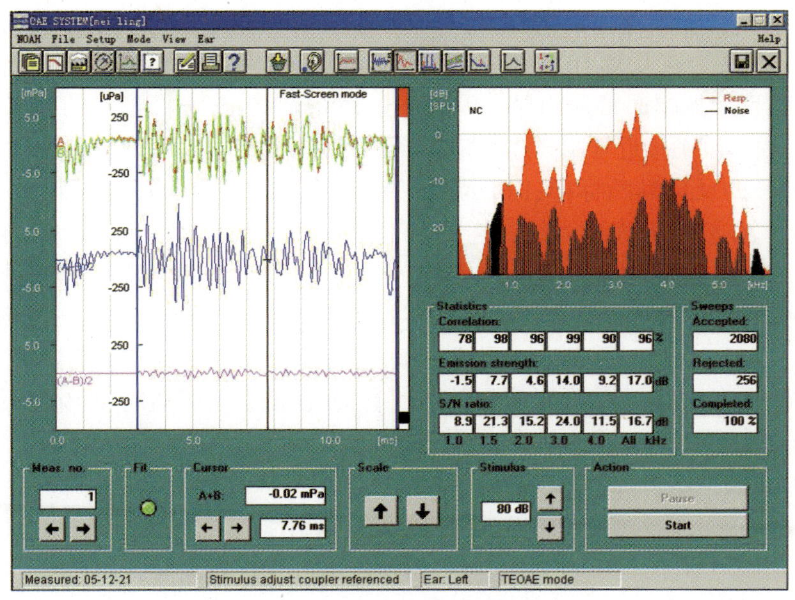

图 3-1-22 TEOAE 测试框图

(2) 畸变产物耳声发射：畸变产物耳声发射是两个具有一定频率比和强度比关系的纯音 f_1 和 f_2（对应其强度 L_1 和 L_2）同时刺激耳蜗后，由耳蜗产生的，在外耳道中可以记录到与刺激声有关的固定频率的音频能量。它能反映蜗性听力损失的频率特性。DPOAE 通过对不同频段基底膜功能评估的总和，来评价耳蜗总体的功能。

刺激声包含两个具有一定频率比和强度比关系的纯音 f_1 和 f_2，其对应强度记为 L_1 和 L_2。通过两个不同的纯音刺激（其频率之比通常为 1∶1.22）诱发出不同频率外毛细胞的耳声发射能量，L_1-L_2 之间的关系取决于 f_1-f_2 的频率反应。频率比 f_1 / f_2=1.22 时，在低频和高频可记录到最佳的 DPOAEs，频率比 f_1 / f_2=1.3 时，可在中频记录到最佳 DPOAEs（图 3-1-23）。为产生最佳反应，可设置强度 L_1 等于或大于 L_2。目前，应用于听力学临床较多

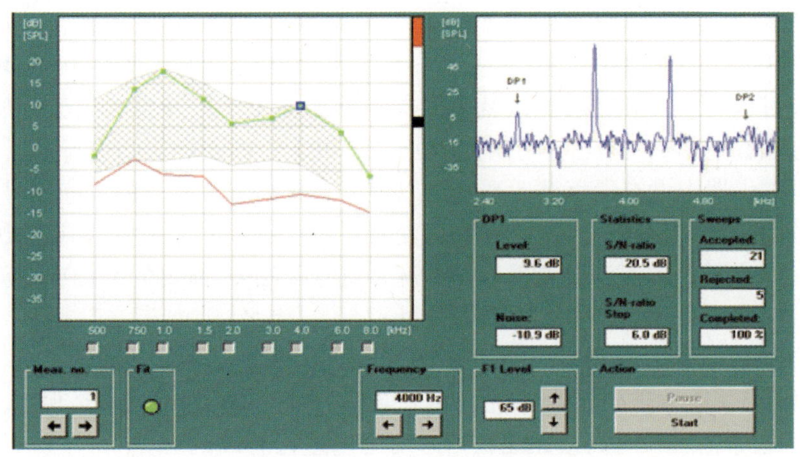

图 3-1-23 DPOAE 测试框图

的两初始纯音强度组合，有以下 3 种：L_1 / L_2 为 70/70 dB SPL、L_1 / L_2 为 65/55 dB SPL、L_1 / L_2 为 65/60 dB SPL。在儿童 DPOAE 测试中，L_1 / L_2 经常使用的设定为后两者；在发射频率为 $2f_1-f_2$ 时，反应振幅通常最明显并得以记录；然而，DP-gram 图形中的频率则是依据 f_2 来定，因为 f_2 频率范围接近耳蜗产生反应的频率范围。

1）DPOAE 的反应判断标准：DPOAE 的判定较容易，反应出现于与刺激音频率有关的固定频率上，在频谱上表现为纯音样的窄带谱峰，一般以反应幅值高于本底噪声 3 dB 为确认标准，但有作者认为这一标准不够充分，而主张以反应幅值超出本底噪声 2SD 或超出其95%可信区间来进行鉴别。在记录 $2f_1-f_2$ DPOAE时，一般以 f_1 与 f_2 的几何均数 f_0［即 $(f_1 \times f_2) \times 0.5$］代表 DPOAE 所表达的测试频率，也有部分作者以 f_2 作为测试频率。现在认为，$2f_1-f_2$ DPOAE 的产生部位可能与刺激强度有关，在低强度刺激时，产生部位更靠近 f_2，而以中、高强度刺激时则多在 f_0。

2）DPOAE 的基本特征

① 检出率：在正常人群中，DPOAE 各频率的检出率均接近或达到 100%。有些作者报道在低频段 DPOAE 的检出率稍低，可与低频段本底噪声较高有关。Harris（1990）报道，当纯音听阈≤15 dB HL 时，DPOAE 检出率为 100%，当 >50 dB HL 时，则 DPOAE 的反应幅值明显下降或不能引出。

② 反应幅值：影响 DPOAE 反应幅值的因素很多，包括两个刺激音的强度、频率、强度差、频率比、个体间差异等。$2f_1-f_2$ DPOAE 的反应幅值一般比初始纯音强度低 50~60 dB。研究证明，能诱发高强度 DPOAE 的最适频率比在 1.2 左右（1.1~1.25）。当 f_1 强度 >f_2 约 5~10 dB（L_1-L_2=5~10 dB）时，诱发的 DPOAE 幅值较大，因此，临床应用时常采用 f_1 强度大于 f_2 强度 5 dB 或 10 dB（L_1-L_2=5 或 10 dB）。DOPAE 的反应幅值与 TEOAE 相应频率的反应幅值呈显著正相关。

③ DP-gram：以 f_0 或 f_2 为横坐标，以 $2f_1-f_2$ DPOAE 的反应幅值为纵坐标，可据此做出一个图表，称之为 DPOAE 听力图，但因为该图并不能代表真实的听敏度，因而称之为 DP-gram。判断是否通过筛查型 DPOAE 的标准有多种，常用指标为：各单个频率的通过为 DPOAE ≥噪声 5 dB；总的 DPOAE 通过为 6 个频段中有 4 个通过，否则需进一步复查。

3. 注意事项　所有 OAE 的分析结果都与噪声水平有关；环境和患者自身的噪声对 OAE 的记录有重要影响。因此，良好记录 OAE 的关键点是降低生理和声学环境噪声。因此，要获得较好的 OAE 的结果，测试就需要在安静的环境下以及患者处于好的安静状态下进行。如：筛查型耳声发射必须在环境噪声 <55 dB（A）的安静房间进行。

虽然，测试仪器中设有噪声排斥系统可以使混有较高强度噪声的反应信号不被记录，从而消除突发的高强度噪声干扰；但如果突发的高强度噪声干扰太多（如被测试的对象状态不好，不安静或耳塞式探头放置不当等情况），则排斥就多，需要的叠加次数就多。因此为获得清晰的 OAE 信号就必须延长测试时间。

总之，OAE 可以从没有行为反应甚至昏迷病人中获得。对于安静和合作病人，耳声发射（一只耳）记录通常需要几分钟时间甚至更短。对于不合作或者嘈杂病人，耳声发射（一只耳）记录通常需较长时间或无法在给定时间内进行有效记录。

四、耳声发射的临床应用

1. 新生儿听力筛查。

2. 外毛细胞功能障碍 临床上常用的对感音神经性聋的检查手段，除心理物理学方法外，还有就是针对听觉通路中的神经电生理活动的检查，此外，还有对耳蜗功能的评估。

耳声发射的发生与耳蜗外毛细胞的主动运动有关是了解耳蜗生理、病理状态的重要指标，因此，测试耳声发射有助于对耳蜗功能，特别是外毛细胞功能障碍的感音神经性聋类疾病的分析诊断（如：老年性聋、梅尼埃病、耳毒性药物、噪声性聋等），但听力损失太重，如超过 40 dB HL 时，TEOAE 检出率明显减少或消失。当 >50 dB HL 时，则 DPOAE 的反应幅值明显下降或不能引出。

3. 梅尼埃病诊断 DPOAE 梅尼埃病患者服用甘油后以 500 Hz 幅值变化最大，推测甘油脱水作用对耳蜗顶部 500 Hz 处的影响较大。尸检及动物实验中已发现内淋巴积水早期首先波及耳蜗的顶部，蜗顶外毛细胞最先受损，因而梅尼埃病早期低频听力下降，耳声发射则表现为低频 500 Hz 的改变最为显著，在内淋巴积水早期诊断中，畸变产物耳声发射（DPOAE）更为敏感、直观。

4. 噪声及耳毒性药物的早期监测 研究发现，噪声暴露可使 DPOAE 反应幅值下降，其程度以及持续时间取决于暴露声的性质，并与耳蜗的形态学改变一致。DPOAE 在噪声暴露后的恢复过程与听觉单神经纤维电位和复合动作电位的恢复过程十分相似，提示听觉电生理活动对耳蜗生理活动的依赖。噪声暴露以及耳毒性药物使用后，耳声发射的改变最为敏感，远远早于纯音听阈的改变，因此，通常耳声发射可用于噪声及耳毒性药物对耳蜗损害的早期监测的敏感指标。

5. 老年性聋 一般 40~50 岁发病，随年龄增长而加重，一直发展到 80 岁。听觉系统的退化过程可影响到外耳、中耳、内耳、听觉神经纤维以及听觉中枢的处理功能。临床表现为逐渐加重的感音神经性聋，以高频损害为主逐渐累及中低频，多伴高调性耳鸣及言语辨别力下降。研究表明耳声发射可以早期发现老化过程中耳蜗的损害情况，也有助于鉴别耳蜗性和蜗后性老年聋，因而可用耳声发射筛查和监测听觉退行性减退过程中耳蜗的功能状态。

6. 听神经病（auditory neuropathy，AN） 始于 1980 年 Worthington 报道 4 例纯音听力可测出而引不出 ABR 的病例，1992 年顾瑞提出中枢性低频听力下降的概念，1993 年 Belin 提出一个"Ⅰ型传入神经元病"的概念，直至 1996 年才由 Starr 首次命名为听神经病。

听神经病是近年来随着诊断听力学的发展而逐渐被认识的一种聋病。其临床表现为原因不明、以低频听力为主的双耳（极少数为单耳）的感音神经性聋，言语识别率低，与患者的行为听力程度及不成比例（多为听声能力较好，尤其是低频段声音），ABR 引不出或明显异常。但无论是 TEOAE 还是 DPOAE 均正常引出，部分患者幅值比正常听力人群高，因而，耳声发射是鉴别听神经病的最重要的检查之一。

（黄治物）

思 考 题

1. 简述听性脑干反应的发生源。
2. 简述进行听性脑干反应测试的注意事项。

3. 如何判断听性脑干反应的阈值?
4. 简述 ABR 和 AABR 的区别。
5. 儿童与成人 ABR 的结果有何不同?
6. 简述耳声发射的种类及特点。
7. 简述畸变产物耳声发射测试过程。
8. 如何判断耳声发射的结果?
9. 简述耳声发射测试的注意事项。
10. 简述老年性聋的耳声发射特点。
11. 在客观测听中,多频稳态诱发电位有何优缺点?
12. 多频稳态诱发电位测试为什么要用调制音?
13. 多频稳态诱发电位反应阈值与行为阈值之间有何关系?
14. 在客观测听中,40 Hz 听性稳态反应有何优点?
15. 40 Hz 听性稳态反应为什么不能作为听力障碍儿童听力评价的主要手段?

第二章

助听器调试

第一节　助听器性能测试

【相关知识】

一、助听器各项声学性能指标及技术参数

助听器的基本电声参数和主要技术参数有:饱和声压级、满档声增益、总谐波失真、频率响应范围、等效输入噪声级、额定电源电流消耗。

1. 主要声学性能指标

(1) 饱和声压级(saturation sound pressure level):也叫最大声输出(OSPL90)。声输出是输入的声压级与增益之和。所以,输入增加输出也增加。当输入声压级增加到一定程度时,输出的声压不再增加,而稳定在一个声压级的数值上,这种现象叫饱和,这时的输出声压级叫饱和声压级,也是最大声输出。

(2) 满挡声增益(full on acoustic gain):声增益是是指在特定的工作条件下,助听器在堵耳模拟器上产生的声压级与麦克风所在的测试点的输入声压级之差,单位是分贝(dB)。助听器的音量控制位调至最大时为满挡,此时的增益为满挡声增益。满挡增益多用于描述放大电路的最大放大能力,要求电路不能饱和,输入输出关系曲线基本为线性。测量时,音量电位器置于满挡,输入声为中等强度(60 dB SPL),在 200~8000 Hz 范围内扫频,测得满挡增益的频响曲线。若 60 dB SPL 的输入声已使输入输出曲线出现饱和,则考虑使用 50 dB SPL 输入声,但应注明输入声级。对于不能手动关闭 AGC 功能的助听器,也要采用 50 dB SPL 输入声使其 AGC 功能不被启动。

(3) 等效输入噪声级(equivalent imput noise):在助听器没有信号输入的情况下,助听器所输出的噪声级与助听器参考测试增益的差值为等效输入噪声级。

(4) 谐波失真(harmonic distortion):谐波失真通常是指由于非线性传输作用所产生的频率等于测试信号频率整数倍的失真成分,谐波失真成分出现在高于输入信号的频率处。失真分为二次谐波失真、三次谐波失真,二次谐波失真与三次谐波失真之和为总谐波失真。

(5) 频率响应范围(scope for frequency response):助听器频率范围的计算方法是以 60 dB 声源输入的增益频响曲线上 1000、1600 和 2500 Hz 3 点的增益平均下降 20 dB 的水平线与频响曲线的交点,两个交点之间的范围即为频率响应范围。

(6) 额定电源电流消耗(nominal battery current):助听器在参考增益点时测得电源电流为额定电源电流。

2. 技术参数及意义

(1) 饱和声压级:额定值由助听器生产厂家在产品标准中规定,其允许偏差≤ ±4 dB SPL。依据助听器的最大声输出不同,分为小功率助听器、中小功率助听器、中功率助听器、大功率助听器和特大功率助听器,其最大声输出分别为 <105 dB SPL,105~114 dB SPL,115~124 dB SPL,125~134 dB SPL,≥135 dB SPL,以满足不同程度听力障碍者的康复需求。该技术参数由助听器生产厂家的企业技术指标或企业生产标准规定,是助听器扬声器最大声输出能力。

(2) 满挡声增益:它表示助听器放大能力的指标,额定值由生产厂家在产品标准中规定,其允许偏差≤ ±5 dB SPL。满挡声增益与饱和声压级的技术参数相匹配,通常饱和声压级增大,满挡声增益也随之增大。该技术参数由助听器生产厂家的企业技术指标或企业生产标准规定,是助听器的放大能力的指标。

(3) 等效输入噪声级:它是观察助听器系统设计情况的一个指标,国家标准中规定等效输入噪声级≤33 dB SPL,是观察助听器系统设计情况的一个指标。

(4) 谐波失真:国家标准中规定谐波失真≤10%,是助听器输出系统(电路和耳机)情况的一个指标,用百分数表示。

(5) 频率响应范围:频率响应范围是助听器频率响应宽度的指标,典型频响曲线和额定频率范围由助听器生产厂家在产品标注中规定。助听器的基本频响曲线与典型频响曲线之间的偏差在 2000 Hz 以下允许 ±5 dB SPL,在 200 Hz 以上允许 ±6 dB SPL。该技术参数应符合国家相关规定,是助听器频率响应宽度的指标。

(6) 额定电源电流消耗:额定电源电流消耗是在参考增益点测试时获得的助听器电源消耗的指标,由助听器生产厂家在产品标准中规定,同时应给出助听器的静态电流及动态电流的极限值。该技术参数应符合国家相关规定,是在参考增益点时助听器电源消耗的指标。

二、助听器常用的测试仪器及声耦合器种类

1. 助听器测试常用仪器

(1) 便携型 FONIX-FP40 /40D(图 3-2-1)

真耳测量(附验配公式:NAL-2,POGO,Berger,1/2 声增益,2/3 声增益);声压级验证(200-8000 Hz);

目标 2cc 耦合器测量;

ANSI/IEC 测试程序;

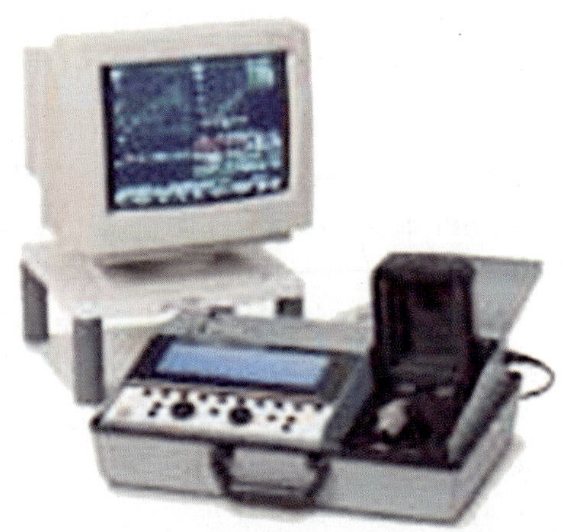
图 3-2-1　便携型助听器分析仪 FONIX-FP40

正弦测验信号(200~8000 Hz,1/12 倍频程,强度 40~100 dB SPL);
复合声测验信号(200~8000 Hz,强度 40~100 dB SPL);
谐波失真分析(二次,三次,总谐波);
反光液晶体显示;
热敏打印;
RS232C 配合电脑使用;
CHAP 软件:可配合视窗平台
 配备特殊功能:快速扫描频率;
噪声衰减;
系统噪声;
电池流量测量;
模拟电池片(FP40 标准配件、FP40D 可选配件);
ANSI / IEC 测试程序;
耳背 / 耳内式(HA1、HA2)耦合器测量;
全耳道(CIC)耦合器测量;
目标(MZ)耦合器测量。

(2) FONIX-6500/C/CX

声音驱动信号频率:100~8000 Hz;
复合音:30~80 dB;
纯音:50~100 dB;
复合音振幅输出:<12 dB;
声压数据读取频率:100~8000 Hz;
振幅:0~149 dB;
复合音振幅输出: :<12 dB;
线圈板输出:0.444mA;
平面强度 10mA/m:ANSI 3.22-1996 模式:1.404mA。

(3) FONIX-7000(图 3-2-2):FONIX-7000 助听器分析仪可用于测试多种类型的助听器,包括全数字助听器、频谱分析模式、dB Gain/dB SPL 结果展示、图表格式与数字格式之间的任意切换、10 种反应曲线测度、3 频率平均数、静态噪声加强、失真 ANSI/IEC 结合、可为待测助听器选择最适当的标准、加强的 DSP 可观察助听器在佩戴者耳中的真实表现、可同时获得双耳的听力测试数据、可评估佩戴者真耳适应度(RECD)和 Gain 视频与 SPL 视频之间的灵活切换。

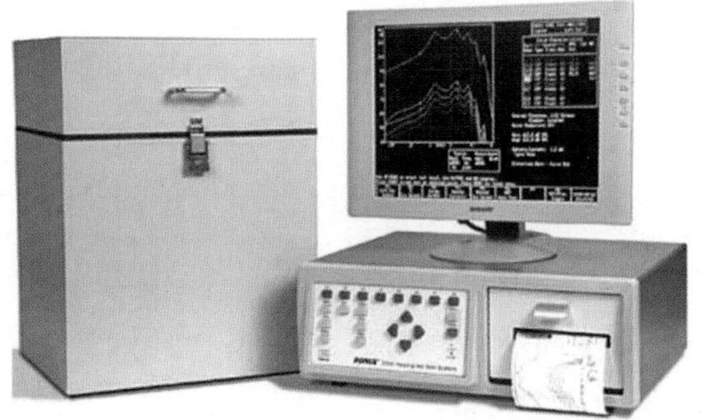

图 3-2-2　FONIX-7000 助听器分析仪

2. 常用的耦合腔

(1) HA-1 型耦合腔直接连接式耦合器:适用于测试耳内式和耳道式助听器,因为助听器可以用专门胶泥将助听器的声孔与 HA-1 耦合腔密封相连(图 3-2-3)。

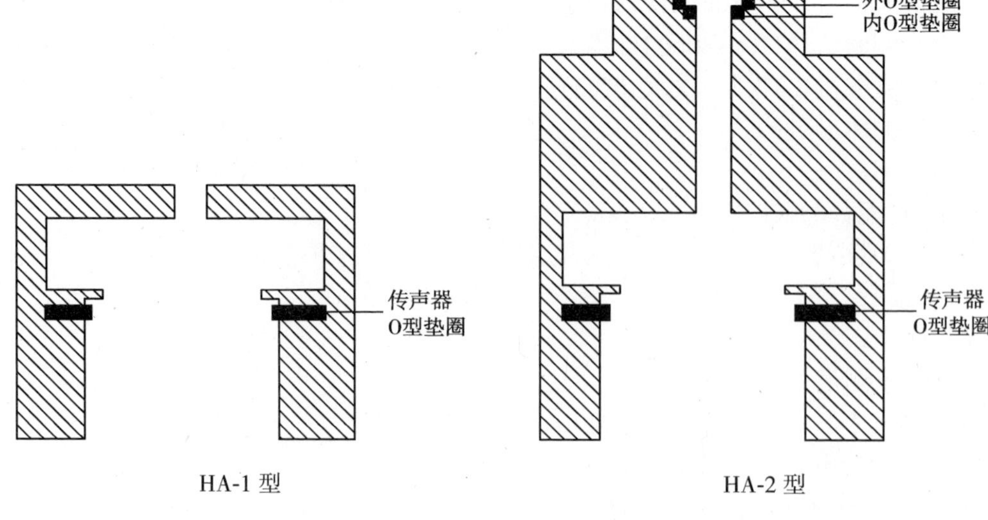

图 3-2-3　直接连接式耦合腔　　　图 3-2-4　标准 2cc 耦合腔

(2) HA-2 耦合器及 HA-2 型耦合腔间接连接式耦合器:适用于测试盒式和耳背式助听器(图 3-2-4、图 3-2-5)。

三、助听器电声测试的国际通行标准

1. IEC(国际电工委员会)标准

(1) IEC 118-0 (1983) Part 0: Measurement Of Electroacoustical Characteristics.

(2) IEC 118-1 (1983) Part 1: Hearing With Induction Pick-up Coil Input.

(3) IEC 118-2 (1983) Part 2: Hearing With Automatic Gain Control Circuis.

(4) IEC 118-7 (1983) Part 7: Measurement Of The Performance Characteristics Of Hearing Aids For Quality Inspection For Delivery Purposes.

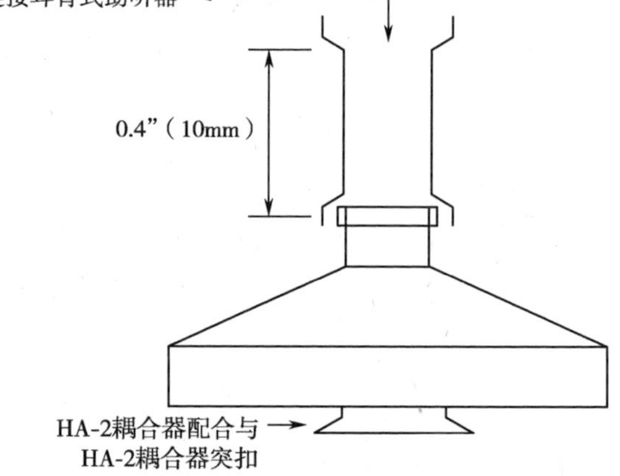

图 3-2-5　耳机适配器

2. 中国标准(GB)

(1) GB 6657:1986 助听器电声性能测量方法　国家标准局 1986-07-31 发布。

(2) GB 6658:1986 具有拾音线圈输入的助听器电声性能测量方法　国家标准局 1986-07-31 发布。

(3) GB 6659:1986 具有自动增益控制的助听器电声性能测量方法　国家标准局 1986-07-31 发布。

(4) GB/T 14199:1993 盒式助听器总技术条件　国家技术监督局 1993-03-20 发布。

(5) 助听器通用规范。

3. ANSI 标准 美国国家标准委员会(ANSI)参照美国声学会(acoustical society of America,ASA)倡议的方法,制定了 ANSI 标准,并随着助听器技术的发展不断地更新。ANSI 标准在美国,澳大利亚等国使用得较为普遍。

四、助听器分析仪的测试信号种类

1. 以 FONIX-7000 为例:介绍校准助听器分析仪的工作程序

(1) 进行基值调整设置:将被测试样品放到隔声箱的参考测试位置。安装模拟电池(此时不要打开电源开关),将被测试样品放到隔声箱的参考测试位置。

(2) 根据助听器的类型选择耦合器或耳模拟器(盒式、耳背式、眼镜式助听器用 HA-2 标准耦合腔;耳内、耳道和耳甲腔式助听器用 HA-1 直接连接式耦合腔),并按照要求进行连接密封。

(3) 将传声器放到隔声箱测试点并与被测试样品的麦克风(应与隔声箱扬声器方向相对)距离 0.5cm,将假传声器(黑色柱状体)放到耦合腔内的参考测试位置。

(4) 关上隔声箱的箱盖,轻按【LEVEL】按钮,此时系统出现从低频到高频的扫描声,显示器右下方【LEVEL】反白消除。

(5) 按【F5】键存储隔声箱的基值调整结果。

2. 选定测试标准 依据被测助听器技术指标进行选择,如果技术指标中没有加以说明,一般采用 IEC 测试标准,因为 IEC118-7 和我国国家标准 GB6657-6661 是等同标准。FONIX -7000 已经存有多个测试程序。在开始屏幕按[F3]进入 ANSI S3.22 选择屏幕,按[F1]选择 ANSI S3.22:1987;按[F2]选择 ANSI S3.22:1996;按[F3]选择 ANSI S3.22:2003,选择确定按[START]即可进入自动测试程序。运行 IEC 118-7 在开始屏幕按[F6]选择屏幕,按[∨或∧]进行选择,用[>]确定,再按[START]即可进入自动测试程序。此仪器已经固化了以下标准的检测程序。

(1) 美国标准协会标准:NASI S3.22:1987;1992;1996 和 2003 版本。

(2) 国际电工委员会标准:IEC 118-7:1994;1996;2005 版本。

(3) 日本工业标准:JIS 2000。

根据助听器型号选定相应的标准,(一般是根据生产厂家在产品说明书中明确规定采用的测试标准,或根据生产时间判定所采用的标准)在屏幕确定以后打开助听器模拟电源或电池开关(用助听器的电池时将无法得到电池电流的测试结果),将助听器放置到隔声箱参考测试位置。

3. 设置各项测试参数

设置助听器:如果按照 ANSI 程序测试,必须按照 ANSI 要求对助听器进行设置。

(1) 将助听器的控制(除压缩控制外)设置在能得到最大声输出和声增益的位置。

(2) 将助听器设置在最宽频响范围。

(3) 将自动增益控制(AGC)设置在能得到最大压缩的位置,或按照出厂规定的位置。

(4) 如果适用,将助听器置于"测试模式"。

(5) 将助听器的声增益控制器在全开位置。

(6) 将助听器和耦合腔连接好后。测试耳背式助听器时,使用耳背式适配器和 0.6in (15mm)长的 13# 软管,耳背式适配器和软管长度和厚度应符合规定。将其放在隔声箱参考测试位置。

设置助听器：如果按照 IEC 程序测试，必须按照 IEC 要求对助听器进行设置。

(1) 将助听器的控制设置在能得到最大声输出和声增益的位置。对于 AGC 助听器，通常以设置最小压缩来实现。

(2) 将助听器设置在最宽频率响应范围。

(3) 插入合适的模拟电池片。

(4) 把助听器连接于合适的耦合器。测试耳背式助听器时，使用耳背式适配器和 0.6in (15mm) 长的 13# 软管。

(5) 将助听器和耦合腔连接好后，放在隔声箱参考测试位置。

(6) 必要时对测试箱进行基值调整；

(7) 将模拟电池片接在测试箱专用的电池插口，并打开电池开关。

4. 声学性能测量

(1) 测试饱和声压级

1) 按照以上要求将测试仪器和助听器做好准备。

2) 将助听器和耦合腔连接好后，放在隔声箱参考测试位置。

3) 选择所需要的测试标准。

4) 打开助听器电源开关并把音量开关至最大位置。

5) 关严测试箱。

6) 按【START】键运行该测试程序，即可听到由低频至高频的扫描声。

7) 读取屏幕上 OSPL90 的数据即为该助听器的饱和声压级。

(2) 测试满档声增益

1) 运行 IEC 测试程序；按【F6】键；用【∨】键选择 Store Crvs Coup（在耦合器屏幕存储曲线）。

2) 用【>】键执行存储曲线并关闭菜单，选择耦合器屏幕中存储曲线的位置。

3) 用【∧】、【∨】键选择输入声压级（根据测试需要可选择 50 dB SPL 或 60 dB SPL）。

4) 将助听器和耦合腔连接好后，接好模拟电池、打开相应型号电池按钮、音量开关开至到满档，放在隔声箱参考测试位置。

5) 按【START】键运行该测试程序，即可听到由低频至高频的扫描过程。

6) 显示屏幕可见一条增益曲线，此曲线最高的增益值即为满档声增益。

7) 按【STOP】键停止测量或继续下个数据测量测试。

(3) 测试等效输入噪声

1) 按照以上要求将测试仪器和助听器做好准备。

2) 将助听器和耦合腔连接好后，放在隔声箱参考测试位置。

3) 选择所需要的测试标准。

4) 打开助听器电源开关并把音量开关调至最大位置。

5) 关严测试箱。

6) 按【START】键运行该测试程序，即可听到由低频至高频的扫描声。

7) 打开测试箱并把助听器音量开关调整到参考测试位置，即测试值数据与目标值数据相符程度达到 ±1 dB 以内，关严测试箱；再按【START】键自动运行完该测试程序。

8）此时所显示的等效输入噪声值即为该助听器的等效输入噪声。

(4) 测试总谐波失真

1）按照以上要求将测试仪器和助听器做好准备。

2）将助听器和耦合腔连接好后，放在隔声箱参考测试位置。

3）选择所需要的测试标准。

4）打开助听器电源开关并把音量开关调至最大位置。

5）关严测试箱。

6）按【START】键运行该测试程序，即可听到由低频至高频的扫描声。

7）打开测试箱并把助听器音量开关调整到参考测试位置，即测试值数据与目标值数据相符程度达到 ±1 dB 以内，关严测试箱；再按【START】键自动运行完该测试程序。

8）此时所显示的谐波失真值即为该助听器的总谐波失真值。

(5) 单独测试总谐波失真的操作顺序

1）从耦合腔测量屏幕按【MENU】(菜单)键。

2）用【∧】、【∨】键选择 Display Settings(显示设置)选项下的 Data/Graph(数据/图形)。

3）用【>】选 Data(数据)。

4）用【∧】、【∨】键选择 Measurement Settings(测量设置)选项下的 Distortion(失真)。

5）用【<】、【>】键选择失真类型，失真分为二次谐波失真、三次谐波失真，二次谐波失真与三次谐波失真之和为总谐波失真。

6）按【EXIT】(退出)键返回耦合器测量程序。

7）用【F5】键选择测试信号类型为 TONE NORMAL(标准纯音扫描信号)，用【∧】、【∨】键选择 TONE NORMAL(标准纯音扫描信号)，用【>】键完成选择并关闭弹出菜单。

8）按【START】键运行标准纯音频率扫描。此时的助听器的音量控制应在等效增益点上，读出的失真数据为总谐波失真。

(6) 测试感应线圈灵敏度：使用 FONIX-7000 助听器测试系统提供的信号源，进行助听器感应线圈的测量。测试箱中有一个磁场用来模拟电话接收机的磁场，以此来测试助听器感应线圈的灵敏度。也可以用外部感应线圈棒(板)进行这一测量。注意：一定要防止测试范围内来自各方面磁场的干扰，特别是来自荧光灯、电源线、显示器等产生磁场干扰测试结果。

1）FONIX-7000 助听器测试系统的设置：将助听器和感应线圈放好；将助听器电池装好，开关设置在感应线圈挡位，并将声增益控制器开到满档；连接助听器和耦合器，在测试范围移动并转动助听器，此时助听器会发出刺耳的声音，这就是助听器对测试环境的磁场效应。

2）FONIX-7000 助听器测试系统用测试箱内置感应线圈电路板，可用于助听器感应线圈灵敏度的测试。方法如下：按照常规方法设置助听器，与适合的耦合腔连接，插好测量用传声器；在开始屏幕按【F1】键入耦合腔测量屏幕；按【MENU】，打开局部菜单，在 Source Setting(信号源设置)选项下将 TRANSDUCER(换能器)设置为 TELECOIL(感应线圈)，然后按【EXIT】(退出)键退出局部菜单；用【F5】键将信号源 Source Type 设置为复合声 COMPOSITE；按【START】键进行复合声测试；此时将助听器设置在最大位置，一般耳背式助听器机体垂直位置最为灵敏，读出频响中的声输出曲线，即为该助听器在此磁场输入信号的声输出；按【STOP】键停止测量或继续测量测试。

3）FONIX-7000 助听器测试系统中有磁场强度的选择：用【∧】、【∨】键可选择改变磁场强度。可选强度有 OFF、1.00、1.78、3.16、5.62、10.0、17.8、31.6、56.2 和 100mA/m。缺省值为 31.6mA/m。

（7）测试满档声增益的频率响应特性

1）运行 IEC 测试程序；按【F6】键；用【∨】键选择 Store Crvs Coup（在耦合器屏幕存储曲线）。

2）用【>】键执行存储曲线并关闭菜单，选择耦合器屏幕中存储曲线的位置。

3）用【∧】、【∨】键选择输入声压级选择 50 dB SPL。

4）将助听器和耦合腔连接好后，接好模拟电池、打开相应型号电池按钮、音量开关开调至到满档，放在隔声箱参考测试位置。

5）按【START】键运行该测试程序，即可听到由低频至高频的扫描声。

6）显示屏幕可见一条增益曲线，此曲线增益值即为该输入声压级的声增益。

7）按【STOP】继续下个数据测量测试。

输入声压级选择 60 dB SPL 重复步骤 2)~7)；

输入声压级选择 70 dB SPL 重复步骤 2)~7)；

输入声压级选择 80 dB SPL 重复步骤 2)~7)；

输入声压级选择 90 dB SPL 重复步骤 2)~7)。

此时显示屏幕可见一组增益曲线，此组曲线增益值即为该助听器的满档声增益的频率响应曲线。

（8）测试频率响应范围

1）运行 IEC 测试程序；按【F6】键；用【∨】键选择 Store Crvs Coup（在耦合器屏幕存储曲线）。

2）用【>】键执行存储曲线并关闭菜单，选择耦合器屏幕中存储曲线的位置。

3）用【∧】、【∨】键选择输入声压级选择 60 dB SPL。

4）将助听器和耦合腔连接好后，接好模拟电池、打开相应型号电池按钮、音量开关开调至到等效增益点，放在隔声箱参考测试位置。

5）按【START】键运行该测试程序，即可听到由低频至高频的扫描声。

6）显示屏幕可见一条增益曲线，可直接读出助听器的频率响应范围。

（9）测试音调控制位对频率的影响

1）运行 IEC 测试程序；按【F6】键；用【∨】键选择 Store Crvs Coup（在耦合器屏幕存储曲线）。

2）用【>】键执行存储曲线并关闭菜单，选择耦合器屏幕中存储曲线的位置。

3）用【∧】、【∨】键选择输入声压级选择 60 dB SPL。

4）将助听器和耦合腔连接好后，接好模拟电池、打开相应型号电池按钮、音量开关调至到等效增益点，放在隔声箱参考测试位置。

5）将助听器音调开关置于“N”调位，选择多曲线的一个，如：CRV1 按【START】键运行该测试程序，即可听到由低频至高频的扫描声；显示屏幕可见一条增益曲线；将助听器音调开关置于“L”调位，选择多曲线的一个如 CRV2 再按【START】键运行该测试程序，即可听到由低频至高频的扫描声；显示屏幕又可见一条增益曲线；将助听器音调开关置于

"H"调位，选择多曲线的一个，如：CRV3 按【START】键运行该测试程序，即可听到由低频至高频的扫描声；显示屏幕再次一条增益曲线；将这 3 条曲线调出。

6）观察此 3 条曲线的的结果，会出现音调对不同频率的影响情况。

（10）测试增益控制器对频率的影响

1）运行 IEC 测试程序；按【F6】键；用【∨】键选择 Store Crvs Coup（在耦合器屏幕存储曲线）。

2）用【>】键执行存储曲线并关闭菜单，选择耦合器屏幕中存储曲线的位置；

3）用【∧】、【∨】键选择输入声压级选择 90 dB SPL。

4）将助听器和耦合腔连接好后，接好模拟电池、打开相应型号电池按钮、音量开关调至到最大，放在隔声箱参考测试位置。

5）将助听器增益控制开关置于"最小"位，选择多曲线的一个，如：CRV1 按【START】键运行该测试程序，即可听到由低频至高频的扫描声；显示屏幕可见一条声输出曲线；将助听器增益控制开关置于"最大"位，选择多曲线的一个，如：CRV2 再按【START】键运行该测试程序，即可听到由低频至高频的扫描声；显示屏幕又可见一条声输出曲线；将这 2 条曲线调出。

6）观察此 2 条曲线的的结果，会出现增益控制开关对不同频率的影响情况。

（11）测试助听器的耗电量：在测试过程中使用助听器测试系统提供的模拟电池就可以在耦合器测量屏幕中得到助听器的耗电量。其方法是：

1）在测试箱中设置好助听器。必需用仪器提供的模拟电池片。

2）按通测试箱中适当的模拟电池按钮。

3）关严测试箱。

4）从耦合器测量屏幕按【MENU】（菜单）键，用【∧】、【∨】键选择 Misc Settings（其他设置）选项下的 Battery Meas（电池测量）。

5）用【>】键把 Battery Meas（电池测量）选择为 ON（打开）。

6）用【∨】键选择电池规格，用【<】、【>】键选择助听器电池规格。

7）按【EXIT】（退出）键返回耦合器测量屏幕，此时在曲线特性数据框下方就能得到助听器耗电电流值。

5. 记录测试环境及结果分析

（1）记录测试环境：记录环境的温度、湿度和大气压等情况。温度应在 15~35℃；湿度应在 45%~75%；大气压气压应在 86~106kPa；测试室本底噪声应 <40 dB（A）。

（2）结果分析：按照国家标准规定，最大声输出测试值比规定值在 ±4 dB 以内；满档声增益测试值比规定值在 ±5 dB 以内；等效输入噪声应≤33 dB；总谐波失真应≤10%；频率响应范围不低于出厂规定的频率响应范围。

五、注意事项

1. 正确摆放助听器位置　将被测试样品放到隔声箱的参考测试位置；将传声器放到隔声箱测试点；将假传声器放到耦合腔内的参考测试位置。

2. 设备校准　每次测试助听器前都要对测试设备进行校准，校准方法因助听器分析仪的不同而异。

第二节 助听器降噪功能调试

【相关知识】

一、助听器降噪技术的原理和分类

1. 降噪系统的原理 感音神经性的听力障碍患者，由于耳蜗内外毛细胞损伤导致频率和时间的分辨力下降、信噪比降低和动态范围变窄，随之产生的问题是：在复杂的环境中，特别是有噪声存在的环境中言语辨别能力下降和产生不适感。也就是说，在噪声环境中聆听效果明显下降是感音神经性聋助听器使用者最大的抱怨，是影响助听器佩戴者满意度甚至拒绝使用助听器的重要因素。

降噪系统是增加在背景噪声存在时的配戴舒适性；包含有用信号（言语，音乐）的频率区域增益最大，而包含噪声的区域小增益或无增益；

决定降噪系统功效的因素有：信号检测系统；频段 / 通道的数量；时间常数。

2. 降噪系统的分类

（1）降低增益：传统的降噪技术都是将输入信号作为估计言语和噪声区别的开始模式，是根据噪声水平或者环境信噪比减少增益，降低增益的原理是为了最小化噪声掩蔽对于言语可懂度的影响，但不幸的是，降低增益对于言语和噪声的影响程度是一致的。所以，传统的降噪技术只可以提供较佳的舒适度。

（2）方向性处理：在模拟技术条件下，助听器麦克风的方向性指向是固定的，无法根据环境噪声的变化调整。采用数字技术后，根据前后麦克风采集的信号进行分析，可以根据噪声变化的情况实时调整麦克风的指向，这给能使助听器佩戴者在复杂环境中受益。

二、降噪技术的应用

1. 传统降噪技术 传统降噪技术有两种。

（1）高通滤波：基于噪声与言语信号相比含有更多低频成分的原理，高通滤波的方法是通过滤波器改变助听器的频率响应，保证高频信号通过，衰减低频以达到降低噪声的目的。

人们在听自己声音时，低频信息较多，由于不同频率随距离衰减特性各异，助听器接收到自己声音中的低频过多，会产生向上掩蔽，从而影响了含有重要言语信息的中高频识别。低频的降低主要是为了阻止和减少低频噪声上移的掩蔽作用。多通道助听器一般每个通道分别有一个滤波器，通过调节各自滤波器以及相邻两个滤波器的交叉频率，可改变助听器的频率响应。对具有压缩线路的助听器，滤波器处于压缩反馈环路之前、之后和之中会对助听器的频率响应产生不同的影响。通过简单的衰减低频的方法来降低噪声，可以适当的提高舒适度，但不能有效地改善言语分辨率。

（2）压缩：目前压缩技术已经非常成熟，可以利用不同的压缩参数，调整信号动态范围的增益，以适合每一种助听器配方对不同输入处理的要求，达到更好地匹配听力障碍患

者的动态听力范围。压缩技术可以用于对某个频率增益进行控制,以达到对环境噪声进行一定的抑止、压缩和削减,从而提高信噪比。此时增益的下降和削弱,可以保证聆听的舒适度,但对改善言语清晰度无明显作用。

研究表明,采用慢压缩技术的全数字助听器可以保证瞬间言语线性还原。快压缩技术有可能导致非线性言语还原失真,因此,慢压缩技术对改善言语理解力有帮助。

2. 方向性麦克风降噪技术　采用指向性麦克风和多麦克风技术实现声音的方向性接收,是迄今为止改善助听器信噪比的最有效的方法。

(1) 指向性麦克风的技术原理:在噪声环境中,听力障碍患者与正常人相比需要更多的信噪比才能获得必要的言语可懂度。目前公认提高言语清晰度的方法之一是通过方向性技术提高信噪比。试验表明,信噪比每提高 1 dB,言语理解能力将潜在提高 10%。而无方向性的助听器对噪声和言语同时同量的放大,无法达到提高信噪比的目的。

方向性麦克风系统作为提高在噪声环境中语言可懂度的一个重要技术,广泛地应用在助听器的设计中。近年来,这项技术又有了进一步的发展,有些研究报道讨论了方向性麦克风系统的分类和在具体临床应用上的使用效果以及一些相关的问题,诸如怎样选择不同类型的方向性麦克风,这些不同方向性麦克风系统在实际应用中的具体影响等。

方向性麦克风是采取减少侧面和后方声音灵敏度(增益)的方法来达到信噪比提升的,它的效果是通过方向性指数反映的。更确切地说,在典型噪声环境中,对于来自侧面和后方声音来说,更高的方向性指数意味着麦克风对这些声音(非来自前方)的灵敏度更低,结果明显提高了信噪比。

如果语言信号(或其他想听的声音)从这些方向传来,它们的可听性就会被方向性麦克风降低。在比较了全向性和方向性麦克风对于来自收听者后方声音的识别率,声音强度为 50 dB SPL 和 65 dB SPL(安静环境下)。相比而言,方向性麦克风的语言识别率低于全方向性麦克风。对轻声说话(50 dB SPL)的理解度下降超过 20%(全向性 =37%,方向性 =13%),这就证明了方向性麦克风在某些场合的表现并不是很好,有潜在的局限性。在这种情况下,使用者可能会错过一些重要的信息,导致理解或交流问题。所以,应该还有一些额外的补偿措施来弥补这种损失。

解决这个问题有一个很简单的方法就是在助听器上加一个开关,让使用者自己来选择方向性还是非方向性。但这个办法必须要求使用者能确实感觉到方向性和非方向性之间的差别,并且懂得在什么情况下需要选择以及如何进行选择。反而言之,不具备这个能力的使用者则不能从这个功能中得到方便。此外,那些即便能够自己判断并选择的人也不能恰好在最需要或最适宜的时刻来进行切换。但有些具备新功能的助听器,特别是对具有高指向性指数(DI)的方向性麦克风,可以确保方向性和非方向性麦克风在这种情况下的正确使用。

另一种解决方法是采用宽动态范围压缩(WDRC)线路和方向性麦克风相结合使用的办法,因为这种线路具有比较低的压缩阈值(CT),可以部分补偿灵敏度的降低。低压缩阈值的麦克风比高压缩阈值的麦克风对轻的声音能够得到更高的增益,对于方向性麦克风系统的敏感度降低有一定的补偿作用。

研究结果表明,助听器的信号处理系统结合方向性功能就能得到期望的信噪比提升。因为方向性麦克风系统都能在低频段得到适度的 DI,而非在于高频段 DI 的差别。低频段的 DI 主要是对提高在实际生活环境中的信噪比起作用。

(2) 多麦克风实现的指向性接收：指向性麦克风在 20 世纪 70 年代初期就在助听器中使用，但未得到普遍的认可，原因是在需要全方向性接受时，它不具有这种功能。耳内式助听器从技术和美观的角度上，也排除了使用指向性麦克风的可能性。指向性接收在 20 世纪 90 年代由于双麦克风技术的出现而引起关注，可编程助听器纷纷引入该技术，用户可在全方向性和指向性两种方式间进行切换。只要耳甲腔的空间允许，耳内式助听器也可使用双麦克风。

双麦克风要求两个麦克风的频响特性极为一致，生产时要经过严格的挑选匹配。若使用过程中麦克风受潮，则方向性会大打折扣，所以，防潮是困扰多麦克风助听器的一个主要问题。新近推出的一些全数字助听器配备了易于更换的可透声的防潮盖板，进行防潮处理以确保两个麦克风在物理参数上的高度一致(图 3-2-6)。麦克风与外界隔离，气流干扰产生的噪声(如风声)被显著降低。

新型耳后式助听器的外型设计在后麦克风位置有一个突起，像一个屋檐，可避免汗水的直接侵入，同时保证前后麦克风在同一个水平面上(图 3-2-7)。另外，麦克风的位置高过耳廓上缘，麦克风方向靠得更前，提高了麦克风的方向性。

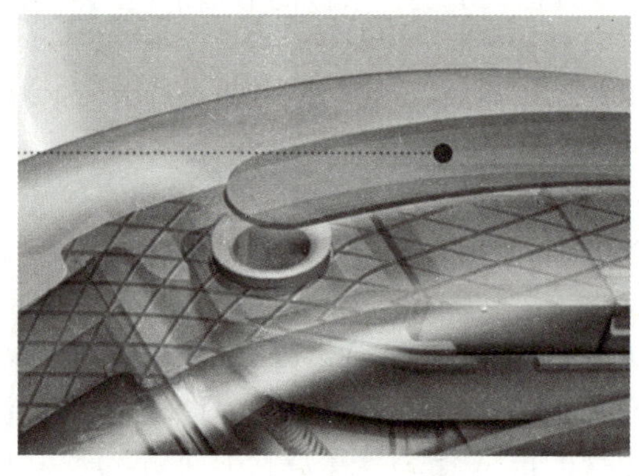

图 3-2-6　麦克风防潮盖板

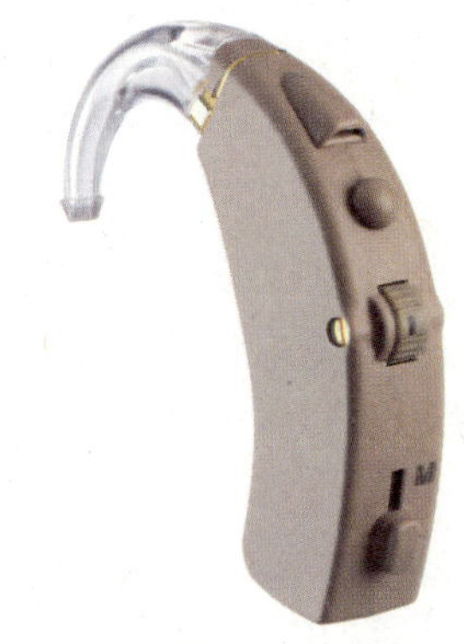

图 3-2-7　后麦克风的外型设计

全数字助听器的双麦克风同时配接两个模数转换器，应用数字技术实现方向性。其技术优势为：可利用数字技术匹配双麦克风，使得生产工艺简化；可勾画多种方向性图案(如前后、心形等)；对于传统的方向性麦克风引起的低频削减，可由验配师设定多种不同程度的补偿，但在补偿的同时会引入更多的低频麦克风噪声。

早期的一些全数字助听器只选用指向性麦克风，不能改变接收的方向性。随后的产品可在手动切换聆听程序时，切换与之关联的几种方向性极坐标图案。最新的全数字助听器对有别于清晰言语的嘈杂人声环境及其他声学环境进行分类，自动实现指向性与全方向性(广角)的转换。在嘈杂的环境中自动启动方向调节功能，发现最强的噪声源并加以抑制；又能探测声源，根据声音的不同强度跟踪其方位(图 3-2-8)。

3. 风噪声管理　风通过头部会产生低频振荡；通过耳屏、传声器口会产生高频振荡(图 3-2-9)。

现代生活方式有许多潜在的风环境：骑车、步行、户外跑步、打球和出航等。在进行户

图 3-2-8 数字助听器对音源方向性的自适应调整

外活动时，中等强度的风都会让助听器产生很响的、令人厌烦的风噪声。调查表明，41% 的助听器佩戴者对户外活动由于风而导致的噪声不满意。

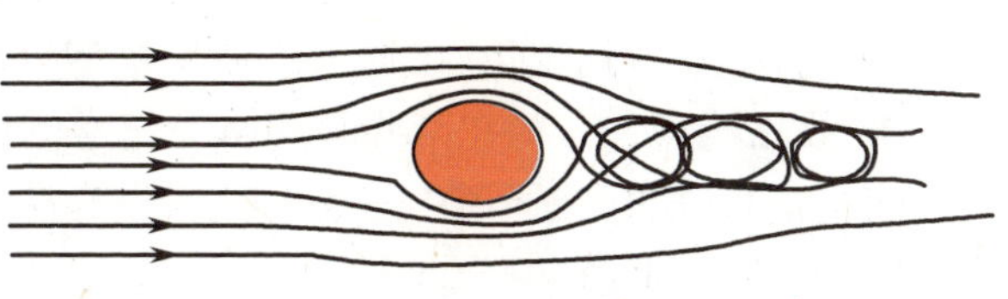

图 3-2-9 风噪声

（1）风噪声影响因素

1）助听器外壳的类型对风噪声的影响：由图 3-2-10 可见，各种类型的助听器由于传声器的位置不同，外壳体积大小不同，产生的风噪声有较大的差异：

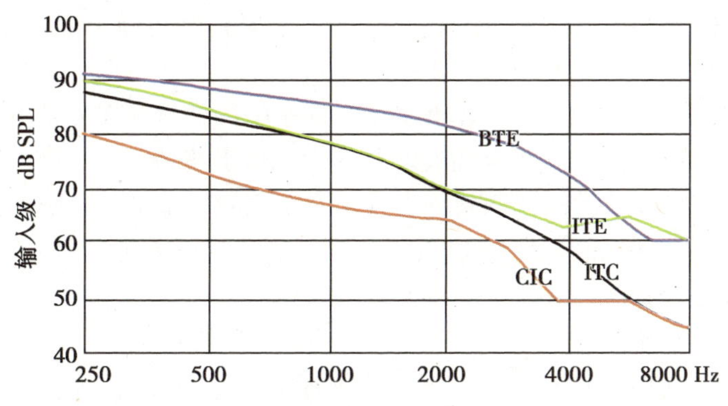

图 3-2-10 助听器外壳的类型对风噪声的影响

BTE（耳背式）>ITE（耳内式）>ITC（耳道式）>CIC（深耳道式）

2）风速对风噪声的影响：图 3-2-11 表明风速增加时噪声级增加，频谱向上延伸。

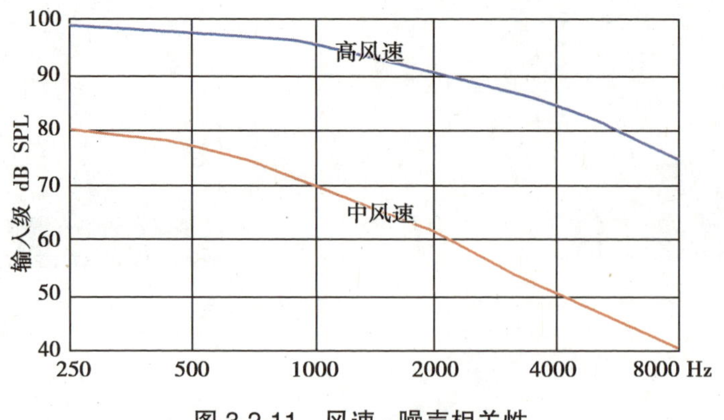

图 3-2-11　风速 - 噪声相关性

3）风向对风噪声的影响：面向风时风噪声最严重。

4）方向性麦克风对风噪声的影响：在方向性麦克风系统中，由于存在两个进声口而增强了风噪声。

（2）风噪声处理：面向风时通过转头、只戴一个助听器、不戴助听器或调小助听器增益输出来降低风噪声的办法有一定效果，但不实用。

在方向性麦克风系统中，部分助听器的处理器可以做到自动识别出风噪声，并快速将麦克风特性调节到风噪声消除模式，将风噪声水平降低 25~30 dB。

在条件允许的情况下，可以考虑使用机型较小的助听器，如 ITE、ITC 或 CIC。

4. 线路噪声　一些在某些频率听力正常的助听器配戴者会听到麦克风的线路噪声。为了避免这种噪声，在通道中采用麦克风噪声抑制技术，目的是在低强度信号获得高增益的同时，避免听到线路噪声。

5. 其他降噪技术

（1）智能降噪：智能降噪技术发展较快，方法不尽相同。其中，采用频普法降噪技术的数字助听器能够分析环境信号的频谱，并且对频谱的变化进行跟踪，以确定噪声的频段和语音的频段，对噪声进行衰减，对语音放大。不同品牌助听器采用不同的频谱跟踪分析算法。

在对声音进行调制基础上的降噪系统，可以分析哪些是言语，哪些是噪声，如果发现某个频段是噪声频段，那个频段的增益便被降低。如果言语与噪声混合在一起，那么系统便降低言语音节之间的噪声。

频谱提升系统并不直接区分言语和噪声。频谱中的波峰全部被提升，波谷全部被降低。它是基于一个设想，即通常频谱的波峰代表言语的共振峰。

因此，频普法降噪技术和声音调制降噪系统在不同的环境中有不同的效果。声音调制类型的降噪系统在非常嘈杂的环境中更有效，而频谱提升在安静或中等噪声环境中更有效。

（2）净噪系统：净噪系统是在信号调制基础上的一种降噪处理技术，相对于传统的降噪技术而言，它能更准确地鉴别言语信号，更精确地判断噪声的特征．它具有的自适应的时间常量，能保证降低噪声而将整体音质的影响降至最低，能实现每一个处理环节都维持聆听的舒适度和较好的音质，而尽可能不改变任何重要的言语信息。如图 3-2-12 所示，

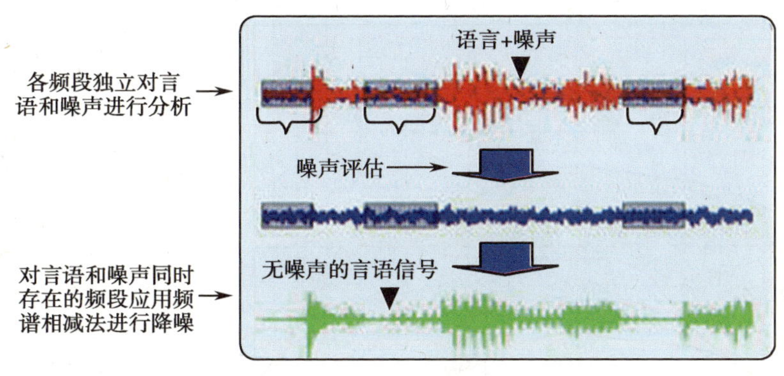

图 3-2-12　频谱相减法降噪

净噪系统采用的是频谱相减法，在频率上是将全频信号分割成数个频段，每一个频段在时间上以 1ms 为单位进行独立处理，通过评估信号中噪声能量，按照言语信号和噪声信号能量的不同比值，进行增益的重新调节，将噪声信号剥离出来，保留完整清晰的言语信号。净噪系统的优势在于精确的鉴别言语信号和噪声信号的特征和维持动态的时间常量，即使在噪声的环境中言语可懂度也可得到一定程度的改善。

(3) 滤波带宽及通道数目：降噪技术其功效还是可以通过增加统计分析的精度来提高，在整个言语频率范围内，使用带宽更窄的滤波器组（即接近听觉系统的临界带宽），对输入信号进行分析，检测同步能量和元音的谐波成分的出现。

窄带多通道系统使得降噪系统可以做得非常精确，在信噪比非常差的条件下，仍可以精确高效地检测到语音信号，使得背景噪声的响度相应降低。但是，对应于背景噪声的水平和频谱，同一时间的言语信号的水平也会降低。为了尽量降低对言语信号的影响，通过采用加强型言语增强系统来从所有通道获得关于信噪比的信息，并根据言语重要程度及各频率的响度关系，重新分布增益。最终效果是噪声明显降低，同时言语强度的减少被控制到了最低程度。

另外，带宽越窄，滤波器的延时越长。通常假设小的延时是无关紧要的，但是最近的研究发现，即使是 5~10ms 的延时也会带来干扰，对低频较好的听力损失者尤为明显。因而采用最小延时滤波器及高取样频率（32 000 Hz）来有效地使延时最小，在言语频率范围内接近 2ms。

(4) 个性化的噪声管理模式：尽管目前降噪的处理方法不尽相同，但所有的降噪技术都将输入信号作为估计言语和噪声区别的开始模式，降噪设计都是根据噪声水平或者环境信噪比减少增益。虽然增益降低的原理是为了最小化噪声掩蔽对于言语可懂度的影响，但对于言语和噪声的影响程度是一致的。所以，舒适度的提高明显高于言语分辨率的提高。

目前较好的方法之一是言语增强功能系统，即不同频段采用不同程度的降噪处理，具体而言，是在中高频增益减少少于低频部分，这个功能的前提是同样的信噪比。该方法有其先进性，但也有缺陷，这就是没有考虑个体的听力损失特征。

对于这一问题的理解可以参照图 3-2-13 和图 3-2-14。对于 40 dB HL 和 70 dB HL 的听力损失，当助听器输出都减少 12 dB，阴影部分是放大的言语频谱，绿线代表其平均水平。红线代表掩蔽噪声水平（吹风机噪声），黄色阴影区域代表超过患者听阈和噪声掩蔽

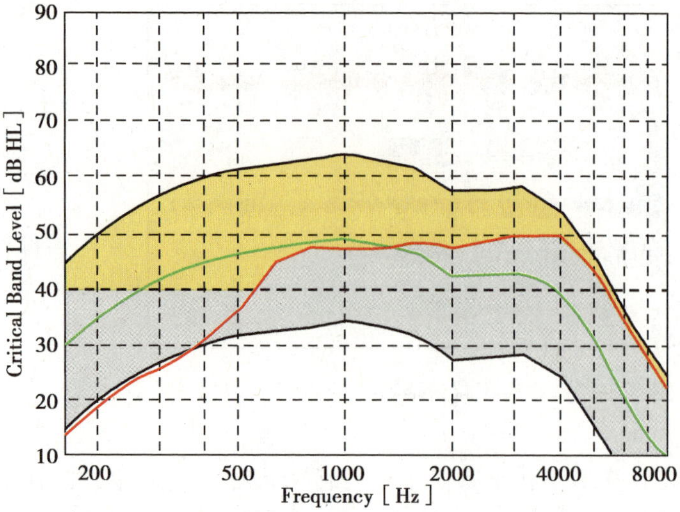

图 3-2-13　40 dB HL 言语频谱

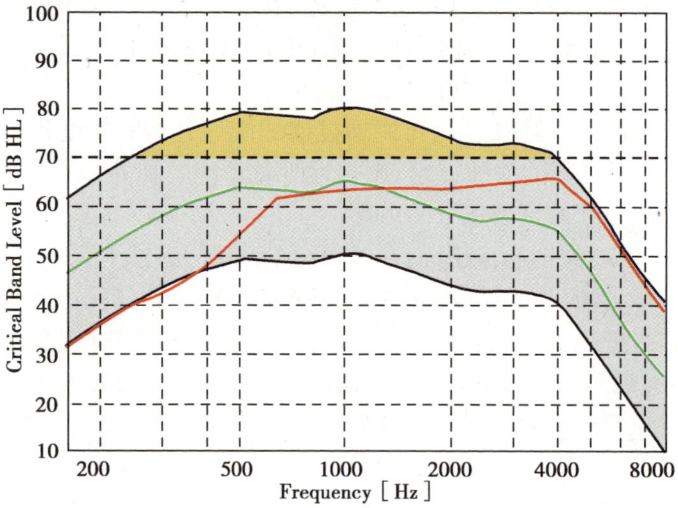

图 3-2-14　70 dB HL 言语频谱

水平的放大言语频谱，也就是可听言语部分。可以很明显的看出，对于图 3-2-13，40 dB HL 的听力损失，12 dB 的增益减少仍可听到大部分的言语，对于图 3-2-14，70 dB HL 的听力损失，同样的减少则带来对于可听言语的明显损失。

因此，必须提高增益。从逻辑的角度讲，任何试图提高噪声环境下言语可懂度的途径都应该包括两方面：降低增益以保证舒适度，提高增益以提高言语可听度，也就是说，必须跨越单一降噪的局限，其中第一也是最重要的是根据患者的听阈进行个性化的增益调整，以确保可听度。

言语增强系统结合言语可懂度指数（speech intelligibility index，SII）可以提高噪声环境下的言语可听度以达到最大的言语可懂度，即个性化的噪声管理模式。

SII 是一种复杂的计算方式，是基于助听器个体使用者听阈和掩蔽噪声频谱以上而评估言语可懂度。其应用的前提是助听器采用线性信号处理方式。有的助听器之所以可采用该技术，在于慢压缩实现了言语的瞬间线性还原。

计算 SII 的关键因素是获得准确的信息，包括言语频谱水平、噪声频谱水平、个体的听力损失水平。SII 方式曾用于线性助听器，通过在不同频段采用不同增益调整的组合及对比，获得可以达到最大言语可懂度的最佳设置。图 3-2-15 为两通道（低频通道、高频通道）助听器言语可懂度指数比较图。可以看到 SII 在两通道增益都处于中等水平时最高(红色区域)。当每一通道的增益设置为最小或最大时，SII 最小。

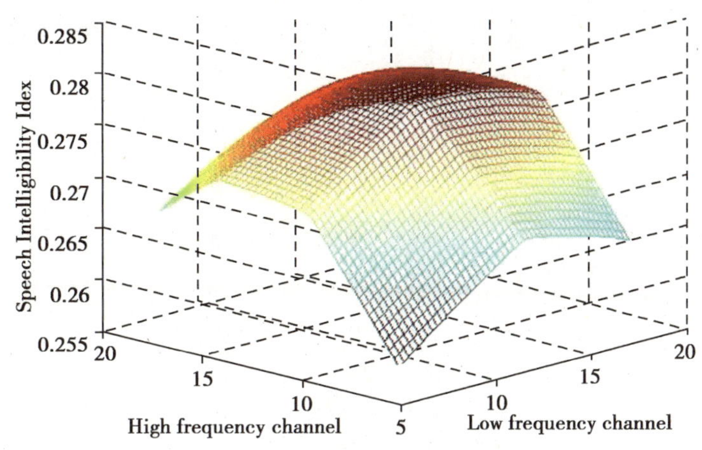

图 3-2-15 两通道言语可懂度指数比较图

同时可以看出，当每一通道的增益值有 4 个不同的设置时（5 dB、10 dB、15 dB、20 dB），双通道将有 4 × 4=16 个不同的比较。为了达到效率最优化的目的，通常有一个针对使用者的最佳设置，然后基于现实条件，根据该值进行最少量的比较、选择。

尽管 SII 原理简单，但采用该技术却是非常复杂的。从硬件指标而言，最优化是个庞大的计算过程，随参数量增加，比较也会增加，并呈几何数量级变化，这需要非常高速的计算。例如，当通道数增加为 15 通道，每一通道具有 12 个不同增益的调整，那么可比较的数目将达到 15,407,021,574,586,368 个，当进行两两比较时，其数目为：118,688,156,899,884,895,460,964,358,422,530。

因此，在以前的线性助听器时代，这一比较是在静态状况下完成的。但是，在现实环境的多变性的前提下，要达到时时分析和不断更新，以提供真实有效的参数，就必须采用高速智能的运算法则。

一旦助听器检测到较强的噪声，言语增强功能即启动，对于噪声和言语的评估通过噪声言语追踪器进行，关于噪声和言语的信息以及助听器使用者个体听阈的信息均被用于在 15 通道进行最优化处理，以达到不同频段的最高言语可懂度指数。

当输入主要为噪声时，SII 以降低增益为主，可达 12 dB，增益降低的限制在于输出不低于患者的听阈，这一点与传统的方式显著不同（没有考虑患者的听力损失情况），SII 在 20 秒后达到最佳设置，在 20 秒之内，通过一个不同的快反应增益增加机制在需要的频段增加增益以提高言语可懂度，其最大增加幅度在中高频为 6 dB。

应用普通降噪技术如图 3-2-16 所示，SII 对于助听器输出的不同影响如图 3-2-17 所示。当助听器输出都减少 12 dB，阴影部分是放大的言语频谱，绿线代表其平均水平，红线代表掩蔽噪声水平，黄色阴影区域代表超过患者听阈和噪声掩蔽水平的放大言语频谱，也

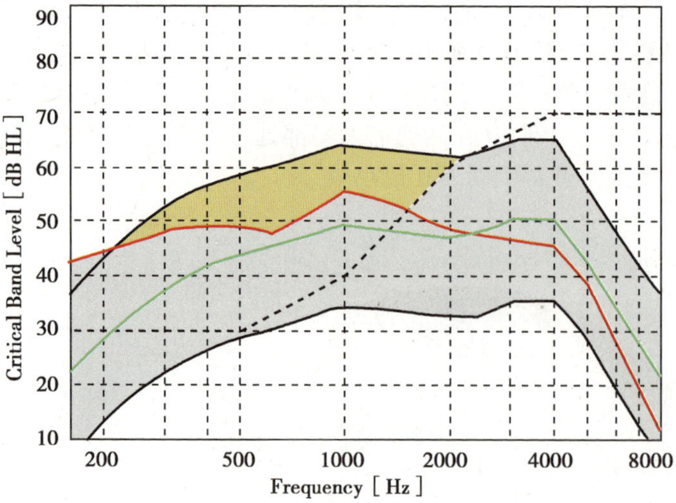

图 3-2-16　普通降噪技术

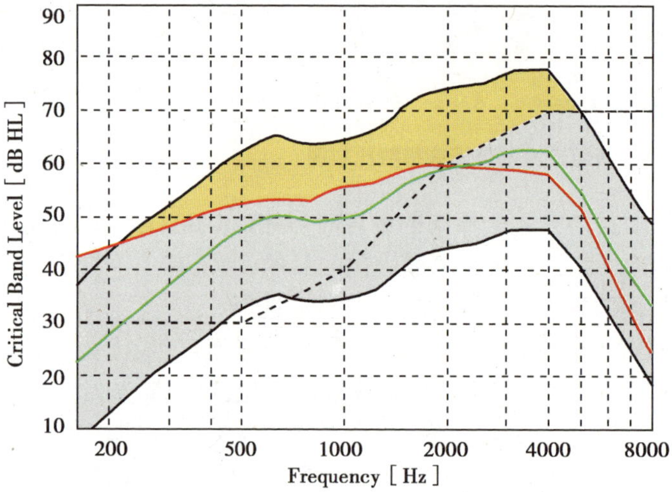

图 3-2-17　言语增强系统

就是可听言语部分。在这种情况下，我们可以发现，应用 SII，助听器在 2000 Hz 处的输出明显高于传统降噪技术在该频率处的输出。

因此，SII 的降噪根据是言语频谱水平、噪声频谱水平、个体的听力损失水平。

SII 和传统的降噪至少有两个显著的区别。首先，SII 是为了最大化言语可懂度指数，并同时保证舒适度。而经典的降噪则是为保证最佳舒适度。其次，SII 考虑了使用者的个体听力损失情况，从而达到量体裁衣的效果。轻中度耳聋减少增益最大可达到 12 dB，而重度聋则减少增益的程度要少一些，甚至在某些频率增加增益，这些特征将有可能极大地有利于 CIC 用户在噪声环境中的聆听。

(5) 双耳佩戴助听器提高信噪比：从生理学角度出发，双耳配戴助听器，可以充分发挥大脑听觉中枢神经系统中的双耳听觉功能，由此带来的益处有以下 3 点。

1) 双耳噪声抑制：双耳配戴助听器响度可较单耳提高 6~10 dB 并可以分别减低约 5 dB 的助听器输出功率，响度需求降低对重振的听力障碍患者显得尤为重要。如果双耳均有听力损失，而只配戴了一个助听器，那么由于信噪比的降低在嘈杂的环境中就会明显

感觉到听不清。双耳配戴助听器，可以充分发挥大脑听觉中枢神经系统中的双耳听觉功能，有助于在嘈杂的噪声环境中提高言语分辨率，有效地抑制背景噪声，提高言语清晰度。

2）消除头影效应：单耳配戴助听器，头颅对声音的传播会有阻隔和衰减作用，产生头影效应。尤其对 >1500 Hz 的高频声，衰减可高达 10~16 dB，这对于语言的清晰度及对言语的理解力非常关键。图 3-2-18 表明双耳聆听可以提高信噪比，增加言语分辨率。

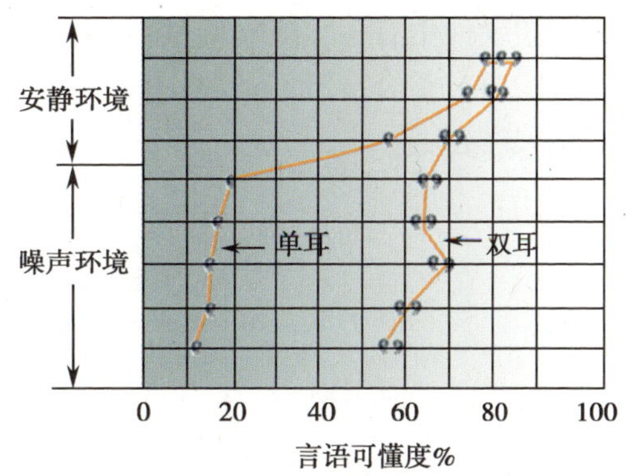

图 3-2-18　在不同环境下单耳和双耳配戴助听器的言语可懂度

3）双耳定向功能。确定声源位置，方向感加强。

(6) 辅助听力装置提高信噪比：辅助听觉装置的一个目的是减小空间因素对于助听器配戴者使用时的影响。声强的衰减随传播距离的增加而增加，距离增加 1 倍，声强降低 6 dB。对于听力损失较重的助听器配戴者，其助听器的接受声源范围通常以 1m 左右的距离最为理想，超过 1m 助听效果就会明显下降。其次，是环境噪声的干扰，尤其对于听力损失较重的听力障碍者及在信噪比较低的情况下，目前助听器的降噪技术还不能达到令人满意的效果。空间声回响是另一常见干扰因素，它是指声音信号在物体表面反射(包括窗、墙、未经特殊处理的家具等)从而产生多个“复制”却延迟的声音信号，这些声音信号相互干扰使助听器配戴者无法获得满意的效果。

解决以上问题常用的辅助听觉装置有：无线调频接收系统(FM)、环路放大器装置(loop system)，其目的都是为了提高信噪比，改善在噪声环境下助听器的使用效果。

【能力要求】

助听器降噪功能调试操作

一、工作准备

1. 依据听力障碍者功能检查结果进行听力学分析和评估　根据每位听力障碍者的听力学测试结果、听力障碍者实际的听觉功能状况、经常使用的环境和对降噪效果的期望值作综合分析。

2. 对症选择助听器　对症选择助听器是一个比较、实践的过程。大量的临床结果表明，听力障碍者在感受降噪效果时的个体差异非常之大，噪声的强度、频率、方位、复合成分均可以对降噪的效果产生直接或间接的影响。

二、工作程序

1. 连接助听器并打开相应调试界面　现代助听器技术的降噪功能趋于智能化，各种助听器调试软件也更加简便、易于操作，尽管各种软件的操作方法不同，但降噪的基本原理则是相同的。下面介绍其中的一种助听器验配软件。

该软件中有一组降噪调试系统，它可针对弱噪声、强噪声以及各种噪声源进行独立的调整。通过整合，使助听器具有的各项降噪功能得到最大的发挥。图 3-2-19 显示了降噪的相关内容。

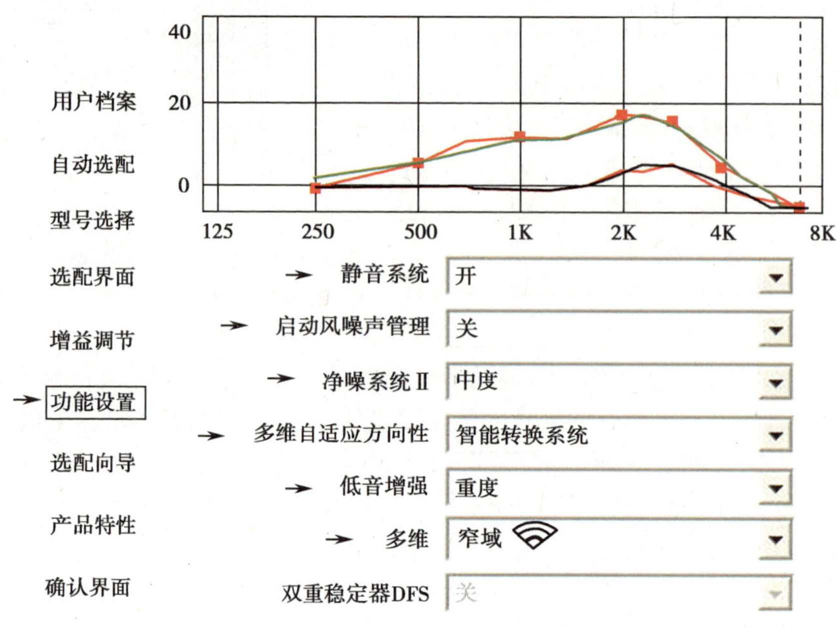

图 3-2-19　降噪调试界面

2. 根据佩戴者聆听环境选择降噪功能种类

(1) 静音系统：如图 3-2-20 所示，静音系统主要是为了降低环境中低噪声水平对听者的影响，如计算机、风扇声等。听力损失较轻的患者可以开启该功能。

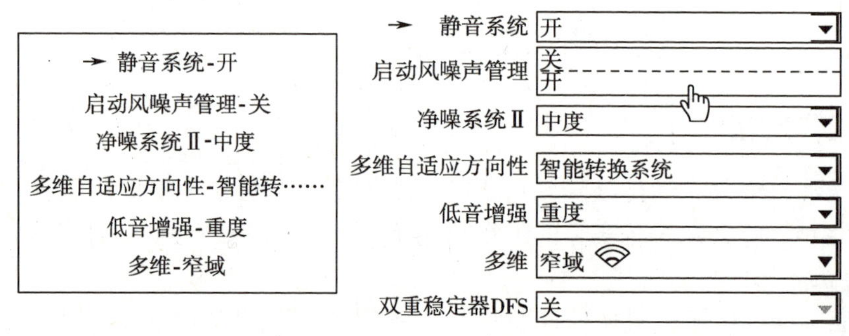

图 3-2-20　静音系统

(2) 风噪声管理系统：如图 3-2-21 所示，风噪声管理系统分为关、轻度、中度和重度 4 档。风噪声管理器可依据患者经常使用的环境进行设置。

(3) 静噪系统：如图 3-2-22 所示，净噪系统主要进行语言和噪声的区分，在不影响言语信号的情况下提供更多降噪，尽可能保留语言信息，提高清晰度。净噪系统分为 4 档：关；轻度(–3 dB 弱噪声)；中度(–6 dB)；重度(–10 dB 强噪声)。依据患者经常使用的环境

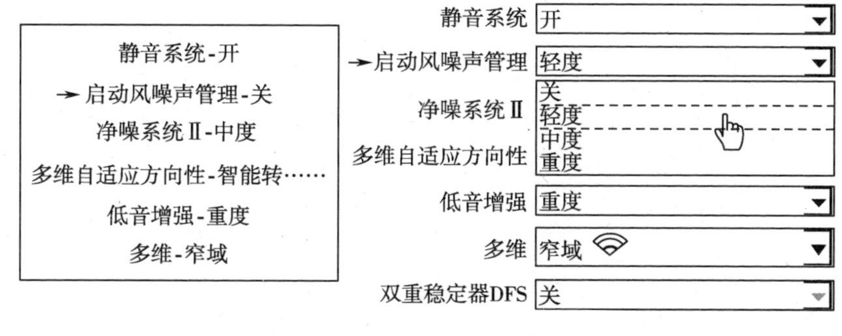

图 3-2-21　风噪声管理系统

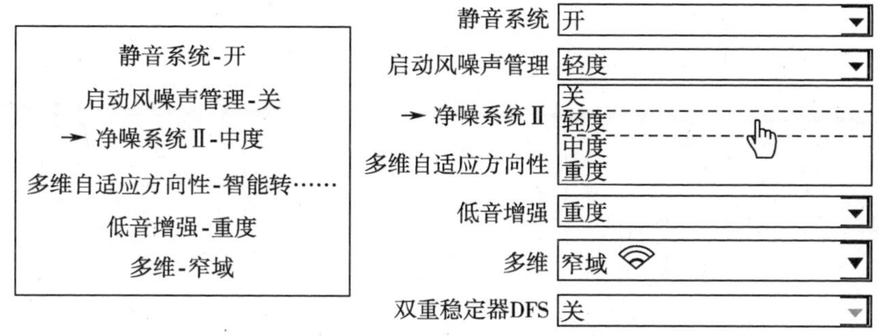

图 3-2-22　净噪系统

进行设置。

(4) 多维自适应方向性系统：如图 3-2-23 所示，多维自适应方向性 - 智能转化系统提供全向性、多维自适应方向性、智能转换型和固定超心型 4 种选择模式，以满足多样化的需求。可以根据患者的要求提供个性化的选择。

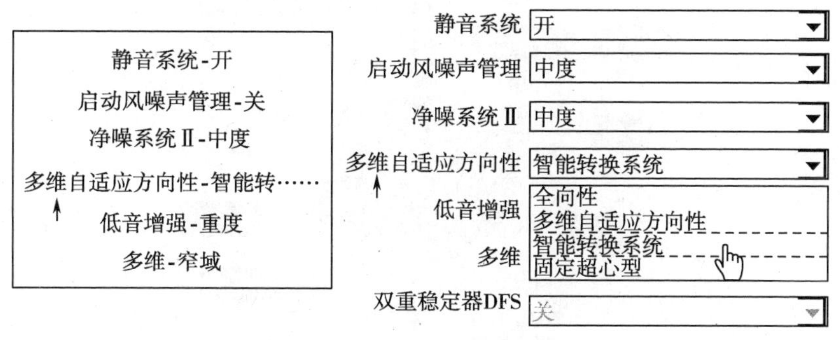

图 3-2-23　多维自适应方向性系统

(5) 低音增强系统：当方向性系统开启后会使助听器的低频能量衰减，如图 3-2-24 所示，低音增强系统可以对低频能量进行补偿，达到改善音质，提高声音清晰度和饱满度。

(6) 多维 - 宽度域系统：如图 3-2-25 所示，多维自适应方向性提供 3 个不同宽度阈：窄阈 –80°；中阈 120°；宽阈 180°。通过设置不同宽度域来突出多维自适应方向性的作用。可以根据患者使用环境的要求提供个性化的选择。图 3-2-26 是多维 - 宽度域系统极向示意图。

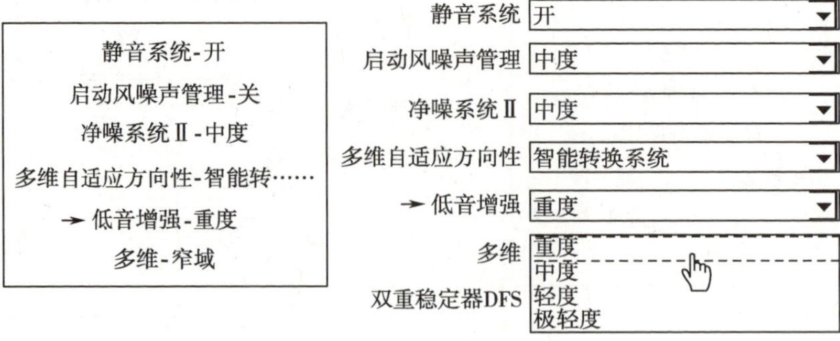

图 3-2-24　低音增强系统

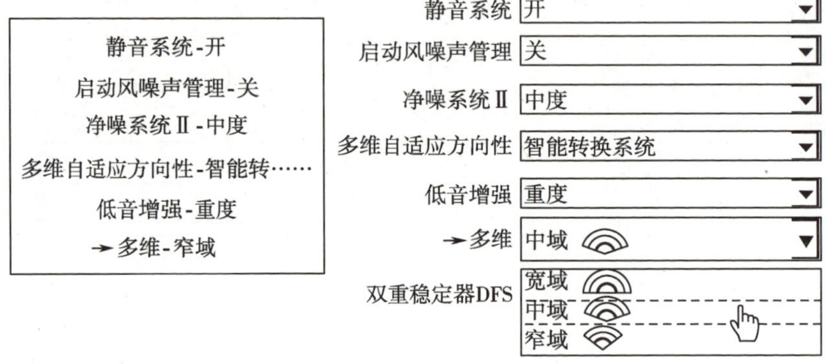

图 3-2-25　多维 - 宽度域系统

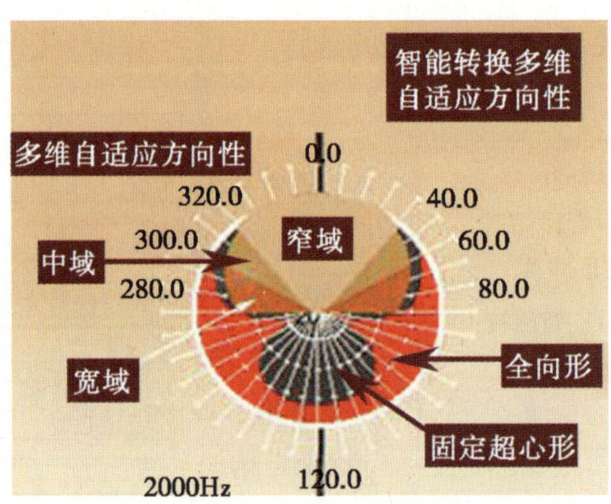

图 3-2-26　多维 - 宽度域系统极向示意图

(7) 环境优化器系统：环境优化器可以在不同环境中提供自动的、实时的判断周围的环境和进行分类，优化增益补偿，提高言语理解度和配戴舒适度。助听器可以通过选配软件自动设置 7 种环境下的增益补偿，也可以通过助听器验配师调整各种环境的增益设置。

7 种环境：

1）安静环境（<54 dB）　　　　例如：大自然中散步

2）轻度言语（<60 dB） 例如：儿童对话
3）强度言语（>60 dB） 例如：商务会谈
4）适中噪声环境下的言语（<75 dB） 例如：儿童玩耍时的对话
5）嘈杂音环境下的言语（>75 dB） 例如：露天咖啡馆
6）适中噪声（<75 dB） 例如：公共场所
7）强度噪声（强度 >75 dB） 例如：马路上

调试举例：患者抱怨街上太吵、上课听讲困难。如图 3-2-27 将安静环境、言语（轻度）、言语（强度）环境的增益略给增加，目的是提高上课听讲效果；将噪声环境下的言语等后几种环境的增益略给降低是为了改善聆听的舒适性。

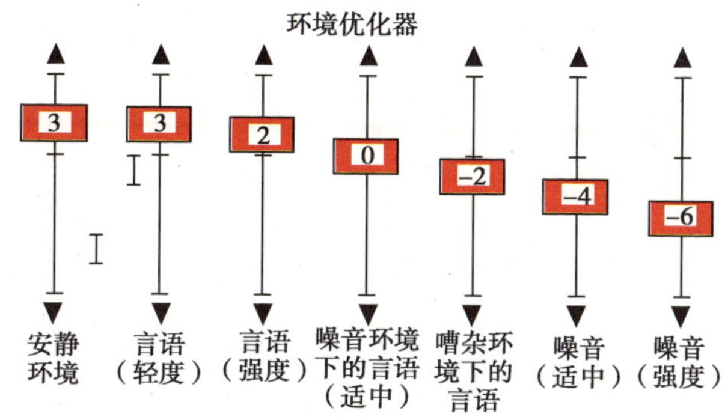

图 3-2-27 环境优化器系统

（8）多聆听程序系统：图 3-2-28 表明，利用助听器使用程序的多样化，可以达到降噪的目的。

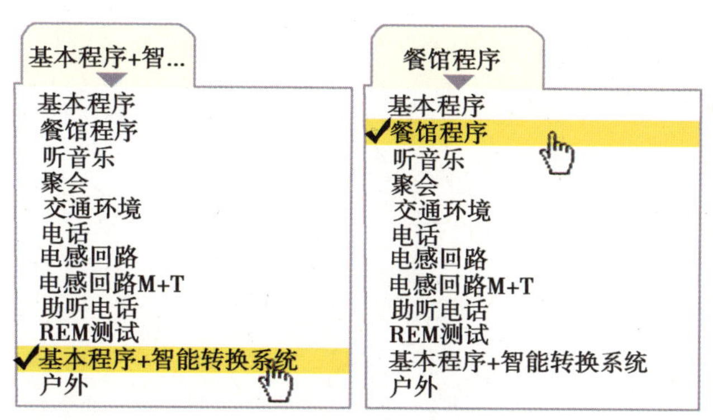

图 3-2-28 多聆听程序系统

每种助听器选配软件中的降噪系统设置和调试步骤均不相同。因此，在调试前必须对每种软件中每一项内容的概念、含义和作用有清楚的认识。

综合助听器各项降噪功能的特点，针对每位个体进行个性化的选择，注重科学评估和实践效果相结合，经过多次反复的调试才有可能达到降噪效果的最大化。

3. 保存降噪设置 各种助听器软件中功能的设置都是在助听器选配结束后按照各种

软件的操作指南进行。因此,保存降噪功能的设置可以按操作指南完成。

思　考　题

1. 助听器的基础电声性能主要包括哪些指标？各自的意义是什么？请例举3种主要指标。

2. 为什么在测试助听器时需要进行基础校准？

3. 助听器测试的环境是如何要求的？具体指标有什么？

4. 降噪的主要目的是什么？

5. 降噪调试的原则是什么？

6. 降噪技术的发展方向是什么？

(郗　昕)

第三章 效果评估

第一节 背景声中的选择性听取

【相关知识】

一、背景声中选择性听取

(一) 背景声中选择性听取的概念

背景声中选择性听取是指用言语信号作为刺激声,评价听觉系统将言语信号从某一信噪比背景噪声干扰信号中选取出来的能力。其评估结果可用言语识别得分表示。

(二) 背景声中选择性听取的意义

在现代社会中,噪声下的言语理解及交流是一项最基本的技巧,日常生活和工作中的交流多是在噪声条件下进行的。许多研究表明,与正常听力人群相比,感音神经性听力损失人群面临的最大障碍是在噪声下的言语识别与理解;也有纯音听阈及安静环境下的言语识别能力都在正常范围,但在日常噪声环境下即存在言语识别障碍,我们称之为听觉功能低下(dysacusis)。背景声中选择性听取测试能快速可靠地预测和评估放大装置的效果、进行相关医疗法律认证、了解听中枢处理障碍或听觉功能低下患者在背景声中言语识别的能力。

(三) 背景噪声环境下听觉功能评估的目的

1. 对耳聋的类型及程度进行分类,检查听中枢功能,为诊断和鉴别诊断提供依据。

2. 评价听力障碍者配戴助听器后在某一环境背景噪声中的言语可懂度,为调试助听器提供依据。

3. 评价听障者的助听器效果和社会适应能力。

4. 了解听障者在环境背景噪声中的选择性听取能力,为制定康复计划和策略提供依据。

二、噪声下言语测试材料的种类

(一) 国外儿童噪声下言语测试材料的种类

1. 西北大学儿童言语感知测试(Northwestern University Children's Perception of

Speech Test,NU-CHIPS) 该测试是由 Elliott 和 Katz(1980)根据 3 岁正常儿童的词汇量设计的,由 50 个单音节词组成,采用指认图片的封闭式测试。分为安静环境和三种固定信噪比的噪声测试(S/N=-4,S/N=0,S/N=+2),其中噪声采用白噪声。Chermak,Pederson 和 Bendel(1984)对 NU-CHIPS 噪声下测试的可靠性提出质疑。Andrew Stuart 在 2005 年改进了 NU-CHIPS 的噪声部分用来研究学龄儿童在持续和间断噪声中听觉时间解析能力的发展,采用宽带噪声,信号声设为 30 dB SL,信噪比分别为 S/N=10,S/N=0,和 S/N=-10。

2. 幼儿言语识别测试(pediatric speech intelligibility test,PSI) 该测试是由 Jerger 在 1984 年为 3 岁以上儿童开发的闭项式图片指认测试,其目的是获得儿童识别词和句子的能力及鉴别诊断儿童听觉外周系统和中枢系统的障碍。测试包括词表和句表,句表由简单的安静环境下的测试到难度逐渐增加的噪声下测试组成,噪声采用多人谈话噪声。对于人工耳蜗植入(cochlear implantation,CI)儿童,言语给声扬声器位于儿童正前方(方位角 0°),竞争句子给声扬声器位于非植入 CI 一侧,与前方成 90°。安静条件下,正确率≥80% 可进行竞争环境下测试,竞争环境下难度根据信号噪声比(message-to competition ratios,MCRs)分为三个等级,分别为 +10 dB MCR(竞争强度低于测试强度 10 dB),0 dB MCR,-10 dB MCR。儿童在某一 MCR 正确率≥20% 可以进行难度更高的 MCR 测试。

3. 儿童版噪声下言语测试(hearing in noise test-Children,HINT-C) 该测试是由美国 House 耳科研究所在 1996 年根据 Bench- Kowal- Bamfod(BKB)英语句子开发的噪声下言语测试(Hearing in noise test,HINT)的成人版测试句表基础上,根据 6 周岁儿童的听觉理解能力改编获得的儿童版本。BKB 句子依据长度、难度、理解力一致并且符合音素平衡原则来保证句子的同质性。HINT 测试要求受试者复述听到的句子,采用根据受试者反应调整句子强度的自适应性测试,结果用信噪比表示(signal-to-noise ratio,SNR),鉴于自适应性的测试过程,本测试采用强度较稳定的言语谱噪声而不是模拟日常生活噪声来增加结果的可靠性。HINT 可用来评估安静及不同方向噪声(前方噪声,右侧噪声和左侧噪声环境)条件下语句识别能力,并且已经开发出多语言版本,如英语版和法语版的儿童 HINT 已经进行了各年龄段儿童的正常值测试,并且推荐儿童版测试材料的最高适用年龄分别为 13 周岁和 12 周岁。

(二) 国内噪声下言语测试材料的种类

国内人工耳蜗植入儿童的数量日益增多、植入年龄越来越小以及对儿童中枢听觉功能处理障碍的日益重视,促进了国内儿童噪声下言语测试研究的进一步发展。各国儿童言语发育过程中除存在人类言语发育的统一性和共性外,同时还存在本国母语的独特性,汉语与英语比较,音位在音节和词中的分布位置与组合方式有其自身的特点,因此不能将英语测试材料直接翻译应用于临床,但是可以借鉴其理论和研究方法进行开发性的研究。目前我国噪声下言语测试材料可以大体分为两种:

1. 用于儿童的测试材料

(1) 聋儿听觉言语康复评估词表:中国聋儿康复研究中心孙喜斌教授、高成华教授于 1991 年开发了"聋儿听觉言语康复评估词表",是我国第一套图画版言语听觉评估词表。2001 年该词表经教育部哲学社会科学研究重大课题攻关项目《人工耳蜗植入后听觉康复策略及方法的研究》进行了第一次修订,2009 年经国家"十一五"科技支撑计划课题进行了第二次修订,目前广泛应用于我国听障儿童听觉能力评估。该评估工具在选择测试词

语时，参照了汉语言语测听词表编制规则，同时考虑了儿童的言语特点及语音平衡等要素。

2001 年孙喜斌等人开发了 16 种日常生活中的环境噪声用于选择性听取测试的背景声，在听觉评估时可依据被试者的实际需要选择使用，环境噪声可以通过在被试者不同方位的扬声器给出，言语信号声可由口语发声或连接听力计的扬声器发声。其信噪比可依测试需要设定并由声级计控制，其评估词表有双音节词和短句。测试时通过在不同信噪比的环境噪声中选择性听取目标信号声的言语识别得分，来判断被试者配戴助听器或人工耳蜗植入后听觉识别能力。2001 年孙喜斌、高成华、黄昭鸣等人共同研发了听觉言语评估计算机导航系统，该系统具有选择性听取测试词表。该项测试完全以图画形式出现，评估过程当被试儿童注意力不专注时可启动动画鼓励，整个测试被试儿童在游戏中完成。

(2) 儿童版普通话噪声下言语测试（mandarin hearing in noise test-children，MHINT-C）：北京市耳鼻咽喉科研究所刘莎教授和香港大学黄丽娜教授完成了汉语普通话噪声下言语测试(MHINT)的研究工作。MHINT 测试材料使用了更能代表日常交流的短句作为检查项，这种材料可以用于诊断听力障碍，如回跌型的曲线提示蜗后损伤。传统的言语测试材料一般使用单音节词，由于单词节词材料中缺少冗余度，言语幅度的变化也比较小，不能预测日常生活中的实际交流能力。而短句材料具有日常交流言语的动态特点，与助听器的特性更具交互作用，如可以满足数字化助听器对声音的处理具有起始和释放时间的特点。

根据 6 周岁儿童的听觉言语能力，对成人句表进行改编获得了儿童版普通话噪声下言语测试。由于儿童的听觉言语能力处于不断的发育过程中，不能照搬成人的测试材料，需针对不同年龄儿童的特点开发出合适的测试材料。目前编制的儿童版也已经完成了各年龄儿童正常值的测试，有望在不久后进行广泛的临床应用。

2. 用于成人的测试材料

成人言语识别测试有张华（1990 年）编制的汉语最低听觉功能测试系列词表中的噪声下言语觉察测试（speech perception in noise，SPIN)，用以检测受试者在噪声背景下辨别言语的能力，观察其应用言语中语言学信息内容（如根据上下文判别词汇）的能力，以及记忆功能和认知（cognitive）能力，并且能够对助听装置抗干扰能力作初步评价、对比，估价在噪声环境下患者是否能从助听装置中受益。郗昕等开发的“心爱飞扬”中文言语测听系统，是基于一系列标准化的普通话言语测听材料，结合临床常规听力计的外接音源输入及言语测听模块研制开发出的计算机辅助的中文言语测听平台。该测听软件可以辅助进行单音节识别率、扬扬格词识别率及识别阈、安静下语句识别率及识别阈、噪声下的语句识别率及识别阈等测试，在一定程度上规范了测听方法，为临床应用及科研工作提供了一个实用而有效的计算机辅助工具，也为中文言语测听的推广提供了切实有效的途径。此外，北京市耳鼻咽喉科研究所编辑的普通话言语测听材料（Mandarin Speech Test Materials，MSTMs)，分别包含了识别率测试、识别阈测试以及噪声下言语测试。其噪声下言语测试又包括普通话快速噪声下言语测试（Mandarin-Quick Speech in Noise，M-Quick SIN）和可接受噪声级测试（Mandarin Acceptable Noise Level test，M-ANL)，前者选用 11 组等价句表，2 组练习用表，每组 6 句话 30 个关键词，用于评估受试者噪声下理解言语的能力；后者选用《北京的春节》作为测试材料，用以反映个体耐受噪声能力的大小，可初步利用其来预估助听器选配效果。

三、背景噪声中选择性听取测试的方法

选择性听取就是人为地创造某种自然环境和社会环境，如本项测试设计的自然噪声、音乐背景声，在这些声音中选择性听取某种信号声来推断聋儿的听觉功能及社会交往能力。

1. 给声方式

(1) 背景声给声方式：在测听声场环境中，通过不同角度（正前方同源给声为0°角，正后方非同源给声为180°角）的扬声器给声，控制不同的信噪比（如 +10、+15、+20 dB），听障儿童配戴助听器或人工耳蜗后，信噪比通常控制在 +15 dB。

(2) 测试声给声方式：目前有口声和录音给声（测试材料事先录制好然后用放音设备播放声信号）两种给声方式。在测听声场环境中，言语测试声音强度控制在 70 dB SPL。录音给声易于建立统一标准和校准，多次测试有良好的一致性、可靠性和较高的可比性。现场监控下直接口语给声易于掌控和实施，更适合于小儿。

2. 反应形式　常采用开放式和封闭式。封闭式是指采用言语听觉测试词表，儿童可以选择图画版儿童听觉评估词表，给受试者固定数目的备选答案，从中选择听到的声信号。这种方式的优点是对受试儿童要求较低可不具有说或写的能力，易于操作。开放式是指测试不提供备选答案，受试者听到声信号后可自由反应，反应的可能性没有数目上的限制。这种方式难度较大，不适合于所有年龄段儿童，如当小儿无法作出口头反应、过于害羞而不予配合或表达能力欠佳说话含糊不清使检查者无法识别对错，这时不宜选择开放式测试。所以，通常在小儿言语测听时，开始进行相对容易的封闭式测试，然后可根据需要选择较难的开放式测试。

【能力要求】

一、背景噪声中选择性听取测试操作

(一) 工作准备

1. 连接测听设备及声场校准

背景噪声中选择性听取测试有以下三种方法：

(1) 听觉言语评估计算机导航系统

1) 检查电源连接及设备工作状态。

2) 确定参考测试点位置。

3) 声场校准。

(2) 口声言语听觉评估

1) 确定参考测试点位置和测试者位置。

2) 检查声级计工作状态。

3) 将声级计至于参考测试点标定口语声音强度。

4) 通过录音机或CD机给背景环境噪声，选择适当的信噪比，背景环境噪声强度可由声级计标定后固定其音量位置。

(3) 声场言语听觉评估

1）确定参考测试点位置和测试者位置。

2）将录音机或 CD 机通过外接连接于听力计。

3）通过连接听力计的扬声器给测试音。

4）通过录音机或 CD 机给背景环境噪声，选择适当的信噪比，背景环境噪声强度可由声级计标定后固定其音量位置。

2. 标定背景噪声强度

（1）应用计算机导航评估系统：可通过软件调试及声级计标定实现，测试信号声与背景环境噪声可用声级计在参考测试点分别校准并确认存储。声强信号声与背景环境噪声可以按选定的信噪比融入同一声道发出声音。

（2）口声言语听觉评估和声场言语听觉评估：背景环境噪声校准是相同的，首先确定噪声源距测试耳角度（0°、180°），距离 1m，将声级计置于参考测试点，依据所需要的信噪比标定噪声强度。

（二）工作程序

1. 口声言语听觉评估或声场言语听觉评估

（1）确定参考测试点位置：被试者坐于参考测试点位置，测试者坐于被试者较好耳一侧，距被试者半米，并排而坐回避视觉。

（2）确定背景环境噪声音源位置：一般采用 0°角，噪音源在被试者（参考测试点）正前方一米远。

（3）背景环境噪声的选择

CD 光盘有 16 种声音，可依据被试者经常生活学习环境特点选择背景环境声。

（4）确定背景环境噪声强度：依据被试者的实际情况或评估目的不同选择不同的信噪比（S/N），一般为 10、15、20 dB SPL，如正常言语声为 70 dB SPL，背景环境噪声强度可分别控制在 60、55、50 dB SPL。将声级计置于参考测试点，按测试需要的信噪比校准噪声强度。

（5）选择测试词表：依据测试目的不同选择双音节词识别或短句识别。

（6）选择测试方法：依据被试者的听觉言语实际及年龄不同，可选择封闭性测试（听话识图）或开放性测试（听说复述）。

（7）给测试音途径

1）口声言语听觉评估：测试者口声发音，其声音强度控制在 70 dB SPL 左右（可用声级计检测声音强度），发音时注意回避被试者视觉，每测试词可发音一次，让被试者指认或复述。

2）声场言语听觉评估：通过声场扬声器发声，测试前已经完成声音强度校准，参考测试点的声音强度控制在 70 dB SPL。测试者依旧与被试者并排而坐控制被试者的注意力，在封闭项测试中出示回收词表图片。

（8）评估结果记录：只记录发音词与错答词的序号。例如发音词卡片为 3 号，被试者识别卡片号为 5 号则简单记录为（3）~（5），即（发音词卡片号）~（错误识别卡片号）。被试者正确识别卡片号不记录。

（9）评估结果分析：通过计算言语识别得分可依据标准确定助听效果及听觉康复等级。听觉识别错误走向分析可作为助听器编程或进一步调试的依据，如果助听器调试达到优化，评估结果可作为确定听觉康复训练目标的依据。

2. 听觉言语评估计算机导航系统

（1）开启评估系统：按“继续”键进入学生列表，输入被试者一般信息（图 3-3-1、图 3-3-2）。

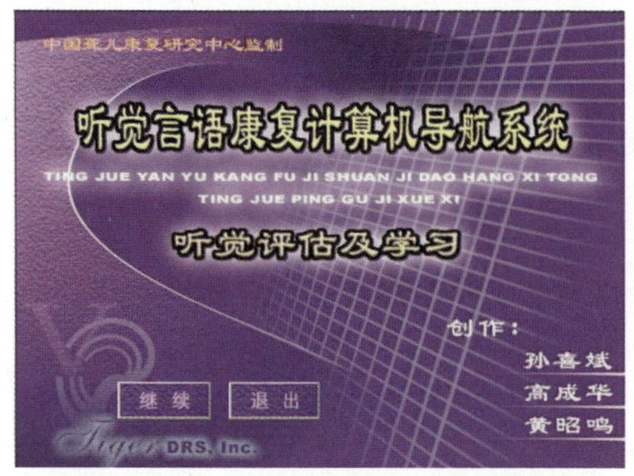

图 3-3-1　听觉言语评估计算机导航系统

图 3-3-2　输入被试者一般信息

（2）建立评估档案：按“新建”进入详细个人信息（图 3-3-3）按要求逐一填写后，按继续键进入听觉评估界面选择功能评估（图 3-3-4）。

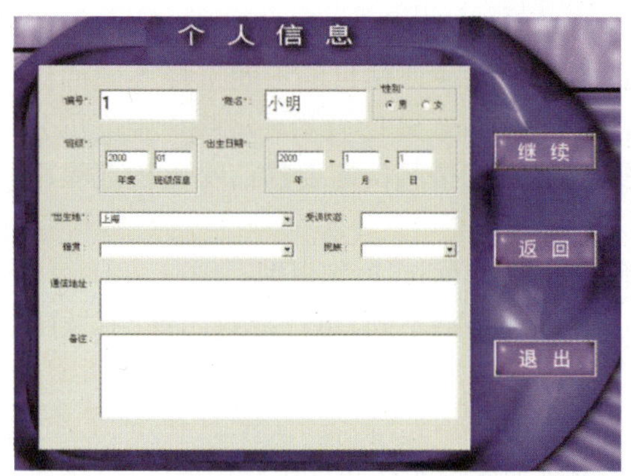

图 3-3-3　建立个人档案

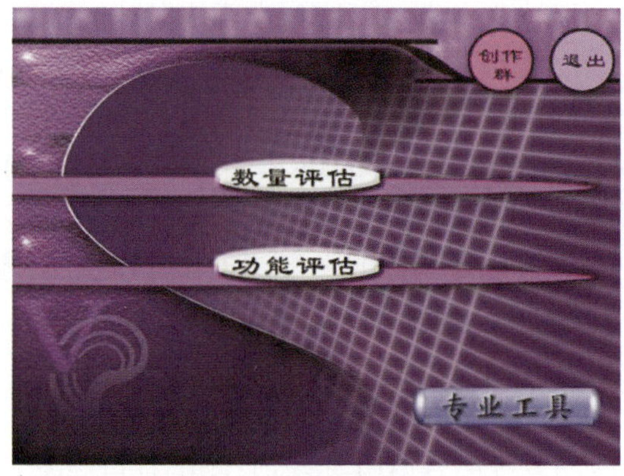

图 3-3-4　选择功能评估

（3）声场校准：按“功能评估键后”进入声场校准状态（图 3-3-5）将声级计置于参考测试点，依据要求左右声道分别校准后按下双耳测试模式。声场校准完毕后按“继续”键，进入功能评估主菜单（图 3-3-6）后，按“选择性听取”键进入可见该项目的词表选择（图 3-3-7）。

（4）词表测试参数选择：进入选择性听取词表列表后出现双音节识别词表和短句识别词表，可依据测试目的确认词表。例如选择短句识别可按下“短句识别”键进入短句识别参数设置（图 3-3-8），短句识别有四组词表，每组五句。“缺省”代表原定测试词顺序。按下“随机”键，则打乱原有的组内词序和组建词序，测试词可随机出示。按下参数设置

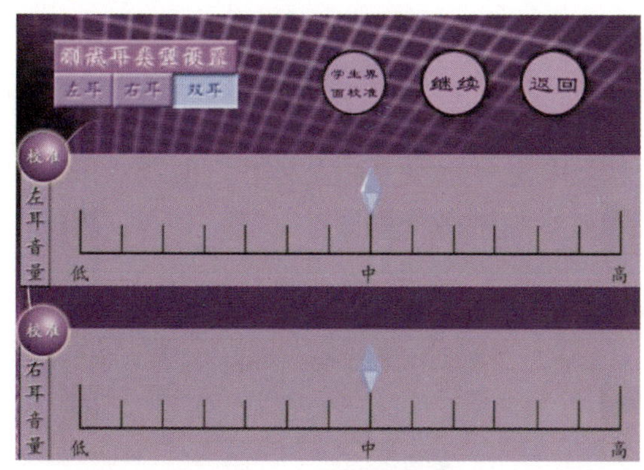

图 3-3-5　声场校准界面

图 3-3-6　功能评估主菜单

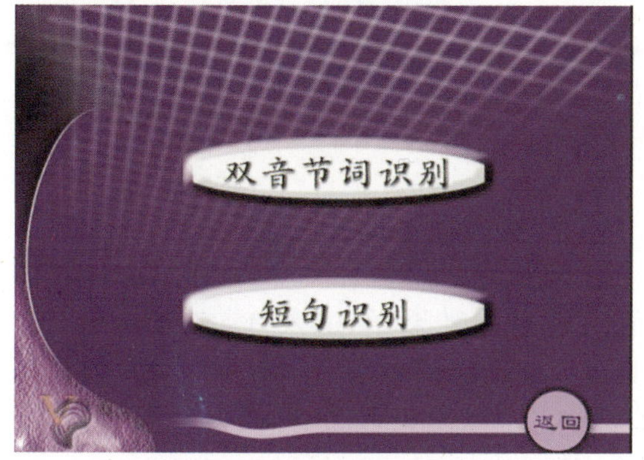

图 3-3-7　词表选择

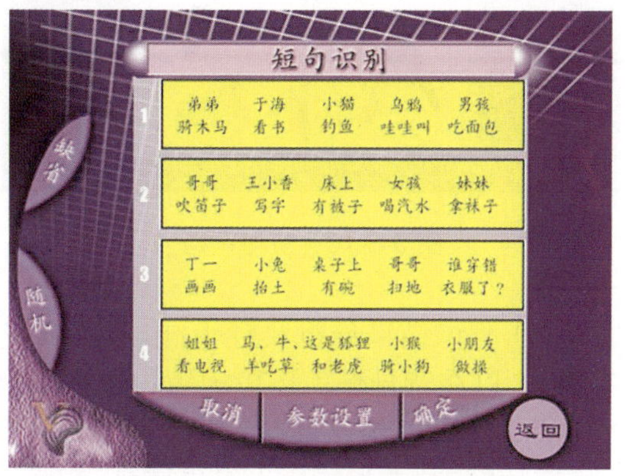

图 3-3-8　短句识别参数设置

键即如参数设置界面(图 3-3-9)。

参考值设置内容包括:

1) 背景环境噪声的选择,在声音库中有16种背景环境声,可依据被试者居住、生活、学习等环境选择,背景声音量可调试。

2) 测试词间隔时间设定,可依据被试者听觉反应速度确定,在 2~10 秒间可任意选择。

3) 测试组间隔时间设定,可依据测试的实际需要在 5~10 秒间选择。

4) 测试组数选择,可依据被试者的年龄及测试可能的持续时间选择测试组数。

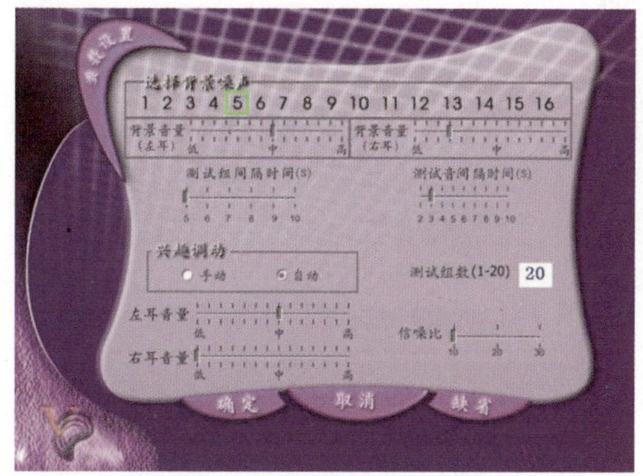

图 3-3-9　测试参数设置

5) 信噪比设定,依据被试者的听力补偿情况及测试需要在 10、15、20 dB 范围内选择。

6) 兴趣调动选择,可依据被试配合程度选择“手动”或“自动”,如对不易配合者可选择手动,以实际需要及时启动兴趣调动,以维持对测试的兴趣。按“缺省”键,则恢复原设置状态。按“取消”键可进行修改或重新设置。参数设置完毕后可按“确认”键存储,进入测试界面(图 3-3-10)。

(5) 开始测试:例如选择封闭项测试,计算机可自动在已设置好的信噪比和测试词、测试音的时间间隔参数参数下运行,如测试过程中需要调整被试者的注意力,可按兴趣调动键可让被试者放松一下(图 3-3-11)。如测试过程中需要暂停,可按“停止”键,按“开始”键则继续。测试完毕后按“显示结果”键,可进入显示测试结果界面。

图 3-3-10　短句识别

图 3-3-11　兴趣调动

(6) 测试结果分析及打印:单项测试完成后,按“显示结果”可进入打印存储界面(图 3-3-12),以在背景噪声环境中短句识别为例,测试完成后在词表前有红色标记,按“存储”键可将测试结果存入系统,按“打印”键可将有标记的测试结果打印出来。双击带有标记的“短句”可显示错误走向及助听效果分析界面(图 3-3-13)。

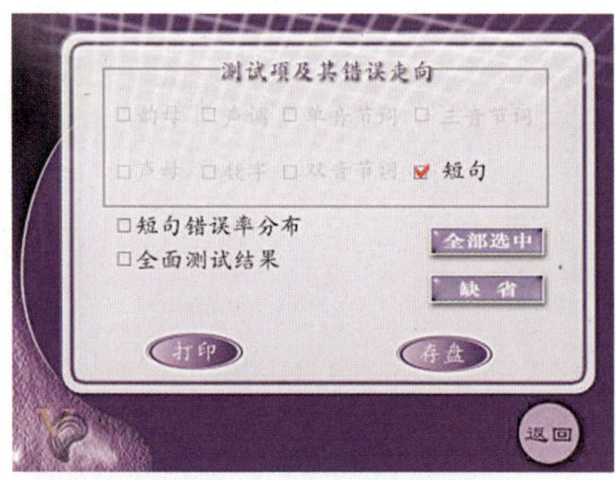

图 3-3-12　测试结果打印机存储

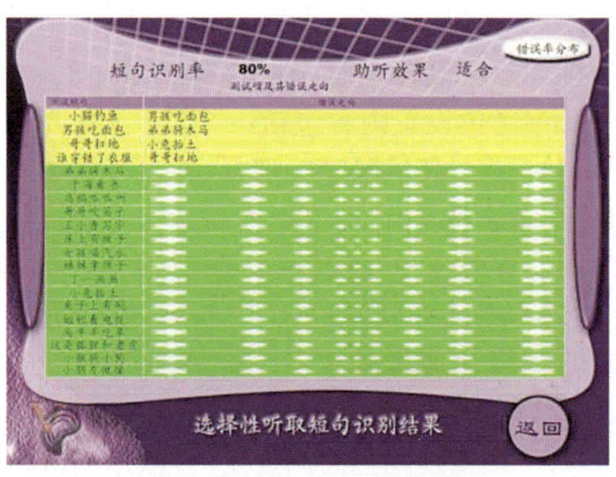

图 3-3-13　测试结果分析

该界面显示短句正确识别率为 80%。测试语句在前,识别错误走向语句在后。助听效果为适合范围。按“错误率分布”键,可测试词表中的识别错误语句进行分析(图 3-3-14)。如果要了解该被试者所有的测试项目,可进入全面测试结果界面(图 3-3-15),可显示助听效果,言语识别率,听觉康复级别以及每一个时间段测试的内容及结果。全部内容完成后可返回退出系统。

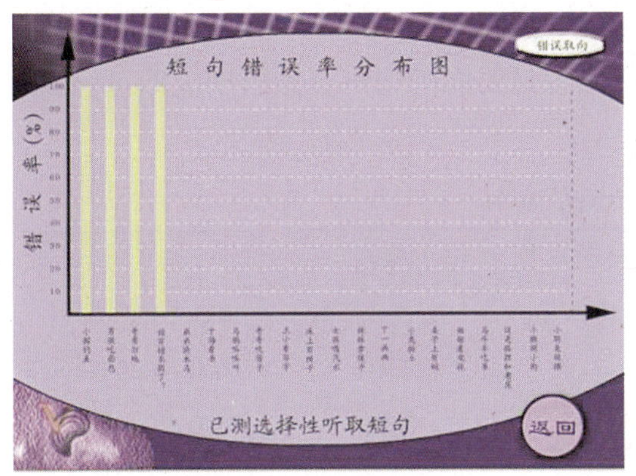

图 3-3-14　错误率分析

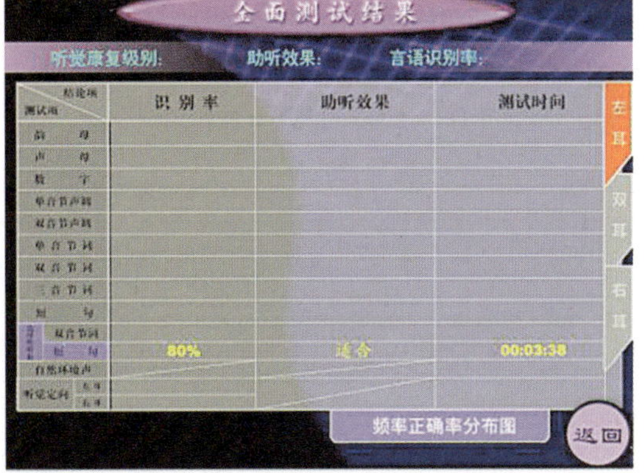

图 3-3-15　全部测试结果列表

二、注意事项

1. 按测试要求建立背景噪声环境,建立声场及设定信噪比。

2. 选择与年龄相宜的评估词表　每套测听资料都是较独立的测试单位,应用时可以根据聋儿的教学进度及言语能力以及评估目的,进行选择测试单元,每次测试在 10 分钟以内完成。

第二节　语 音 识 别

【相关知识】

一、语音识别评估的种类

(一) 林氏六音

林氏六音是指 m、u、a、i、s、sh 六个音位,是语音识别中最常用、最简便的材料。这六个音位覆盖了语音的主要频段,分别代表了低、中、高频。听力障碍者若能在没有视觉线索的情况下流利地复述或通过听话识图(图 3-3-16)的方式找出其中的任何一个音(3 次中 2 次正确),则说明听力补偿或重建设备能帮助该患者识别该频段的语音。例如,患者能复述"a"、"i",且 3 次中 2 次正确,则表示该患者能识别中频的语音;如果患者能通过听话识图的方式,当主试发出"m"时,患者能从图 3-3-16 中找出"m",且 3 次中两次以上正确,则说明听力补偿或重建设备能有效地帮助患者能识别低频的语音。

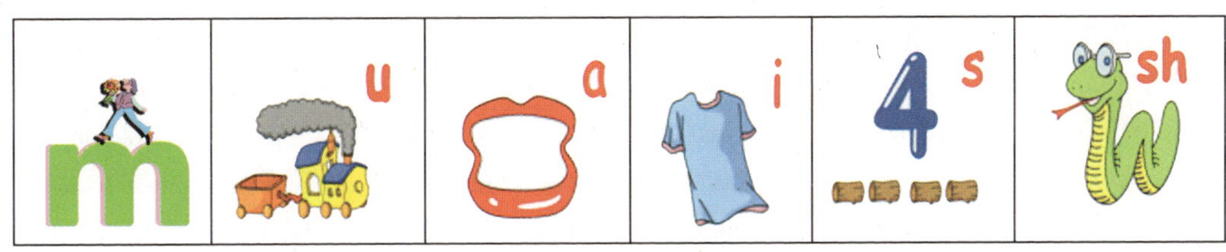

图 3-3-16　林氏六音图

林氏六音除用于语音识别外，还可用于考察听力障碍者各频段的察知能力（见表 3-3-1）。与语音识别不同的是，在考察听觉察知能力时，患者只要能听到声音做出反应即可，而不需要复述准确，不需要找到对应的图片。

表 3-3-1　林氏六音的频率

林氏六音	主频段	频区	林氏六音	主频段	频区
/m/	低频	250 Hz	/i/	低中频	300~2500 Hz
/u/	低频	300~900 Hz	/ʃ/	高频	2000~4000 Hz
/a/	中频	700~1500 Hz	/s/	高频	3500~7000 Hz

（二）语音均衡式声母识别、韵母识别

1. 语音均衡的概念　语音均衡是指词表中语音出现的概率与日常生活中出现的概率相一致。语音均衡评估使用孙喜斌教授研发的“聋儿听觉言语评估词表”中的韵母识别词表和声母识别词表进行。该词表以幼儿“学说话”及儿童日常使用最多的词汇为文字资料，以听说复述（开放式测试）或听话识图（封闭项）测试两种方法之一进行测试。测试词表配有测试用 CD 光盘及两盘供听觉学习用的 VCD，既适合于幼儿的言语测听，又适用于聋儿佩戴助听器后的助听效果评估。

2. 语音均衡式韵母识别　语音均衡式韵母识别选用了《汉语拼音方案》中的 31 个韵母。在严格考虑语音平衡的基础上，按照语音测试词表编制规则组成了韵母识别词表，75 个词编为 3 个词表，每张词表 25 个词。当一个词表作为测试词时，另两个则作为陪衬词（见表 3-3-2）。例如，让儿童识别“鼻 - 白 - 拔”时，如果让其找出“拔”，则“拔”为目标词，“鼻”和“白”则为陪衬词。测试使用图片如图 3-3-17 所示，每个词对应着一张图片。图片上印有简单易懂的图画、拼音和文字。

表 3-3-2　语音均衡式韵母测试词表

编号	测试内容			编号	测试内容		
	词表 1	词表 2	词表 3		词表 1	词表 2	词表 3
1	鼻 /bí/	白 /bái/	拔 /bá/	13	鞋 /xié/	洗 /xǐ/	熊 /xióng/
2	风 /fēng/	方 /fāng/	飞 /fēi/	14	山 /shān/	水 /shuǐ/	鼠 /shǔ/
3	摸 /mō/	妈 /mā/	猫 /māo/	15	裙 /qún/	墙 /qiáng/	球 /qiú/
4	肚 /dù/	弟 /dì/	豆 /dòu/	16	虾 /xiā/	靴 /xuē/	星 /xīng/
5	听 /tīng/	脱 /tuō/	踢 /tī/	17	鹿 /lù/	链 /liàn/	辣 /là/
6	奶 /nǎi/	女 /nǚ/	鸟 /niǎo/	18	走 /zǒu/	早 /zǎo/	嘴 /zuǐ/
7	锣 /luó/	楼 /lóu/	林 /lín/	19	牙 /yá/	鱼 /yú/	圆 /yuán/
8	蓝 /lán/	铃 /líng/	梨 /lí/	20	壶 /hú/	河 /hé/	红 /hóng/
9	瓜 /guā/	高 /gāo/	锅 /guō/	21	灯 /dēng/	刀 /dāo/	蹲 /dūn/
10	鸭 /yā/	衣 /yī/	烟 /yān/	22	本 /běn/	笔 /bǐ/	表 /biǎo/
11	黑 /hēi/	花 /huā/	喝 /hē/	23	象 /xiàng/	线 /xiàn/	笑 /xiào/
12	车 /chē/	吃 /chī/	窗 /chuāng/	24	鸡 /jī/	家 /jiā/	镜 /jìng/
				25	菜 /cài/	刺 /cì/	错 /cuò/

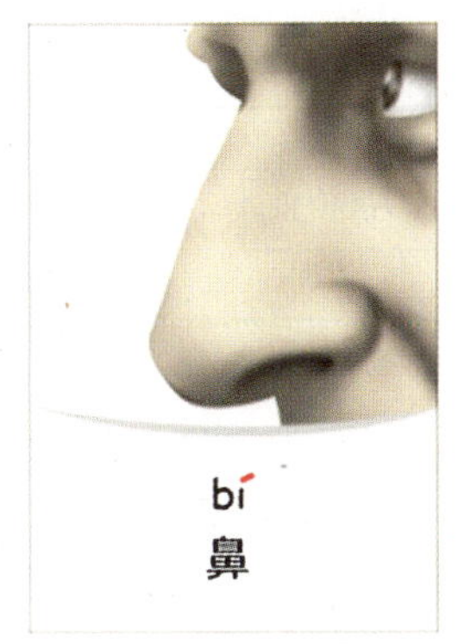

图 3-3-17 韵母识别第一组图片

3. 语音均衡式声母识别 语音均衡式声母识别选用了汉语中的 21 个声母。在严格考虑语音平衡的基础上，按照语音测试词表编制规则组成了声母识别词表，75 个词编为 3 个词表，每张词表 25 个词。当一个词表作为测试词时，另两个则作为陪衬词(表 3-3-3)。例如，让儿童识别“白 - 柴 - 埋”，如果让其找出“柴”，则“柴”为目标词，“白”和“埋”则为陪衬词。测试使用图片，每个词对应着一张图片。图片上印有简单易懂的图画、拼音和文字。

表 3-3-3 语音均衡式声母测试词表

编号	测试内容			编号	测试内容		
	词表 1	词表 2	词表 3		词表 1	词表 2	词表 3
1	白 /bái/	柴 /chái/	埋 /mái/	13	线 /xiàn/	面 /miàn/	链 /liàn/
2	塔 /tǎ/	打 /dǎ/	马 /mǎ/	14	龙 /lóng/	红 /hóng/	虫 /chóng/
3	猫 /māo/	刀 /dāo/	包 /bāo/	15	握 /wò/	坐 /zuò/	落 /luò/
4	喝 /hē/	哥 /gē/	车 /chē/	16	六 /liù/	球 /qiú/	牛 /niú/
5	脱 /tuō/	锅 /guō/	桌 /zhuō/	17	鸡 /jī/	七 /qī/	西 /xī/
6	切 /qiē/	贴 /tiē/	街 /jiē/	18	书 /shū/	猪 /zhū/	哭 /kū/
7	瓜 /guā/	刷 /shuā/	花 /huā/	19	盆 /pén/	门 /mén/	闻 /wén/
8	鸟 /niǎo/	脚 /jiǎo/	表 /biǎo/	20	铃 /líng/	星 /xīng/	镜 /jìng/
9	灯 /dēng/	风 /fēng/	扔 /rēng/	21	水 /shuǐ/	嘴 /zuǐ/	腿 /tuǐ/
10	攀 /pān/	搬 /bān/	山 /shān/	22	狗 /gǒu/	手 /shǒu/	走 /zǒu/
11	臭 /chòu/	楼 /lóu/	猴 /hóu/	23	妹 /mèi/	黑 /hēi/	飞 /fēi/
12	刺 /cì/	四 /sì/	日 /rì/	24	鱼 /yú/	驴 /lǘ/	女 /nǚ/
				25	家 /jiā/	虾 /xiā/	鸭 /yā/

(三) 最小音位对比识别

1. 最小音位对比识别的概念 最小音位对比识别是根据汉语语音中仅有一个维度差异的原则编制的音位对比听觉识别材料。由于韵母和声母数目很多，又可根据构音特征和声学特征进行分组评估(图 3-3-18)。在韵母方面，汉语系统中一般从韵母第一个音

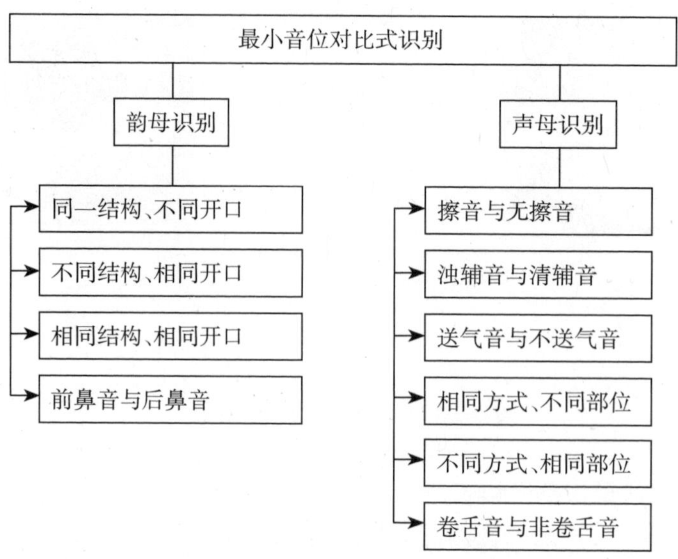

图 3-3-18　最小音位对比识别框架

的开口特点(开口呼、齐齿呼、合口呼、撮口呼)和韵母内部的结构特点(单韵母、复韵母、鼻韵母)两个维度进行分类,如表 3-3-4 所示。因此,韵母识别的分组安排可以结合这两个维度划分为 4 组进行:即同一结构、不同开口,不同结构、相同开口,相同结构、相同开口,前鼻音与后鼻音,四组共 92 个最小音位对。

第 1 组:同一结构、不同开口韵母识别。这是指分别将单韵母、复韵母和鼻韵母中的开口呼、齐齿呼、合口呼和撮口呼四者中的两者放在一组声母和声调相同的单音节词中,让患者识别。如评估 /a/ 与 /i/ 的识别,我们可让患者识别两个有意义的单音节词“拔(bá)”和“鼻(bí)”。选择的词应尽量接近生活。

第 2 组:不同结构、相同开口韵母识别。这是指表 3-3-4 中同列、不同行音的比较。由于前鼻音和后鼻音的听辨比较困难,对很多健听人来说也是一个难点,因此在本组识别中将前鼻音和后鼻音比较排除在外,单独作为一组进行评估。

第 3 组:相同结构、相同开口韵母识别。这是指将表 3-3-4 中同一个小方格内的音位进行相互比较,如识别 ia/ie、ua/uo 等。

第 4 组:前鼻音与后鼻音韵母识别。前鼻音与后鼻音是汉语言的特点之一,也是听觉识别的难点之一,应作为韵母识别评估中最后的选择材料。由于这一内容对于很多健听成人都很难,所以在根据评估结果制定方案时,如果经过一周训练患者仍无法完成,则可先跳过这一内容。

表 3-3-4　普通话韵母构音表

	唇韵母运动模式	开口呼	齐齿呼	合口呼	撮口呼
单韵母 (8 个)	非唇韵母(2)	ɑ,er			
	圆唇(3)	o		u	ü
	展唇(3)	-i,e	i		
	圆展转换(0)				
	展圆转换(0)				

续表

		唇韵母运动模式	开口呼	齐齿呼	合口呼	撮口呼
复韵母（13个）	前响	非唇韵母（0）				
		圆唇（2）	ao,ou			
		展唇（2）	ai,ei			
		圆展转换（0）				
		展圆转换（0）				
	后响	非唇韵母（0）				
		圆唇（2）			ua,uo	
		展唇（2）		ia,ie		
		圆展转换（1）				üe
		展圆转换（0）				
	中响	非唇韵母（0）				
		圆唇（0）				
		展唇（0）				
		圆展转换（2）			uai,uei（ui）	
		展圆转换（2）		iao,iou（iu）		
鼻韵母（16个）	前鼻音	非唇韵母（1）	an			
		圆唇（3）			uan	ün,üan
		展唇（3）	en	in,ian		
		圆展转换（1）			uen	
		展圆转换（0）				
	后鼻音	非唇韵母（1）	ang			
		圆唇（2）	ong		uang	
		展唇（3）	eng	ing,iang		
		圆展转换（1）			ueng	
		展圆转换（1）		iong		

在韵母识别之后，可进行声母的识别。汉语语音可按照发音部位和发音方式两个度将声母分类，如表3-3-5所示。

表3-3-5　普通话声母构音表

发音方式			发音部位						
			唇音		舌尖音			舌面音	舌根音
			双唇音	唇齿音	舌尖前音	舌尖中音	舌尖后音		
鼻音	清音								
	浊音		m			n			（ng）
塞音	清音	不送气	b			d			g
		送气	p			t			k
	浊音								

续表

发音方式			发音部位						
			唇音		舌尖音			舌面音	舌根音
			双唇音	唇齿音	舌尖前音	舌尖中音	舌尖后音		
塞擦音	清音	不送气			z		zh	j	
		送气			c		ch	q	
	浊音								
擦音	清音			f	s		sh	x	h
	浊音						r		
边音	清音								
	浊音					l			

2. 最小音位对比识别测试词表的内容　最小音位对比声母识别共87对,可分为6组:擦音与无擦音,浊辅音与清辅音,送气与不送气音,相同方式、不同部位声母,不同方式、相同部位声母,卷舌音与非卷舌音。

第1组:擦音与无擦音识别。该组内容是声母是有擦音与没有擦音声母之间的比较。在汉语中,主要有h和s两个音。

第2组:浊辅音与清辅音识别。该组内容是同一发音部位的浊音和非浊音的比较。这是由于发浊音时声带振动,带有元音的特征,因而比较容易识别。汉语拼音方案中共有四个浊音:m、n、l、r。将它们分别与同一发音部位的清音相比较。

第3组:送气音与不送气音识别。它主要包括塞音和塞擦音内部送气与不送气的比较。

第4组:相同方式、不同部位声母识别。该组识别的内容是表3-3-5中同行(鼻音、塞音、塞擦音和擦音)不同列(唇音、舌尖音、舌面音和舌根音)的两个音位进行比较,如可识别b/d、d/g,但不识别z/zh、c/ch、s/sh。这三对语音的识别又称为平舌音和翘舌音的识别,对比的两组之间发音部位非常接近,即使对健听人群也有较大的难度,因此我们把它单独作为一组,作为最难的内容,放在最后进行训练。

第5组:不同方式、相同部位声母识别。该组识别的内容是唇音、舌尖音、舌面音和舌根音中,鼻音、塞音、塞擦音、擦音和边音的比较,如识别d/s、z/s、zh/sh等。

第6组:卷舌音与非卷舌音的识别。卷舌音与非卷舌音是汉语中的特有现象,也是汉语中较难识别的内容,如z/zh的识别。

二、语音识别评估的意义

韵母识别主要反映听障者对中低频语音的识别能力,与语言能量有直接关系;声母识别主要反映中高频语音识别能力,与语音清晰度有直接关系。语音识别是对语音声学信号进行分析和综合的能力,是口语沟通交流的基础和前提。语音识别评估的目的和意义在于:

1. 比较助听前后语音识别的差异，考察听力障碍者从助听器中受益的多少。对语后聋，尤其是老年性聋进行语音识别评估特别重要，它直接影响患者对助听器的满意程度。

2. 为助听器调试提供信息　助听器对患者帮助的大小直接体现为语音识别能力的高低，语音识别率越高，则说明助听器调试越好；语音识别率低，则说明助听器需要调试或需要更换。

3. 确定患者利用残留听力的水平，为制订康复方案提供依据。利用残留听力需要经过一个学习过程，通过评估发现患者的错误类型及错误走向，并根据错误类型和走向制定针对性的训练方案。此外，经过一段时间的康复训练后可再次评估，通过训练前后的比较考察训练方案及方案的有效性。

语音识别是言语感知的重要组成部分，言语清晰度是言语产生的主要体现。言语的感知与产生是一条完整的反馈链，听不明白，则说不清楚。语音识别差，一方面听不清其他人的言语，影响到语音的模仿学习，另一方面听不清自己发出言语，无法修正自己的发音过程，这两方面都将间接或直接影响到言语清晰度。

三、语音识别能力评估的流程

"林氏六音"、"语音均衡式声、韵母识别"、"音位对比识别"总的操作流程基本一致，主要经过六个过程(图 3-3-19)：评估准备、熟悉被试、明确指导、正式评估、结果分析和方案制定。

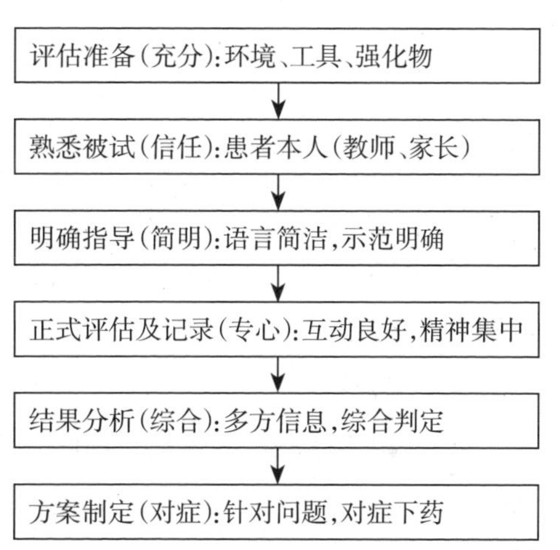

图 3-3-19　语音识别能力评估流程图

第一步：评估准备，该过程应做到"充分"。主要应充分准备好测试的环境、测试的工具和强化物。测试环境应根据测试要求、患者的年龄特征及性格特点、进行准备，包括测试房间的环境布置、桌椅等。对于年龄小的儿童，应准备适合儿童的桌椅和简洁明快的房间，不应有太多不相关的玩具及物品放在儿童容易看到的地方，以免儿童分心。此外，对于儿童患者，还应准备一些用于奖励的强化物。

第二步：通过患者本人、教师、家长了解被试的信息，熟悉被试的基本情况，包括姓名、年龄、助听器佩戴的时间、对佩戴助听器的满意程度，在佩戴助听器后哪些方面有变化，哪些音听不清等；对于儿童，应了解其最喜欢什么，最不喜欢什么等等，以便采用适合的强化物。通过这一过程了解被试，让被试对主试产生充分的信任。对于不容易适应新环境的儿童，应首先与他玩，消除他对陌生环境的紧张感。

第三步：通过简洁的语言和明确的示范告诉患者应该做什么，对儿童来说这一点尤其重要。简明的语言如"听一听，找一找"(语言伴随手势先指指耳朵，再指图片)。明确的示范需在助手的帮助下完成。

第四步：在患者理解了指导语后开始正式评估，正式评估时，应使得患者与评估者(或评估设备)形成良好互动，精神集中在评估内容上。一般连续测试时间不宜超过半小时。

当患者感觉疲劳时,应休息片刻后继续。测试过程中应密切关注患者的反应,包括患者对哪些语音识别比较犹豫,患者注意集的时间等,这对结果分析和方案制定都将产生影响。

第五步:综合评估结果、家长、教师和患者本人提供的信息,对患者语音识别的能力做出综合判断。主要包括:助听器对患者的帮助是否达到理想效果;语音识别能力是否需要进行干预;与前一次评估结果相比,是否有明显进步等。

第六步:针对评估结果中患者出现的错误,制订针对性的训练方案。

以上六步是语音识别评估的基本流程,但每个测试需要准备各自的材料,指导语、记录、结果分析和方案制订根据各自评估目的和方法有所不同。

【能力要求】

一、林氏六音测试

1. 测试工具　林氏六音图片,如图 3-3-16 所示;HS5660A 精密声级计。

2. 记录表　见附录 1《林氏六音测试记录表》。

3. 测试过程　将六张图片依次放在患者面前,发图片时伴随发音(用 HS5660A 声级计监控,发音为 70 dB SPL)。当图片摆好后,随机发出其中一张图片的音,由患者选择相应的卡片。

4. 结果记录　每个目标词测三次,正确计“1”,错误计“0”。

5. 结果分析　每个目标词三次测试中有两次及以上正确,即为通过。若两次以上不通过,则应结合客观测听结果、助听器分析仪分析结果判断助听器该频段需要调试。若助听器已处于优化状态,则需要加强该频段的训练。

6. 方案制订　若结果分析为助听器需优化,则方案为“优化助听器”。若结果分析为“助听器”已达到适合及最适范围,则应加强训练,针对未通过的频段进行滤波音乐刺激,活化相应的听神经通路。

二、语音均衡式声母、韵母识别率测试

1. 测试工具　语音均衡式声母及韵母识别测试有两种类型的材料。一为纸质版,包括韵母识别及声母识别各 25 组 75 张测试图片;二为计算机版,可使用“听觉言语康复计算机导航系统”。

2. 记录表　见附录 2。

3. 测试过程　该词表的测试方式为将一组 3 张测试图片放在患者面前,发图片时伴随发音。当图片摆好后,发出测试音,由患者选择相应的卡片。测试词出现的方式有两种,一种是按词表给词,一种是随机给词。按词表给词是指第一组给词给词表 1 的词,其余 24 组也给词表 1 的词。

4. 结果记录:每个目标词测一次,正确计“1”,错误计“0”。若随机给词,即每一组都随机给一个,此时计分方式则需计入归一化系数。具体记录及计算方法如下:

(1) 测试结果 x:选择正确计“1”,错误记“0”。

(2) 测试得分 k·x:为原始得分乘以测试词的归一化系数 k。

(3) 最后得分:计算公式如下:

韵母(声母)识别能力得分 = 测试词应得满分

实际得分

$= k1 \cdot x1 + k2 \cdot x2 + \cdots + k25 \cdot x \times 100\%$

$k1 + k2 + \cdots + k25$

注意:1. k1,k2, …,k25 为测试词对应的归一化系数;

2. x1,x2, …,x25 为测试词对应得分,正确记为“1”,错误记为“0”。

5. **结果分析**:语音均衡式声韵母识别的结果应与表 3-3-6 中的听觉评估标准进行比较。如果患者的声母识别率达到 90% 以上,则说明患者的助听效果达到最适水平,助听器无需进行调整;如果患者的声母识别率为 80%~89%,则说明患者的助听效果达到适合水平;依次类推。

表 3-3-6 听觉评估标准

音频感受	言语最大识别率补偿范围(H1)	助听效果(%)	听觉康复级别
250~4000	≥90	最适	一级
250~3000	≥80	适合	二级
250~2000	≥70	较适	三级
250~1000	≥44	看话	四级

6. 方案制订:若结果分析为“最适”效果,则不需要调整助听器,可进一步进行听觉理解能力的训练。若结果分析为“适合、较适或看话”则首先考虑调整助听器,然后针对错误走向加强听觉识别训练。

三、测试最小音位对比识别率

1. **测试工具**:最小音位对比测试有两种类型的材料。一为纸质版,包括 92 对韵母识别及 87 对声母识别测试图片(如图 3-3-20);二为计算机版,可使用“听觉言语康复计算机导航系统”(启聪博士工作站,Dr.Hearing™,美国泰亿格电子有限公司生产)。

图 3-3-20 最小音位对比识别图片举例(e/ü)

2. **记录表**:见附录 3。

3. **测试过程**:该词表的测试方式为将测试图片立于患者面前,先后读出两张图片所代表的音。然后发出测试音，由患者选择相应的卡片。测试词为其中一个，随机测三次。

4. 结果记录：测试正确计“1”，错误计“0”。

5. 结果分析：测试完成后，将结果汇总到《儿童音位对比式识别能力评估》记录表（见表 3-3-7）中，分别计算每一大组的总分。计算方法如下：

音位对比识别得分（%）= $\frac{3X-n}{3X}$ ×100%，X 为测试题数；n 为错误次数，即 0 的个数。

表 3-3-7 《儿童音位对比式识别能力评估》结果分析表

音位对比词表 - 韵母部分（孙喜斌 - 刘巧云词表）

相同结构 不同开口				相同开口 不同结构				相同开口 相同结构		前鼻韵母与 后鼻韵母	
序号	得分	序号	得分	序号	得分	序号	得分	序号	得分	序号	得分
1		22		30		51		69		87	
2		23		31		52		70		88	
3		24		32		53		71		89	
4		25		33		54		72		90	
5		26		34		55		73		91	
6		27		35		56		74		92	
7		28		36		57		75		小计	
8		29		37		58		76		(6)	
9		小计		38		59		77			
10		(29)		39		60		78			
11				40		61		79			
12				41		62		80			
13				42		63		81			
14				43		64		82			
15				44		65		83		韵母音位 对比识别 总得分____%	
16				45		66		84			
17				46		67		85			
18				47		68		86			
19				48		小计		小计			
20				49		(29)		(18)			
21				50							

结果分析与建议：

测试者：

测试日期：

语音对比词表 - 声母部分（孙喜斌 - 刘巧云词表）

擦音与无擦音		清辅音与浊辅音		送气音与不送气音		相同部位不同方式		相同方式不同部位		卷舌与非卷舌音	
序号	得分	序号	得分	序号	得分	序号	得分	序号	得分	序号	得分
1		3		30		38		67		85	
2		4		31		39		68		86	
小计		5		32		40		69		87	
(2)		6		33		41		70		小计	
		7		34		42		71		(3)	
		8		35		43		72			
		9		36		44		73			
		10		37		45		74			
		11		小计		46		75			
		12		(8)		47		76			
		13				48		77			
		14				49		78			
		15				50		79			
		16				51		80			
		17				52		81			
		18				53		82			
		19				54		83			
		20				55		84		声母音位 对比识别 总得分____%	
		21				56		小计			
		22				57		(18)			
		23				58					
		24				59					
		25				60					
		26				61					
		27				62					
		28				63					
		29				64					
		小计				65					
		(27)				66					
						小计					
						(29)					

结果分析与建议：

测试者：

测试日期：

计算结果可与本章后文中表3-3-8中儿童音位对比识别能力百分等级参考标准相比较，从而得出该患者是否需要进行听觉干预。百分等级指的是同龄人中低于或等于该成绩的人数占总人数的百分数。红色部分代表应立即对该被试进行听觉功能训练。黄色部分表示应对该被试进行跟踪随访，并采取尝试性的干预措施。绿色部分表示该被试听觉功能发展正常，无需进行干预。

表3-3-8　音位对比识别参考标准总表(%)(百分等级)

原始分数(%)	韵母百分等级			原始分数(%)	声母百分等级		
	3岁	4岁	5岁		3岁	4岁	5岁
76	3			76			
77	3			77			
78	3			78			
79	3			79			
80	3			80	3		
81	7			81	13		
82	7			82	17		
83	7			83	20	3	
84	7			84	37	3	
85	7	3		85	43	3	
86	13	3		86	47	7	
87	13	7		87	47	7	
88	30	14		88	57	11	
89	33	14		89	60	11	
90	50	18		90	63	25	
91	60	21		91	77	36	3
92	60	25		92	83	36	3
93	73	36	10	93	87	54	7
94	87	43	20	94	90	64	23
95	90	46	27	95	97	75	40
96	90	64	40	96	97	89	70
97	93	86	53	97	97	96	83
98	100	93	87	98	100	100	97
99		93	97	99			97
100		100	100	100			100

6. 方案制订　①通过：若某个音位对连续3次得分都为"111"，可认为该音位对通过；②巩固：若有3次以上得分含有"110(011等只有1次为0)"应进行巩固；③强化：若3

次或3次以上得分为“001(100、010等含两个或000)”。

四、注意事项

1. 选择与年龄相宜的词表　在对患者进行评估时，首先应根据评估目的和患者水平选择合适的词表。一般听话识图的使用方法都适用于3岁以上儿童。此外，由于语音识别内容较多。若患者注意力不集中，则易影响评估结果。在评估时应及时鼓励患者，尽可能维持患者的积极情绪。若患者实在无法连续完成，中间可适当穿插休息。

2. 校准测试音强度　语音识别声音强度一般使用70 dB SPL，与日常生活中使用的平均言语声基本一致。语速也应与日常生活保持一致。

3. 测试时回避视觉影响　在进行语音识别能力评估时，康复师和家长应坐在患者助听或重建效果较好的一侧，位于患者侧后方45°，35~50cm左右的距离。评估时，既要防止患者通过气流判断声音，也要避免患者利用视觉提示。对处于“看话”水平的患者而言，在评估时可让患者看口型，但应特别说明。

（孙喜斌　王丽燕）

思考题

1. 简述背景声中选择性听取的概念。
2. 听觉功能评估目的及意义。
3. 简述儿童言语测试的特殊性。
4. 儿童言语测试需考虑哪些因素?
5. 背景噪声环境下测试需考虑哪些问题?
6. 举例说明如何在背景噪声中进行言语识别?
7. 林氏六音是什么？分别代表哪些频段?
8. 什么是语音均衡？语音均衡词表评估结果如何判断?
9. 什么是最小音位对比？最小音位对比评估声韵母词表共包括哪几组?
10. 举例说明语音识别能力评估如何操作?

附　录

附录1　林氏六音测试记录表

序号	测试项目	测试目标	测试内容	测试结果
1	低频	250 Hz	/m/	
2	低频	300~900 Hz	/u/	
3	中频	700~1500 Hz	/a/	
4	低中频	300~2500 Hz	/i/	
5	高频	2000~4000 Hz	/ʃ/	
6	高频	3500~7000 Hz	/s/	

附录 2 《儿童语音均衡式识别能力评估》记录与结果分析表

姓　　名________　出生日期________________　性别:□男　□女
证件号码________　家庭住址________________　电话__________
检 查 者________　测验日期________________　编号__________

听力状况:□正常 □异常　放大装置:□人工耳蜗 □助听器　效果__________
备　　注:____

语音均衡式词表 - 韵母部分(孙喜斌词表)

编号	测试内容			序号（正→误）	测试结果 x	k	测试得分 k·x	归一化系数 k		
	词表 1	词表 2	词表 3					1	2	3
1	鼻 /bí/	白 /bái/	拔 /bá/					0.15	1	1
2	风 /fēng/	方 /fāng/	飞 /fēi/					1	1	0.35
3	摸 /mō/	妈 /mā/	猫 /māo/					0.15	1	1
4	肚 /dù/	弟 /dì/	豆 /dòu/					1	0.44	1
5	听 /tīng/	脱 /tuō/	踢 /tī/					1	1	1
6	奶 /nǎi/	女 /nǚ/	鸟 /niǎo/					1	0.36	1
7	锣 /luó/	楼 /lóu/	林 /lín/					1	1	0.25
8	蓝 /lán/	铃 /líng/	梨 /lí/					1	1	1
9	瓜 /guā/	高 /gāo/	锅 /guō/					1	1	0.15
10	鸭 /yā/	衣 /yī/	烟 /yān/					1	0.08	1
11	黑 /hēi/	花 /huā/	喝 /hē/					0.36	1	1
12	车 /chē/	吃 /chī/	窗 /chuāng/					1	0.44	1
13	鞋 /xié/	洗 /xǐ/	熊 /xióng/					1	1	1
14	山 /shān/	水 /shuǐ/	鼠 /shǔ/					1	1	1
15	裙 /qún/	墙 /qiáng/	球 /qiú/					0.25	1	1
16	虾 /xiā/	靴 /xuē/	星 /xīng/					1	1	0.36
17	鹿 /lù/	链 /liàn/	辣 /là/					1	1	1
18	走 /zǒu/	早 /zǎo/	嘴 /zuǐ/					1	1	0.36
19	牙 /yá/	鱼 /yú/	圆 /yuán/					1	0.15	1
20	壶 /hú/	河 /hé/	红 /hóng/					0.44	1	1
21	灯 /dēng/	刀 /dāo/	蹲 /dūn/					1	1	0.25
22	本 /běn/	笔 /bǐ/	表 /biǎo/					1	1	1
23	象 /xiàng/	线 /xiàn/	笑 /xiào/					1	1	1
24	鸡 /jī/	家 /jiā/	镜 /jìng/					1	1	1
25	菜 /cài/	刺 /cì/	错 /cuò/					1	1	1
				总分						

结果分析与建议：

测试者：　　　　测试日期：

语音均衡式词表 - 声母部分(孙喜斌词表)

编号	测试内容			序号 (正→误)	测试 结果 x	k	测试得 分 k·x	归一化系数 k		
	词表 1	词表 2	词表 3					1	2	3
1	白 /bái/	柴 /chái/	埋 /mái/					1	1	1
2	塔 /tǎ/	打 /dǎ/	马 /mǎ/					1	1	1
3	猫 /māo/	刀 /dāo/	包 /bāo/					0.15	1	1
4	喝 /hē/	哥 /gē/	车 /chē/					1	1	1
5	脱 /tuō/	锅 /guō/	桌 /zhuō/					1	0.60	1
6	切 /qiē/	贴 /tiē/	街 /jiē/					1	1	0.86
7	瓜 /guā/	刷 /shuā/	花 /huā/					1	0.99	1
8	鸟 /niǎo/	脚 /jiǎo/	表 /biǎo/					1	1	0.70
9	灯 /dēng/	风 /fēng/	扔 /rēng/					1	0.60	1
10	攀 /pān/	搬 /bān/	山 /shān/					1	1	1
11	臭 /chòu/	楼 /lóu/	猴 /hóu/					1	1	1
12	刺 /cì/	四 /sì/	日 /rì/					1	1	0.99
13	线 /xiàn/	面 /miàn/	链 /liàn/					0.44	1	1
14	龙 /lóng/	红 /hóng/	虫 /chóng/					1	1	1
15	握 /wò/	坐 /zuò/	落 /luò/					0.70	1	1
16	六 /liù/	球 /qiú/	牛 /niú/					1	1	1
17	鸡 /jī/	七 /qī/	西 /xī/					0.60	1	1
18	书 /shū/	猪 /zhū/	哭 /kū/					0.86	1	1
19	盆 /pén/	门 /mén/	闻 /wén/					1	1	0.86
20	铃 /líng/	星 /xīng/	镜 /jìng/					1	1	1
21	水 /shuǐ/	嘴 /zuǐ/	腿 /tuǐ/					0.44	1	1
22	狗 /gǒu/	手 /shǒu/	走 /zǒu/					1	0.15	1
23	妹 /mèi/	黑 /hēi/	飞 /fēi/					1	1	1
24	鱼 /yú/	驴 /lǘ/	女 /nǚ/					1	1	0.99
25	家 /jiā/	虾 /xiā/	鸭 /yā/					1	0.86	1
				总分						

结果分析与建议：

测试者：　　　　　　测试日期：

附录 3 《儿童音位对比式识别能力评估》记录表

姓　　名________	出生日期________________	性别:□男　□女
证件号码________	家庭住址________________	电话__________
检 查 者________	测验日期________________	编号__________

听力状况:□正常 □异常　放大装置:□人工耳蜗 □助听器　效果__________

备　　注:____

音位对比词表 - 韵母部分(孙喜斌——刘巧云词表)

一、相同结构、不同开口

1. 开口呼与撮口呼

语音对序号		音位对比	目标音	测试音	测试词	测试结果
1	单韵母	开口呼 / 撮口呼	e/ü	é/yú	鹅 / 鱼	
2	单韵母	开口呼 / 撮口呼	er/ü	ér/yú	儿 / 鱼	

2. 合口呼与撮口呼

语音对序号		音位对比	目标音	测试音	测试词	测试结果
3	单韵母	合口呼 / 撮口呼	u/ü	wú/yú	无 / 鱼	
4	前鼻韵母	合口呼 / 撮口呼	uan/üan	wǎn/yuǎn	碗 / 远	

3. 齐齿呼与合口呼

语音对序号		音位对比	目标音	测试音	测试词	测试结果
5	单韵母	齐齿呼 / 合口呼	i/u	yī/wū	衣 / 屋	
6	后响	齐齿呼 / 合口呼	ia/ua	yā/wā	鸭 / 挖	
7	前鼻韵母	齐齿呼 / 合口呼	ian/uan	yǎn/wǎn	眼 / 碗	
8	后鼻韵母	齐齿呼 / 合口呼	iang/uang	Yáng/wáng	羊 / 王	

4. 开口呼与齐齿呼

语音对序号		音位对比	目标音	测试音	测试词	测试结果
9	单韵母	开口呼 / 齐齿呼	a/I	bá/bí	拔 / 鼻	
10	单韵母	开口呼 / 齐齿呼	e/I	é/yí	鹅 / 姨	
11	单韵母	开口呼 / 齐齿呼	er/i	ér/yí	儿 / 姨	
12	前鼻韵母	开口呼 / 齐齿呼	en/in	pēn/pīn	喷 / 拼	
13	单韵母	开口呼 / 齐齿呼	o/I	pó/pí	婆 / 皮	
14	后鼻韵母	开口呼 / 齐齿呼	ang/ing	páng/píng	螃 / 瓶	
15	前鼻韵母	开口呼 / 齐齿呼	an/in	pán/pín	盘 / 贫	
16	后鼻韵母	开口呼 / 齐齿呼	eng/ing	péng/píng	棚 / 瓶	
17	前鼻韵母	开口呼 / 齐齿呼	an/ian	bān/biān	搬 / 鞭	
18	后鼻韵母	开口呼 / 齐齿呼	ang/iang	áng/yáng	昂 / 羊	

5. 开口呼与合口呼

语音对序号		音位对比	目标音	测试音	测试词	测试结果
19	单韵母	开口呼 / 合口呼	a/u	ā/wū	啊 / 屋	
20	单韵母	开口呼 / 合口呼	e/u	é/wú	鹅 / 无	
21	后鼻韵母	开口呼 / 合口呼	ang/uang	háng/huáng	航 / 黄	
22	单韵母	开口呼 / 合口呼	er/u	ér/wú	儿 / 无	
23	单韵母	开口呼 / 合口呼	o/u	pó/pú	婆 / 葡	
24	前鼻韵母	开口呼 / 合口呼	en/uen	hén/hún	痕 / 浑	
25	前鼻韵母	开口呼 / 合口呼	an/uan	hán/huán	寒 / 环	

6. 齐齿呼与撮口呼

语音对序号		音位对比	目标音	测试音	测试词	测试结果
26	单韵母	齐齿呼 / 撮口呼	i/ü	yǐ/yǔ	椅 / 雨	
27	前鼻韵母	齐齿呼 / 撮口呼	ian/üan	yán/yuán	盐 / 圆	
28	后响	齐齿呼 / 撮口呼	ie/üe	yè/yuè	叶 / 月	
29	前鼻韵母	齐齿呼 / 撮口呼	in/ün	yìn/yùn	印 / 熨	

二、相同开口、不同结构

7. 后响与后鼻韵母

语音对序号		音位对比	目标音	测试音	测试词	测试结果
30	齐齿呼	后响 / 后鼻韵母	ia/ing	xiā/xīng	虾 / 星	
31	齐齿呼	后响 / 后鼻韵母	ie/ing	yè/yìng	叶 / 硬	
32	合口呼	后响 / 后鼻韵母	ua/uang	huá/huáng	滑 / 黄	
33	齐齿呼	后响 / 后鼻韵母	ia/iang	yá/yáng	牙 / 羊	

8. 中响与后鼻韵母

语音对序号		音位对比	目标音	测试音	测试词	测试结果
34	合口呼	中响 / 后鼻韵母	uai/uang	huái/huáng	怀 / 黄	
35	齐齿呼	中响 / 后鼻韵母	iao/iang	xiāo/xiāng	削 / 箱	

9. 单韵母与后响

语音对序号		音位对比	目标音	测试音	测试词	测试结果
36	齐齿呼	单韵母 / 后响	i/ia	jī/jiā	鸡 / 家	
37	齐齿呼	单韵母 / 后响	i/ie	yí/yé	姨 / 爷	
38	合口呼	单韵母 / 后响	u/ua	gū/guā	菇 / 瓜	
39	合口呼	单韵母 / 后响	u/uo	gū/guō	菇 / 锅	
40	撮口呼	单韵母 / 后响	ü/üe	yù/yuè	玉 / 月	

10. 单韵母与后鼻韵母

语音对序号		音位对比	目标音	测试音	测试词	测试结果
41	开口呼	单韵母 / 后鼻韵母	e/eng	hé/héng	河 / 横	
42	齐齿呼	单韵母 / 后鼻韵母	i/ing	xī/xīng	吸 / 星	
43	开口呼	单韵母 / 后鼻韵母	a/ang	pá/páng	爬 / 螃	

11. 前响与前鼻韵母

语音对序号		音位对比	目标音	测试音	测试词	测试结果
44	开口呼	前响 / 前鼻韵母	ei/en	péi/pén	陪 / 盆	
45	开口呼	前响 / 前鼻韵母	ai/an	pái/pán	牌 / 盘	
46	开口呼	前响 / 前鼻韵母	ao/an	páo/pán	袍 / 盘	

12. 后响与前鼻韵母

语音对序号		音位对比	目标音	测试音	测试词	测试结果
47	齐齿呼	后响 / 前鼻韵母	ia/in	xiā/xīn	虾 / 心	
48	齐齿呼	后响 / 前鼻韵母	ia/ian	xiā/xiān	虾 / 掀	
49	合口呼	后响 / 前鼻韵母	ua/uan	huá/huán	滑 / 环	
50	撮口呼	后响 / 前鼻韵母	üe/ün	yuè/yùn	月 / 熨	
51	齐齿呼	后响 / 前鼻韵母	ie/in	xiē/xīn	蝎 / 心	

13. 单韵母与前响

语音对序号		音位对比	目标音	测试音	测试词	测试结果
52	开口呼	单韵母 / 前响	e/ei	hē/hēi	喝 / 黑	
53	开口呼	单韵母 / 前响	o/ao	bō/bāo	剥 / 包	
54	开口呼	单韵母 / 前响	a/ai	pá/pái	爬 / 牌	
55	开口呼	单韵母 / 前响	a/ao	yā/yāo	鸭 / 腰	
56	开口呼	单韵母 / 前响	o/ou	pō/pōu	泼 / 剖	

14. 单韵母与前鼻韵母

语音对序号		音位对比	目标音	测试音	测试词	测试结果
57	开口呼	单韵母 / 前鼻韵母	e/en	hé/hén	河 / 痕	
58	开口呼	单韵母 / 前鼻韵母	a/an	pá/pán	爬 / 盘	
59	齐齿呼	单韵母 / 前鼻韵母	i/in	xī/xīn	吸 / 心	

15. 后响与中响

语音对序号		音位对比	目标音	测试音	测试词	测试结果
60	合口呼	后响 / 中响	ua/uai	huá/huái	滑 / 怀	
61	齐齿呼	后响 / 中响	ia/iao	jiā/jiāo	家 / 教	

16. 中响与前鼻韵母

语音对序号		音位对比	目标音	测试音	测试词	测试结果
62	合口呼	中响 / 前鼻韵母	uei/uen	huí/hún	回 / 浑	
63	齐齿呼	中响 / 前鼻韵母	iao/ian	xiāo/xiān	削 / 掀	
64	合口呼	中响 / 前鼻韵母	uai/uan	huái/huán	怀 / 环	

17. 前响与后鼻韵母

语音对序号		音位对比	目标音	测试音	测试词	测试结果
65	开口呼	前响 / 后鼻韵母	ai/ang	pái/páng	牌 / 螃	
66	开口呼	前响 / 后鼻韵母	ei/eng	péi/péng	陪 / 篷	
67	开口呼	前响 / 后鼻韵母	ao/ang	pào/pàng	炮 / 胖	
68	开口呼	前响 / 后鼻韵母	ou/ong	gǒu/gǒng	狗 / 拱	

三、相同开口、相同结构

18. 前鼻韵母、齐齿呼

语音对序号		音位对比	目标音	测试音	测试词	测试结果
69	前鼻韵母	齐齿呼	in/ian	yín/yán	银 / 盐	

19. 单韵母、开口呼

语音对序号		音位对比	目标音	测试音	测试词	测试结果
70	单韵母	开口呼	a/o	pá/pó	爬 / 婆	
71	单韵母	开口呼	e/er	é/ér	鹅 / 儿	
72	单韵母	开口呼	a/e	là/lè	辣 / 乐	

20. 后响、齐齿呼

语音对序号		音位对比	目标音	测试音	测试词	测试结果
73	后响	齐齿呼	ia/ie	yá/yé	牙 / 爷	

21. 前鼻韵母、撮口呼

语音对序号		音位对比	目标音	测试音	测试词	测试结果
74	前鼻韵母	撮口呼	ün/üan	yún/yuán	云 / 圆	

22. 后响、合口呼

语音对序号		音位对比	目标音	测试音	测试词	测试结果
75	后响	合口呼	ua/uo	guā/guō	瓜 / 锅	

23. 前响、开口呼

语音对序号		音位对比	目标音	测试音	测试词	测试结果
76	前响	开口呼	ai/ao	bāi/bāo	掰 / 包	
77	前响	开口呼	ai/ei	bāi/bēi	掰 / 杯	

24. 前鼻韵母、合口呼

语音对序号		音位对比	目标音	测试音	测试词	测试结果
78	前鼻韵母	合口呼	uan/uen	wán/wén	玩 / 闻	

25. 后鼻韵母、齐齿呼

语音对序号		音位对比	目标音	测试音	测试词	测试结果
79	后鼻韵母	齐齿呼	iong/iang	qióng/qiáng	穷 / 墙	
80	后鼻韵母	齐齿呼	ing/iang	yíng/yáng	蝇 / 羊	
81	后鼻韵母	齐齿呼	ing/iong	qíng/qióng	晴 / 穷	

26. 中响、合口呼

语音对序号		音位对比	目标音	测试音	测试词	测试结果
82	中响	合口呼	uai/ui	guài/guì	怪 / 跪	

27. 前鼻韵母、开口呼

语音对序号		音位对比	目标音	测试音	测试词	测试结果
83	前鼻韵母	开口呼	an/en	gān/gēn	竿 / 根	

28. 后鼻韵母、开口呼

语音对序号		音位对比	目标音	测试音	测试词	测试结果
84	后鼻韵母	开口呼	ang/ong	gāng/gōng	钢 / 弓	
85	后鼻韵母	开口呼	ang/eng	gāng/gēng	钢 / 耕	
86	后鼻韵母	开口呼	eng/ong	hēng/hōng	哼 / 烘	

四、前鼻韵母与后鼻韵母

29. 前鼻韵母与后鼻韵母

语音对序号		音位对比	目标音	测试音	测试词	测试结果
87	开口呼	前鼻韵母 / 后鼻韵母	an/ang	lán/láng	蓝 / 狼	
88	齐齿呼	前鼻韵母 / 后鼻韵母	ian/iang	xiān/xiāng	掀 / 箱	
89	合口呼	前鼻韵母 / 后鼻韵母	uan/uang	chuán/chuáng	船 / 床	
90	合口呼	前鼻韵母 / 后鼻韵母	uen/ueng	wēn/wēng	温 / 翁	
91	开口呼	前鼻韵母 / 后鼻韵母	en/eng	pén/péng	盆 / 篷	
92	齐齿呼	前鼻韵母 / 后鼻韵母	in/ing	xīn/xīng	心 / 星	

音位对比词表 - 声母部分（孙喜斌——刘巧云词表）

一、擦音与无擦音

1. 擦音与无擦音

语音对序号		音位对比	目标音	测试音	测试词	测试结果
1	舌根音	擦音 / 无擦音	h/ 无擦音	hé/é	河 / 鹅	
2	舌尖音	擦音 / 无擦音	s/ 无擦音	sè/è	色 / 饿	

二、清辅音与浊辅音

2. 塞音与边音的清浊识别

语音对序号		音位对比	目标音	测试音	测试词	测试结果
3	舌尖音	塞音 / 边音	t/l	tā/lā	塌 / 拉	
4	舌尖音	塞音 / 边音	d/l	dā/lā	搭 / 拉	

3. 塞音与擦音的清浊识别

语音对序号		音位对比	目标音	测试音	测试词	测试结果
5	舌尖音	塞音 / 擦音	t/r	tù/rù	兔 / 褥	
6	舌尖音	塞音 / 擦音	d/r	dù/rù	肚 / 褥	

4. 塞擦音与擦音的清浊识别

语音对序号		音位对比	目标音	测试音	测试词	测试结果
7	舌尖音	塞擦音 / 擦音	ch/r	chòu/ròu	臭 / 肉	
8	舌尖音	塞擦音 / 擦音	c/r	còu/ròu	凑 / 肉	
9	舌尖音	塞擦音 / 擦音	z/r	zòu/ròu	揍 / 肉	
10	舌尖音	塞擦音 / 擦音	zh/r	zhù/rù	柱 / 褥	

5. 鼻音与塞音的清浊识别

语音对序号		音位对比	目标音	测试音	测试词	测试结果
11	舌尖音	鼻音(浊)/塞音(清)	n/t	nù/tù	怒/兔	
12	唇音	鼻音(浊)/塞音(清)	m/b	māo/bāo	猫/包	
13	唇音	鼻音(浊)/塞音(清)	m/p	mào/pào	帽/炮	
14	舌尖音	鼻音(浊)/塞音(清)	n/d	nào/dào	闹/稻	

6. 塞擦音与边音的清浊识别

语音对序号		音位对比	目标音	测试音	测试词	测试结果
15	舌尖音	塞擦音/边音	ch/l	chòu/lòu	臭/漏	
16	舌尖音	塞擦音/边音	c/l	cā/lā	擦/拉	
17	舌尖音	塞擦音/边音	z/l	zòu/lòu	揍/漏	
18	舌尖音	塞擦音/边音	zh/l	zhòu/lòu	皱/漏	

7. 擦音与边音的清浊识别

语音对序号		音位对比	目标音	测试音	测试词	测试结果
19	舌尖音	擦音/边音	sh/l	shù/lù	树/鹿	
20	舌尖音	擦音/边音	s/l	sù/lù	塑/鹿	

8. 鼻音与擦音的清浊识别

语音对序号		音位对比	目标音	测试音	测试词	测试结果
21	舌尖音	鼻音/擦音	n/sh	nù/shù	怒/树	
22	唇音	鼻音/擦音	m/f	mǔ/fǔ	母/斧	
23	舌尖音	鼻音/擦音	n/s	nù/sù	怒/塑	

9. 鼻音与塞擦音的清浊识别

语音对序号		音位对比	目标音	测试音	测试词	测试结果
24	舌尖音	鼻音/塞擦音	n/z	ná/zá	拿/砸	
25	舌尖音	鼻音/塞擦音	n/c	nù/cù	怒/醋	
26	舌尖音	鼻音/塞擦音	n/ch	nù/chù	怒/触	
27	舌尖音	鼻音/塞擦音	n/zh	nù/zhù	怒/柱	

10. 擦音的清浊识别

音对序号		音位对比	目标音	测试音	测试词	测试结果
28	舌尖音	清擦音/浊擦音	sh/r	shòu/ròu	瘦/肉	
29	舌尖音	清擦音/浊擦音	s/r	sù/rù	塑/褥	

三、送气音与不送气音

11. 送气塞擦音与不送气塞擦音

语音对序号		音位对比	目标音	测试音	测试词	测试结果
30	舌尖音	送气 / 不送气塞擦音	zh/c	zhū/cū	猪 / 粗	
31	舌尖音	送气 / 不送气塞擦音	z/ch	zì/chì	字 / 翅	
32	舌面音	送气 / 不送气塞擦音	j/q	jī/qī	鸡 / 七	
33	舌尖音	送气 / 不送气塞擦音	zh/ch	zhū/chū	猪 / 出	
34	舌尖音	送气 / 不送气塞擦音	z/c	zì/cì	字 / 刺	

12. 送气塞音与不送气塞音

语音对序号		音位对比	目标音	测试音	测试词	测试结果
35	唇音	送气 / 不送气塞音	b/p	bāo/pāo	包 / 抛	
36	舌根音	送气 / 不送气塞音	g/k	gū/kū	菇 / 哭	
37	舌尖音	送气 / 不送气塞音	d/t	dào/tào	稻 / 套	

四、相同部位、不同方式

13. 塞音与塞擦音

语音对序号		音位对比	目标音	测试音	测试词	测试结果
38	舌尖音	塞音 / 塞擦音	d/ch	dù/chù	肚 / 触	
39	舌尖音	塞音 / 塞擦音	d/c	dù/cù	肚 / 醋	
40	舌尖音	塞音 / 塞擦音	t/zh	tǔ/zhǔ	土 / 煮	
41	舌尖音	塞音 / 塞擦音	t/z	tú/zú	涂 / 足	
42	舌尖音	塞音 / 塞擦音	d/z	dú/zú	读 / 足	
43	舌尖音	塞音 / 塞擦音	t/ch	tù/chù	兔 / 触	
44	舌尖音	塞音 / 塞擦音	t/c	tù/cù	兔 / 醋	
45	舌尖音	塞音 / 塞擦音	d/zh	dǔ/zhǔ	堵 / 煮	

14. 塞擦音与擦音

语音对序号		音位对比	目标音	测试音	测试词	测试结果
46	舌尖音	塞擦音 / 擦音	z/sh	zī/shī	姿 / 狮	
47	舌尖音	塞擦音 / 擦音	ch/s	chì/sì	翅 / 四	
48	舌尖音	塞擦音 / 擦音	ch/sh	chù/shù	触 / 树	
49	舌尖音	塞擦音 / 擦音	zh/sh	zhū/shū	猪 / 书	
50	舌面音	塞擦音 / 擦音	j/x	jī/xī	鸡 / 吸	
51	舌尖音	塞擦音 / 擦音	zh/s	zhī/sī	织 / 撕	
52	舌尖音	塞擦音 / 擦音	z/s	zì/sì	字 / 四	
53	舌尖音	塞擦音 / 擦音	c/sh	cì/shì	刺 / 室	
54	舌面音	塞擦音 / 擦音	q/x	qī/xī	七 / 吸	
55	舌尖音	塞擦音 / 擦音	c/s	cì/sì	刺 / 四	

15. 塞音与擦音

语音对序号		音位对比	目标音	测试音	测试词	测试结果
56	舌尖音	塞音 / 擦音	d/sh	dù/shù	肚 / 树	
57	舌尖音	塞音 / 擦音	t/sh	tù/shù	兔 / 树	
58	舌尖音	塞音 / 擦音	t/s	tù/sù	兔 / 塑	
59	舌根音	塞音 / 擦音	g/h	gǔ/hǔ	骨 / 虎	
60	唇音	塞音 / 擦音	b/f	bēi/fēi	杯 / 飞	
61	舌尖音	塞音 / 擦音	d/s	dù/sù	肚 / 塑	
62	唇音	塞音 / 擦音	p/f	pǔ/fǔ	谱 / 斧	
63	舌根音	塞音 / 擦音	k/h	ké/hé	壳 / 河	

16. 鼻音与边音

语音对序号		音位对比	目标音	测试音	测试词	测试结果
64	舌尖音	鼻音 / 边音	n/l	nù/lù	怒 / 鹿	

17. 鼻音与擦音

语音对序号		音位对比	目标音	测试音	测试词	测试结果
65	舌尖音	鼻音 / 擦音	n/r	nù/rù	怒 / 褥	

18. 擦音与边音

语音对序号		音位对比	目标音	测试音	测试词	测试结果
66	舌尖音	擦音 / 边音	r/l	ròu/lòu	肉 / 漏	

五、相同方式、不同部位

19. 舌尖音与舌面音

语音对序号		音位对比	目标音	测试音	测试词	测试结果
67	擦音	舌尖音 / 舌面音	sh/x	shí/xí	石 / 席	
68	擦音	舌尖音 / 舌面音	s/x	sī/xī	撕 / 吸	
69	塞擦音	舌尖音 / 舌面音	z/j	zī/jī	姿 / 鸡	
70	塞擦音	舌尖音 / 舌面音	zh/j	zhī/jī	织 / 鸡	
71	塞擦音	舌尖音 / 舌面音	c/q	cì/qì	刺 / 汽	
72	塞擦音	舌尖音 / 舌面音	ch/q	chì/qì	翅 / 汽	

20. 唇音与舌根音

语音对序号		音位对比	目标音	测试音	测试词	测试结果
73	塞音	唇音 / 舌根音	b/g	bāo/gāo	包 / 高	
74	擦音	唇音 / 舌根音	f/h	fǔ/hǔ	斧 / 虎	
75	塞音	唇音 / 舌根音	p/k	pào/kào	炮 / 靠	

21. 舌尖音与舌根音

语音对序号		音位对比	目标音	测试音	测试词	测试结果
76	擦音	舌尖音 / 舌根音	sh/h	shǔ/hǔ	鼠 / 虎	
77	擦音	舌尖音 / 舌根音	s/h	sū/hū	酥 / 呼	
78	塞音	舌尖音 / 舌根音	d/g	dāo/gāo	刀 / 高	
79	塞音	舌尖音 / 舌根音	t/k	tào/kào	套 / 靠	

22. 唇音与舌尖音

语音对序号		音位对比	目标音	测试音	测试词	测试结果
80	擦音	唇音 / 舌尖音	f/sh	fù/shù	父 / 树	
81	塞音	唇音 / 舌尖音	b/d	bāo/dāo	包 / 刀	
82	鼻音	唇音 / 舌尖音	m/n	má/ná	麻 / 拿	
83	擦音	唇音 / 舌尖音	f/s	fù/sù	父 / 塑	
84	塞音	唇音 / 舌尖音	p/t	pào/tào	炮 / 套	

六、卷舌音与非卷舌音

23. 舌尖后音 / 舌尖前音

语音对序号		音位对比	目标音	测试音	测试词	测试结果
85	擦音	舌尖后音 / 舌尖前音	sh/s	shì/sì	室 / 四	
86	塞擦音	舌尖后音 / 舌尖前音	zh/z	zhǐ/zǐ	纸 / 籽	
87	塞擦音	舌尖后音 / 舌尖前音	ch/c	chū/cū	出 / 粗	

第四章

培 训 指 导

第一节　培 训 教 学

本节我们将对助听器验配师培训教学进行介绍。培训的教学是一个从根据验配师培训需求制定合理、可行的培训计划，到在培训过程中因地制宜使用不同教学方法的严密的过程。培训中，我们要在把握课程进度的同时，积极保持与学生的互动交流，寓教于乐，提高培训效果。

【相关知识】

一、助听器验配师培训计划的制定

（一）调查现状和明确培训需求

正确而全面地了解当前国内助听器验配师行业的现状，是开展助听器验配师培训的基础，只有对现状有所了解，才能真正明确培训需求，并确保培训计划是切实可行的。培训就是最大程度地挖掘人的潜力，使人在工作中充分发挥其优势。由于验配师的工作性质和其担任的职责不同，因此，要求培训方向具有多样化的特征。对于基本知识、技能和素质，应尽早在学员上岗前就进行培训，而进一步的技能培训可能要求受训者具备一定的工作经验，这样他们才能最大程度地理解和吸收培训的内容。因此调查现状和明确培训需求必不可少。

（二）制定培训目标

帮助验配师提高其知识水平和能力水平是进行专项助听器验配师培训的根本目的。为了使培训达到良好的效果，必须在培训前制定培训目标。制定的培训目标必须反映培训需求，目的性要强，同时具有可操作性。为了实现培训效果最大化，应根据验配师不同的知识水平和能力水平而制定不同的培训标准，对培训中所需涵盖的知识培训和能力培训要点进行细化和明确，才能够做到按部就班地完成培训内容。

（三）确定课程内容、培养对象

确定课程内容、培养对象可以分以下 3 方面来完成。

1. 确定学员入选标准　包括文化水平、工作经验以及年龄大小。

2. 了解学员的行业来源　这一点不仅有利于我们确定学员分组,同时也有助于进一步确认培训方案。

3. 结合培训方法,确定最适当的学员人数和人员分配。

(四) 选择培训方法

方法是培训的灵魂,只有找到了最适合的方式,才能保证验配师培训的可行性和高效性。通过大量的事实验证,并不存在放之四海而皆准的培训方法,换句话说,因地制宜地找到合适的培训方法是每一位教师的一项重要能力。以下为教师提供一些可以作为选择培训方式的标准:

1. 受训学员的人数、验配水平和文化程度。
2. 确定培训目标的重点和方向,可以帮助学员更快地明确培训方法。
3. 培训器材和环境。
4. 结合培训教师本身的特色,尽可能采取互动性以及寓教于乐的多样化培训方式。

(五) 编写培训计划表

在确定了培训目标之后,便需要通过编写培训计划表将每个培训点都落实下来,并结合确定的培训方法和培训学员,制定一份行之有效的培训计划表。同时,需要谨记于心的是,培训计划表并不是简单的知识点和时间表的集合,而是整个培训过程的浓缩,必须能够体现整个培训过程和教学理念。

二、助听器验配师培训教学法概要

(一) 助听器验配师教学中的沟通技巧

教学中强调教师与学员的双向沟通,以便取得良好的教学效果。师生沟通的技巧主要体现在情感沟通、信息沟通和意见沟通 3 个层面上。

1. 情感沟通　师生良好的情绪状态对课堂教学具有促进作用,而不良情绪则对课堂教学有极大的破坏作用。营造和谐、平等与互动的育人环境有利于产生积极的正向情感,符合师生双方沟通的意向。

(1) 积极的意愿与教师个人的态度调适:师生沟通必须建立在双方都有积极的意愿基础上。而处于教学主导地位的教师个人态度调适,对双方沟通起着主要作用,其沟通技巧具体表现在 3 个方面:保持好的心情;给予爱与关怀;保持弹性,创造幽默。师生相处需要一些润滑剂,课堂中如能加入一些幽默的言语,则可活跃课堂气氛,增进师生感情,增加授课效果。

(2) 对话与理解:应确立以教师为主导、以学生为主体的平等、合作式的新型师生关系,教师与学生之间应是平等的、对话式的、充满爱心的双向交流关系。通过这个对话的过程,教师和学生要达到一种主体间的双向理解。

(3) 与学生建立和谐的关系:虽说验配师技能学习是教学的重要目的,但绝不是唯一目的。良好的互动关系基础不应只是建立在正式的课堂教学中,在课堂上是师生,在课堂下是朋友,这样才能形成良好的互动关系。

2. 信息沟通　信息沟通是师生双方信息的交流和贯通。沟通的内容主要是课堂教学中关于教学、学习及其他与验配师教学活动有关的信息。因此,在师生双方对教学内容、专业知识、协作精神、行为观念及其他方面存在认知上的差异、误区时,需要进行信息沟通。

(1) 传送与接收信息的技巧：有效的沟通应该是聆听后能解读传送者所想要传达的信息。其正确、清楚的传送信息方法应该是：尽量使用易懂和亲善的语言及动作；少用主观判断，适当情况下可做些让步，在许可范围内，给学生更多自我选择的空间；试着接受学生的观点，做个细心的听众，以诚挚的态度，仔细聆听学生所提的问题，适时地给予关怀；对学生及教师本身的感觉反应敏锐；使用有效的专注技巧，如目光接触、表情、手势等非口语行为；重视自己的感觉，注意传送者的非口语提示。

(2) 对学员评价要前后一致。

(3) 爱与平等：爱与平等就是要用爱心去对待每一个学员，尊重每一个学员的差异、创造性和学习能力。教师要在学生中树立威信，这种威信是源于教师的人格、学识和智慧，从而受到学生的尊重。

3. 意见沟通　课堂上师生交往频繁，在课程建设中学生应有更多的参与权。但是，由于年龄、性别、个性心理、认知及知识上的差异，在合作中就会存在意见分歧，甚至产生冲突，当师生双方出现矛盾、进入误区时，则需要进行沟通。

(1) 正视冲突：冲突虽然会给师生关系带来影响，但也提供了调整彼此关系的机会。教学实践要求教师应善于观察学生的心境和状态，观察自己在与学生合作中彼此的语言(措辞)、非语言信息(包括肢体动作、音调)、情绪状态，实现顺畅的沟通。

(2) 尊重对方：师生在面对冲突时，要提醒自己以相互尊重的态度维护彼此的面子，面对冲突，需要的是一份彼此尊重差异的心情和寻找两者兼顾的方法。

(二) 助听器验配师培训教学的准备

如何才能讲好课，是摆在每个教师面前的一个严肃的课题。因为，要想在有限的教学时间内传授给学生丰富的知识，就要求教师不但要具有丰富的理论知识和实践经验，而且要有科学的教学方法，且讲得生动活泼，富有趣味，才能使学生充分消化、吸收所讲授的内容．获得较好的教学效果。充分的课前准备是讲好课的首要条件。

课前准备要做大量的工作，一般应以 1∶(6~8) 的课时比例进行准备，备课应做好以下几个方面的工作：

1. 吃透教材　教材是按照教学大纲的要求参考大量专业书籍进行编写的。虽然对内容已有一定条理知识和层次的安排，但是，要想在课堂上把这些内容充分地讲授出来，课前必须对教材进行认真的推敲，在内容上进行适当的调整、浓缩，将收集的最新资料进行补充，使其更加充实；力求做到内容精炼、新颖、条理清楚、层次分明、重点突出、逻辑性强。总之，只有吃透教材才能备好课，并取得教学的良好效果。

2. 认真写好教案　写教案绝不是对教材内容的简单抄录，而是对准备讲授的内容做透彻的分析，明确本次课程应达到什么目的、使学生掌握到什么程度、重点内容是什么、应如何讲解、完成重点内容的讲解需用多长时间、难点内容是什么、用什么方法来突破它才能使学生听明白。通过分析，写出教案。要达到讲课目的，使学生必须深刻理解和掌握讲课内容，应用恰当的、准确的表达方式和教学手段，使学生能够完全理解。为了使学生课后能更好地巩固，在教案中还可写出具有启发性和引导性的思考题，使学生通过思考题各部分的内容紧密地联系在一起，并能触类旁通，举一反三，深入全面地掌握所讲内容。在教案中还应写出课堂情况、具体要求和学生听课需求，以便正确分析课堂情况，更好地组

织好课堂教学，积累更多的教学经验。

3. 讲课时间的分配和语言的准备　上课的时间是有限的，在有限的时间内如何加大对学生信息量的传递、少说废话，达到语言精炼，就应充分准备，对每个问题、每段内容用什么样的词语、语调来表达，都应反复推敲、斟酌，力求达到准确而富有趣味感，使学生容易集中精力、认真听讲。在备课过程中，对整堂课的时间应分配合理，如课堂提问、非重点内容、重点内容、难点内容、内容归纳、布置思考题等各占多长时间，课前都应做到心中有数，只有这样，才能做到整堂课的内容不至于出现前压后、后赶前的忙乱现象。尚缺教学经验的青年教师尤为注意这点。

另外，在讲授过程中要想紧紧扣住学生的听课心理，平铺直叙地满堂灌的效果是不会好的，必须想办法调动学生思考问题的主动性和积极性，要进行必要的启发式教学，使他们的思路跟着教师的思路走。在讲授每部分内容时，可先把结论性的问题交代出来，然后再与学生一起分析这个结论的原因和过程，使问题的解决符合逻辑。所提问题都应在备课时予以认真思考，写好提纲，以便讲解提问。

课堂范例也是帮助学生更好地理解问题的一个好办法。举例恰当与否直接影响到学生理解问题的正确性和准确性。举例恰当能起到画龙点睛的作用，否则就成为画蛇添足。在备课时要认真挑选范例，范例不仅要紧密结合实践，还应选取典型的或具有普遍性的、易理解认识的、有说服力的，举例不能过大过长，否则将会喧宾夺主。

以上内容是上课前准备的几项主要工作，只有吃透了教材，备课充分，才能为上好课打下基础，否则，将不会有良好的教学效果。

（三）助听器验配师培训教学的方式

1. 讲述教学法　讲述教学法或称讲演法，是最传统的教学方法。几乎自有教学活动以来，身为“教”者就习于采用这种以讲演或告之为主的教学方法。正式的讲述方式有些以演讲的形态出现，大部分则采口头讲解及书面资料（教科书）的阐述方式，并以问答及学生练习和教学媒体呈现的方式来进行讲述教学。讲述教学之所以长久以来广受教师欢迎，主要是其进行过程极为简单、方便，多数教师只要依教科书来讲解说明即可。

讲述教学法要点：

（1）讲述的内容适合学生程度：在内容上最好能适合学生目前的学习经验和能力，不宜过深，也不应太过简化。在解释概念时尽量举一些能被学生理解的例子来说明。

（2）教师应注意讲述时的动作、表情和语言：讲述的动作要自然，不夸张、不轻浮。表情要有亲和力，不宜太严肃或者毫无表情。用语方面，避免使用太多俚语、方言及一些尖酸刻薄的话。

（3）避免照本宣科，兼用教学媒体：教师在讲述时不应照着教科书的内容从头到尾、逐字宣读，也不宜指定学生照课本轮流宣读。讲解课文应分段落，扼要解释说明。在正式的讲述和演讲时，教师常使用教科书并利用各种教学辅助器材，包括幻灯机、投影机等。如此可使教学活动生动而富有变化，亦可增加学生的注意力。

（4）随时与学生保持眼神接触：教师在讲述时要随时注意学生是否仔细听讲，因此，要随时注视学生，保持与学生眼神接触，如此可以维持其注意力，并了解学生反应。

（5）适时地强调重点：教师在说明重要概念时，可以用暂时停顿或提高音调的方式来引起学生特别的注意，并使学生能有时间作笔记思考。

(6) 同时提供讲演纲要或书面资料：除口头讲述外，最好能再提供讲述大纲或其他相关的书面资料，有助于学生的听讲、记忆和了解。

2. 探究教学法 引导学生参与教学过程，经过思考以获得知识。验配师培训主要使用实践式探讨方式，是在实践过程中学习。探究教学法有以下几个特点。

(1) 学生应有机会发问。

(2) 学生间可以互相交换意见。

(3) 需要提供辅助教学器材。

3. 练习教学法 练习教学法的意义在于对某种动作、教材内容，反复操练，以养成机械的正确反应。根据教学的目的，为养成某种习惯或技能，就必须采用练习教学法。

练习教学的步骤分为：引起动机；教师示范；学生模仿；反复练习；评量结果。

练习教学的原则为：选择适当(有意义)的练习教材；练习应该先求正确，再求迅速；练习方法要多变化；练习手续要经济(简化)；顾及个别差异；练习后要能应用；练习时间宜短、次数宜多；教师要善加指导(技能课要注意安全性，观察、纠正学生错误)。

4. 讨论教学法 由学生与学生及学生与教师之间相互共同讨论而对某些问题获得解决或形成观念。讨论教学法可分为下列 3 种：

(1) 开放式讨论：针对一个主题让学生多方讨论。

(2) 计划式讨论：教师事先准备好题目让学生依题目讨论。

(3) 辩论：以辩论的方式从不同观点相互讨论。

5. 网络教学法 网络教学法利用计算机设备和互联网技术，对学生可实行异地、同时、实时、互动教学和学习，是远程教学的一种重要形式。其主要实现手段有：视频广播、WEB 教材、视频会议、多媒体课件等。与传统教学方法相比，有 3 个主要特点：网络信息资源丰富，选择自由，学习自主性；学生与任课教师或网络上专家或其他同学之间的交互式学习；学生根据自己实际情况，及时调整学习，更加个性化。

(四) 助听器验配师培训教学中处理的问题

1. 注意把握课程进度，提高课堂效果，积极保持和学生互动交流。
2. 进行案例分析时要贴近现实，并以实物为指导。
3. 进行练习时要注意指导，积极与学生沟通，并让动手能力好的学生做示范。
4. 进行讨论时言语应简单、易懂，及时回答学生提问，最好能以演示的方式解决操作中存在的疑问。

【能力要求】

一、制定助听器验配师培训计划

(一) 分析培训需求，确定培训主题

作为培训前的准备工作，调查培训现状和培训需求是十分有必要的。在分析培训需求前也需要对现状有所了解，如潜在学员的人数以及构成，当前助听器验配领域对验配师的知识及能力要求，现有的培训方案以及实施效果。调查现状及需求可按如下步骤进行。

1. 划定调查地区范围。
2. 在范围内统计人数。

3. 通过抽样调查来了解潜在学员整体知识水平。

4. 了解潜在学员缺陷不足和差距。

分析方法有观察法、问卷调查法、面谈法和评估法等。

(二) 制定合理培训计划

在对以上进行了调查和归纳之后,便可以基本确定培训需求,并进一步确定培训计划。

培训计划应制定具体计划表,列出每个知识点的培训要点,以及相对应的时间和所需课时,让学员完全了解培训的具体内容安排。完善的培训计划可以使培训过程按部就班,顺利进行,保证培训质量。因此,一个完整合理的培训计划至关重要。

二、助听器验配师培训教学的工作准备

(一) 培训人员确定

1. 培训开始前2个月在网站或培训中心等地方公开培训信息,招收学员。在培训信息中必须注明培训内容,培训日期,培训费用以及学员要求等。

2. 培训前1个月开始根据要求对报名者进行选择确认。培训地点选择,培训资料教材准备以及培训方式都会根据培训学员人数不同而变化。

3. 培训前2周分发培训通知,提醒学员培训时间地点等具体事宜。

(二) 培训场地安排

1. 培训场地应选择在四周交通发达的地点,方便学员、教师到达。

2. 培训教室大小应根据不同培训学员人数而定,一般应稍大一些。教室内应具备黑板,课桌椅等基本设施,并且照明良好,四周通风,为学员创造良好的学习环境。同时应配备麦克风、投影仪等多媒体设备,以提高教学质量。

3. 在培训开始前须对场地和设备做最后检查确认,以确保培训能顺利进行。

(三) 培训资料和教材

根据本次培训内容为学员准备相关教材。培训资料和教材可以有以下几种形式。

1. 课本 一般所有的培训都应有相应培训内容的课本,在培训前发到学员手中,以便于学员预习、培训和复习使用。

2. 电子资料 可以将培训内容的资料放在网站上,以方便学员培训结束后下载学习。

3. 多媒体资料 可以将培训内容制作成光盘等多媒体资料,这类培训资料比较直观,多应用于操作指南和指导等。

(四) 培训设备和器材

培训设备和器材是指在培训中所要用到的相关仪器设备。如听力诊断培训,应有纯音测听、中耳分析仪等仪器;助听器验配培训,应有编程设备、效果评估设备等。这些都是在实际工作中需要运用的设备和器材。通过这样的实践操作可以让学员快速掌握熟练工作技能,达到培训的效果。

三、助听器验配师培训的教学方法使用

一个优秀的二级助听器验配师需要使用各种教学方法,亦可综合运用几种方法来完成对三级、四级助听器验配师的培训。因地制宜选择教学方式,使培训效果达到最大化。

（一）讲授教学法

讲授教学即课堂教学，这种方法可以在短时间内将特定的知识信息传递给学员，适合向学员传授单一课程内容。采用这种方法，要求二级验配师掌握较好的授课技巧，特别要考虑如何使学员始终对培训内容感兴趣。即使这样，单独的课堂教学，仍然容易使学员忘掉培训内容，因此对于三级、四级助听器验配师的培训，应尽可能地把讲授与其他培训方式结合使用。

（二）讨论教学法

讨论教学法是对某一专题进行深入讨论的方法，这种方法能够在较短的时间内培训很多人，并且有利于学员的全面参与，提高他们对培训的兴趣，且便于学员理解培训主题。采用讨论教学法，要求二级助听器验配师有较好的应变、临场发挥和控制能力。除此之外，培训结束时，二级助听器验配师要对培训主题予以归纳总结，重申程序和标准，帮助三级、四级助听器验配师理解和掌握。

（三）角色扮演法

角色扮演法，也称情景表演法。这种培训的有点是有利于现场评估，鼓励学员进入角色，从而使学员对听力障碍患者的需求及如何满足听力障碍患者需求等方面的技巧有直接的感受。角色扮演需要二级助听器验配师事先准备好一系列的培训现场，并制定接待、测听、选配、调试等环境与听力障碍患者的对话内容及评估标准。只有这样，才能使三级、四级助听器验配师对角色扮演感兴趣，从而达到培训预期的效果。

（四）练习教学法

练习教学法是提供培训所需的器材、材料，结合工作的需求，让学员反复实践操作，掌握正确的操作方法，使验配师能够胜任工作中的实际操作。因此，练习教育法也是培训方式中非常重要的一环。在具体操作培训中，教师可指出三级、四级助听器验配师操作中的错误，并演示正确的操作方法。助听器验配模拟操作有较大的空间，使三级、四级助听器验配师便于观察和体会，同时，二级验配师还要现场提问，以便检查学员的理解程度。

教师示范对于三级、四级助听器验配师的培训来说是很重要的。进行示范时要边示范边慢慢解释。说一步做一步，并说出为什么这么做是重要的。还要允许学员提问，但要保证所提问题与示范有关。

在三级、四级助听器验配师实践时要注意以下几点。

1. 认真挑选几名较自信的学员，让他们开始操作，并尽量避免无法完成的情况。
2. 让参加实践的验配师边做边解释他们所进行的步骤。
3. 实践结束时，二级助听器验配师要作出客观的评语。
4. 如某位学员实践时略有困难，可以让另一位较熟练的学员帮助。
5. 不要试图避免学员在实践中犯错误，他们会从失败中获得经验。

四、助听器验配师培训模拟操作

在正式培训前，可以进行此次培训的模拟演练，即模拟操作整个培训中的每一个环节，从而了解培训计划是否可行、合理，发现培训中可能存在的问题，以改进方案。模拟操作主要从以下几方面来检查整个培训计划的合理性。

1. 每个培训知识点所需时间，是否符合培训计划，安排是否合理。

2. 教学方法是否合理，所选择的培训是否适合此次培训。
3. 涉及分组培训时，分组是否可行，人员安排是否合理及分组操作可行与否。
4. 考试评估时间内容是否合理。
5. 是否给予学员充分讨论提问时间。

在模拟过程中，可能会发现很多问题，如何改进培训方案就显得非常关键，只有合理可行的培训方案才能使培训顺利进行，学员也能获得最大收益。

【案例】

培训名称：全国第六届小儿听力学与助听器选配研修班

培训时间：5 月 19 日 ~23 日

培训地点：北京国际会议中心

培训学员：42 人

学员基本情况：大部分学员具备多年从事听力学及助听器工作经验，已掌握听力学及助听器基础知识。

培训内容：

全国第六届儿童听觉言语评估及助听器选配研修班课程安排

日期	时间	内容	授课老师	地点
周一	5 月 19 日			
上午	8:00-8:30	开幕式、合影		国际会议中心
	8:40-10:40	儿童听觉发育与听力障碍处理原则		国际会议中心
	10:50-11:50	我国助听器验配师制度		国际会议中心
下午	1:30-2:30	助听器基础知识及选配原则		国际会议中心
	2:40-3:40	言语测听		国际会议中心
	3:50-4:50	助听器新技术		国际会议中心
	5:00-6:00	听力学培训中心的建立		国际会议中心
	7:00	欢迎晚宴		国际会议中心
周二	5 月 20 日			
上午	8:30-10:30	小儿听觉行为测试（PA，VRA，BOA）		国际会议中心
	10:40-12:00	小儿言语评估		国际会议中心
下午	1:30-2:30	听力损失对儿童发育的影响及电生理技术在听力损失早期干预中的应用		国际会议中心
	2:40-4:40	分组实习		五楼实习室
	4:45-5:30	讨论		五楼实习室
周三	5 月 21 日			
上午	8:30-10:20	小儿助听器选配		国际会议中心
	10:30-12:00	小儿助听器评估方法		国际会议中心

续表

日期	时间	内容	授课老师	地点
下午	1:30-2:30	WHO 助听器指南		国际会议中心
	2:40-3:10	助听器选配流程及注意事项		国际会议中心
	3:20-5:00	模拟、电脑编程、数字助听器选配;真耳分析		国际会议中心
周四	5月22日			
上午	8:30-9:00	儿童听力筛查的概况		国际会议中心
	9:10-10:30	儿童客观听力检查的综合分析		国际会议中心
	10:40-11:40	儿童耳鸣与眩晕		国际会议中心
下午	1:30-3:20	听障儿童听觉言语康复训练		国际会议中心
	3:30-5:00	人工耳蜗		国际会议中心
周五	5月23日			
上午	8:30-10:00	避免选配中的临床失误		国际会议中心
	10:10-11:30	总结、颁发结业证		国际会议中心

培训教材:研修班讲义

培训方式:讲课及实习操作

培训分析:

1. 由于本次培训为小儿听力学与助听器研修班,针对的学员是具有一定工作经验的验配师。因此,此次参加学员都是医院、康复机构及助听器专营店有多年工作经验的验配师,培训主要目的是帮助他们进一步完善听力学及助听器验配知识。

2. 本次培训方式主要采用讲课和操作实习,让所有学员在掌握理论知识的同时掌握操作技巧,能够在今后工作中熟练运用。

3. 由于实习真耳分析的仪器只有3台,因此,实习操作过程中将学员分成3组,每组有14人。一般实习时最好控制每组人数在10人以内,可以使学员有充足的时间进行操作并熟练,达到比较好的效果。每组14人略偏多,难以保证每一个学员有足够多的操作时间。

4. 本次培训未设置相应的反馈机制,难以得到学员对此次培训的反馈和学员的真实感受,学员是否认为此次培训对他们今后的工作有所帮助,培训需要改进的地方等等信息。

第二节　实习指导

本节中,我们接着上一节的培训教学,介绍实操部分的教学。助听器选配的各个时期有不同的操作项目,根据不同操作项目的要求,完成相应的任务,让助听器选配流程更加条理化。对于实习指导教师,要充分利用不同的带教形式与方法,让学生掌握整个助听器选配流程,并对学生的操作进行全面的指导、考核和评估。

【相关知识】

一、实训的任务与要求

（一）助听器选配前期的实习带教项目、任务和要求（表 3-4-1）

表 3-4-1　助听器选配前期的实习带教项目、任务和要求

实习项目	带教任务	要求
病史询问	教会学员： • 对听障者及其随同人员的前来诊断表示欢迎，并确保他们坐姿舒适，确定前来咨询和诊断的人的身份 • 了解听障者一般情况（姓名、年龄、职业、生活环境等） • 仔细询问听障者听力下降的发生时间、自觉程度、可能原因、所有相关症状、症状的发展和变化、治疗过程和效果等 • 充分了解由于听力下降对听障者生活造成的影响、听障者的需求和期望等 • 剖析听障者选配助听器前的心理，解除听障者的恐惧、疑虑等 • 用正确的方式与听障者沟通，掌握一些询问技巧，有效获取有用的信息，并取得听障者及其家人和朋友的信任 • 如果接待聋儿，应详细询问其出生史、母亲妊娠史、家族史、发育史、药物史等	经过实习，要求学员能够采集听障者疾病史、听力康复史和家族史，并确定广泛的康复方案。总结、归纳听障者的所有情况，进行综合分析
档案管理	教会学员： • 记录完整的听障者档案 • 根据听障者信息的变化实时更新档案 • 记载听障者的个人信息，属于机密文件，应妥善保存档案 • 按照一定的规律归类档案（如按日期、姓名、年龄、听力损失程度、助听器型号、地区等），便于随时查找 • 利用现代化技术，整理档案 • 提高对档案管理工作的认识，增强自觉性	经过实习，要求学员能够正确填写听障者病例表格，妥善管理档案，同时具备高度的工作责任感，良好的职业道德，办事细心的工作态度，乐于奉献的工作精神，能运用现代化科技手段和先进的管理方法管理档案的基本技能
耳镜检查	教会学员： • 耳镜检查的详细步骤 • 耳镜检查的时机 • 正常及异常外耳道、鼓膜的观察 • 转诊的正确判断 • 耳镜检查的正确手法 • 正确的外耳道观察角度和方法 • 与听障者直接接触器具的消毒和更换方法 • 根据耳道大小选择耳镜型号 • 调节聚光焦点	经过实习，学员应该掌握耳镜检查的技巧，熟悉操作规范，学会正确观察外耳道和鼓膜

续表

实习项目	带教任务	要求
纯音测听	教会学员： ● 听力零级的定义 ● 听力计的功能及使用方法 ● 纯音测听基本方法，即： Hughson-Westlake 法（升五降十法） ● 测听前的准备（隔音室的准备、器具消毒、耳镜检查等） ● 正确指示听障者，使其顺利配合完成测试的全过程 ● 初始测试音的选择 ● 测试频率和项目（气导、骨导、不舒适阈）等 ● 掌握气导、骨导的掩蔽方法 ● 听力图的正确描记方法 ● 听力计常规校准和国家标准	经过实习，要求学员能够检查听力计工作状态是否正常，能向受试者解释纯音测听注意事项，能进行气导、骨导、不舒适阈和掩蔽的操作
言语测听	教会学员： ● 言语测听项目及其定义 ● 言语测听环境和设备要求 ● 言语测听材料种类和要求 ● 言语测听基本方法 ● 言语测听结果分析	经过实习，要求学员能够向受试者解释言语测听注意事项，能通过仪器进行测试言语识别率及言语识别阈
视觉强化测听	教会学员： ● 视觉强化测听的定义 ● 视觉强化测听适用年龄范围 ● 选择恰当的视觉强化物和刺激方式 ● 选择恰当的初始刺激强度 ● 选择初始测试频率 ● 训练受试儿建立条件化 ● 掌握与孩子交往的技巧，与其父母迅速建立轻松的关系，使其放松 ● 测试期间注意事项（如假阳性反应、疲劳导致结果不准、过度反应、给声间隔、掩蔽等）	经过实习，要求学员能向小儿家长解释视觉强化测听注意事项，能引导小儿建立视觉强化测听条件化
游戏测听	教会学员： ● 游戏测听的定义 ● 游戏测听适用年龄范围 ● 选择恰当的游戏项目和刺激方式 ● 选择恰当的初始刺激强度 ● 选择初始测试频率 ● 训练受试儿建立条件化 ● 掌握与孩子交往的技巧，与其父母迅速建立轻松的关系，使其放松 ● 测试期间注意事项（如假阳性反应、疲劳导致结果不准、过度反应、给声间隔、掩蔽等）	经过实习，要求学员能向小儿家长解释游戏测听注意事项，能引导小儿建立游戏测听条件化，能进行声场听阈测试

续表

实习项目	带教任务	要求
听性脑干反应测试	教会学员： ● 测试环境的准备 ● 听性脑干反应的定义 ● 听性脑干反应测试的原理 ● 听性脑干反应测试的仪器 ● 临床上听性脑干反应的主要测量参数（潜伏期、阈值、振幅等） ● 听性脑干反应测试方法（刺激声、分析时间、电极放置、掩蔽等） ● 听性脑干反应详细记录步骤 ● 实验室正常值标准 ● 正常人听性脑干反应参考值 ● 各波对应的部位及意义 ● 影响听性脑干反应测试的因素（受试者、刺激声、测试步骤等） ● 听性脑干反应临床应用（耳科学方面、听力学方面） ● 测试结果的认读和分析	经过实习，要求学员能进行皮肤脱脂和电极放置，能记录脑干电位各波形，并确定阈值和潜伏期
诱发耳声发射	教会学员： ● 耳声发射的定义 ● 耳声发射的分类（诱发性是重点） ● 耳声发射的产生机制 ● 常规耳声发射测试设备 ● 诱发耳声发射记录步骤 ● 正常人诱发耳声发射参考值 ● 影响诱发耳声发射的因素 ● 诱发耳声发射的临床应用 ● 测试结果的认读和分析	经过实习，要求学员能够进行耳塞选择及放置，能进行瞬态声诱发性耳声发射测试，能进行畸变产物耳声发射测试，能记录和解读测试结果
声导抗测试	教会学员： ● 声导抗的相关术语 ● 声导抗的测试原理 ● 声导抗常规测试仪器 ● 声导抗规范测试步骤 ● 鼓室图的记录及正常人鼓室图参考值 ● 鼓室图的临床应用 ● 鼓室图结果的解读和分析 ● 声反射的定义、测量和临床意义	经过实习，要求学员能够向受试者解释声导抗测试注意事项，能进行耳塞选择及放置，能进行鼓室图测试，能进行声反馈测试，能识别测试结果并记录

（二）助听器选配中期的实习带教项目、任务和要求（表 3-4-2）

表 3-4-2　助听器选配中期的实习带教项目、任务和要求

带教项目	带教任务	要求
听觉功能分析（纯音听力图的分析等）	教会学员： ● 正常耳的解剖和生理 ● 中、外耳相关疾病 ● 通过耳镜观察外耳道异常和病变，并分析可能的原因，进行正确的判断 ● 识别各种听力图（程度、性质等）及其代表的病理意义 ● 助听器验配适应证及转诊指标	经过实习，要求学员能够分析耳镜检查结果，能通过纯音听力图判断听力损失的类型及种类，能根据转诊指标提出转诊建议
助听器类型的选择	教会学员： ● 助听器的工作原理和分类（外形、功能、功率等） ● 不同听力损失所适合的助听器类型（如定制式助听器、小功率、大功率、超大功率耳背机助听器等） ● 不同年龄段听障者所适合的助听器类型（儿童、成人、老年人等） ● 不同心理需求的听障者所适合的助听器类型（如追求美观，或经济实惠，或尝试新技术，或功能多样且稳定等）	经过实习，要求学员能够根据听力图结果、听障者年龄、听障者经济情况和心理需求综合选择合适的助听器类型
助听器功能的选择	教会学员： ● 各式助听器所具有的功能（如方向性功能、学习功能、蓝牙功能等） ● 每项功能的适用人群和环境 ● 每项功能达到的效果 ● 每项功能的使用方法	经过实习，要求学员能够根据听力图结果和听障者实际生活的环境来选择合适功能的助听器
助听器性能测试	教会学员： ● 助听器性能测试仪器的元器件（如耦合腔、参考麦克风、系统电池、测量麦克风、扬声器等） ● 助听器性能测试仪器的校准 ● 助听器性能测试仪器的操作方法 ● 助听器各项性能指标的正常值及意义 ● 助听器性能测试国家标准	经过实习，要求学员能够进行助听器性能测试仪器操作，能测试和分析助听器最大声输出、声增益、谐波失真、频率范围、等效输入噪声、电池电流等
耳印模制作	教会学员： ● 制作耳印模前的准备工作（耳镜检查、器具消毒、位置等） ● 排除禁忌 ● 耳印模制作的规范步骤 ● 耳障的制作、选择以及正确放置方法 ● 根据要求混合印模材料 ● 将印模材料注入外耳道、耳甲腔、耳甲艇的正确方法 ● 耳印模取出的规范方法 ● 耳印模质量的检查 ● 耳廓或外耳道异常印模取样的操作方法	经过实习，要求学员能够掌握耳印模制作的规范步骤、技巧和注意事项，能够制作出合格的耳印模

续表

带教项目	带教任务	要求
助听器参数调节	教会学员： ● 助听器各参数含义及功能（降噪功能、方向性功能、声反馈功能、多程序调节、最大声输出调节、增益曲线调节等） ● 助听器各参数调节的效果 ● 助听器各参数的适应对象 ● 助听器各参数调节的方法 ● 助听器各参数调节的时机	经过实习，要求学员能够根据听障者实际需求正确调节助听器各项参数，使其达到满意

（三）助听器选配后期的实习带教项目、任务和要求（表 3-4-3）

表 3-4-3 助听器选配后期的实习带教项目、任务和要求

带教项目	带教任务	要求
助听听阈评估	教会学员： ● 助听听阈的定义 ● 助听听阈测试的环境和设备要求 ● 助听听阈测试的规范方法及步骤 ● 香蕉图的由来及作用 ● 助听听阈结果的分析 ● 根据助听听阈结果调节助听器参数	经过实习，要求学员能够进行声场测试仪器操作及校准，能通过助听听阈测试评估助听器效果，能进行助听听阈评估结果记录
问卷评估	教会学员： ● 问卷评估的目的和重要性 ● 评估问卷的分类（按年龄、目的、回答方式等） ● 常用的几种调查问卷、内容及其适用范围 ● 评估问卷的使用方法 ● 评估问卷结果的计算方法	经过实习，要求学员能够根据评估对象选择合适的调查问卷，能通过电话、邮寄、面谈进行问卷评估，能分析问卷评估结果
真耳分析	教会学员： ● 真耳分析的定义 ● 真耳分析所需环境和设备要求 ● 真耳分析仪的校准 ● 真耳分析测试的项目（如真耳未助听响应、真耳助听响应、真耳 - 耦合腔差等） ● 每项测试的规范操作步骤和意义 ● 真耳测试结果的认读和分析 ● 根据真耳测试结果调节助听器参数	经过实习，要求学员能够进行真耳分析仪器校准，能进行真耳增益曲线测试，能向听障者解释分析结果
言语评估	教会学员： ● 言语评估的定义 ● 言语评估常用的测试材料（词表、句表等） ● 言语评估所需环境和设备（听力计、声场等） ● 言语评估测试项目（言语识别率、言语察觉阈等） ● 言语评估测试方法 ● 如何根据言语评估结果来评价助听器效果并对助听器精细调节	经过实习，要求学员能够进行言语评估仪器校准，能通过声场测试言语识别率，能进行言语评估结果记录

续表

带教项目	带教任务	要求
背景声中的选择性听取	教会学员： • 建立多扬声器声场 • 根据不同评估目的摆放扬声器位置，从而模拟背景噪声环境 • 控制噪声和测试信号声的给声强度，得到所需的信噪比强度 • 噪声对听觉言语清晰度的影响	经过实习，要求学员能够建立不同信噪比环境，进行噪声环境下的言语测试
语音识别	教会学员： • 语音识别的定义 • 声母识别测试材料和方法 • 韵母识别测试材料和方法 • 音节识别测试材料和方法 • 音调识别测试材料和方法 • 语音识别测试结果的分析和临床指导意义 • 言语清晰度与语音识别结果的关系	经过实习，要求学员掌握汉语语音识别测试的方法及其结果的临床指导意义
听觉训练指导	教会学员： • 告诉佩戴者听觉训练的重要性 • 听力康复过程和方法 • 指导佩戴者合理的佩戴时间 • 指导佩戴者学会一些聆听技巧（如利用视觉、语境和情景线索等） • 向听障者提供听觉康复相关机构的信息	经过实习，要求学员能够为佩戴者提供有效可行的听觉训练指导方案和信息
言语训练指导	教会学员： • 语言康复过程和原则 • 告知佩戴者言语训练的方式（针对儿童、成人、老年人） • 鼓励佩戴者尽早开始言语训练 • 创造有利听觉言语交流环境的技巧（如光线、距离、座位等） • 向听障者提供言语训练相关机构的信息	经过实习，要求学员能够为佩戴者提供有效可行的言语训练指导方案和信息
助听器使用指导	教会学员： • 告诉佩戴者助听器的保修期限和条款 • 指导佩戴者正确取戴助听器或耳模 • 对有音量或程序调节旋钮的助听器，要教会佩戴者正确的使用方法 • 如有遥控装置，教会佩戴者掌握正确的操作方法 • 指导佩戴者正确更换电池 • 指导佩戴者正确连接助听器和耳模 • 指导佩戴者正确干燥和保养助听器 • 指导佩戴者清洁助听器的盯聍堵塞以及防耳垢装置的使用方法 • 指导佩戴者电感线圈的使用 • 告诉佩戴者服务中心的电话	经过实习，要求学员能够指导听障者正确佩戴盒式机、耳背机和定制式助听器，能指导听障者保养助听器

续表

带教项目	带教任务	要求
随访	教会学员： • 随访方式的选择（如电话、当面、邮件、上门等） • 随访周期的选择（针对新用户、老用户、潜在用户等） • 随访的内容（助听器的使用和佩戴情况、测听、助听器维修或保养、电池的检查、调节旋钮的使用、康复进展、问题解答、心理引导等） • 随访的详细记录和整理 • 随访结果的分析	经过实习，要求学员能根据听障者具体情况制定随访时间表，能调查言语听觉清晰度，能调查助听器佩戴舒适度

二、实习带教的形式与方法

根据学员认识活动的不同形态，实习带教形式可分为以下几种，以语言传递为主的教学形式（包括讲授法、谈话法、讨论法、读书指导法等）；直观演示的教学形式（包括演示法、参观法）；实际训练的教学形式（包括练习法、实习法、实验法）和情境陶冶的教学形式。在实习带教的过程中，常常会根据实习的内容、性质、目的、学员接受能力以及实际情况的不同而综合应用上述方式。常用的实习带教方法可以归纳为：课堂讲授法、案例分析法、角色扮演法、游戏法、示范操作法和分组讨论法。以上 6 种方法在培训时都可以使用，但要加以选择才能达到最佳培训效果。表 3-4-4 列出了选择培训方法时应考虑的要素。

表 3-4-4 选择培训方法时应考虑的要素

考虑要素	说明
培训目的	能够最有效地引导学员达到培训目的
培训内容	能够最有效地让学员掌握和记忆学习内容
学员情况	学员人数、学员对知识的了解水平、学员的文化与社会背景
实际情况	培训场地、时间、设施以及费用限制情况等

（一）课堂讲授法

1. 概念 课堂讲授法也称演讲法（图 3-4-1），既是传统模式，也是教师最常用的培训方法，是教师通过口头语言向学员描述情况、叙述事实、解释概念、论证原理和阐明规律的教学方法。它包括 4 种具体的方式：讲述、讲演、讲解、讲读。

（1）讲述：讲述是带教老师运用口头语言描绘或叙述所学的具体对象或基本材料，通过分析、解释、说明、论证对学员传授知识的一种方法，讲述注重于系统知识的传授。

（2）讲演：与演讲不同，讲演主要注重的是“演”，其次是“讲”，因而讲演应该是通过语言

图 3-4-1 课堂讲授法

的感染力来引起听众的共鸣。

(3) 讲解：讲解是用语言传授知识的一种教学方式，它是通过语言对知识的剖析和揭示，剖析其组织要素和过程程序，揭示其内在联系，从而使学员把握其实质和规律。讲解有两个特点：其一，在主客体信息传输（知识传输）中，语言是唯一的媒体；其二，信息传输具有单向性（主体指向客体）。

(4) 讲读：讲读是在讲述、讲解的过程中，把阅读材料的内容有机结合起来的一种方式。通常是一边读一边讲，以讲导读，以读助讲，随读指点、阐述、引申、论证或进行评述。

2. 适用范围　常被用于一些理念性知识的培训，用于向群体学员介绍或传授一个单一课程的内容，如对某项测听技术的介绍与演讲、某听力评估方法的意义和临床应用等理论性内容的培训。

3. 优势和不足　课堂讲授法的优势在于能够向群体学员一次性讲授相同信息，而且时间和速度由教师掌握，有利于加深理解难度较大的内容，适于学员数量不同的大、小型培训；但此法也有不足之处，由于学员长时间没有参与，可能会有烦闷感，教师很难确定学员的掌握程度，学员对内容记忆有限。

4. 步骤与技巧

(1) 开始，即阐明课程主题与要点：事先了解培训学员情况，包括知识、年龄、职位及培训需求等，并在讲课中有意提及，把授课内容以讲义的形式事先发给参加培训的学员，将培训场地布置得有吸引力，学员座位舒适，环境宜人。

(2) 讲述，即举例、说明主题与要点：使用音像资料、幻灯片、电子演示文稿或使用白板或翻页板等辅助工具，拉进与学员的距离，与学员进行目光交流，音量适中偏大，响亮的声音富有感染力，讲授内容时要有系统性，条理清晰，重点突出，发现学员对内容流露出疑惑的神情时，放慢教学速度或重新讲解，分段授课，中间休息几次。

(3) 结束，即总结主题与要点：收集学员对课程的意见，酌情改正，总结授课经验与不足，便于下次提高。

5. 举例，听性脑干反应测试实习带教　听性脑干反应（ABR）测试实习虽然是一项操作，但理论更重于实践，因为仅仅操作仪器并不能使学员掌握听性脑干反应测试的意义。因此，实习前，教师要准备一些富含图片的电子演示文稿或其他演示工具，使讲授内容易于理解；实际操作前，依次向学员介绍听性脑干反应测试的定义，测试原理，在讲解时避免平铺直述，在讲到关键点时想办法提起学员的兴趣，比如“如果把耳和听觉中枢看成公交车的首末站，那么大家想想，一个声音搭乘公交从起点坐到终点，总共需要经过几个站？到达每站的时间需要多少呢？”通过这个比喻，学员们可以形象地理解听性脑干反应测试的工作原理，就是给耳一个声刺激，用电极记录声音经过听觉通路时各区域的反应波形和时间（潜伏期）。将此例拓展，可向学员讲解测试仪器及配件，临床上 ABR 的主要测量参数（潜伏期、阈值、振幅等），ABR 测试方法（刺激声、分析时间、电极放置、掩蔽等），ABR 详细记录步骤，实验室正常值标准，各波对应的部位及意义，影响 ABR 测试的因素（受试者、刺激声、测试步骤等），以及 ABR 临床应用（耳科学方面、听力学方面）。最后，将一些实例测试结果与比喻相结合，向学员讲解测试结果的认读和分析。

为了减少理论讲解的枯燥，可以穿插相关的音像资料，或在休息期间安排动手操作，做到实践和理论结合。

（二）案例分析法

图 3-4-2　案例分析法

1. 概念　案例分析法（图 3-4-2）是关于要学员做出决策或是解决问题的真实或假设情况说明，可短可长。学员单独或者分组讨论分析做出决策或解决问题。所要做出的决策或解决的问题，或简单或复杂，答案不定，有多少学员或小组参加就可能有多少种答案。

2. 优势与不足　案例分析法允许学员的积极参与，能够提出全面分析与解决问题的方案，可以获得多种答案，开拓思维，但信息要准确，案例要真实，学员需要足够的上课时间来完成，而且讨论时学员可能会跑题。

3. 步骤与技巧

⑴ 准备案例：根据培训的目的准备案例，案例要真实，源于生活或工作，考虑使用音像或讲义形式准备案例，准备案例分析讨论的问题，这些问题要能够激发学员参与的积极性。

⑵ 案例分析：对学员进行分组，鼓励团队解决问题，引导学员阅读案例，分析问题，提出解决方案，促进学员的互动，鼓励多种解决方案的出现，始终观察各小组的进展情况，并适时进行引导。

⑶ 总结：分析之后，检查各组案例分析的结果是否达到带教目的，回答学员提出的问题，总结案例分析的结果。

4. 举例，视觉强化测听实习带教　带教前，教师事先准备一个操作案例——一段视觉强化测听视频录像，可拍摄或从相关资源库获取相关内容视频，但注意，录像中的测试过程中要故意出现几处错误，因时间关系，把握在 6~8 处为宜，为学员准备相关记录表格，以便学员使用。

⑴ 培训开始时，首先教师让学员明确视觉强化测听的原理、方法和规范操作过程。

⑵ 接下来，让学员观看视频录像，并根据自己印象中的正确操作方法，尽可能多地找出录像上的操作错误，将错误处记录在记录表里，并提出改正的方法。例如，录像上，抱着孩子的母亲在听到声音后总是不经意的低头去看孩子的脸，此动作错误在于家长不应该给孩子任何提示，纠正的方法是测试者再次向家长说明在测试过程中不要发生多余的动作。

⑶ 录像播放完毕后，请学员检查并公布自己记录的结果，提出自己的意见。

⑷ 再由教师对该视频内容进行分析和点评，并公布正确答案。

⑸ 然后解答学员提出的问题，重申整个视觉强化测听的操作过程中的要点及注意事项。

⑹ 最后，根据实习手册给每位学员机会，亲自动手操作一遍。

采用这种方法，能够加深学员对整个规范测听过程的印象，并牢记测试中的注意事项，养成好的操作习惯。

(三) 角色扮演法

1. 概念　角色扮演法(图 3-4-3)是指一部分学员根据教师的要求表演一个制定的情景,其他学员在旁边观看并做出评价和分析。角色扮演有助于学员在愉快的环境中学习新技能,让培训变得更有趣味性,也可以帮助学员建立自信。教师通过这种方法让学员认识过去的不良行为,探索与练习新技能,并给学员接受反馈及沟通的方法。

图 3-4-3　角色扮演法

2. 优势与不足　角色扮演法使学员能够体验真实或夸张的现实场景,体验所扮演角色的特别感受,给学员一个站在他人角度看问题的机会,学员在互动、愉悦的场景中学习与练习;但角色扮演使用较多时间来理解看起来很简单的问题,花费较多时间准备场景、解释人物、得到学员的正确理解,需要周密的计划和实施控制,有些学员可能会因为羞于表演而抵制参与。

3. 步骤与技巧

(1) 说明场景:教师提供场景资料,说明为什么要进行角色扮演,把角色扮演的内容与培训目的联系起来,为角色扮演规定时间,可使用讲义提供场景资料。

(2) 角色扮演:为参与者分配角色和任务,为其他学员分配观察任务,最好提供检查表让学员分项填写,对表演进行适时地指导或鼓励,使之正常进行,掌握时间。

(3) 总结:听取参加表演学员的体会与感受,并引导其得出正确结论,把角色扮演活动与培训目的结合进行总结。

4. 举例,助听器使用指导实习带教

(1) 实习前,教师准备一张桌子、两把椅子、新包装的助听器、验配师工具箱、笔、纸等道具。

(2) 实习开始时,先由教师从学员中挑选验配师和听力障碍者的扮演者,将其组队并分配角色和任务,尽可能让每位学员都有参与机会。

(3) 然后请他们演示验配师如何向听力障碍者指导介绍助听器的使用。例如,对于第

一次佩戴助听器的听力障碍者，验配师必须从如何戴上、取下助听器开始指导，事无巨细，对于老年人，一次不可能记住这么多信息，那么验配师应该将注意事项写下来或计划定期电话给予指导，而不是敷衍地让听力障碍者自己回去看说明书。

(4) 未参与表演的学员应认真观察表演学员的指导过程，记录该过程中的可取和不足之处。观察的内容包括：验配师的业务熟练程度，指导的具体内容是否完整，验配师对听力障碍者的态度和语气是否合适，指导的方式是否得当等。

(5) 演示完毕时，可先让扮演者自己对表演进行评价，再让观察者提出意见和建议，教师对每一组的点评和总结可作为下一组表演学员的提示。待所有学员表演结束时，实际上已经对助听器使用指导过程巩固了多遍，有助于加深学员印象。

(四) 游戏法

1. 概念 游戏法(图 3-4-4)是通过游戏将学习内容与学习目的相联系以强化培训效果，把所学的概念应用到游戏所设计的情形之中。

2. 优势与不足 游戏法优点明显，生动活泼，学员参与性强，易引起学员的兴趣，集中学员注意力，让学员融入学习过程，寓教于乐，通过活动引起学员对培训目的的思考；但缺点是，教师需要花时间挑选或编制完全符合培训目的的游戏，特别是大型游戏，比较难掌控，需要有效的总结，将游戏与培训目的加以直接联系。

图 3-4-4 游戏法

3. 步骤与技巧 游戏为教师提供了有吸引力的重复教学的方法。用游戏巩固所学知识，达到温故知新的效果，符合成年人的学习特点。如果是技能培训，游戏可以示范多种技能。

安排游戏时，要考虑学员的年龄构成。游戏不宜过于复杂，要有清晰的游戏规则或说明。

(1) 准备游戏：选择简短、简单的游戏，通常 1~30 分钟，选择参与性强的游戏，通过学员在身体或心理上的参与，促进大脑的思考，准备游戏空间，要有充分的空间，没有危险性，按游戏规则对学员进行分组，介绍游戏，介绍游戏目的，要与培训目的相结合，强调游戏时间及规则。

(2) 做游戏：不参与游戏的学员做观察员，并在结束后发表观察评论，及时对参与学员进行指导与调整，注意游戏的进展情况，记录细节，以备总结。

(3) 总结：游戏结束，请观察员谈观察评论，请参与学员谈参与感受，并谈起在参与过程中受到的启发，总结游戏的完成过程，分析游戏细节，把游戏与培训目的联系起来，强调学习目的。

4. 举例，助听器功能选择实习带教

(1) 实习前，教师为每位学员准备一张硬纸板，每张纸板上写一个助听器功能，如果人数偏少，可将相近或相关联的功能写在一张纸板上。

(2) 实习开始时，请学员围坐成一圈，每人拿一张纸板，首先请每位学员向大家介绍自己代表的助听器功能的原理、作用和适用人群。

(3) 介绍结束后，由教师提出事先准备好的问题，问题都是关于听力障碍者的需求，每提出一个问题，都要求学员迅速做出是否举牌的决定，如果该功能符合听力障碍者需求，就应举牌。比如，培训者问“听力障碍者想要听清楚会议演讲者的声音，怎么办？”拿“方向性麦克风”的学员就应该举牌，正确加分，错误扣分，最后看谁得分最高，予以奖励。

(4) 在总结时，培训者应重申助听器功能选择时的注意事项。

使用这种游戏方法，可以让学员更好的掌握助听器各功能的应用和效果，帮助学员在实际验配过程中正确的解决听力障碍者的问题，满足他们的需求。

（五）示范操作法

1. 概念　示范操作法（图 3-4-5）是教师向学员示范所教授工作任务的正确步骤或做法。示范操作特别是用于技能培训，这种方法要求教师对所示范操作的工作任务能够熟练地完成。

图 3-4-5　示范操作法

2. 优势与不足　示范操作法能够调动学员视觉因素，有助于理解和记忆，引起学员的兴趣，为学员树立一个效仿的榜样，示范内容要与学员的学习直接相关；但是，示范操作需要时间准备，教师示范操作时，由于学员的站立位置，可能不是所有的人都能看清楚。

3. 步骤与技巧　借助音像资料与多媒体设施的示范操作效果不错，但教师要注意将观看、解说以及操作结合使用。在必要的讲授、播放部分演示内容后，给学员亲自动手练习的机会。适用于小型集体培训和“一对一”技能培训。

(1) 示范操作前的准备：展示“样品”引起学员的兴趣，对总体任务加以说明，因为示范操作的内容可能是一个总体任务中的一小部分，介绍示范操作的程序、步骤及要点。

(2) 示范操作：以正常的速度示范操作一遍，边示范便进行解说，放慢速度边示范边解说第二遍，让学员练习动作，互换角色，由学员边讲解操作程序与步骤，边示范操作，表扬学员的进步，纠正学员的错误，提供积极的反馈。

(3) 结束示范操作：收起示范操作的用品和设施，将其看作是示范操作的一部分，再次强调操作的要点，复习培训目的，结束示范操作培训。

4. 举例，印模取样实习带教　实习前，教师准备印模取样工具箱。实习开始时，首先向学员逐个介绍工具箱的器具名称及各自的作用，请一位学员配合当听力障碍者，教师亲自示范演示印模取样的全过程。清洁双手、检耳镜、安置听力障碍者、检查外耳道、放置耳障、混合印模材料、注射材料、填充耳甲腔、耳甲艇、待干、取出印模；再次检查外耳道，检查印模质量，填写订单。操作演示期间，仔细描述各步骤的正确手法和技巧，注意事项以及可能出现的问题和应对方法。必要时换一位学员当听力障碍者，重复操作演示一遍。

示范操作法要求教师严格按照讲义规范操作，不得有误，示范几乎是一个单向传授的过程，因此，不以学员提问为主。示范完毕后，请每位学员按照示范程序自己相互印模取样，教师指导，加深印象。

(六) 分组讨论法

1. 概念 分组讨论法(图 3-4-6)是教师将学员分组，并引导各小组对某专题进行讨论。各小组可以讨论同一题目，也可以讨论不同题目。分组讨论是一种互动培训方式，每位学员都可以参与其中，由于学员的参与从而收到良好的培训效果。

图 3-4-6 分组讨论法

2. 优势与不足 分组讨论法的优势在于，学员的参与使其资源得到发掘并与大家共享，有助于学员提出意见，一个意见可能会启发出另一个思路；但教师要提出讨论的框架结构，同时监控所有的小组难度较大，学习要点可能不够清晰甚至被忽略，时间比较难控制。

3. 步骤与技巧 采用分组讨论形式进行实习带教时，教师要鼓励学员参与。

(1) 分组：最佳分组人数为 3~5 人，如果培训中设计了分组讨论，最好采用圆桌式或分组式摆台，便于同一小组成员面对面地进行沟通，规定讨论时间，最佳为 5~7 分钟，最长不超过 10 分钟，规定达到的目的以及其他具体要求，使用翻页板记录各小组的讨论意见，进行集体交流。

(2) 鼓励参与：鼓励学员的参与，表扬领先讨论的小组，鼓励后进小组，鼓励学员自由表达意见，所提出的意见不必是成熟的意见，重在抛砖引玉，鼓励思维创新，创造一种自由开放的氛围，随时观察每个小组的讨论进展情况，回答学员问题。

(3) 总结：支持各小组的讨论结果和意见，深入理解每一条意见的实施潜力，寻找更佳方案，对讨论加以积极的总结，将讨论结果与培训目的相结合，遇到争论性话题，尽量保持中立，鼓励不同意见，引导冲突成为有创意的解决方案。

4. 举例，听觉功能分析实习带教

(1) 实习前，教师准备 3~4 例听力障碍者听力测试结果报告，包括主观测试结果(纯音测听、游戏测试、视觉强化测试、言语测听等)和客观测试结果(声导抗、诱发耳声发射、听觉诱发电位、多频稳态等)。

(2) 将学员分组，让每组成员同时讨论同一个病例，评估该病例的听觉功能状况和康复计划。

(3) 在讨论时，鼓励每位学员发挥自己的特长，尽可能周全地为每个案例考虑，制定出合理、可行的康复计划。

(4) 每组在规定时间讨论完毕后，请一位代表阐述本组的讨论结果和根据，解答其他组学员提问。

(5) 各组阐述完后，由教师对该病例进行分析和总结，并对各组讨论结果进行点评，然后进入下一个病例。

分组讨论能够集思广益，开拓学员思路，每位学员为病例的诊断和分析做出了自己的贡献，所以印象深刻，而且有利于培养合作精神。

三、实习考核方法和成绩评定标准

（一）实习考核方法

对实习项目的考核主要是采用操作考试方法，学员在实习期满之后，应该在指定的考试地点（配备有必要设备、器械和材料的听力康复机构）、规定的考试时间内完成操作项目的考试。考核老师参照各项实习内容的规范操作步骤及要求对学员的实践进行评分。专业能力考核采用实际操作或模拟现场操作方式进行，以百分制评分，还须由二级助听器验配师进行综合评审。

（二）成绩评定标准

实习实训成绩分为优秀、良好、中等、及格、不及格 5 级制。各级的成绩评分标准如下。

1. 优秀成绩标准

（1）实习期间出勤率达到 100%。

（2）完全能正确地选用不同种类的测试工具、设备、材料等。

（3）能熟练操作、使用≥90% 的设备和仪器。

（4）≥90% 的操作步骤符合操作规程及专业标准。

（5）能灵活运用专业理论分析和解决实训中出现的技术问题。

（6）操作或测试的结果正确率在≥95%。

（7）完全能遵守劳动纪律和实训现场的有关安全操作规定。

（8）实训记录及有关技术资料完整。

2. 良好成绩标准

（1）实习期间出勤率≥在 95%。

（2）能正确选用≥90% 不同种类的测试工具、设备、材料等。

（3）能熟练操作，使用≥85% 的设备和仪器。

（4）≥85% 的操作步骤符合操作规程及专业标准。

（5）基本能运用专业理论分析和解决实训中出现的技术问题。

（6）操作或测试的结果正确率≥85%。

（7）能较好地遵守劳动纪律和实训现场的有关安全操作规定。

（8）实训记录及有关技术资料记录得较完整。

3. 中等成绩标准

（1）实习期间出勤率≥90%。

（2）能正确选用≥80% 不同种类的测试工具、设备、材料等。

（3）能熟练操作使用≥80% 的设备和仪器。

（4）≥75% 的操作步骤符合操作规程及专业标准。

（5）操作或测试结果正确率≥75%。

（6）能遵守劳动纪律和实训现场的有关安全操作规定。

（7）有独立完成的实训记录。

4. 及格成绩标准

(1) 实习期间出勤率≥85%。

(2) 能正确选用≥70%不同种类的测试工具、设备、材料等。

(3) 能熟练操作使用≥70%的设备和仪器。

(4) ≥65%的操作步骤符合操作规程及专业标准。

(5) 操作或测试结果正确率≥65%。

(6) 基本能遵守劳动纪律和实训现场的有关安全操作规定。

(7) 有实训记录。

5. 不及格成绩标准 不符合及格成绩标准即为不合格。

6. 据各部分成绩之和确定毕业设计总成绩，具体标准如下：

95~100分　优

85~95分　良

75~85分　中

60~75分　及格

1~59分　不及格

(三) 实习鉴定表(表 3-4-5)

表 3-4-5　实习鉴定表

姓　名		性　别	
实习地点			
实习内容			
带教老师评语			
实习成绩			

【能力要求】

一、实习指导的准备工作

(一) 带教基本要求

1. 为人师表，认真带教。

2. 熟悉每一位实习学员专业知识和人文背景。

3. 按照学员的人数和专业能力选择实习基地，划分实习小组。

4. 依照实习大纲要求，有效执行实习步骤。将理论知识与具体操作联系起来。运用各种方法激发学员开动脑筋，主动思考，加深对实习内容理解，调动学员实习积极性。

5. 热情接待每一位学员，增强学员的慎独意识，不断提高学员专业水平。

6. 运用已有的验配经验，操作技能和理论基础，严格执行带教制度，言传身教，放手不放眼，做到既带技术又带作风，使学员既掌握助听器验配的一般技能，又教会他们在操作过程中如何体现以听障人士为中心。

（二）实习大纲的准备

1. 实习目的和任务　明确职业助听器验配师的工作职责和范围，掌握助听器验配流程每一个环节，掌握助听器技术的有效使用和操作，掌握助听器验配后的保养和护理，了解助听器的简单现场维修。每次实习完毕填写实习报告表，每周小结实习心得，通过实习，学员应围绕每一个步骤，准确完成，并结合实习体会写出这每一步骤的心得。要求内容丰富、选材真实、条理清晰，每篇不少于500字。整个实习完毕后予以总结。

2. 实习内容

四级助听器验配师：病史询问、档案管理、耳镜检查、纯音测听、游戏测听、听觉功能分析、助听器类型选择、助听器功能选择、印模取样、助听器调试、助听听阈评估、问卷评估、助听器使用指导、随访。

三级助听器验配师：言语测听、声导抗测听、视觉强化测听、外耳道异常印模取样、助听器调试、真耳分析、言语评估、康复指导。

二级助听器验配师：听性脑干反应测试、诱发耳声发射测试、助听器性能测试、助听器调试、效果评估。

3. 实习时间安排　四级助听器验配师实习时间不少于480标准学时，三级助听器验配师实习时间不少于240标准学时，二级助听器验配师实习时间不少于120标准学时。

4. 实习注意事项

(1) 实习前明确专业认识实习的目的，了解实习内容、时间安排和纪律要求，接受必要的安全教育。

(2) 严格遵守实习地规章制度和实习纪律，认真听取验配中心人员的指导。实习时，必须严格按要求穿着统一制作的工作服装。

(3) 不准携带任何与实习无关的物品进入验配中心，不准在实习地抽烟，吃零食，随地吐痰，以及高声喧哗，严禁在实习区内打闹。

(4) 尊敬实习地老师和员工，并虚心向他们请教。必须服从实习指导教师的管理，严格按照指定内容、指定岗位、使用指定设备、工具和材料进行实习，不许实习区内来回串岗，严禁乱拿材料，乱动实习地其他设备。

(5) 严格按照操作规程进行操作，对设备上面不了解其功能或不会使用的开关、按钮等，必须请教指导教师并经允许后，方能操作。

(6) 要爱护实习设备及工作服装，妥善保管使用工具，珍惜实习材料。

(7) 严格遵守实习基地的各项具体规定。

(8) 实习过程中多看多问，反对走马观花、不求甚解，提倡多动脑、勤思考、使理论与实践相结合，提高自己分析和解决实际问题的能力。

二、实习指导带教开展

（一）评估分析学员情况

课堂讲授有很强的时效性，学员的学习情况与环境的变化又往往与教师主观预拟的

教学设计不尽一致,这就要求教师在讲授中随时调整控制讲授的进程。培训前应与学员充分沟通交流,了解其思想动态、学习情况和工作中可能存在的薄弱环节,希望学习哪些专业技术,以便有的放矢的开展带教工作。学员来自全国各地,评估和分析应因地制宜,如需分组时可以根据不同的年龄和性别综合考虑分配,从而顺利达成讲授的目标。

一般来说,教师在讲授的同时,应敏锐地从学员的表情反应,从提问与练习活动中感知学员对讲授的理解情况与情绪感受,及时调整教学内容与进度。教师要善于妥善处理讲授中的偶发事件,弥补自己讲授中的失误,主导课堂教学气氛,控制讲授时间,全面完成讲授任务。

(二) 分析和掌握听障人士情况

教会学员操作中如何有计划、有目的、有系统地收集和评估听障者资料。要求学员具有一定的人际沟通能力和专业知识,通过系统观察、交谈、了解听障人士的一般情况和改善需求,并通过咨询和听力检测,收集与助听有关的信息和资料,在分析整理资料时,找出现有的和潜在的听障问题并做出相应的康复计划。了解听障人士和家属的期望,引导其走向合理的水平。

听障人士的心理是矛盾和复杂的,在验配师面对听障者提出的各种问题不知如何应对时,教师要帮助其准确分析和掌握听障者最根本心理需求,教会其有针对性地排解听障者的顾虑,挖掘其真实的需求,灵活巧妙的提出有效的解决方式,使其心服口服并满意而归。

(三) 激发学员的学习动机

使学员具有主动性和实用性。有的学科可能对于每个人来说都是单调无味的,而听力学科则具有内在吸引力。如果教师有计划性的动机策略,就可能使死气沉沉的教学变得生动有趣。教师在安排课程计划时,必须考虑一些能够体现积极主动、调查研究、"冒险"、社会交往和应用知识的教学方法,理论和操作讲授必须有利于学员形成意义学习的心向,引起学习兴趣,激发学习动机。一般来说,激发动机要贯穿讲授过程的始终。开头的导言要引人入胜;讲授过程应层次分明、环环相扣;列举的实例要生动,恰到好处;结语要留有余味,言虽尽而意无穷,给学员以深刻的印象。

(四) 开展实习带教

在实习教学过程中,组织实习带教是非常重要的一个环节,没有良好的教学环境和纪律,就不能保证实习教学的顺利进行,也就无法完成预定的教学任务。组织带教包括两个方面的内容:一方面是思想上的准备,要加强学员的职业道德教育,明确助听器验配师是一项高尚的服务性职业,培养学员吃苦耐劳的工作作风,让学员对实习的目的、意义有一个深刻而全面的认识;另一方面是物质上的准备和教学内容的准备,包括实习的设备、工具、材料等,实习的课题,时间分配,教学过程安排等,这都需要实习带教老师在实习前制定出详细周密的计划,它是保证各项实习工作正常进行的前提条件。

实习教学的内容必须对学员有潜在的意义,要将实习内容组织成学员易于理解、易于记忆、结构明晰的体系,并以恰当的顺序逐步将新内容融入学员已有的知识结构之中或形成新的结构。一般来说,应从既定的教学目标出发,根据学员的认识规律、情感与能力发展的规律编排好讲授的内容与程序,做到目的明确、重点突出、条理清晰、逻辑严密、难易适度。组织讲授内容的一般方法是:

1. 重点突破法　寻找教材中的重要概念，关键语段，来设疑激趣、精心点拨、重点突破、带动全局。这种方法有如画龙点睛，需要教师有较强的处理教材的能力。

2. 归纳法　在大量实例或论述的基础上总结出讲述的结论与推论，或者是在逐项讲授发挥后，给出提要，这是一种逐步综合的讲授方法。

3. 总分法　从整体入手再分门别类、划分层次进行条理明晰的阐述，这是一种逐步分化的讲授方法。

4. 问题中心法　通过提出问题、分析问题、解决问题，得出结论和解决问题的方法。这种方法具有一定的探索性，对启发学员思维和培养能力大有好处。

(五) 示范操作

示范操作的主要作用是使学员获得感性知识，加深学员对所学知识的认识和理解，它是实习教学至关重要的环节，它可以让学员具体、生动、形象、直接地感受到所学的技能技巧是怎样形成的。教师示范教学的时候一方面要组织好学员的观看位置，使每一个学员都能看清楚，另一方面教师示范过程中必须严格按照教材的要求进行，做到边示范，边讲解，使讲、做严格一致。力求做到讲解清楚，步骤清晰可见。

教师必须具备很强的示范操作能力。作为示范操作，几乎不允许在培训时出现错误。因此，要做到准确无误，教师需要在日常工作中积累经验和教训，反复练习，做到驾轻就熟，而且应善于总结操作过程中的问题，及时解决。

(六) 实习操作提问

课堂提问作为巩固知识的重要手段，在操作实习中也应得到广泛地应用。课堂提问按学员思维活动的认知目标可划分为低级认知问题和高级认知问题。

1. 低级认知问题　低级认知问题，只需回忆、理解、适当组合和简单应用，目的在于复习巩固。其中，知识性问题只需通过机械记忆就可以回答，它要求学员善于将已学过的知识迅速提取再现，目的主要是了解学员熟悉教学内容的程度，训练表达能力；理解性问题主要包括：用自己的话描述事实、事件、现象；用自己的话归纳学习内容的要点；对事实、现象进行比较或区别等，学员要回答这类问题不仅需要回忆已学知识，还要进行整理，重新组合和解释；运用性问题是建立一个简单的应用知识和动作技能的问题情境，学员的回答不仅要回忆、理解知识，而且要用来解决新的问题或实际的问题。

2. 高级认知问题　高级认知问题必须进行高级思维（分析、综合、评价）等活动，发展思维能力和表达见解的能力。这类问题一般不具有现成的答案或唯一的答案，学员答问时必须进行高级思维（分析、综合、评价）活动，它的目的主要是发展学员思维能力和表达自己见解的能力。其中，分析性问题包括分析事物的构成要素、分析事物之间的关系和分析事物的原理等三个小类；综合性问题要求学员在理解的基础上进行分析，并通过想象、推理，综合所分析的结果得出结论；评价性问题是要学员发表自己对某一问题或事物的看法，并阐述理由，一般来说，回答这类问题前要让学员先建立起正确的价值现，并给出正确判断评价的原则，这样才有评价的依据。

(七) 巡回指导

实习带教老师在对课题讲解和示范的基础上，要针对学员的实习操作，有目的，有计划，有准备地对学员的实习作全面的检查和指导。全面提高学员实习操作水平，这种指导要从学员的实际出发，对不同的学员和他们存在的不同问题进行个别指导。这一阶段是

学员形成技能技艺的重要阶段，作为实习教师在这一阶段主要是检查和纠正学员操作姿式和操作方法。既要注意共性的问题，又要注意个性问题。个别问题个别解决，共性问题集中讲解。在检查过程中，要目的明确，指导要有针对性，从实习专业和实习进度出发，把握检查指导重点，一般来说，基本功的流程操作以巩固熟练为主，而测试结果的检查应该贯穿整个实习过程。作为实习指导教师必须做到脚勤、眼勤、脑勤、口勤和手勤，要指导检查学员操作方法是否正确，安全规程遵守如何，是否会用测试设备等，从而发挥教师的主导和主体作用，加速学员技能的形成，提高实习质量和效果。

教师需要设计一张规范的问题记录表，在实习带教过程中发现的问题应及时记录下来，分析其产生的原因，提出切实可行的解决方案。对学员提出的问题须本着科学的态度，经过认真查证再给以答复，不可随便敷衍了事，给学员留下一知半解。另外，对学员的问题也应积极倾听他们的想法和观点，与之探讨。记录的问题同时也可以作为以后培训的案例。

（八）实习操作的总结、考核和评估

教师对每次实习的总结至关重要，从概括的知识点中，学员们能够把握实习的重点、难点和需要注意的方面，因而，教师应培养高度的总结和概括能力。首先，概括的角度要准确，概括的要素要清楚，概括的顺序要合理，概括的主旨要突出，概括的详略要得当，概括的线索要明确，概括的语言要精炼。每周认真阅读学员周记，对不正确之处及时指出，对实习过程中出现的不正规现象及表现出色的地方及时与学员交流，在带教工作中做出指导及评价。

实习结束时实习带教老师必须验收学员实践的成果，检查学员在实习过程中是否按安全规范的要求进行操作，是否已清理现场和做好测试设备仪器的维护保养工作，对学员在实习过程中各方面的表现进行成绩考核和评分，并布置适当的作业或思考题。

（段吉茸）

思考题

1. 简述制定助听器验配师培训计划的步骤。
2. 助听器验配师培训计划需要做哪些准备？
3. 列举助听器验配师培训教学的方式。
4. 助听器验配实习各阶段的带教项目、任务和要求分别有哪些？
5. 如何制定实习大纲？
6. 实习带教的形式和方法有哪些？
7. 如何对实习项目进行考核及成绩评定？

参考文献

1. 欧阳钦 . 临床诊断学 . 北京:人民卫生出版社,2010
2. 孙喜斌,张华 . 助听器验配师 . 北京:中国劳动社会保障出版社,2012
3. Gleadle J. 病史体检精要 . 李树生,译 . 北京:中国医药科技出版社,2005
4. 陈智为,邓绍兴,刘越男 . 档案管理学 . 第 3 版 . 北京:中国人民大学出版社,2008
5. 赵屹 . 数字时代的文件与档案管理 . 北京:世界图书出版公司,2013
6. 姜柏生,汪秀琴 . 医学研究受试者的权益保护 . 北京:科学出版社,2014
7. Suzanne K. Hearing and dispensing training manual. San Diego,CA:Plural Publishing,2013
8. 王永华 . 实用助听器学 . 杭州:浙江科学技术出版社,2011
9. Jack Katz. 临床听力学 . 第 5 版 . 韩德民,译 . 北京:人民卫生出版社,2006
10. Harvey Dillon. Hearing Aids. Sydney:Boomerang Press,2012
11. 孙喜斌,王丽燕,王琦 . 听力残疾评定手册 . 北京:华夏出版社,2013
12. 孙喜斌 . 听力障碍儿童听觉能力评估标准及方法 . 北京:三辰影库音像出版社,2009
13. 王丽燕,梁巍 . 小龄儿童听觉发展评测工具指导手册 . 北京:三辰影库音像出版社,2009
14. 胡旭君 . 助听器学 . 第 2 版 . 杭州:浙江大学出版社,2011
15. 孙喜斌,张华 . 助听器验配师(国家职业资格四级). 北京:中国劳动社会保障出版社,2009
16. 韩东一,翟所强,韩维举 . 临床听力学 . 北京:中国协和医科大学出版社,2008
17. 韩德民,莫玲燕,卢伟,等 . 临床听力学 . 第 5 版 . 北京:人民卫生出版社,2006
18. Jack Katz,Robert F. Burkard,Larry Medwetsky,et al. Handbook of clinical audiology. 5th ed. Baltimore:Lippincott Williams & Wilkins,2002
19. 孔维佳,周梁,许庚,等 . 耳鼻咽喉头颈外科学 . 北京:人民卫生出版社,2005
20. Lisa L. Hunter,Navid Shahnaz. Acoustic Immittance Measures,Basic and Advanced Practice. San Diego:Plural Publishing Inc.,2014
21. 田勇泉 . 耳鼻咽喉头颈外科学 . 第 2 版 . 北京:人民卫生出版社,2004
22. Storey L,Dillon H. Estimating the location of probe microphones relative to the tympanic membrane. Journal of the American Academy of Audiology,2001,12(3):150-154
23. 孙喜斌 . 正确使用助听器及进行听觉康复训练的几点建议 . 中国听力语言康复科学杂志,2008(增刊):10-12
24. 孙喜斌 . 儿童人工耳蜗植入后的听觉培建及语言学习 . 中国医学文摘(耳鼻咽喉科学),2007,9 :27
25. 韩德民 . 人工耳蜗 . 北京:人民卫生出版社,2003
26. 陈振声,段吉茸 . 老年人听觉康复 . 北京:北京出版集团公司北京出版社,2010

27. 陈振声 . 老年听力障碍者的辅助器具选配 . 中国听力语言康复杂志,2013,11(4):250-253
28. 卢晓月 . 听力语言康复专业教材(第八册)听障儿童言语康复技能 . 北京:新华出版社,2004
29. 梁巍 . 语言训练 . 中国听力语言康复科学杂志,2005, (3):55-56
30. 吴立平 . 听力语言康复专业教材(第七册)听障儿童语言训练 . 北京:新华出版社,2004
31. 陈振声,段吉茸 . 老年人听觉康复 . 北京:北京出版集团公司北京出版社,2010
32. 孙喜斌,刘巧云,黄昭鸣 . 听觉功能评估标准与方法 . 上海:华东师范大学出版社,2007
33. 孙喜斌,张蕾,黄昭鸣,等 . 儿童汉语语音识别词表语谱相似性的标准化研究 . 中国听力语言康复科学杂志,2006(1):16-20
34. 孙喜斌,张蕾,刘巧云 . 计算机导航—听觉评估系统儿童汉语语音词表测试结果分析 . 中国听力语言康复科学杂志,2006(4):14-16
35. 周蕊,张华,王硕,等 . 普通话快速噪声下言语测试计分公式及等价性评估 . 临床耳鼻咽喉头颈外科杂志,2014,28(15):1104-1108
36. 郗昕,黄高扬,冀飞,等 . 计算机辅助的中文言语测听平台的建立 . 中国听力语言康复科学杂志,2010(4):21-24
37. 陈宗福,卢万选,刘钰,等 . 现代培训教学方法 . 北京:中国石化出版社,2013
38. 嘉格伦 . 网络教育 . 北京:高等教育出版社,2000
39. 徐燕青,刘林香,刘阳 . 浅谈网络教学 . 硅谷,2009,8 :145-163